城乡垃圾及人居环境治理

熊孟清 等著

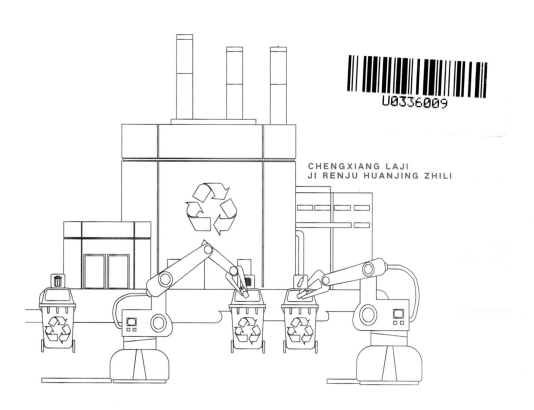

CHENGXIANG LAJI
JI RENJU HUANJING ZHILI

U0336009

化学工业出版社
·北京·

内 容 提 要

《城乡垃圾及人居环境治理》收录作者近二十年的工作心得，分为"垃圾治理""农村人居环境整治""环境治理"和"城乡发展"4篇，既介绍具体问题及其对策，又介绍实践案例，具有较强的针对性，是一本工作手册、一部工具书，也是一部全面、多角度地论述城乡垃圾及人居环境治理的著作。可供从事环境卫生、固废处理、垃圾治理、乡村建设等行业的技术人员、研究人员、管理人员和一线工作人员参考。

"垃圾治理"篇是本书的主篇，系统介绍了体系建设、产业发展、垃圾分类、垃圾处理、邻避效应、经济手段、行政手段、互动共治8个方面的理论与实践研究成果，论述了"推行"和"实施"垃圾分类的管理、运行和监督，强调了"推行垃圾分类，加强源头需求侧管理""补齐物质利用短板，加强垃圾处理体系建设""建立供求均衡价格，优化垃圾处理体系""推动全社会良性互动（包括地方互动），加强垃圾治理体系建设"等的重要性，梳理垃圾处理体系和垃圾治理体系。

图书在版编目（CIP）数据

城乡垃圾及人居环境治理/熊孟清等著.—北京：化学工业出版社，2020.8

ISBN 978-7-122-37010-5

Ⅰ.①城⋯　Ⅱ.①熊⋯　Ⅲ.①生活废物-垃圾处理　Ⅳ.①X799.305

中国版本图书馆CIP数据核字（2020）第088442号

责任编辑：卢萌萌　刘兴春　　　　　　　　文字编辑：王文莉　陈小滔
责任校对：宋 玮　　　　　　　　　　　　装帧设计：王晓宇

出版发行：化学工业出版社（北京市东城区青年湖南街13号　邮政编码100011）
印　　装：大厂聚鑫印刷有限责任公司
787mm×1092mm　1/16　印张30¾　彩插4　字数690千字　2020年11月北京第1版第1次印刷

购书咨询：010-64518888　　　　　　　　售后服务：010-64518899
网　　址：http://www.cip.com.cn
凡购买本书，如有缺损质量问题，本社销售中心负责调换。

定　　价：148.00元　　　　　　　　　　　　　　　　　　版权所有　违者必究

前言

生活不息，垃圾和人居环境便依存；生活怎样，垃圾和人居环境便怎样；垃圾和人居环境与人民日常生活如影相随，且是人民生活状况的直接反映。正因如此，垃圾和人居环境治理便是出于维持人民安全、有序、和谐生活的需要，是社会治理不可或缺的组成，且是社会治理的真实写照。

进入 21 世纪后，我国城乡垃圾和人居环境治理虽取得一定进展，但仍不能满足人民追求美好生活的愿望。农业经济时代的垃圾生态自然处理体系瓦解，工业经济时代的垃圾生态工业处理体系没有形成，垃圾填埋独力难支，"垃圾围城""价格乱象""邻避事件"偶有发生。农村"污水直排""垃圾乱扔""房屋乱建"等现象也比较普遍，农村人居环境现状不容乐观。

哪里有矛盾，哪里就有发展。垃圾和人居环境治理与人民追求美好生活的愿望之间的尖锐矛盾推动治理体系和能力的加速提升。"推行生活垃圾分类制度"上升为国家法律，垃圾处理行业步入分类处理的正轨，垃圾处理从填埋、焚烧发展到"多措并举，综合处理"。农村人居环境改善也从农村污水垃圾治理发展到"净化＋绿化、美化、文化"的综合治理。垃圾和人居环境治理从工程建设上升到综合治理高度，并迎来以法治为基础，融合自治、法治、德治的善治时代。

我有幸成为垃圾和人居环境治理体系和能力加速提升的见证者、实践者和奉献者。在近二十年的职业生涯中，专注于垃圾和人居环境治理，执着于垃圾处理体系建设和农村人居环境综合治理，潜心研究垃圾处理、管理和治理，且努力建立垃圾治理的学术体系，勤思力行，从实践中来，到实践中去。朝阳环境集团有限责任公司建议我将这段时期发表的文章编辑成《城乡垃圾及人居环境治理》，以期发挥这些文章的价值，给更多的业内同行参考。

我天生愚笨，难以做到《城乡垃圾及人居环境治理》没有瑕疵，更不敢奢望放之四海而皆准，但写作每篇文章时都是带着为民服务的真挚感情、于世有益的善意和解决问题的美好愿望，希望文集能够帮助读者了解垃圾和人居环境治理的全貌，了解垃圾和人居环境治理的主要方向、主要内容、主要问题、方式方法和发展趋势，查找所遇垃圾和人居环境治理问题的解决对策和查证近二十年垃圾和人居环境治理领域发生的重大事项等。

　　在此，我要感谢朝阳环境集团有限责任公司，尤其感谢夏志国总经理和刘凤娟女士，没有他们的鼓励和付出，便不可能收集这么多篇跨越近二十年且散落在众多媒体的文章并编辑成册。 还要感谢化学工业出版社的各位编辑，让本书能够以更好的版本奉献给读者。

　　最后，我还要感谢收录文章的合作者，并就没有署名向他们致歉。

　　限于本人水平及时间，书中难免有疏漏之处，敬请广大读者批评指正。

熊孟清

目录

第一篇　垃圾治理　/1

垃圾处理　/ 165

⊚ 行政手段　/ 305

第二篇　农村人居环境整治　 / 397

第三篇　环境治理　／ 425

第四篇　城乡发展　/ 445

第一篇

垃圾治理

垃圾治理应上升到战略高度

有专家预测，"十三五"期间，我国垃圾治理行业投资规模将达到5万亿元左右。2020年垃圾治理行业投资规模有望达到万亿元，垃圾治理对经济社会可持续发展的战略价值日益彰显。

分析当前我国垃圾治理形势，有3个问题不容忽视。

一是在政府建设和社会治理方面，政府"放管服"、排放者负责和生产者责任延伸制度落实不到位，社会资本长期投资愿望和民营企业参与率较低，不能有效推动政府、社会、市场和技术的良性互动。

二是在治理体制机制方面，各地各自为政、画地为牢的情况依然存在。一些地方垃圾治理的管理职能、治理链条割裂，阻碍跨域治理和跨行业治理，阻碍全流程一体化治理。

三是在法规政策方面，存在底线不明、具体要求不全、约束性不够、操作性不强等问题，缺少全面体现固体废弃物属性和固体废弃物治理要求的法律法规，不能全面、科学地规范和指导各地因地制宜地加强垃圾综合治理。

笔者认为，只有把垃圾治理上升到国家战略高度，才能解决这些普遍存在于垃圾治理领域的全国性重大问题。只有全国一盘棋，才能有效治理过度包装、过度消费，治理垃圾山、垃圾围城、垃圾围村和垃圾跨行政区划偷运偷排等"垃圾病"。

第一，调整"地方自治"政策为"地方负责，跨域合作"政策。修订"谁产生谁治理，谁排放谁治理，哪里排放便哪里处理"为"谁产生谁负责，谁排放谁负责，哪里排放便哪里负责处理"。明确区域合作机制与监督规范机制，明确项目的选址原则、选址基本方针、融资建设模式、安全卫生防护标准、规划评价与社会参与办法。鼓励结合区域一体化、都市圈一体化、新型城镇化和城乡服务一体化发展，统筹规划建设管理区域内垃圾治理基地、园区或设施。

第二，明确政府与社会的分工协作。政府要树立互动的治理理念，简政放权，做好"放管服"，保障政府、企业、公众良性互动和共治。落实排放者负责原则和生产者责任延伸制度，群策群力，促进垃圾源头减量、分类排放和回收利用。发挥市场在资源配置中的决定性作用，建立政府引导、市场导向型垃圾治理方式，支持垃圾治理全程一体化PPP模式的示范，增强治理服务供需双方的能动性，均衡治理服务供给与需求，吸纳社会资本长期投资，提高民营企业参与率。

第三，深化体制改革。整合再生资源回收利用管理职能和建筑废弃物、工业垃圾、农业垃圾、生活垃圾、污泥、医疗垃圾等垃圾治理的管理职能，归口到一个部门统一行使。同时，建立发改、国土规划、财政、环保、建设、工业、能源、物价、科技等部门的协调机制，加强部门间分工协作，提高行政效率，降低行政成本，减轻企业负担。

第四，实施全程综合治理。要推动从产生到处置的全程治理，明晰源头减量与分类排放、收运、物质利用、能量利用和填埋处置5个治理环节及其处理主体、对象、目的、时间、场所和方法等治理要素，形成先源头减量和排放控制，再物质利用、后能量利用和最后填埋处置的分级处理与逐级利用的层次结构和整体协同规律。要坚持"因地制宜、多措并举、以废治废、变废为宝"原则，整合产业链，推动综合治理。

第五，进一步完善法规政策。整合《中华人民共和国固体废物污染环境防治法》《中华人民共和国循环经济促进法》和《中华人民共和国清洁生产促进法》等法律与固体废弃物治理相关的条款，出台《中华人民共和国固体废弃物治理法》。全面体现固体废弃物的污染性、资源性和社会性，全面提出固体废弃物全程、多元、综合和依法治理要求。界定垃圾排放权与处理权，明确治理服务的分配方式。明确排放费的收费办法，制定垃圾处理的财政补贴与经济激励办法，制定生态环境补偿办法。制定治理规范、生产标准和服务标准，促进垃圾源头减量和分类处理。出台市场开放、竞争与管理办法、投融资管理办法，实施市场准入和退出标准，鼓励协同生产，增强行业竞争性，维护社会秩序、效率、正义与公平。

（刊于《中国环境报》，2017年1月18日，作者：熊孟清）

体系建设

生活垃圾处理体系建设的问题与对策

　　生活垃圾处理体系建设的问题包括忽视处理体系和处理体系建设不力两大问题。长期以来，以处理方法代替处理体系，忽视了处理体系建设的重要性；而忽视处理体系建设又导致忽视处理体系的结构、运行规律等研究，致使处理体系建设不力。本文指出辩证看待处理体系与处理方法的关系是生活垃圾处理体系建设的根本问题，也是破解处理体系建设困境的钥匙，给出了提高垃圾处理要求、运用价格杠杆和分析研究等具体的解决对策，期望加速处理体系建设。

一、辩证看待处理体系与处理方法的关系是生活垃圾处理体系建设的根本问题

　　2000 年以来，尤其是 2009 年番禺风波以来，有关生活垃圾处理的争论不休，争论话题概括为"烧与不烧"和"分与不分"，直到 2019 年，中央和国家要求普遍强制推行垃圾分类，完善垃圾分类处理体系和治理体系，争论声音才小了下来。

　　这类争论局限在诸如焚烧、分类等具体的处理方法，是典型的以偏概全，就如摸到象腿的盲人说象腿长，而摸到象鼻的盲人说象鼻长的争论一样，是不可能争论出事物真相的。相反，这种争论让听众觉得垃圾处理就只需要焚烧、分类等具体的处理方法，模糊、扭曲了处理方法与处理体系的关系，阻碍了处理体系建设，流毒四方。

　　可以讲，肃清争论造成的"以处理方法代替处理体系"遗毒，回到辩证看待处理体系和处理方法的关系的正轨，是垃圾处理体系建设必须跨过的门槛。换言之，辩证看待处理体系和处理方法的关系，是当前生活垃圾处理体系建设的根本问题，也是破解处理体系建设困境的钥匙。

　　处理体系和处理方法的关系实际上就是整体与个体的关系，处理体系是整体，处理方法是个体。我们要站在整体与个体的关系的高度上，改造我们的认识论、方法论和实践论。

　　认识上要辩证地看待处理体系和处理方法，回答是否需要且需要什么样的处理体系以及如何应用可得的处理方法构建这一体系，树立处理体系统御处理方法的理念，消除处理方法代替处理体系的错误认识。

　　实践上要着眼于处理体系建设，用"多措并举，综合处理"的体系建设代替某种处理方法一枝独秀的设施建设，寻求处理体系的最优目标，同时，充分发挥各种处理方法的作用，促进各种处理方法有机配置，实现体系的整体功能最佳。

二、唯有提倡垃圾妥善处理才能让人重视处理体系建设

处理体系是由处理方法组成的有机统一体（系统树），既可发挥处理方法的主要功能，又拥有处理方法不具有的整体功能。处理方法可以处理垃圾，但只有处理体系才能保证妥善处理垃圾，具体讲，处理体系不仅处理垃圾，还要妥善处理垃圾；而处理方法只能处理垃圾，却不能保证妥善处理垃圾。

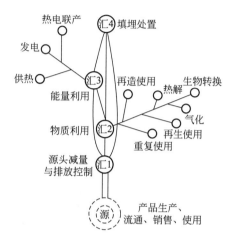

垃圾处理系统树
◌──废弃物产生源；◯──废弃物处理汇；──废弃物物流通道

所谓妥善处理是指兼顾公平与效益前提下的减量化、资源化、无害化、集约化处理，包括①处理垃圾功能，即源头减量与排放控制、逆向物流、物质利用、能量利用、填埋处置等处理；②整体功能，即保护资源、环境、生态，促进生产生活安全、有序、和谐，实现减量化、资源化、无害化、集约化（节约资金、节约土地、节约人力）和人民满意等目标最优。

源头减量是一种妥善处理方法，但再怎么减量，总有垃圾排放。对于排放的垃圾，物质利用、能量利用类的处理方法可以部分处理垃圾，也可以部分起到一定的资源、环境、生态保护作用，却不能实现功能配置最佳和目标最优。至于，填埋处置，却把垃圾全部当作无用垃圾一埋了之，且占用大量土地，造成生态环境风险。

由此可看到，具体的处理方法只具备处理垃圾功能，却不具备整体功能，难以实现垃圾妥善处理。需要且只有处理体系，综合发挥源头减量与排放控制、逆向物流、物质利用、能量利用、填埋处置等处理方法的功能，且派生出整体功能，扬长避短，发挥处理方法"1+1>2"的叠加效应，实现功能配置最佳和目标最优，才能实现垃圾妥善处理。

这就回答了是否需要及需要什么样的处理体系问题。不仅需要建设处理体系，树立处理体系统御处理方法理念，而且，要构建"多措并举，综合处理"的处理体系，实现体系目标最优，唯有如此，才能实现垃圾妥善处理。

回望农业经济时代，借助以近乎自然式的土地回用和家禽食用（饲料化）等处理方法为标志的"生态自然处理体系"，垃圾得到了妥善处理。展望工业经济时代，垃圾量

剧增，垃圾组成多样，生态自然处理体系无从应对，将需要构建以规模化、集约化、工业化的处理方法为标志的"生态工业处理体系"，方可妥善处理量大质异的垃圾。

这也提醒我们，唯有提倡垃圾妥善处理才能让人重视处理体系建设。以往只提处理垃圾，强调垃圾及时清运、消纳（供求总量平衡），这个要求太低，只要填埋或加上焚烧等个别处理方法便可达至。应将处理垃圾要求提高到妥善处理垃圾要求，逼迫垃圾处理行业重视处理体系建设。

中央和国家要求推行垃圾分类，就是要求重视和完善垃圾分类处理体系，实现垃圾及时处理且分类垃圾分类处理，实现垃圾处理供求平衡，包括供求总量平衡、分类垃圾供求平衡、垃圾时空调度平衡和资源环境保护。

三、应用价格杠杆优化处理体系

这些年，因受"处理方法代替处理体系"思潮的桎梏，把垃圾处理等同于工程建设，且厚此薄彼，表现为不惜重金建设焚烧处理设施，却几乎无视物质利用设施的建设，使垃圾处理体系建设顾此失彼，状况不断，典型问题有：

问题一，设施处理能力不足，不能满足垃圾处理总需求，"垃圾围城"警报声不时响起；

问题二，分类处理能力不匹配，不能保证分类垃圾分类处理，"前分后混"遭人诟病；

问题三，处理服务价格乱象频生，成为社会热议话题，如焚烧发电处理费大起大落和成倍差异，不仅各项目的中标价存在成倍的差异，而且即使同一项目的投标价也存在成倍的差异，又如厨余垃圾厌氧发酵制沼气处理费高于焚烧发电处理费，使得垃圾处理的综合单价因推行垃圾分类反而提高，让人费解。

价格乱象源于政府采用的以工程项目的建设运营成本导向的实证定价法，是对具体项目定价，而非出于处理体系建设需要对处理方法定价。这种定价不是供求均衡价格，不能反映处理方法的替代优势或短板，也不可能是最佳价格，虽然受企业欢迎，却损失了消费者和全体纳税人的利益，弊端太多，急需治理。

鉴于治理价格乱象的需要，而价格又是资源配置的敏感因素，价格变动会引起投资、垃圾处理方式和垃圾流向等的变动，正好可以从改变定价方法着手，运用价格杠杆来调整垃圾处理方法，以达优化处理体系的目的。

有关研究表明，可以基于供求过程优化组合，对处理方法定价，实现总处理费最低；再以此为基础确定垃圾排放费的征收标准和补贴标准，保障消费者和全体纳税人的利益。

这种定价法可以在满足垃圾处理总需求的前提下，保证各处理方法在各自适用的需求区间内都能按市场规律独立运行并获得各自的最大收益——这是构建"分级处理体系"的理论基础。

"分级处理体系"体现先物质利用、再能量利用和最后填埋处置的"分级处理"层次，而且，充分发挥各种处理方法的作用，既不压制任何一种处理方法，也不以损失一种处理方法的收益为代价去增大另一种处理方法的收益。

四、加强分析研究保障垃圾处理体系顺时应物

处理体系自身是一个复杂的有机统一体，又与外部环境发生作用，需要加强分析研究，掌握处理体系现状，处理体系内、外变化规律及其相互作用，据此建设顺时应物的垃圾处理体系。

处理体系现状是处理体系建设的出发点。评价现状时应重点评估垃圾处理满足度、处理方法配置离散度和垃圾处理弹性，以确定各种处理方法的需求。

垃圾处理体系的内部变化规律是处理体系建设必须尊重的客观规律。处理方法从于处理体系发挥作用，但处理方法的欠缺和欠佳将损害处理体系的整体功能，而且，处理体系内部各处理方法的竞争是常态，应合理配置处理方法才能让处理体系发挥"1+1＞2"的叠加效应。

适应处理体系的外部变化是处理体系建设的目的。处理体系应具有抗外部冲击能力，只有在外部变化时能做到顺时应物的处理体系才有建设意义。分析研究诸多外部变化时尤其要注意人口、经济承受力、生活习惯与秩序的变化和环保标准、环卫标准、综合利用标准的变化对处理体系建设提出的要求。

参考文献

[1]　熊孟清,隋军.固废治理理论与实践研究［M］.北京：中国轻工业出版社，2015.

[2]　熊孟清.运用价格杠杆优化垃圾处理资源配置［N］.中国环境报，2013.

[3]　熊舟,熊孟清.固体废弃物治理的综合方案及其决策［J］.城市管理与科技，2013（01）：64-67.

[4]　熊孟清.垃圾处理评价应增加两个指标［N］.中国环境报，2016.

[5]　熊孟清,熊思沅.垃圾焚烧发电项目中标价为何大起大落？［N］.中国环境报，2019.

（刊于《环卫科技网》，2020 年 4 月 11 日：作者：熊孟清）

垃圾及垃圾处理的典型错误

垃圾治理是一种公共事务,其服务性产品具有共用性或公益性,然而迄今为止,在垃圾与垃圾治理问题上,国内一直缺少理论依据和实践指导,不能将"垃圾处理"上升到"垃圾管理"和"垃圾治理"的高度上来,导致垃圾处理的重要性一直得不到社会公认,阻碍了垃圾处理行业的发展。

一、淡薄垃圾是污染物,夸大垃圾是放错地方的资源

《中华人民共和国固体废物污染环境防治法》明确规定垃圾是污染物,造成环境污染和视角污染,而且垃圾这类固体污染物流不走也飘不走,不及时处理处置将导致垃圾围城。

垃圾只是一种低品质资源,其回收利用需要财政支持和社会支持;垃圾的资源价值不能被夸大,垃圾是消费者丢弃的不宜继续使用的废弃物,其资源化利用是有条件的。

二、强调垃圾是消费的产物,忽视垃圾也是生产的产物

垃圾的产生不仅有消费者的因素,还有企业因素。一部分垃圾是消费不当所致,但相当大一部分垃圾,虽经消费者之手废弃,其实却源自产品规划与设计、制造、流通和销售环节。企业追求产品的个性、舒适性、便利性、趣味性和高利润,或产品规划与设计不当,都会导致垃圾产生。企业对垃圾的产生负有不可推卸的责任,是垃圾的重要源头。

三、重视末端垃圾处理处置,轻视垃圾全过程管理

以往只重视垃圾出路,不问垃圾怎样产生,而且,要求"日产日清",产生多少垃圾就拉走多少垃圾、处理多少垃圾,致使垃圾转运负担和垃圾处理处置负担日益加重,以致设施不堪重负,直至垃圾围城困局出现。

要从重视垃圾处理转变到重视垃圾管理,再转变到重视集体选择和公众参与的垃圾治理,着手推动垃圾治理市场化和私有化。把垃圾治理纳入公共事务的重要内容,确保垃圾处理可持续发展。

四、强调招商引资和市场化，忽视公益性和集体选择

中国垃圾处理产业化过分强调了市场、融资方式与垃圾处理工艺技术等这些具体细节问题，把产业化等同于市场化、私有化，甚至招商引资，没有重视新主体和新思维的导入问题等。结果是，垃圾处理设施建设严重滞后，服务不能满足社会需要，财政负担没有丝毫减轻，垃圾围城迫在眉睫，不仅没有形成具有中国特色的垃圾处理产业化道路，反而使一些城市开始否定产业化方向。

只有纠正长期以来对垃圾及垃圾治理的错误认识，把垃圾治理当做公共事务治理的重要内容，让垃圾治理既不成为"决堤的洪水"，也不成为"围堤的死水"，才可使之既服务于社会经济发展又促进社会经济发展。

（刊于《羊城晚报》，2010 年 12 月 21 日，作者：熊孟清，尹自永）

完善垃圾治理体系
应解决哪些问题？

垃圾治理是政府与公众良性互动基础上的多元治理、全过程治理和综合治理。从垃圾处理、管理到治理，需要理顺政府与公众之间及其与市场之间的关系，优化资源配置，完善治理体系，让垃圾治理成为社会治理的重要内容。

但垃圾治理面临来自政府、公众及市场的固有问题。一是因政府决策失误、运转失灵、行政特许等因素导致的行政失当问题，典型现象是行政特许助长垄断产生。二是因人的"理性经济人"和"非理性社会人"的双重心理及其与垃圾治理的一些固有特点交织作用所导致的社会失灵问题，典型表现有邻避效应、旁观者效应和搭便车效应，以致出现集体冷漠和集体抵制局面。三是因垃圾特性、不完全竞争、外部性、公共物品、信息不对称等因素导致的市场失灵问题。

垃圾治理体系建设应着力避免和消除以上垃圾治理中的固有问题。为此，笔者提出以下策略：

要建章立约，规范责任主体的行为。健全由法制、集体契约和个人道德操守组成的规范体系，落实污染者负责、治理者获利、消费者付费、受益者补偿与受损者受偿原则，落实生产者责任延伸制度，倡导公众"减量、分类、回收、自治"的行为规范，促进垃圾处理法治化和社会自治。

要划片治理，缩小治理规模。推行属地管理和划片治理，缩小治理范围与规模，抑制旁观者效应和邻避效应，减少被代表和被服务的现象，增强区域之间和垃圾处理者之间的竞争，提升行业竞争力，降低外在成本，促进社区自治、区域自治、行业自治和社会自治。

要整合主体，内部化垃圾处理的外部性。整合垃圾排放者和处理者，消除垃圾处理的供求分离，通过垃圾排放的外部不经济消化垃圾处理的外部经济。整合不同的垃圾处理作业，捆绑经营盈利与无利的垃圾处理作业，合并外部不经济性的生产企业与外部经济性的生产企业，建立健全多措并举的综合治理体系，倡导先源头减量与排放控制，再物质利用、后能量利用和最后填埋处置的分级处理原则，均衡发展垃圾治理的各环节。

要公开信息，方便社会监督。坚持程序和实体的信息公开，坚持垃圾处理决策、设施建设与营运信息公开，鼓励社会监督垃圾治理的各环节，确保公众拥有知情权、表达权和监督权。

要善用经济手段，引导垃圾处理产业健康发展。建立科学的垃圾处理行业价格体系，打破垄断，提高资源配置效率，保证垃圾处理供求均衡，保证处理者合理盈利。完善垃圾处理收费制度和财政补贴制度，稳步推行垃圾排放按类计量收费办法，促进源头减量与排放控制，逐步消除供求分离。制定可操作性强的生态补偿办法，保证补偿费收支平衡，补偿处理设施周边发展机会的损失，减少邻避效应。建立产权确认与交易平台，对垃圾处理服务性产品进行确权，减少垃圾排放与处理的外部性。

要坚持市场导向，避免行政失当。以市场为导向，整合垃圾处理产业链，减少政府干预，将政府干预限制在社会失灵或市场失灵的场合，并依法进行干预。在公共部门引入竞争机制，如国有企业与私有企业同台竞争，并公开成本，降低政府行为的外在成本。建立健全公共部门经济激励机制，提高公共部门的工作积极性。

附注：社区自治

一、社区自治的定义

社区自治是指社区组织根据社区居民意愿形成的集体选择并依法管理社区事务，包括涉外事务和内部事务。涉外事务主要有国家和地方政策法规与标准的贯彻落实、社区管理与城市管理的对接、社区代表的履职监督等；内部事务包括社区内部管理、服务和教育。社区自治的基础是社区居民形成集体选择，而集体选择符合国家和地方政策法规与标准，社区自治的手段是征集民意、集体抉择、管理和监督，社区自治的出发点是社区居民的意愿，其目的是维持社区民主生活，社区环境卫生与容貌，社区积极参与社会管理的风气，向社区居民提供广泛、公正和优质的服务。

二、社区自治的原则

（一）社区组织

社区自治首先要有一个权威性的社区组织。社区组织对外代表社区形象和利益，反映、落实社区呼声，对内维护社区团结，落实社区"管理、服务、教育" 3 项自我功能。因历史原因，政府扶持的社区居委会担当了社区组织角色，实施人事、财务、服务、管理、教育自治和社区居民自治功能。当前，很多社区没有形成权威，更没有形成以权威为骨干的社区组织；在没有权威和代表社区利益的社区组织条件下，社区自治只能是一种奢望。

（二）集体选择

社区自治的基础是社区居民形成集体选择。集体选择代表社区多数居民的利益，并照顾到弱势居民的利益。只有社区居民意愿形成了社区意愿的集体选择，而政府尊重社区集体选择，集体选择才能得以实施。当前，存在少数菁英绑架社区意愿现象，原因在于缺少集体选择这一民主程序。

（三）有效监督

确保社区自治事务公开、公平、公正实施，必须建立有效监督机制。社区自治事务是公共事务，极易成为人人享受却极少人关心的事务，出现"搭便车"和"不合作"现象，如没有有效监督机制，很难从一而终。为了实现有效监督，必须建立分级制裁机制，明晰管理、作业、监督等责任主体，分工协作，分级制裁，确保社区自治事务逐级落实。

（四）冲突协调

社区居民组成复杂，存在或多或少的矛盾甚至冲突，需要建立低成本冲突协调机制。这不仅要平息矛盾与冲突，而且要做到低成本，人海战术成本太大，强制解决后续影响太不正面，关键还得建立一个集体选择的冲突协调机制。

三、社区各种组织的关系

目前，社区存在多种组织，如社区居委会、物业管理公司、业主管理委员会、相关的社会组织（志愿者组织等），甚至还有部分居民成立的这样或那样的组织，需要理顺各种组织之间的关系。

重要的关系有：街道办与社区居委会之间的关系，社区居委会与物业管理公司、业主管理委员会之间的关系，物业管理公司与业主委员会之间的关系，社区内组织与社会组织之间的关系。社区公共事务须在一定原则指导下，制定符合社区实际的制度与规则，确保民意反映渠道通畅，民意形成集体选择，社区各组织自我规范与协同活动，体现公开、公平、公正原则，权衡公平与效益、公益与私利，社区自治方可充满活力。

（刊于《中国环境报》，2014 年 9 月 26 日，作者：熊孟清）

广州市固废治理的主要问题与基本任务

城市运转过程产生大量固废，从产品的生命周期看，产品的设计、制造、流通和消费等过程都会产生固废，从城市功能布局看，住宅区、商业区、工业区、农业区、市政设施、户外空地等也都会产生固废，广州市固废主要有十类：生活垃圾、建筑垃圾、城镇污水处理厂污泥、动物尸骸、粪污、医疗垃圾、电子垃圾、工业废弃物、废弃车辆、特殊废弃物。这些固废流不走，飘不走，需要及时、妥善处理，但广州市固废治理严重滞后于社会经济发展，面临垃圾围城困局。固废治理成为各级政府的重要议题。

一、广州市固废治理的八大主要问题

广州市固废治理形势严峻，具体表现在以下八个方面。

（一）固废源头减量任务迫切

2011 年，广州市万元 GDP 固废产量约为 0.30 吨/万元，尚有较大的削减空间，固废源头减量应受到更多重视。

（二）收运体系不健全

生活垃圾、建筑垃圾、污泥、医疗垃圾、电子垃圾、特殊废弃物的收运环节存在收运模式单一、队伍混乱、申报制度不健全、服务水平低，甚至存在盗窃、偷倒偷排现象、监管制度不全、监管不到位等问题，目前，电子垃圾及大件家具还没有规范的专业收运队伍，医疗垃圾收运过程中流失现象严重，乡镇农村垃圾收运率低，城乡垃圾处理服务水平存在较大差异，回收站点、分选中心、集散市场"三位一体"的再生资源回收体系尚未建成，亟须完善收运体系。

（三）各类废弃物分流不彻底

部分家庭装修的建筑垃圾、小微企业的工业废弃物、大排档的餐饮垃圾、园林绿化的树枝树叶、动物尸骸、粪污，甚至一些特殊废弃物混入生活垃圾，亟须做好分流处理。

（四）处理能力不足

广州市生活垃圾日产量已达 1.8 万吨，但目前在运行的处理处置设施的设计能力仅有 3200 吨/日，兴丰填埋场长期超负荷运行，其库容于 2014 年底用完，新设施建设处处遇阻，广州市面临垃圾围城困局，一些专家警告广州市没有垃圾围城资格，实际上，广州市面临垃圾围城困局，形势异常严峻。建筑垃圾、电子垃圾、废弃车辆没有规模化的处理设施。城镇污水处理厂污泥日产量已高达 2000 吨（含水率 80％），目前仅由越堡水泥厂协同处置约 500 吨/日，仅满足 25％污泥处理需要。动物尸骸（日产量约 100 吨）、粪污（日产量约 3000 吨）处理能力缺口高达 60％以上。医疗垃圾（日产量约 50 吨）处理能力缺口达到 50％，医疗垃圾焚烧设施建成于 20 世纪 90 年代初，亟须升级改造。全市没有危险废物安全处置设施，生活垃圾焚烧处理产生的飞灰固化块目前暂存在生活垃圾卫生填埋场内。广州市固废处理能力亟须提高。

（五）各种处理方式的比例不协调

广州市 91％生活垃圾填埋，仅 9％的生活垃圾焚烧和生化处理，各种处理方式均未达到生态产业链所要求的比例，垃圾处理的各个环节发展不协调，亟须增大焚烧和生化处理比例，协调推进垃圾处理各个环节；医疗垃圾仅有焚烧处理一种方式，处理方式单一，亟须开发资源化利用途径；污泥、粪污、厨余垃圾资源化利用途径也亟待开发；大件垃圾、废弃车辆零部件再制造技术有待推广应用。

（六）经济杠杆调节作用有待加强

广州市固废处理服务市场有待开发和开放，一方面行政主导有待加强和优化，同时，行政引导也有待加强和优化，尤其是应尽快完善经济手段，发挥经济杠杆的调节作用，当前，亟须出台企业服务成本回收机制，建立综合单价核算办法，建立垃圾及其衍生品的资源交易机制和平台，出台垃圾处理阶梯式计量和经费包干管理办法，调动垃圾产地参与垃圾治理的积极性；出台减量与分类排放控制机制，激励源头减量和分类排放。

（七）政府与社会的责任有待厘清和细化

从我们习惯讲"垃圾处理"可以看出，我们一贯重视垃圾处理作业，轻视了固废管理，以后应统一提法，如重点谈处理作业，便称之为"垃圾分类处理"，不仅要处理，还得分类处理，如侧重在政府作用时，称之为"垃圾管理"或"固废管理"，如侧重于强调社会作用时，宜称之为"垃圾治理"或"固废治理"。当今趋势要求我们从"处理"思路转变成政府与社会共同"治理"的思路。亟须调动社会力量参与的积极性，提高社会自治能力，前提就是需要厘清和细化政府与社会的责任。

（八）乡镇农村垃圾处理服务水平亟待提高

广州市共有 35 个镇，1120 个村，农业人口 218.9 万人，分布在白云、萝岗、南沙、番禺、花都 5 个区和从化、增城 2 个县级市，每日产生垃圾约 2200 吨。萝岗、花都 2 区所属的 8 个镇农村垃圾全部纳入区环卫部门统一收运，南沙、番禺 2 区的垃圾由镇、村或第三方收运队伍负责收运，白云区、从化市、增城市部分镇纳入统一收运，增城市正果镇垃圾基本未纳入垃圾收运体系。垃圾转运站大多为简易型，甚至垃圾只是露天临时堆放而无任何建筑物。垃圾转运多采用人力车或农用拖拉机，运输效率低下，且垃圾运输途中抛洒滴漏现象普遍，二次污染严重。垃圾随意堆放或就地简易处置触目惊心，从化市吕田镇和鳌头镇、增城市正果镇等垃圾均在本镇建议处置，污染极其严重。含乡镇农村垃圾的 7 个区（县级市）垃圾无害化处理率仅 50.8％，镇农村垃圾无害化处理率甚至低至 24.1%，乡镇农村垃圾处理服务水平亟待提高。

固废治理还存在其他很多问题，需要结合各自行业找问题，我们要把问题找准找全，然后系统细分，找出主要问题，找出主要问题的主要特征。

二、广州市固废治理务必完成的八项基本任务

鉴于上述问题，广州市必须尽快完成八项基本任务，政府主导，发挥行政调节作用，扭转固废治理的被动滞后局面，优化固废治理体系。

（一）务必做到分流处理

务必做到生活垃圾、建筑垃圾、医疗垃圾、园林绿化垃圾、工业垃圾、特殊废弃物及大件垃圾与餐厨垃圾分流处理；下列五类有害固废必须分开处理：

第一类，毒性废弃物：石棉、农药、有机溶剂、重金属、砷、氰化物、二噁英、其他；

第二类，感染性废弃物：来自医疗机构、医事检验所、医学研究单位、生物科技研究单位等；

第三类，腐蚀性废弃物：pH≤2.0 或 pH≥12.5；

第四类，含 PCB 废弃物：含多氯联苯的电容器、变压器、印刷电路板及其他 PCB 污染物（PCB≥0.003）；

第五类，放射性废弃物。

（二）务必做到生活垃圾分类处理

坚持从减量、分类、回收，到无害化焚烧、生化处理、填埋处置的技术路线，协调推进减量与分类排放、分类收集、分类运输、分类利用（餐厨垃圾生化处理、经物质回收后的其他有机质焚烧处理）和填埋处置；本着先易后难的原则，推行生活垃圾二级分类和"定时定点，直收直运"分类收运模式；用 3 年时间建设足够处理能力的餐厨垃圾生化处理设施，满足餐饮垃圾和厨余垃圾处理的需要；建设足够处理能力的焚烧发电厂，建设足够库容的满足炉渣处置和应急所需的填埋场。

（三）完善收运体系

组建和规范大件家具家电、餐饮垃圾、建筑垃圾、医疗垃圾、动物尸骸、粪污收运队伍，建设满足特殊收运需要的特殊废弃物收运能力，推行联单转运制度。

（四）完善再生资源回收体系

建立城乡回收站点、分选中心、集散市场"三位一体"的再生资源回收体系，建设主要废旧商品二手交易网络平台，推动废旧商品再利用，实现再生资源回收与固废及生活垃圾分类对接。

（五）增大处理能力

增大生活垃圾、建筑垃圾、城镇污水处理厂污泥、动物尸骸和粪污资源化处理能力。

（六）建设经济调节平台

出台生活垃圾处理阶梯计量和经费包干管理办法，出台垃圾处理服务成本核算办

法，出台再生资源价格稳定机制，出台减量与分类排放控制机制，建设垃圾及其衍生品（再生资源、能源、排放权、处理能力等）资源调节与交易平台，完善生态补偿机制。

（七）构建政府与社会共治模式

厘清与细化政府与社会的固废治理责任，制定完善的各级政府之间及政府与社会之间协同参与的推行机制，科学开发和开放固废治理综合服务市场，尤其是生活垃圾收运服务市场和餐厨垃圾处理服务市场，创新固废处理项目投融资模式，吸收社会力量参与，发挥市场的导向作用和政府的宏观调节作用，提升社会自治能力，提高政府管理水平和服务水平，促进固废治理法治化、社会化、产业化，实现固废政府和社会共治。

（八）落实惠民措施

做足做好公众工作，提高公众认识，让设施周边居民享受一些免费服务和经济补偿；同时，提高固废处理设施的建设营运标准，把设施建设成社区开放中心，发展循环经济，真正做到社会效益、环境效益、经济效益三统一。

（刊于《广州城市管理》，2012（3）：36-37，作者：熊孟清）

对垃圾处理讨论的再认识

此番关于垃圾焚烧发电厂选址的讨论加深了政府、非政府组织和公众对垃圾处理和垃圾管理的认识，形成了垃圾分类回收与资源化利用、垃圾处理与环境保护相协调等正面共识，展现了垃圾及垃圾处理设施的邻避现象，给政府提出了向社会提供广泛、公平和优质公益服务的更高要求。回顾整个讨论过程，梳理思路，笔者觉得有下面 4 个转变需要强调。

一、从垃圾处理、垃圾管理到垃圾治理

传统上，我国政府及其公共部门主要关心已排放垃圾的出路问题，组织机构对垃圾收运、处理处置作业进行设置，政府担当了垃圾处理作业主体角色，而弱化了政府的管理功能。随着垃圾产量和特性的变化，垃圾问题日益成为城市管理的重点和难点，政府重处理作业轻管理的弊端日益彰显，在这种背景下，社会上出现了要求政府从垃圾处理主体转换成垃圾管理主体的呼声。

垃圾处理是一种公共事务，具有一定的公益性，需由政府购买服务并分配给全社会。垃圾来自于民，垃圾处理服务于民，从垃圾产生、处理到处置的全过程都需要全民参与作业与监督。但垃圾处理具有典型的邻避效应，容易出现搭便车、人人受益而又最少人关心和不合作等现象，依靠传统意义上的"长者式"行政强制管理极易造成社会抵触，国内外多次抵触事件也表明强制性管理不利于构建起可持续发展的垃圾处理产业。现代社会需要的是政府、非政府组织和社会力量参与的多主体垃圾处理产业体系，政府提供社会力量参与平台和服务平台，推动、规划、引导、规范和监督垃圾处理产业健康发展，确保向社会提供广泛、公平和优质的垃圾处理服务。因此，需要政府再一次从垃圾管理思维转换成垃圾治理思维。

二、从焚烧、分类到垃圾处理产业体系

传统上视垃圾清运、填埋，再加之时兴的混合垃圾焚烧发电为垃圾处理主要作业，以垃圾处理服务为重，但随着社会经济发展水平不断提高，垃圾产量不断增大，垃圾成分和特性也从无机为主变化为有机为主，填埋产生的垃圾渗滤液遂成为棘手问题，焚烧含氯塑料产生的二噁英污染成为忌讳话题，就在以填埋和焚烧为主的争议声中，垃圾和垃圾处理设施潜在的邻避效应不知不觉彰显出来，垃圾处理的窘境也不知不觉从"垃圾

围城"演变成"垃圾填城"。

其实,对于已排放垃圾的处理,问题不在于是否需要填埋或焚烧,关键在于构建怎样的流程或逻辑关系。填埋是必须的,总有无用垃圾需要填埋,广州市应优先建设填埋场,确保2012年后垃圾及时消纳;焚烧回收热能也是有必要的,那些不能物质利用的有机质经过焚烧回收热能也是资源化利用的一种方式;但应该认识到,热能回收的效率终究较低,目前为止,混合垃圾焚烧发电的热效率不超过24%,所以,在可能的条件下,应优先开展物质回收利用,而且,物质利用应遵守先物质重复使用(再利用)再二次原料开发利用(物质再生利用)的顺序;当然,无论是物质利用、能量利用,还是填埋处置,其前提是必须进行垃圾分类收运,其选择、过程与目标都必须与环境保护相协调。

另外,垃圾处理不仅仅只是已排放垃圾的处理,源头控制垃圾排放量和种类才是积极的垃圾处理作业。垃圾排放权交易融政府宏观调节和市场调节于一体,是控制垃圾排放的有力手段,并有助于完善生态补偿机制和推动垃圾处理跨域合作。最后,需要强调的是,垃圾处理的主体包括政府、社区、企事业单位和居民,但在垃圾处理的不同环节中,这些主体的作用是有所不同的。

总之,我们不应纠缠于具体的处理处置环节与方法,应从产业体系高度系统讨论,垃圾处理应坚持"政府引导、社区组织、企业参与、因地制宜、自产自消、源头控制、资源回收利用"等原则,而资源回收利用方面又应坚持"物质回收利用先于能量回收利用"的原则,从实际出发,调动政府、社区和企业力量,鼓励公众积极参与,构建以垃圾排放权交易、资源回收利用和填埋为代表的,可操作性强的垃圾处理流程和作业方法,搭建发展决策、协调统筹和作业管理组织机构,催生可持续发展的垃圾处理产业,完善垃圾处理产业的支撑体系。

三、从邻避现象到迎臂现象

消除垃圾处理的邻避现象,推动跨域合作,根据本地区各区域的功能定位和空间形态合理布局垃圾处理设施,充分利用现有优势,避免重复建设,是垃圾治理的一个重要任务,也是垃圾治理的一个重要目标。如何消除垃圾处理的邻避现象并培育迎臂现象应成为讨论课题之一。

推动垃圾处理跨域合作需要克服的障碍不少,但垃圾处理跨域合作也有很强的可操作性和紧迫性。垃圾中含有大量有用资源,而资源紧缺是目前生产面临的一大问题,资源跨域(城)流动总是受欢迎的,这是垃圾处理跨域合作的客观基础。只要跳出以末端处理为核心的传统模式,构建以有用垃圾回收利用为核心的垃圾处理产业体系,向社会提供公益服务、环境资源和物质资源(包括能量),将垃圾处理产业由公益服务业转化成物质生产的基础产业,垃圾处理将不仅能够消除邻避效应,还将产生迎臂效应,这正是推动跨域合作的前提。

除构建以资源回收利用为核心的产业体系外,还应完善生态补偿机制,将以往多采用的暗补改为机制性明补。受区域空间形态和经济功能分区等因素制约,垃圾处理设施多建在经济欠发达的偏远区域,且处理规模不断增大,这导致垃圾和垃圾处理设施的邻避效应愈发彰显，致使垃圾处理跨域合作更加困难，垃圾处理设施建设征地越来越艰辛，其引发的社会矛盾也成为群发事件潜在热点。以广州市垃圾处理为例，白云区受纳了中心城区所有垃圾，为其它行政区提供了环境容量和垃圾处理服务，其它行政区因白云区的贡献获得扩大社会再生产的必要条件。遗憾的是，白云区并未因此获得经济效益，而且，因建设垃圾处理设施失去的发展机会也未获得补偿，这极大地挫伤了白云区建设垃圾处理设施的积极性。相反，其它行政区在扩大再生产的同时生产出更多垃圾，但并未因此多支付垃圾处理费，这又负面地鼓励了这些行政区推卸垃圾处理责任。广州市垃圾产量逐年按 5％增加， 2008 年中心城区垃圾日产量高达 7900 余吨，日处理能力缺口高达 5000 吨，而新设施的建设规划至今无法落实。

此外，还应完善垃圾处理产业的科技政策，科学制定垃圾处理的技术路线，提升行业的科技水平，并加大宣传力度，消除公众的心理恐惧，引导公众全面认识垃圾处理政策、现状与发展趋势，这也是促使垃圾处理从邻避现象到迎臂现象的必要手段。

四、从服务于社会经济发展到既服务又促进社会经济发展

垃圾治理必须既服务于社会经济发展又促进社会经济发展。发展是第一要务，一切社会经济活动根本出发点和目标都是社会经济发展，垃圾治理也不例外。垃圾治理应妥善处理垃圾和垃圾引发的社会矛盾，为社会经济发展提供必需的资源环境，为生产与消费解决后顾之忧；社会经济的进一步发展反过来又促进垃圾治理系统升级。同时，垃圾治理还应引导生产与消费方式的变革，并在节约与保护资源环境方面发挥积极作用，以此促进社会经济发展。

政府、媒体应积极引导公众全面讨论垃圾治理问题，找到适应本地区实际情况的垃圾治理办法，加强产业规划，提升公众参与水平，确保规划落地实施。相信此番讨论将促进政府提高公共事务治理水平。

（刊于《广州日报》，2009 年 12 月 21 日，作者：熊孟清）

固废治理不是埋就是烧？

随着工业化、城镇化不断发展，社会生产和生活产生的固体废物越来越多，固废治理的重要性已经得到广泛认同，但一些地区固废治理思路仍比较局限，非要在填埋、焚烧、生化处理中争出个优劣不可。

其实在新形势下，固废治理方案决策应系统考虑各种判断准则的重要性，运用经济、科技和行政手段，因地制宜、多措并举，结合实际提出固废治理综合方案，而不能再像以往那样简单地采用非埋即烧或"焚烧为主，填埋为辅"的处理方案。笔者认为，具体来说，固废处理应注意以下几点：

判断准则更加系统。固废治理判断准则是确定固废治理方案的依据，也是开发固废治理方法时必须遵循的一般性原则，是社会经济发展对固废治理的具体要求。

在当前经济社会发展形势下，固废治理的主要准则有无害化、资源化、减量化、节约土地、节约资金和居民满意6项。居民环境意识强的地区会强调居民满意度，土地紧缺地区要优先考虑节约土地，资源贫乏地区优先考虑减量化和资源化，经济发展落后地区则会优先考虑节约资金。因各地实际情况存在差异，6种判断准则的重要性排序也将存在差异。

治理方法更加多样。固废治理方法包括两类，一类是软方法，主要指经济手段、科技手段和生产者责任延伸制度。另一类是硬方法，目前可以商业化应用的硬方法有固废分流分类、物质回收利用、热转换、生物转换和填埋处置。

各种治理方法的重要性各不相同。热转换可以节约土地，但投资较大，而且极不受居民欢迎；生物转换和填埋节约资金，但占地较大；物质回收利用和生产者责任延伸制度居民满意，但无害化难以保证；分流分类是资源化前提，节约资金，但不能减量化；经济手段和科技手段对其他6种方法都将产生巨大的积极作用，且具有同等重要性，而且，其对固废治理的作用大于其他6种治理方法的任何一种。

治理方案更加综合。新形势下，固体废弃物治理方案应呈现以下特性。

一是多法并举，综合治理。要同时采取软方法和硬方法，推进垃圾分流分类，提高物质回收利用率，加快热转换、生物转换和填埋处置设施建设。

二是各地应加大力度研究落实经济手段、科技手段和生产者责任延伸制度，这是头等重要的任务，经济欠发达地区尤其应注重软方法的应用。

三是分流分类和回收利用相较于热转换、生物转换或填埋具有一定的优势，做好分流分类和回收利用有利于更好地发挥热转换、生物转换或填埋的优势。

　　四是热转换、生物转换和填埋中的任何一种都不具有明显的优势，不存在谁先谁后、谁好谁差的选择问题，没必要纠结在三选一的问题上。只有在土地极度紧张地区，热转换才稍具优势。填埋场作为一种应急设施，应具有一定的填埋库容。

　　五是对于那些公众参与意识较强的城市，应优先推进回收利用，同时推进垃圾分流分类，适当提高热转换比例，以适应土地日益紧张的要求。

　　固废治理先进国家和地区的经验表明，固废治理必须采用多措并举的综合方案。德国、韩国和我国台湾地区早期采用填埋或焚烧为主、填埋为辅等处理方案，处理设施的建设速率跟不上垃圾产量的增加速率，后又推进源头减量，仍然解决不了垃圾消纳难的问题。只有综合利用经济、科技、行政手段，才能实现固废治理可持续发展。

　　　　　　　　（刊于《中国环境报》，2013 年 3 月 27 日，作者：熊孟清）

世博教我们怎样处理垃圾

世博会从3个方面启发我们该如何治理垃圾:世博会展示了世界各地垃圾处理的发展历史,提供了一个反思垃圾处理方式的舞台,同时,世博会本身展示了垃圾处理的最新理念。1998年里斯本世博会强调垃圾分类回收,2000年汉诺威世博会突出源头减量和循环利用,2005年爱知世博会提出3R理念以"不让垃圾走出会场",2010年上海世博会则给出了现实面前追求垃圾"零废弃"的勇气,垃圾处理需要在现实与理想之间做出有利于"让生活更美好"的选择。

垃圾是废弃物,可垃圾中又含有可利用的资源,回收利用需要财政支持和社会支持。如何权衡个人与社会、公益与私益、发展与保护、社会化与严格监管等矛盾?只有把垃圾治理列入公共事务的重要内容,视垃圾处理产业为社会经济发展的重要产业,才能让垃圾处理既服务于社会经济发展又促进社会经济发展,确保垃圾处理产业可持续发展。

一、跳出粗放处置模式,建立精细化的垃圾处理产业链条

垃圾治理必须跳出传统粗放型处理处置模式,强调源头减量、物质利用、能量利用和填埋处置并举,把作业重点放到垃圾排放控制和有用垃圾回收利用,不仅需要重视末端作业,更要从产品规划、设计、生产、分配和消费等全过程来设计垃圾处理的各个环节。有3点必须强调:一是促进清洁生产,实现源头垃圾减量;二是发展循环经济,保护资源环境;三是依法治理,确保垃圾处理产业有序推进。

垃圾是消费的产物,同时也是生产过程的产物。生产者将不能消费的物质附加到产品上,经由消费者丢弃,形成产品废弃物。应提倡清洁生产,减少产品废弃物;改进规划和设计,使用清洁能源和原料,采用先进的工艺技术与设备,改善管理,推行综合利用等,提高资源利用效率,减少或者避免生产、服务和产品使用过程中垃圾的产生和排放,从源头实现垃圾减量。总之,应将垃圾减量和排放控制措施应用到产品规划、设计、制造、包装、运输、交换、消费和报废处理等环节,节约和保护资源环节。

另一方面,需要加强垃圾回收利用,发展循环经济。台湾省台北市以"资源循环、永续社会"为展览主题,获选进入上海世博会最佳实践城市之一。台北市以45%的资源回收率,向国际展示了台北城市的美好生活。台北市利用行政强制力量和社会力量,于1996年强制推行垃圾分类,在短短3年内取得显著效果,为资源回收利用奠定良好

基础。 2003年3月至4月，台湾永续发展促进会广邀环保团体、民众和专家学者等，主持召开了6场废弃物政策高峰会，提出了"停建垃圾焚烧厂""废弃物清理信息公开与稽查管理"和"回收与废弃物政策规划与检讨"三大诉求及49项建议，顺势推动"零废弃"方案。

"零废弃"方案以源头减量、资源回收利用为主，搭配中间处理及最终处置为未来垃圾处理的执行方向，预定目标为：2016年整体资源回收率达60%，垃圾减量为2008年的70%（即垃圾产生与清运量为2008年的30%）。为推动"零废弃"方案，台湾推行资源回收利用法、强制垃圾分类、资源回收利用与推动垃圾费随袋征收等政策工具，完善垃圾收运体系，提升回收处理技术和垃圾焚烧技术，建设垃圾资源化处理设施，畅通回收管道，强化厨余垃圾、大件垃圾、炉渣，及其他不可燃、不适燃及资源垃圾的分选、回收与利用，逐步提高资源回收利用率，并建设环保科技园，逐步推动绿色设计、绿色消费及绿色采购等措施，强化源头减量。台湾资源回收方案有效减少了垃圾清运量，提高了资源回收率，并且改变了清运垃圾的组成和特性。2002年垃圾统计资源显示，清运垃圾中不可燃物质仅占9.6%，可燃物质占到90.4%，其中厨余类占23.3%，纸类30.0%，塑料类占20.2%，提高了清运垃圾的热值，有利于提高焚烧效率和焚烧设备使用寿命。

发展循环经济需要打破传统的以产品组织生产资料的正生产的模式，更多地采用逆生产模式，即根据资源或有用垃圾特性确定产品的规划、设计及生产工艺技术，使生产活动符合"低投入、低消耗、低排放和高产出"的特点。

二、政策应为垃圾处理产业可持续发展作保障

垃圾处理产业具有公益性，其主体包括政府、非政府组织、社区、企业、家庭和居民，涉及社会经济发展与资源环境保护、公平与效益平衡等问题，需要依法治理。

垃圾治理需要政府行使行政强制和财政支持等手段，引导、主导和参与垃圾处理产业化进程，加速垃圾处理产业化，确保垃圾处理产业可持续发展。一是建章立制，完善法律法规、集体契约和个人操守体系；二是公正执法，公正而广泛地分配垃圾处理服务，降低法治成本；三是搭建政府服务平台和公众参与平台，使公众养成可持续消费习惯，自觉参与到垃圾治理立法、执法和监督过程；四是逐步形成政府监管、专业监管和社会监管的三级垃圾治理监管体系，确保有法必依、行动必果，确保社会广泛享有垃圾处理服务。

从世博审视我国很多城市的垃圾治理形势，我们面对破解垃圾危机和构建垃圾处理产业两大任务，需要先进理念、有效政策和强大执行力，必须3条腿走路:现有垃圾处理设施内部挖潜和先进成熟设施建设，同时完善垃圾治理支撑体系；制定与完善市级垃圾治理规划和产业发展规划，建设源头减量、物质利用、能量利用和填埋处理并举的多种垃圾处理设施；在确保垃圾无害化处理的基础上，逐步构建以资源回收利用为核心、以社区为组织主题、以专业化分工协作为考核指标的垃圾处理产业。

虽然垃圾处理千头万绪，但只有一个原则:政府引导、社区组织、企业参与、自产

自消、源头减量、回收利用、因地制宜和落地实施。

总之，我们应把垃圾治理看成是一个清洁生产、废物处理、资源回收与循环利用和城市化的综合问题，看成是一个关系到经济、人文社会和政治发展的复杂问题，坚持科学发展观，坚持走法治化道路，优先考虑垃圾排放控制，高效有序地处理处置垃圾，提高垃圾的资源化利用程度，并确保垃圾处理与环境保护相协调，构建可持续发展的垃圾处理产业。

（刊于《中国环境报》，2010 年 11 月 11 日，作者：熊孟清）

从"十三五"规划建议看我国垃圾处理转变

《中共中央关于制定国民经济和社会发展第十三个五年规划的建议》（以下简称"十三五"规划建议）提出了"创新、协调、绿色、开放、共享"的发展理念，并要求推动政府职能从研发管理向创新服务转变；促进城乡公共资源均衡配置；着力在优化结构、增强动力、化解矛盾、补齐短板上取得突破性进展；形成政府、企业、公众共治的环境治理体系。这为垃圾处理"十三五"规划的制定指明了方向。

按照"十三五"规划建议的要求，"十三五"时期势必成为我国垃圾处理向垃圾治理转变的转折期。垃圾处理"十二五"规划的指导原则为"政府主导、社会参与，全面推进、重点突破，因地制宜、科学引导，城乡统筹、区域共享"。垃圾处理"十三五"规划应根据"十三五"规划建议的要求对指导原则进行调整，建议改为"统筹规划、协调推进，创新动力、多元治理，节约集约、共生循环，平稳运行、绿色环保"，最终形成垃圾多元、综合、全程和依法治理的可持续发展局面，实现垃圾治理无害化、资源化、减量化和社会化。

统筹规划，协调推进。各级人民政府主管部门应会同发展改革、规划部门，兼顾各类垃圾的处理，协调城镇垃圾处理设施配置，统筹规划、协调推进城镇垃圾处理设施及循环经济产业园区的建设与营运，实现城镇垃圾处理设施全覆盖和平稳运行，维护公共环境权益和发展权益。垃圾日产量不足 500 吨的行政区可协调邻近行政区统筹规划垃圾处理设施或垃圾处理循环经济产业园区建设。垃圾产量大、土地资源短缺但交通便捷的区域可跨行政区划统筹规划循环经济产业园区建设。

创新动力，多元治理。社会自主自治是垃圾治理的动力。各级人民政府主管部门应制定相关公共政策和垃圾处理设施及循环经济产业园区管理服务政策，引导企业、公众适度、全程参与垃圾治理和垃圾处理设施及园区的建设营运，充分调动企业和公众的积极性、主动性、创造性，变政府垃圾处理、垃圾管理、研发管理职能为应急保障、创新服务职能，发挥市场在资源配置上的决定性作用，实现垃圾多元治理。

节约集约，共生循环。以提高垃圾处理的效率与效益为中心，节约集约用地，创新投融资模式、服务模式、商业模式和处理技术，建立生产生活循环链接，通过物质流、能量流、技术流、信息流打通垃圾处理产业链，推动垃圾源头减量与排放控制、物质回收利用、能量回收利用和填埋处置的均衡发展，强化垃圾处理体系对垃圾数量、成分与性质变化的自适应能力，实现以废治废、综合处理、共享资源、共生循环和垃圾处理产业可持续发展。

平稳运行，绿色环保。应对垃圾处理设施及循环经济产业园区规划进行环境影响评价。评价应明确处理设施或园区对周边环境的安全卫生防护距离、直接影响区域和间接影响区域。政府主管部门应事先制订直接影响区域和间接影响区域的利益补偿办法，要求设施及园区营运单位、设施或园区所在地及其服务区域之间形成利益共同体，共享处理设施及园区的建设成果，保障处理设施或园区平稳运行。当环境影响区域涉及不同行政区划时，应建立跨区域合作机制，保障处理设施或园区的平稳运行。垃圾处理设施及循环经济产业园区应保持与周边环境的相容相生，保持内部项目之间、企业之间的相容相生，践行绿色环保理念。

坚持上述原则规划"十三五"时期垃圾处理工作，有利于激发社会自主自治动力、提升垃圾治理能力、优化垃圾治理体系，并可抑制垃圾及其处理的邻避效应，促进垃圾处理城乡之间、地区之间的均衡发展，实现从垃圾处理向垃圾治理的转变。

（刊于《农村实用技术》，2016年1月11日，作者：熊孟清）

规划好垃圾处理行业
发展新蓝图

《中共中央关于制定国民经济和社会发展第十三个五年规划的建议》绘就了垃圾处理行业的发展新蓝图，其中与垃圾处理产业相关的内容多达6项，包括建立生产生活循环链接，加强分类回收与再生资源回收衔接，实现城镇垃圾处理设施全覆盖和稳定运行，统筹农村垃圾处理、开展农村人居环境整治行动，推进种养业废弃物妥善处置和落实节约生产、反过度包装、反食品浪费、反过度消费等。其他如建立企业排放许可制度，建立全国统一的实时在线环境监测系统等内容也间接涉及垃圾处理。

笔者认为，"十三五"时期是垃圾处理、管理向垃圾治理转变的转折期，应着力创新动力、增强能力、优化体系、化解矛盾和稳定发展，重点要做好以下5个方面的工作：

一是构建政府与公众共治的垃圾治理体系。梳理法律法规、地方政府规章、行政决定和命令，理顺政府、居民、企事业单位、行业协会等非政府组织的权利与义务，促进政府职能从垃圾处理设施建设营运与研发管理、垃圾管理向创新服务、应急管理转变，推动地方自治和跨域合作，加强行业自律，激发公众自主自治动力，增进政府与公众良性互动和共治，形成多元治理体系，把垃圾处理上升到垃圾治理与社会治理高度。

二是提高通用型垃圾处理能力。整合工业垃圾、农业垃圾、商业垃圾、生活垃圾和再生资源等各类垃圾的管理资源和处理能力，统筹各类垃圾的治理，重点创新生产工艺和物质回收利用技术，提高以物质利用为核心的分类垃圾的处理能力，提高通用于处理餐饮、绿化、种养殖业等排放的易腐有机垃圾的处理能力，建成先源头减量与排放控制、再物质利用和能量利用、最后填埋处置的分级处理体系，实现以废治废、综合治理。

三是建设"互联网＋"垃圾分类处理平台。建设"互联网＋"分类回收、处理、审批、监督、公众参与系统，完善"互联网＋"垃圾分类处理平台，打通垃圾治理产业链，强化回收利用并借此促进垃圾分类，强化垃圾分类排放、收集、运输、处理处置环节的规范监督，提高行政监管效率，形成公众监督氛围，提升公众参与水平，推进产业组织、商业模式、逆向物流链的创新。

四是实现垃圾处理设施建设营运的平稳运行。国家层面出台强力政策，明确将破坏公益性垃圾处理设施及其日常营运秩序的行为视为破坏公共利益、环境、生产安全和社会秩序与治安的行为，制止任何人以任何理由和形式破坏垃圾处理设施建设营运的日常运行秩序；国家或地方政府层面出台政策，要求设施周边居民、设施服务区域居民和设施营运单位建成利益共同体并规定相关方利益分配原则，确保垃圾处理设施建设营运的平稳运行。

五是全面启动农村垃圾专项治理。整合、补足、创新并优化配置农村垃圾治理的要素资源。建立健全公共政策，建立处理服务费的县（市）、乡（镇）、村三级共同承担机制，激励、规范与监督主体的治理行为与互动，推动第三方企业化服务，促进农村垃圾处理社会化、产业化。因地制宜，多措并举，合理规划农村垃圾处理设施的建设，制定详细的农村垃圾治理方案，推进农村垃圾综合治理。建设农村垃圾治理试点工程，探索农村垃圾处理各环节及其组合方式的优化，引入市场机制，引进社会资金，引进先进管理和技术，开发与开放农村垃圾处理服务市场，创新农村垃圾处理服务模式，积累产业化经验。

（刊于《中国环境报》，2015 年 12 月 2 日，作者：熊孟清）

垃圾治理需强化基础研究

在大数据时代，对数据的搜集和分析往往能够得到意想不到的结论。笔者日前以垃圾为关键词进行了搜索，发现公众对垃圾问题非常关注。百度"垃圾处理""垃圾管理"和"垃圾治理"的网页数目多达 3106 万条。

但令笔者有些失望的是，绝大部分网页都在争论烧与埋、烧与分类话题，而并未全面深刻地触及垃圾治理和垃圾善治问题。关于"垃圾治理"的网页数目仅占 3.8％。说明公众对垃圾问题的关注绝大部分停留在感性认识程度，有些甚至带有情绪化和偏见。

当前，垃圾治理的源头减量与分类排放、垃圾收运、物质回收利用、能量回收利用和填埋处置发展不均衡，过度包装、过度消费、垃圾围城、异地偷排等"垃圾病"触目惊心，垃圾不仅要处理，更要治理。

在不知何为垃圾善治的状态下，没有准则地谈论垃圾问题、责任、任务和方法，片面强调应该焚烧或应该分类，其科学性、系统性、可行性和说服力都大打折扣。这样往往造成，政府强势推动垃圾焚烧，轻视垃圾分类处理，导致邻避事件接二连三，延滞了包括焚烧处理设施在内的垃圾分类处理设施的建设，阻碍了垃圾治理进程。

在笔者看来，要解决垃圾病，需尽快普及垃圾善治理念。坚持"去粗取精、去伪存真、由此及彼、由表及里" 16 字诀。要完善垃圾治理基础数据，提炼垃圾治理准则，全面分析垃圾治理维度和指标，切实加强垃圾治理研究，切勿有病乱投医和病急乱抓药。

一要完善垃圾治理基础数据，为制定垃圾治理对策提供依据。垃圾治理基础数据包括垃圾产量、产地、时间、成分、性质、处理量等基础数据。目前，垃圾治理基础数据不全且不准确。垃圾产量、存量、增量，以及垃圾种类等基础数据缺乏，很难提出合理的垃圾治理对策。以城市生活垃圾为例，目前缺少混合垃圾的产量、筛分特性等数据，缺少分类垃圾产量、回收利用量等数据。尤其缺少餐厨垃圾的产量、含水率、生化特性等数据。给源头控制和分类处理设施建设造成困扰。为此，要尽快完善基础数据，为制定垃圾治理对策提供依据。

二要提炼垃圾治理准则，为制定和评价垃圾治理对策提供标准。提炼垃圾治理准则就是建立垃圾治理的约束条件或标准。如要求垃圾治理无害化、资源化、减量化、节约土地、节约资金和公众满意。无害化准则约束垃圾治理的污染性，资源化和减量化约束垃圾治理的资源性，节约资金和土地约束垃圾治理的效益，公众满意约束垃圾治理的社会性。制定和评价垃圾治理对策时应综合考虑这 6 个准则，不可以偏概全。如垃圾焚烧虽然可能会引发邻避事件和需要较高投资，但因节约土地，对土地供应紧张地区也不失为一种较好的选择。

三要全面分析垃圾治理维度和指标，量化垃圾治理的效果。垃圾治理维度是垃圾治理的属性和特征。简言之，垃圾治理维度是垃圾治理所包含的方向，如设施建设、公共环境、公共资源、公共秩序、公共服务等维度。垃圾治理指标是对垃圾治理维度的衡量，如衡量设施建设可用焚烧处理率、填埋处置率等指标；衡量公共环境可用无害化处理率、烟气净化达标率等指标；衡量公共资源可用人均垃圾产量（或万元 GDP 的垃圾产量）、垃圾回收利用率等指标；衡量公共秩序可用年度邻避事件发生次数、年度公共环境突发事件发生次数等指标；衡量公共服务则可用垃圾处理满足度、垃圾处理设施配置离散度等指标。目前，关于垃圾治理维度和指标的分析较少且极不全面，现有的指标之间可能还存在矛盾和不统一等问题。如定义无害化处理率和回收利用率的基础（分母）时常不统一，诸多问题急需进一步研究。只有全面分析清楚垃圾治理维度和指标，才能系统测量和量化垃圾治理，才能利用垃圾治理准则衡量垃圾治理是否达到善治，也才能让垃圾治理成为一门科学。

（刊于《中国环境报》2017 年 3 月 3 日，作者：熊孟清）

综合治理是出路——韩日两国垃圾处理经验带来的启示

　　我国生活垃圾处理形势严峻，一些城市面临着垃圾围城困境，如何找到有效的解决办法，成为摆在众多城市管理者面前的一道难题。理想的生活垃圾处理，既要做到无害化、资源化、减量化，又要节约资金和土地，还要让广大居民满意。然而，从当前的垃圾处理现状看，无论是源头减量与排放控制，还是物质利用与能量利用，更别提填埋处置，都不能同时满足这些要求。决策至关重要，思路决定出路。韩国、日本两国在垃圾处理方面的经验和做法，也许能够给城市管理者带来一些启示。

　　韩国、日本在垃圾处理上都遵从多措并举和先源头减量与分类排放、后物质利用、再能量利用、最后填埋处置的分级处理原则，但在构建垃圾综合处理体系时，韩国以物质回收利用为核心，日本则以焚烧处理为核心。多年实践后，两国垃圾处理结果出现了巨大的差异。在垃圾的物质回收利用率方面，韩国高达60％以上，日本则在20％的低位徘徊。韩国人均焚烧填埋处理的垃圾量低至每日390克，而日本仍高达每日770克以上；韩国首尔市的垃圾焚烧占比不到35％，而日本全国的焚烧占比高达79％以上。韩国将每吨垃圾的处理费控制到每吨1500元人民币以内，而日本每吨垃圾处理费则高达2500元人民币左右。

　　韩国政府优先推动垃圾的物质回收利用，出台了垃圾减量、垃圾按类计量收费、包装容器重复使用、产品预置金、产品分类标签、再循环产品质量认证和再循环产品公共采购等一系列制度，有效抑制了垃圾产量，促进了垃圾的物质回收利用。特别是垃圾分类收集和计量收费制度，使韩国垃圾产量减少37％，物质回收量增加40％。垃圾分类已成为韩国国民生活的组成部分。

　　日本政府则优先推动垃圾焚烧处理，在全国建设了规模不一的焚烧处理设施，最多时曾有6000多座，现在仍有1180余座。早期，日本政府要求将垃圾分为可燃、不可燃两类，主要是为了更好地焚烧处理，尤其是为了控制二次污染。从20世纪90年代开始，日本政府认识到源头减量和物质利用的重要性，出台了《家电回收法》《食品回收法》《再生资源利用促进法》《容器包装循环利用法》等一系列法规，但垃圾焚烧处理制度的惰性严重阻碍了垃圾回收利用的推动进程。

　　韩日两国的做法各有利弊。韩国以物质利用为核心，均衡发展各种垃圾处理方式，虽然开始需要花大力气广泛发动群众参与且效果不会很快显现，但经过不懈努力，树立和培养了公众"自觉、自治、循环"的资源环境保护理念与习惯，建成了多种方式共生共辅的垃圾综合治理体系，不仅提高了垃圾的资源价值，而且降低了垃圾处理费用。相反，日本起初大力推广焚烧处理，虽然迅速解决了垃圾处理的问题，成效显著。但是，过度推广焚烧处理却限制了其他处理方式的发展，不利于最大化垃圾处理的综合效益。

目前，我国处于构建垃圾治理体系和提高能力的关键时期，有必要吸取韩国、日本两国在垃圾管理方面的经验、教训，充分认识分级处理与分级减量的价值，客观评估焚烧处理的效率与效益。特别是要把物质利用作为垃圾处理的重要方式，并以此为核心构建垃圾综合治理体系，最大化垃圾处理的经济、社会与环境等方面的综合效益。

（刊于《中国建设报》，2015 年 10 月 9 日，作者：熊孟清）

春节疫情是对垃圾治理体系和能力的一次大考

春节遇上突发疫情，导致生活垃圾处理量减半、垃圾理化性质变化大、卫生安全潜在风险倍增。面对疫情发展，既要一切让位于抗疫，又要不折不扣地妥善处理垃圾，是对广州市垃圾处理体系和能力的一大考验。借此可以检验垃圾处理体系和能力是否有效、垃圾分类的"推行"是否顺畅平稳、"实施"是否自觉自愿、"效果"是否稳中向好和"举措"是否顺时应物，从中评判相关决策、制度和体系是否赢得民心民意。

春节疫情期间，广州市垃圾治理总体情况如下：

（1）广东省广州市统一指挥、分级负责、协同应对，充分发挥设施、管理和体制优势，发挥垃圾处理设施的抗冲击负荷能力和抗疫能力，实现分类垃圾分类处理、全市所有其他垃圾和健康保护服务区生活垃圾一律焚烧处理（后者经过特殊通道直接送入焚烧炉）、动物尸骸实现全程全自动、无人接触操作和厨余垃圾、粪污随到随处理，取得"零人员感染、零安全事故和零质量事故"的成绩，维护了城市有序、安全运行，为广州市抗疫工作增添了力量。

（2）垃圾分类平稳推行，居民自觉自愿实施。这点可以从每日厨余垃圾（不含餐饮垃圾）的清运量体现出来。春节疫情期间，广州市每日厨余垃圾清运量在全部生活垃圾清运量的占比保持在 3.1% 以上，该占比与以前比较，不仅没有下降，反倒稳中有升。

尽管居民围于住宅，日常活动随之生变，但很多小区的居民自觉自愿地坚持源头垃圾分类，并将分类垃圾投放到小区指定的投放收集站（点）。小区投放收集站（点）、社区压缩站（转运站）、物质回收站（点）、厨余垃圾处理厂和其他垃圾处理设施亦坚持分类处理。春节疫情期间，垃圾治理体系和分类处理全链条运转有序、安全、卫生、高效，未出任何纰漏。

（3）干湿分开和错时投放，安全、省事、足用。出于卫生安全考虑，居民大多从简、从便、从快地将干、湿垃圾分开装袋，并与其他人错时投放到小区投放收集站（点）。干垃圾中一般没有混进湿垃圾（厨余垃圾），湿垃圾大多是厨余垃圾，但湿垃圾中混进了较以前更多的细软干垃圾。

没有混进湿垃圾的干垃圾不易腐烂发臭，可由物业管理公司等第三方从容地分拣出各类可回收物和其他垃圾（二次分类），为物尽其用奠定基础。混进细软干垃圾的湿垃圾也可通过高压压榨将可降解物与不可降解物分离。广州市引进的高压压榨的工作压力高达 38MPa 以上（380 个标准大气压以上），具有破袋、挤压制浆和干湿分离功能，保

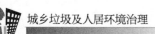

障了厨余垃圾妥善处理。

推行垃圾分类，务求简便易行，像这次春节疫情期间形成的从简从便从快的分类方式方法便有望受到居民欢迎并持续下去，乃至形成习惯。

（4）将健康保护服务区的生活垃圾独设一类，特殊处理。隔离点、救治医院等健康保护服务区的生活垃圾是具有高致病风险的特殊垃圾，广州市平均日产 22.1 吨，最高时达 81 吨/日。广州市城市管理和综合执法局启用"统一指挥、分级负责、协同应对"的抗疫体制，在市政府统一领导下，指挥全市垃圾处理抗疫工作，统筹全市垃圾处理能力，确保各级部门之间、政企之间和企业之间协同应对这类特殊垃圾，实现了特殊垃圾专人收集、专车运输和独立通道焚烧处理。

广州市垃圾处理体系和能力经受住了抗疫考验，展现了垃圾分类处理体系的优势和管理经验，也暴露出垃圾处理能力不足、分类处理能力不匹配等短板，提出了垃圾跨行政区划调度、设施设备无人作业等新挑战。需要视这次大考为重要契机，坚持以人民为中心的发展思想，坚持平战结合、求真务实、因地制宜和顺时应物，补短板、强体系、提能力、激活力、增效率，始终如一地推行垃圾分类处理。

（刊于《环卫科技网》，2020 年 3 月 11 日，作者：熊孟清）

垃圾应实现全程科学化治理

垃圾处理是我们无法回避的日常活动，而且，事关资源环境保护，事关生产生活及人体健康安全，事关社会经济的可持续发展，关于社会各方的利益，需要政府与社会公众良性互动，协同治理。

目前垃圾治理因责任分散效应等引致社会失灵，于是乎，政府部门不得不唱起独角戏。这种被动式应付难以适应社会经济的高速发展，于是，垃圾治理问题日益增多和严重，不仅存量大，增量也大，多地出现垃圾围城的困局。为解决围城困局，政府又大力推动见效快但具有典型邻避效应的焚烧处理设施的建设，进一步放大了垃圾及其处理的邻避效应，引发群体事件，轻则影响生产生活的秩序、安全与持续发展，重则破坏和谐社会建设成果。

扭转这种被动局面需要政府与社会公众共同正视垃圾的污染性、资源性和社会性，从处理、管理转变为治理，理清治理方法、治理环节、治理要素和治理目的，完善垃圾治理体系，提升垃圾治理能力，既重视治理活动的"经济、效率、效益与公平"，也重视治理活动的"参与、公开、公平、责任与民主"，推动垃圾的全程治理、综合治理和多元治理。

要推动从垃圾产生到处置的全程治理。明晰源头减量与分类排放、收运、物质利用、能量利用和填埋处置5个治理环节，及其处理主体、对象、目的、时间、场所和方法等治理要素，形成先源头减量和排放控制、再物质利用、后能量利用和最后填埋处置的分级处理与逐级利用的层次结构和整体协同规律，做到层次分明、先后有序、条理清楚、要素完备、秩序井然和功能可行。

要推动多措并举的垃圾综合治理。坚持"因地制宜、多措并举、以废治废、变废为宝"原则，充分发挥法律、行政、经济、科技等手段，发挥市场的资源配置作用，匹配建设有足够处理能力的逆向物流、物质利用、能量利用和填埋处置设施，实现级间规模匹配和技术、产品、市场、价值共生，整合产业链，降低垃圾处理的总成本和财政补贴，实现垃圾妥善处理和专业化、集约化处理，极大化垃圾治理在资源、环境、经济和社会等方面的综合效益。

要推动社会参与的垃圾多元治理。坚持污染者负责、生产者责任延伸制度、有偿服务、责任与义务对等的原则，立本正源，理清治理主体的责任和义务，建立主体间相对独立又相互促进的分工协作关系，调动社会参与的积极性、主动性、创造性和协同性，强化垃圾治理的决策、决策执行及监管，促进垃圾的处理、管理与服务等业务的融合，保证垃圾得到及时、安全、高效地处理，确保治理服务于社会经济发展。

总之，我们应坚持"政府引导、市场导向，分级处理、逐级减量，因地制宜、综合处理，社会自治、注重绩效"的指导原则，分解目标，整合资源，科学定价，扬长避短，开拓创新，保障政府与社会良性互动，实现资源保护、环境保护、经济效益和社会效益相统一，避免政府失灵、社会失灵和市场失灵。为实现此等目标，需要坚持垃圾全程、综合和多元治理。

（刊于《中国环境报》，2014 年 12 月 24 日，作者：熊孟清）

促进垃圾治理 社会化产业化

在经济发展新常态下，要全面推进垃圾治理，必须坚持全程、综合、多元、依法治理，坚持减量化、资源化、无害化和社会化，坚持深化改革，实现治理体系和治理能力现代化，促进垃圾治理社会化和产业化。

一要政府引导，广泛吸收社会公众参与。公众是垃圾的产生者、排放者和受益者，自然也是垃圾治理的主体。实际上，无论是政府外包，还是社会组织主导下的社会自治，都离不开社会公众的自觉自愿行动，离不开企业参与和社会化运作。除此之外，社区组织负有发动、组织社区内公众参与垃圾治理活动的责任与义务，行业协会也负有发动、组织、监督业内相关单位参与垃圾治理活动的责任与义务。

垃圾治理事关社会经济可持续发展，事关民生和公共利益，是社会治理的重要项目。这就需要政府发挥宏观调控与调节作用，统筹管理，引导社会公众参与并妥善处理垃圾治理事务，维持良好的治理秩序。

二要强调政府、社会公众及社会各利益相关方之间的相互依赖性和互动性。产品生产者、垃圾排放者和处理者既是垃圾产生与排放的源头，又是垃圾治理的需求者或受益者。由此可见，虽然社会各利益相关方有一定的分工，但身份与作用界限具有一定的交集和模糊性，彼此相互依赖与互动。尤其当垃圾治理的环境容量与服务型产品的生产、消费与购买分配相分离时，更需要处理者、消费者与分配者之间进行协调和互相监督，确保程序与实体的公平性。

此外，垃圾治理存在市场失灵、社会失灵和行政失当等问题，既需要政府引导社会来遵循市场导向，遏制市场失灵与社会失灵，也需要社会监督政府，避免行政失当。

三要完善社会自主自治网络体系。垃圾治理注重社会自我管理和自主自治，应建立健全社会自主自治网络体系。政府应出台相关法规并依法行政，遵循市场导向，引导社会自我管理与自主自治，以均衡需求与供给、社会成本与社会福利、效率与公平的关系。

垃圾的产生与处理具有地域性和行业性，其治理也应该实行区域自治和行业自治。社区是社会的基本组成单元，区域自治的基本方式就是社区自治。通过自主组织和集体选择，可以建立利益与矛盾协调机制，发挥政府、社会与市场的作用，确保政府引导、市场导向、社会自治，提供公开、公平、公正、优质的综合服务。

四要多措并举，综合治理。垃圾治理作为一项公共事务，起着节约、保护资源环境与人体健康安全等作用，需要维持良好的治理秩序。作为一种经济活动，需要政府与社会按市场规律协调行动，打破垄断，强化竞争，提高治理效率与经济效益，及时、妥善处理垃圾。这就要求政府与社会善用经济手段、法律手段、行政手段和科技手段，多措并举，落实污染者负责和受益者补偿原则，落实生产者责任延伸制度，加强源头管理，推进垃圾分类处理，协调推动全程、综合、多元治理，提高治理效率与环境、社会、经济方面的综合效益。

（刊于《中国环境报》，2015 年 4 月 10 日，作者：熊孟清）

建立科学的垃圾治理体系

据媒体报道，广东省廉江市生活垃圾焚烧发电厂近日点火试运行。据了解，生活垃圾焚烧发电厂各项污染物排放指标均优于国家标准，其中二噁英排放指标达到欧盟Ⅱ级排放标准。正式运行后，将有效解决廉江市城乡生活垃圾处理问题。

当前，关于垃圾处理的话题越来越多，垃圾处理方式的选择也存在争议。这是因为，以前垃圾产量少，垃圾处理量更少，建一座填埋场便可解决垃圾出路问题，垃圾问题没有引起社会重视。近些年，垃圾产量和处理量迅速增加，一些城市土地供应出现紧张局面，垃圾处理形势恶化，于是，垃圾焚烧处理成为选项。但由于易引发邻避效应，使得垃圾处理方式的选择成为广受讨论的热点。

笔者认为，讨论垃圾治理，不应局限于某一思路，应进一步开阔视野，从处理、管理和治理多个视角出发，加强研究，建立更科学的垃圾治理体系。

一是处理、管理和治理视角。虽然垃圾问题大讨论始于垃圾烧与反烧视角，但垃圾焚烧处理既是科学处理垃圾之需要，也是垃圾处理严峻形势之所迫。垃圾焚烧处理确实存在邻避效应，且因一些焚烧处理设施运营过程中暴露出的负面影响而不断扩大，致使焚烧处理设施落地难，甚至恶化了垃圾处理形势。所以，烧与反烧的讨论很快便转换成烧与怎样烧的讨论。笔者认为，应从这种讨论中摆脱出来，从垃圾处理、管理、治理及与其相关的工程技术、政府行政管理和社会治理等方面讨论垃圾处理问题。

垃圾处理、管理或治理，只是看问题的视角不同，各有其必要性和正当性。恰恰因视角不同，在如何看待和研究垃圾问题上自然有所不同，其研究方向、关注重点、解释方法和解决垃圾问题的途径等方面也各有侧重，使之构成互补或包容关系。垃圾处理从工程技术层面看待垃圾问题，强调采用填埋、焚烧或综合处理等工程技术手段解决垃圾问题；垃圾管理从行政管理（尤其是政府管理）层面看待垃圾问题，强调采用政府调控手段解决垃圾问题；垃圾治理从社会和社会技术层面看待垃圾问题，主张吸纳社会学、经济学、心理学、行为科学等学科和垃圾处理、垃圾管理的研究成果，推动政府和社会良性互动，通过动力创新、技术创新和体系创新，实现垃圾全程、多元、综合和依法治理。

二是互动共治范式。垃圾治理对于垃圾处理和管理具有包容性，有必要从垃圾处理、管理转变为垃圾治理。这种转变意味着观察和理解垃圾问题范式的转变，从企业、政府独司其职转变为政府和社会互动共治。相应地，垃圾问题便要从工程技术问题、行政管理问题转变成社会治理问题。不仅要看到垃圾的物质属性，更要看到垃圾的社会属性，更加重视政府和社会内部及彼此之间的互动。

以互动共治范式观察和理解垃圾问题，必然涉及政府管制、生产、生活及其他种种相关活动构成的社会活动。这是一种多主体互动的活动，既会产生互动收益，也存在冲突内耗，诸如旁观者效应、搭便车效应、见风使舵效应和邻避效应就是社会内耗的表现。如何减少社会内耗，增大社会收益，这是研究垃圾治理的主线和目的。

三是制度化。为了减少社会内耗，增大社会收益，必须将各主体的选择与行动制度化，使之成为社会选择和社会行动，达至社会互动共治。为此，必须细分垃圾治理的相关主体，包括垃圾产生与排放主体（居民、企事业单位等）、垃圾处理服务主体（企业、社会组织等）和各级政府行政主管部门等，细分垃圾治理流程与处理服务环节，厘清各主体的职责、权利及其相互间的关系。尤其要厘清各级政府主管部门、社区（村）居委会、小区物业管理公司、垃圾处理服务企业、垃圾产生与排放主体之间的关系，促使所有主体的选择与行动规范化和程序化。

综上所述，当前在垃圾治理研究视角、范式和制度化等方面已经积累了可贵素材，应用这些素材和垃圾治理实践经验，进一步完善垃圾治理的研究方法和理论，帮助人们扬弃垃圾治理研究与实践中的一些片面认识，启迪人们系统观察、理解、研究垃圾治理，丰富垃圾治理理论，并用理论指导实践，避免选择与行为偏差，凝聚社会共识，促进垃圾治理全面深入发展。

（刊于《中国环境报》，2016 年 10 月 26 日，作者：熊孟清）

科学设计垃圾处理流程

　　随着垃圾分类及垃圾处理减量化、资源化、无害化、社会化的不断推广与深化，垃圾处理已从一项工程事业上升到社会治理任务。但是，目前的垃圾处理流程仍存在种种弊端，很多地区仍处于混合收运与混合处理处置状态，成为推进垃圾分类处理的制度性障碍。

　　垃圾处理流程存在弊端的原因可归纳为系统性和要素性两类问题。系统性问题主要是源头减量与排放控制环节、物质利用环节的缺失，这些问题削弱了流程结构的完整性和适应性。要素性问题主要有主体缺失、方式方法及目标单一。如垃圾分类回收简单分为可回收与不可回收两类，收运作业市场化程度不高等问题。这些问题削弱了要素所在处理环节的作用，影响了流程的功能。

　　解决上述问题的途径是建立全程治理、主体多元、目标复合、方法多样、途径多向的综合性垃圾处理流程。垃圾处理流程设计应包括程序和过程设计、主体及责任设计、信息流设计等。流程设计时应重点把握以下3方面：

　　一要正确反映垃圾处理的整体性。全面清晰地描述源头减量与排放控制、收运、物质利用、能量利用和填埋处置等5个环节，以及其处理主体、对象、目的、时间、场所和方法等要素。同时，垃圾处理的5个环节应形成先源头减量和排放控制，再物质利用、后能量利用，最后填埋处置的分级处理与逐级利用的层次结构和整体规律，明确垃圾处理每个环节的进出口参数，做到层次分明、先后有序、条理清楚、要素完备、秩序井然和功能可行。

　　二要均衡发展垃圾处理的各个环节。统筹分级处理，优化级间匹配。用价格杠杆优化资源配置，匹配建设有足够处理能力的逆向物流、物质利用、能量利用和填埋处置设施，推动综合处理产业园区建设。建立分类排放与分类处理的匹配关系，明确分类主体、对象（标准）、方法与措施，鼓励社会组织、企业和志愿者参与、引导、监督垃圾分类，切实推动源头分类。加速垃圾分类收运、分类处理设施建设，保证分类垃圾得到分类处理，并且通过分类处理设施建设促进垃圾分类。要把垃圾转运环节打造成垃圾处理及监管的链接主线，消除越级转运与越级处理，减少转运距离与成本，让转运者成为处理者、排放者、政府之间的纽带。

　　三要全面体现垃圾处理的要求与目的。坚持多元治理，调动社会参与的积极性、主动性、创造性和协同性，促进垃圾处理产业化。切实推动源头减量与排放控制，切实加强垃圾的物质利用，融合逆向物流与正向物流，加强垃圾及垃圾处理过程中产生的污染物排放控制，加强垃圾的转运控制，尤其要加强有害垃圾的转运控制，杜绝垃圾偷排偷运。科学设计并贯彻实施垃圾处理流程，明确垃圾处理的各环节及其处理主体、对象、目的、时间、场所和方法等要素，整合资源，推动垃圾"四化"处理，系统推进垃圾分类处理工作，完善垃圾处理体系，极大化垃圾处理的综合效益，加速垃圾处理产业化及产业发展，促进垃圾处理可持续发展。

（刊于《中国环境报》，2015 年 3 月 24 日，作者：熊孟清）

树立科技观念完善城市垃圾处理系统

城市垃圾处理的目标是实现垃圾减量化、稳定化、无害化、资源化和产业化。受社会、经济和文化发展的限制，每个城市在实现这些目标的过程中都会遇到困难，就需要我们树立科技观念，进行科学规划、科学管理和科学监督。

一、源头垃圾减量

（一）源头垃圾减量的意义

源头垃圾减量是指源头垃圾产生者通过减少资源消耗和采取分类回收甚至采取发酵处理部分易腐物质的方法，尽量减少垃圾产生量。垃圾经减量后，垃圾收集、转运、中处理和终处理费用都将相应降低，设施处理能力也随之降低，相应的建设费用也减少；垃圾的组成成分和质量将发生变化，这对后续的预处理工艺也将产生有利影响，如去除易变质物质后的垃圾的稳定化处理所需要添加的生石灰用量将减少，去除厨余后的垃圾因水分降低和热值增加而更容易焚烧，去除塑料后的垃圾进行焚烧产生的烟气的二噁英净化费用将减小。由此可见，源头垃圾减量，无论是对节约资源、降低垃圾处理费用，还是对环境保护都是有益的。

（二）源头垃圾减量的措施

（1）提高全民环保意识，宣传教育、强化经济手段和高效管理是 3 个有效手段。城市政府制定面向产品的环境政策，从自身做起，有效利用各种手段，逐步改变市民的生活习惯，实现源头垃圾减量。

时至今日，仍有相当一部分居民认为垃圾处理是一种公益事业，应当由政府承担，与垃圾产生者关系不大，而且没有认识到从自身做起。政府职能部门往往通过仁慈教育提高当事人的环境意识，而较少对当事人进行必要的依法处罚。垃圾产生主体的习惯和垃圾管理主体的仁慈教育客观上助长了不当消费，忽视了源头垃圾减量的重要性，致使垃圾产生量剧增。这就要求，一方面政府部门要加大对民众的宣传教育力度，另一方面，也要加强自身建设，准确把握法律法规的执行尺度，做好政治思想工作，策划好宣传主题，以多样的宣传形式逐步让民众认识到垃圾处理工作与自己休戚相关。

垃圾管理者必须对垃圾管理的 5 个环节，即源头初处理、收集、转运、中处理和终处理的主体进行仔细分析，找出他们的行为方式，制定合理的行为规范，并将些根本性的规范上升到法律法规高度，只有这样，才能提高垃圾产生者和处理者环保意识和政府的调控能力，最终实现垃圾处理市场化和产业化，从而将垃圾处理的外部不经济性内部化。

（2）宣传教育固然重要，但同时也需要采用有效的经济手段，从经济上对无视法律法规者予以惩罚。国外实践表明，采用垃圾处理计量收费制，可使垃圾产生量大幅度降低，资源回收量大幅度增加，如韩国实施垃圾袋收费2年来，生活垃圾量减少了37％以上，同时资源回收量增长了40％。计量收费制的收费金额与生活垃圾的排出量有直接关系，有利于提高垃圾产生者源头垃圾减量和资源回收的积极性。

与垃圾处理定额收费比较，计量收费制比较复杂，执行难度较大。为了准确执行计量收费制度，要求政府部门精心制定收费方法，同时，还要求政府部门建立一套完善的监督监控系统。国外现行的计量收费制的做法有很多，如按容积收费，按质量收费，按垃圾袋收费，使用生活垃圾处理券（不干胶标签）等，这些都是可以借鉴的。美国西雅图市政府规定：每户每月运4桶生活垃圾，缴纳13.25美元，每增加1桶加收9美元。日本的很多城市采用指定垃圾袋方式，即使用统一规格的垃圾收集袋，如滋贺县守山市对可燃垃圾采用指定垃圾袋收费方式，并采用记名方法，每年每户家庭允许以低价位购买110个指定垃圾袋，每个大袋为20日元，小袋为17日元。当购买数量超过110个时，每个垃圾袋的价格为150日元。韩国广泛采用计量收费制方式，并配备政府指定的垃圾袋，垃圾袋种类为7种：5L、10L、20L、30L、50L、70L、100L，一般家庭采用透明垃圾袋，袋子上除标示容量、制造地点外，还有"若未使用政府规定垃圾袋，罚款100韩元"的警语。此外，实行计量收费制后所达到的源头垃圾减量效果越好，收费就越少，收费额呈现动态变化，这种收入的变动性会给政府的预算带来一定困难，这就要求政府具有一定的预见性和灵活性。

二、城市垃圾处理方式的组合优化

（一）成熟的垃圾处理技术

成熟的垃圾处理技术目前有炉排炉全量焚烧（混烧）、衍生燃料、特种酶制燃料酒精、厌氧消化、好氧发酵和热解液化制生物油等，随着科技的不断发展，可供选择的垃圾处理技术将不断增多。热解、气化和特种酶发酵处理垃圾技术近些年来得到较大发展，有些技术已经发展到了商业化的程度，是可再生能源发展领域中的前沿技术。直接焚烧、好氧发酵、厌氧消化和特种酶发酵制取燃料酒精技术目前都比较成熟，达到了商业化的应用程度。值得重视的是，由于油价飞涨，美国、德国等发达国家启动了垃圾热解液化制取生物油计划，即所谓的"绿色垃圾"计划。

这些技术对垃圾组成和性质有一定的要求。炉排炉全量焚烧要求入炉垃圾的热值不低于5000kJ/kg，此外，垃圾中含氯塑料尽可能少。衍生燃料技术要求制成的衍生燃料的热值不低于14600kJ/kg，为此需要去除大部分不可燃物质，并需要对垃圾进行干燥、破碎和稳定化处理。生物转换（特种酶制燃料酒精、厌氧消化、好氧发酵）和热解液化制油技术要求原料以有机质为主，但 2 种转换技术对原料垃圾的要求也不相同，生物转换要求可降解有机质占 50％以上，而热解制油则要求垃圾的挥发分越高越好。

（二）城市垃圾处理技术组合

目前，国内城市垃圾处理技术比较单一，多数城市的垃圾仍以填埋处置为主，经济发达城市在逐步加大垃圾焚烧处理的比例，同时，也在筹建或规划垃圾综合处理厂。经济比较落后的中小城市的垃圾处理可能在相当长的时间内，还会以填埋为主。

即使在采用了焚烧、填埋或综合处理技术的城市，目前重视程度仍然较低，缺乏基础研究工作。如中转站在垃圾稳定化处理时掺入的生石灰对后续处理的影响；垃圾焚烧后的炉渣能否作为填埋场的覆盖土；填埋场垃圾厌氧发酵的沼气能否作为焚烧炉的辅助燃料；沼气发电后的高温烟气（约 500℃）能否用于干燥垃圾；垃圾渗滤液厌氧处理的废气能否作为焚烧炉辅助燃料或稀释后作为助燃空气；填埋场或焚烧厂的渗滤液能否作为厌氧发酵所需的水力或生产液态衍生燃料的溶剂；风力分选的排气能否作为焚烧炉的助燃空气等，这些问题不仅需要从技术方面，还需要结合当地实际情况进行深入研究，只有这样才能设计出合理的多种技术之间的联合处理系统。

多种处理技术联合具有很好的经济效益和社会效益，美国开发的厌氧/好氧发酵联合处理技术就是一个很好的实例。垃圾厌氧/好氧发酵联合处理，就是先将有机废物厌氧消化处理，制取生物气（沼气），然后再将高水分残留物好氧发酵制取高固分腐殖质。这些腐殖质的热值在 14～15MJ/kg（HHV），可作为锅炉的固体燃料使用。该联合处理技术具有 3 个显著优点：制取生物气和固体燃料、不需要脱水和污水处理设施、有机质充分稳定并无害化。厌氧发酵消化液的含固量控制在 20％～30％，温度控制在 54～56℃，消化时间为 20～30d；第 2 阶段即好氧发酵阶段需要 3～5d，视腐殖质用途而定，腐殖质的含固量可达到 35％～65％；厌氧/好氧发酵联合处理工艺投资少，运行费用低，实现了污水零排放，并将大气有害物排放控制在较低水平，不仅系统自身维持能量平衡，还可输出大量能量。

综上所述，应结合城市垃圾的特点，选择适宜的垃圾处理技术，鼓励采用 2 种或多种垃圾处理技术，鼓励采用多种处理技术之间的联合处理系统。

三、完善垃圾处理管理的机制及内容

（一）建立健全垃圾管理的三级化体制

加强政府主管部门自身建设，完善垃圾管理机制。

首先，实行三级化管理，逐步将垃圾处理市场化和企业化，引入竞争机制，实行政企分开和政事分开。城市建设或环境卫生行政主管部门（下称一级主管部门）行使行政管理职能，制定垃圾处理规划和建设计划，策划宣传教育活动，管理垃圾处理收费工作，指导和监督下属企业做好垃圾处理工作，受政府直接领导。一级主管部门将下属单位公司化或新组建公司（下称主管公司），为二级管理。主管公司直接负责垃圾管理，包括处理设施的建设、运营管理工作。该公司从一级主管部门接受垃圾处理费，受一级主管部门领导。三级管理就是由主管公司以招标形式择优选择有资质的企业（下称一线企业）的管理，这些一线企业承担垃圾处理设施的建设和垃圾处理任务，受主管公司领导。

其次，采用三级管理机制，有利于建立市场准入制度，形成特许经营、承包经营、租赁经营等多种垃圾处理方式并存的竞争形势，加速主管公司和一线企业的改革步伐，确实保证垃圾处理质量，降低建设和运营成本，不断提高管理水平。

（二）垃圾管理需要完善的主要内容

就目前我国垃圾处理现状而言，需要加强两方面工作。一是建立统一规范的环卫招投标交易市场，完善招投标办法及各项规章制度，进一步规范市场管理和服务。有序开放垃圾处理市场，规范招投标行为，按照统一的作业条件、质量标准、作业定额、评标方法等，实行对业主方、承包方、中介方等市场主体的监管，保证招投标过程公开、公平、公正和合理。二是培育市场主体，形成有效竞争格局。培育市场竞争主体是环卫行业市场化运作的基础，适度引进民营企业，加速垃圾处理市场化步伐。

从垃圾管理角度来看，要理清工作顺序和主次。必须树立垃圾源头减量的优先观，垃圾处理应从源头抓起，加强宣传教育和经济手段力度，实现源头垃圾减量，并逐步由垃圾收集企业负责收集，避免多头管理，多头收费。重视城市总体规划和建设计划，制定垃圾处理设施专项规划和建设计划，力图处理设施布局、规模和处理技术合理化。根据国家或有关部门颁发的产业政策、技术政策、建设标准和环境标准，按市场化和产业化运作方式建设和管理区域性处理设施，逐步关闭过渡性的简易处理设施，不断提高垃圾处理水平。一级主管部门应加强对主管公司的监督管理，实行市、区两级法制化共同监管，组建长效监管的专职监管队伍，保证长治久洁。建立健全垃圾处理信息化监管中心，利用 GPS 信息监管监控系统等先进手段实现即时定位监管，确保作业时间和质量及时到位。对达不到处理标准和服务质量的，主管公司应责令其改正，此外，主管公司应对现有存在污染隐患的垃圾处理厂（场）提出改造方案，限期整改。垃圾处理厂（场）应接受环保专业部门的监督，垃圾处理务必达到环保标准要求，并避免二次污染。

四、结束语

依托政府专项投资，引入社会资金，加快垃圾处理设施建设与改造，并不失时机地延伸产业，将产业空间拓展到垃圾处理、资源回收、燃料（衍生燃料、生物油、沼气）供应、发电、供热供冷、堆肥等，同时，将处理对象由城市垃圾扩增到所有废物的处理，形成政府投入、垃圾收费、有偿服务的资金保障机制，积极研发废物处理技术和设备，健全管理制度，形成产业核心竞争力，将产业做大做强，保障垃圾处理良性循环。

参考文献

［1］ 朱锦.新加坡垃圾收费对上海的启示［J].环境卫生工程，2006，14（5）：19-21.

［2］ 陈科，梁进社.北京市生活垃圾定价及计量收费研究［J].资源科学，2002，24（5）：93-96.

［3］ 熊孟清，林进略.应用经济手段解决城市垃圾处理处置的问题［J].环境卫生工程，2007，15（2）：17-20.

［4］ George Tchobanoglous.固体废物的全过程管理——工程原理及管理问题［M].北京:清华大学出版社，2000.

［5］ 连玉君，王家蒙.城市垃圾处理产业化探析［J].当代财经，2003（12）：83-85.

（刊于《环境卫生工程》，2007 年，作者：熊孟清，范寿礼，徐建韵）

浅谈固体废弃物的综合治理

一、固体废弃物治理的定义与特征

（一）固体废弃物治理的定义

固体废弃物治理是指在政府主导下政府与社会参与者管理固体废弃物事务的所有方式方法与行动的总和，包括固体废弃物处理、管理和政府与社会参与者及社会参与者之间的互动等方式方法与行动，向社会提供物质资源、能量资源、环境容量等资源性产品和固体废弃物处理服务、资源环境保护的教育及相关投诉的处理服务等服务性产品。固体废弃物治理的环境容量与服务性产品是既不具有排他性也不具有竞用性的"公共物品"。

固体废弃物治理的研究对象是政府与社会及社会各利益相关方之间互动的方式方法，其目标是均衡消费者利益与社会成本、效率与公平，遏制市场失灵，促进固体废弃物处理产业化与产业发展，强调的是政府与社会及社会各利益相关方之间的良性互动，是一门社会技术，需要综合应用行为分析、心理学、经济学、社会学等学科的知识，研究、制定社会组成的"个体"对"他人"跨界行为与市场行为的响应方式、方法与途径，研究政府、社会与市场的相互作用，这与固体废弃物处理和管理不同。固体废弃物处理的研究对象是固体废弃物的处理技术，属于工程技术领域，目的是妥善处理废弃物，强调的是固体废弃物减量、排放控制、分流分类、收集、转运、处理处置等处理作业及其协调推进。固体废弃物管理的研究对象是政府对固体废弃物处理行业的管理，属于管理学范畴，目的是保证固体废弃物处理行业有序发展，强调的是政府的行业管理作用。

（二）固体废弃物治理的特征

固体废弃物治理是政府主导下充分发挥市场导向作用的社会自我管理与自主自治，具有以下特征。

1. 政府主导，广泛吸收自然人、法人、机关团体和社会组织等各利益相关方

参与固体废弃物的产生、排放及其治理的受益者是社会各利益相关方，固体废弃物治理必然涉及社会各利益相关方，即自然人、法人、机关团体和社会组织及其形成的社区或集体，亦即全体社会。社会各利益相关方拥有排放固体废弃物的权利，拥有享受固体废弃物处理服务的权利，也有参与固体废弃物处理的义务，是固体废弃物处理的主体；但固体废弃物处理事关经济社会可持续发展，事关社会福祉和公共利益，政府应统筹管理固体废弃物处理，发挥政府的宏观调控与调节作用，是固体废弃物治理的责任主体，起到主导作用。固体废弃物治理需要协调政府与社会各利益相关方的利益，吸收各利益相关方参与，引导和规范参与者的行动，维持一定的秩序，达至善治，最大程度地增进公共利益。

固体废弃物治理以"人——自然人和法人，也包括其利益代表者即政府"为主体，是一门社会技术。人是理性经济人，难免追求自利自保极大化；人是具有心理活动的人，其行为难免不受心理驱动；人是社会的人，其行为受复杂的社会关系制约，在追求自利自保极大化的同时，表现出"非理性"的利他主义、社会意识、公正意识等奉献精神，这是固体废弃物治理的依据，但必须清醒认识到，人的理性与非理性心理活动将产生责任分散效应（旁观者效应）、搭便车效应、邻避效应、不值得定律等"社会失灵"问题。而且，固体废弃物治理赖以运转的市场机制存在垄断或垄断竞争、外部影响、公共物品、信息不完全与不对称等"市场失灵"问题，遏制市场失灵与社会失灵需要政府管制（规制）。

2. 强调政府与社会及社会各利益相关方之间的互相依赖性和互动性

从产品生命周期来看，社会各利益相关方可分为产品生产者、固体废弃物排放者和处理者（负责收集、转运、处理、处置等作业，为处理产品的生产者或提供者）。产品生产者负有源头减量和相关废物回收利用责任，废弃物排放者负有按既定分流分类等排放规定排放与储存的责任，废弃物处理者负有妥善处理废物的责任。一般而言，生产者和排放者不仅制造、排放废弃物，也是减量、分流分类处理作业的处理者和治理服务的享受者；处理者提供固体废弃物处理服务，但作为人类活动的一份子，也是产品生产者和废弃物排放者。

可见，产品生产者、废弃物排放者和处理者既是废弃物产生与排放的源头，又是废弃物治理的需求者与受益者，可称为固体废弃物治理的"源头需求侧"。由此可见，社会各利益相关方具有一定的分工，但身份与作用界限具有一定的交集与模糊性，天然就具有互相依赖型与互动性，彼此应协作协同，增大各自的利益与社会福利。

固体废弃物治理的环境容量与服务型产品是公共物品，其生产（提供）由废弃物处理者负责，其购买与分配由政府负责，其消费是全体社会即其生产（提供）、消费与购买、分配相分离，需要处理者、消费者与分配者协商协调与互相监督。

此外，固体废弃物治理不仅存在市场失灵与社会失灵，因政府体制缺陷，也存在政府行为的负内部性、负外部性、信息不完全与不对称、政府被企业俘获等"政府失灵"问题。政府应引导社会遵循市场导向，遏制市场失灵与社会失灵，同时，社会应监督政府避免政府失灵。

3. 自主自治网络体系

固体废弃物治理是政府主导下充分发挥市场导向作用的社会自我管理与自主自治。政府出台相关法制并依法行政，引导社会自我管理与自主自治，并遵循市场导向，均衡需求与供给、社会成本与社会福利、效率与公平。因固体废弃物，尤其是生活垃圾，其产生、性质与处理具有地域性、行业性和社区性，其治理，尤其是分流分类、回收等预处理作业，应该实行区域（地方）、行业、社区自治。社会通过自主组织和集体选择，建立利益与矛盾协调机制，发挥国家与市场、政府与社会力量的作用，确保"政府主导，全民参与"有序而高效，抑制市场失灵、社会失灵与政府失灵，向社会提供公开、公平、公正、优质的综合服务。固体废弃物治理应建立健全自主自治网络体系。

4. 多措并举与综合治理

固体废弃物具有消耗、资源和污染三重性，作为资源消耗与浪费产物的固体废弃物需要减量化处理，作为资源的固体废弃物需要资源化利用，作为污染物的固体废弃物需要无害化处理与处置。固体废弃物治理不仅仅是一个公共政策目标，更是一种经济活动，需要政府与社会按市场规律协调行动，及时、妥善处理。固体废弃物治理应善用经济手段、科技手段和行政手段，落实"污染者负责"与"受益者补偿"原则及"生产者责任延伸制度"，推进废物分流分类，提高资源回收利用率，提高传统的固体废弃物处理方法的处理效益与效率，多措并举，综合处理。

二、固体废弃物治理的基本任务

固体废弃物治理的根本任务是促进政府与社会良性互动，遏制市场失灵，共同推动固体废弃物处理产业发展，根本目的是确保固体废弃物妥善处理。为完成固体废弃物治理的根本任务与根本目的，必须做好源头需求侧管理、固体废弃物处理体系的建设与管理、固体废弃物治理服务需求与供给的均衡、固体废弃物治理效率与公平的均衡等工作，这是固体废弃物治理的基本任务。

（一）完善源头需求侧管理

厘清产品生产者、废弃物排放者和处理者的责权利，将源头需求侧管理资本化，切实落实污染者负责原则、受益者补偿原则和生产者责任延伸制度，通过减少资源消耗和产品废弃物产量，推动可持续消费，促进废弃物分流分类储存与排放，提高再生资源回收率与鼓励源头自处理等措施，减少固体废弃物产量和排放量，为后续无害化、资源化处理创造有利条件。重点做好分流分类、源头减量与回收工作。

（二）建立协调的固体废弃物分类处理体系

建立收运体系，建立资源回收体系，建设足够能力的处理设施，建设足够库容的满足炉渣处置和应急所需的填埋场，促进固体废弃物处理链的源头减量、排放（控制）、收集、转运、处理（回收利用）、处置等作业环节形成产业链。落实"谁治理谁获利"原则，综合利用经济手段、科技手段和行政手段，确保固体废弃物处理产业发展，形成以资源回收利用为核心的固体废弃物分类处理循环经济体系，回收利用再生资源和能量资源，减少后续环节的废弃物处理量和进入填埋场的处置量。重视乡镇农村垃圾处理设施建设，提高乡镇农村垃圾处理水平。

（三）建立健全固体废弃物治理的供求关系

在研究固体废弃物治理的需求与供给的基础上，研究与建立健全固体废弃物治理的供求关系，均衡固体废弃物处理服务的需求与供给，并动用政府管制工具，尤其是经济工具，协调社会各利益相关方的利益与社会福利。

一是根据上游排放的固体废弃物的"质"与"量"，确定下游固体废弃物分类处理的方式与规模，确保已排放的废弃物得到及时且妥善的处理，同时，固体废弃物处理能力应留有一定余量，以备固体废弃物排放量增大和发生突发事件时应急之需。

二是建立健全社会力量准入与退出机制，建立健全经济调节平台，创新投融资模式，建立健全以服务效果为重点的考核考评机制，确保固体废弃物治理服务的供给满足社会需求。

三是"划片而治"与社会自治，整合固体废弃物排放者与处理者，即让废弃物处理者与排放者直接"交易"或二者融合，让固体废弃物排放的外部不经济性与固体废弃物处理的外部经济性"内部化"，从而优化资源配置。

四是协调产品生产者与消费者（或废弃物排放者）之间的利益，促进产品生产者减少资源消耗和产品废弃物产量，减少消费者的利益损失。

（四）兼顾效率与公平

加强固体废弃物治理的投入与产出分析，制定基于市场供求关系的排放费收支机制与治理产品的价格机制，增加信息透明度，打破垄断或垄断性竞争，消除分配上的平均主义和不合理差别，制定与落实惠民政策，促进政府与社会共治，兼顾效率与公平。

三、固体废弃物的综合治理

（一）固体废弃物的治理准则与方法

固体废弃物治理准则是确定固体废弃物治理方案的依据，也是开发固体废弃物治理方法时必须遵循的一般性原则，是社会经济发展对固体废弃物治理的具体要求。生态环境保护要求无害化，循环型社会系统建设要求资源化和减量化，资源节约与保护及经济与城市可持续发展要求节约土地、节约资金以及资源化和减量化，和谐社会建设要求居民满意。由此可见，在当前经济社会发展形势下，固体废弃物的治理准则主要包括：无害化、资源化、减量化、节约土地、节约资金和居民满意。

治理方法包括传统意义上的处理方法及维持治理意义上政府与社会良性互动的政策、措施和程序，呈现3个层次，一是经济手段和科技手段为最重要的治理方法，二是生产者责任延伸制度和分流分类为应该优先选用的方法，三是物质回收利用、生物转换、热转换和填埋处置为垃圾消纳的硬方法。固体废弃物治理应善用经济手段和科技手段，优先落实生产者责任延伸制度和推进固体废弃物分流分类，因地制宜地推进物质回收利用、生物转换、热转换和填埋处置，多措并举，推进固体废弃物综合治理。

（二）固体废弃物治理的综合方案

固体废弃物综合治理是指根据固体废弃物的成分或特性，结合当地产业、经济、科技、地理和人文条件，优化组合多种治理方法，回收物质和能量，以废治废，实现垃圾处理集约化、资源化、专业化和无害化。固体废弃物综合治理可以采用综合处理基地方式集中处理，也可以通过构建信息交互系统，采用虚拟生态工业园方式分散各处理单元或单位紧密关联的处理。遵循以下4个原理。

1. 共生性原理

通过不同企业或工艺流程间的横向耦合及资源共享，为企业和流程各环节产生的废

弃物寻找下游的"分解者"，建立工业生态系统的"食物链"，有效削减固体废弃物产生量，从而最大限度地减少固体废弃物的处理负荷。此外，固体废弃物设施的各个组成部分彼此之间也存在着紧密的共生关系。

2. 地域性原理

固体废弃物处理设施的配置以及各种设施之间的配置顺序，因所在区域的固体废弃物（原料）特性，以及社会、经济和环境条件，具有区域的特殊性。

3. 环境安全原理

应避免固体废弃物处理设施在运行过程中对环境造成负面的影响，如应避免填埋场产生的渗滤液对土壤和水体的影响，避免垃圾焚烧排放的有害气体对大气的污染等。

4. 循环再生原理

要求固体废弃物处理既能有效消除污染，又能充分回收垃圾中的有用物质和能量。

四、固体废弃物治理的主要障碍

固体废弃物治理面临的障碍源自市场、政府与社会的不完善和低效率，即所谓的"市场失灵""社会失灵"与"政府失灵"。

（一）市场失灵

市场失灵是指资源配置不当，损失社会各利益相关方的利益与社会福利。市场失灵意味着需要政府利用法规、标准、行政指令、经济手段等工具对市场进行管制，常用的工具有价格管制、税收、津贴、排放权交易、主体整合和行政处罚。

（二）社会失灵

固体废弃物治理的社会失灵主要表现在责任分散效应（旁观者效应）、搭便车效应、邻避效应、不值得定律，社会成员（尤其是"个体"）缺失社会正义与社会自治动力，甚至表现出全体的沉默与边缘化的盲目，任由市场与政府处置，致使固体废弃物治理缺失社会自我管理和自主自治，缺失社会监督，缺失公益性，引发或加剧市场失灵与政府失灵，损害消费者乃至全体社会成员的利益。

（三）政府失灵

固体废弃物治理存在政府的内部性、外部性、政府特许经营、信息不完全和不对称、政府被企业俘获等政府失灵问题，致使政府决策失误、政府运转失灵、机构臃肿、社会参与权缺失、政府治理责任缺失等，甚至引发或加剧市场失灵与社会失灵，最终损失的是社会利益。遏制政府失灵必须坚持市场化、专业化、法治化，限制政府管制的权限，必须做到政府管制只发生在市场失灵或社会失灵的领域与环节，尽量使用市场型经济工具。

（刊于《再生资源与循环经济》，2013年8月27日，作者：熊孟清，隋军，熊舟）

产业发展

垃圾处理产业的公益性及其相关的主要特点

垃圾处理产业具有地域性、时间性和综合性等特点。但垃圾处理产业最典型的特点是其公益性及因公益性引起的主体多元性等相关特点。垃圾处理产业的原材料和产品都可能带有不同程度的公共物品属性。那些"丢弃、无用"的垃圾属纯公共物品，那些"丢弃、可回收、值钱"的垃圾属准公共物品，垃圾处理服务和环境资源（环境容量）也带有一定的公共物品属性。公共物品的特性在消费上是非竞争的，同时，在技术上是非排他的，或者排他是不经济的。这注定垃圾处理产业具有一定的公益性。为了维持垃圾处理产业的公益性，向社会提供最广泛意义上的公益性产品，垃圾处理产业还保持一些与公益性相关的特点，如参与主体的多元性和产品供给模式的多元性等。与公益性相关的主要特点有以下几个方面。

一、垃圾处理产业包含法律法规、集体契约和个人操守三层面约束

垃圾处理产业是一个带有一定社会公益性的环境服务行业，涉及个人、社群和政府的利益。从技术层面看，垃圾处理产业涉及从垃圾产生、收运、回收利用到填埋处置的全过程管理，包含物质流、资金流和信息流的复杂管理，可见，垃圾处理产业不仅需要技术、资金支持，还需要协调各种因素尤其是人的因素，以实现垃圾协同处理，确保各方利益公平分配和最优化，建立起三个层面的约束。

最低层面也是最基本的层面是个人操守。个人操守约束垃圾生产者和垃圾处理单位。政府应促成垃圾生产者成为垃圾处理者，甚至促成垃圾生产者组织起来，成立"虚拟垃圾处理厂"，鼓励垃圾生产者源头减量和自行处理，如分类收集等。垃圾处理单位应自我约束，尤其是从事填埋处置服务的企业更应该自我约束，把环境服务作为企业的核心利益，及时高效地处理垃圾，并预防垃圾处理过程中的二次污染。只有个人和参与垃圾处理的生产单位遵守社会认同的个人操守，才可能平衡个人利益与社会公益之间的矛盾，在实现个人利益目标的同时向社会提供优质的垃圾处理服务。

第二个层面是集体契约层面。垃圾是个人消费的废弃物，但个人是一个集体中的个人。在自由择居的时代，个人自由选择群体，形成具有一定共性的社群或社区，社群或社区以集体契约处理公共事务，包括垃圾处理事务。垃圾处理产业化的一个重要任务是调动社群或社区参与垃圾处理产业，形成政府-社群或社区-个人和个企参与的多中心竞争与协作事业体。

第三个层面是法律法规和标准。该层面界定垃圾及垃圾处理产业产品的属性，限制

垃圾排放量，制定垃圾收费（税）对象和收费（税）标准，制定补偿机制，确定垃圾处理产业的服务标准和产品的供给模式，明确政府、社区或社群、个人和企业在垃圾处理产业中的法律地位，规定垃圾处理单位（生产单位）的进入和退出门槛，制定监督监测机制等，起到规范、引导和强制性作用，确保社会公益和产业健康发展，是垃圾处理产业的最高层面，要求产业共同遵守。

二、垃圾处理产业的服务产品存在生产与供给分离现象

垃圾处理产业的公益性产品，如处理服务产品，购买者是政府。政府先购买这些公益产品，再通过法律规定的分配方式分配给社会，垃圾处理单位实际上只管产品生产，产品供给则由政府承担。可见，垃圾处理产业的服务性公益产品存在生产与供给分离现象。在产品生产与分离状态下，制定合理的财政补偿标准，保证生产企业的合理利润，提高企业的管理效率和生产积极性，保证公平分配和人人受益，尤其是保护弱势群体的正当权利，成为政府和垃圾处理单位需要正视的课题。

三、政府在垃圾处理产业起到不可或缺的作用

"公共物品"理论认为，准公共物品可以由私营部门参与生产，但实践表明，政府必须起到对垃圾处理产业加强规划、行政引导与强制、经济激励和监督等作用，甚至直接参与垃圾处理作业和主导公益性较强的环节。

公共物品的供给一直是一个困惑政府与市场的难题。公共物品的非排他性和非竞争性诱发消费者"搭便车"的心理转变成行动，造成市场失灵。如果依赖政府大包大揽，因"自利性动机"得不到有效抑制，会造成预算增大和社会资源的浪费，导致政府失灵。如果过分依赖私人和民间组织供给，将出现契约失灵、志愿失灵等问题。如何约束政府、民间组织（包括非营利组织）、私有企业和个人在公共物品供给中的作用以达到最佳供给效率便成为破解公共物品供给难题的核心议题。

发达国家走过了一条"从私到公，再到公私合营"的曲折反复道路。19世纪后期和20世纪初期，英美等发达国家的城市政府希望以私营部门为主提供城市基础设施服务，通过长期合同，把城市基础设施的建设与运营委托给私人公司。但不久，这种模式就出现了规模不经济性、服务价格高、服务质量差等问题，不能满足人们，尤其是经济较落后地区的人们，对基础设施与服务的需求，并导致政治腐败。为克服这些弊端，英美等国的地方政府和公共部门承担起了为社会提供基础设施服务的绝大部分责任。然而，这种模式又很快暴露出了政府财政负担过大和建设运营效率低下等新问题。

为引入竞争机制，20世纪70年代中期，英美率先推行公共事务"民营化"政策，政府下放权力，通过委托、撤资和替代等途径促成私营部门进入公共物品领域，很快便形成了一种所谓的"新公共物品管理模式"。新公共物品管理模式实现了供给主体的多元化，激发了私营部门参与公共物品供给的热情，在一定程度上实现了风险转移；然而，私人产权的引入却可能导致政府监控权的弱化及公共物品私人垄断优势的形成，存在一定的潜在风险。

20 世纪 90 年代初期，发达国家学者开始探讨公私合营模式，试图找到公共部门、私营部门，甚至还包括非营利组织（第三部门）之间的最佳合作模式，如公共部门与私营部门合作伙伴模式（新 PPP 模式）和新公共服务理论。稍后，工业化国家开始走公私合营道路，倡导私营部门参与基础设施建设与运营（简称 PFI），建立起公共部门与私营部门合营双赢的伙伴关系（简称新 PPP 模式），政府与私营部门在契约基础上建立起全程合作关系，双方共同对整个供给过程负责，共同承担风险，打破了基础设施服务要么由私营部门垄断要么由公共部门垄断的格局，政府加强了统筹规划、战略环评、经济激励、法律法规约束和监督管理力度，促进了社会、经济和环境的协调发展。

四、多种供给方式并存的多元模式长期存在

公共物品供给不足和效益低下是垃圾处理行业需要解决的两大问题。政府通过产权界定和价格机制等手段，将原来由政府和公共部门承担的公有公益供给方式，转化为私有私益、私有公益、公有私益和公有公益等多种方式并存的多元化模式，供给主体随之由公共部门转化为公共部门、私有部门和公私合营部门。界定为私人（企业）拥有的垃圾、实物性垃圾衍生品和专利、设计、咨询等技术服务是私有物品，其具有竞争性和排他性，可以完全私有化和市场化，按照私有私益模式供给。企业投资建设的处理设施及配套建设的公益设施等产权私有，但其消费对象是公众或局部群体，具有私有公益特性。私有公益这类公共物品的供给具有产权明晰、利益动机强烈和市场效率、管理水平和服务质量都比较高等特点，能够实现相对满意的消费权益，所以，这类公共物品的供给中即使有较重比例的公有主体投资，也仍然具有相对的竞争优势。土地、水源、环境资源、已封场的填埋场及政府投资建设的处理设施等产权属于公有，但其使用权、收益权和所有权可以分离，其消费可以具有排他性，形成公有私益方式；这种供给方式具有成本高、逐利动机强烈，公共物品损耗和贬值较快等缺点。至于历史遗留下来的公有公益供给方式和其影子在相当长的时期内仍会存在，这种供给方式存在投入产出不对称、成本与效益不相称的问题，在有限公共资源、过高社会期望、过重社会责任和供给主体不完善决策等约束下，容易陷入供给范围有限、投入不足和效益低下的怪圈，同时因消费具有不排他性，容易出现搭便车现象。

只有在正确理解垃圾处理产业的公益性及其相关的主要特点基础上，完善约束机制，充分发挥政府、社区、企事业单位、家庭和个人在垃圾治理过程中的作用，尤其是发挥社区在垃圾回收利用环节的作用，加强政府对服务性产品的主导性，平衡公平与效益，才能确保个人、企事业单位、社区和政府利益最佳化。

（刊于《环境与卫生》，2010 年，作者：熊孟清）

垃圾处理产业支撑体系急需完善的几个方面

垃圾处理产业的支撑体系包括法律法规与执行标准、经济激励机制、排放权管理和技术服务等内容。建设服务型政府，加强区域规划、战略环评和项目环评，推行垃圾排放权交易，制定产业化科技政策是垃圾处理产业支撑体系急需完善的四个方面。

法律法规和执行标准是垃圾处理产业化的保障，经济激励是产业化的动力之一，排放权管理是约束公众（包括企事业单位）以积极与科学的态度处理垃圾的有效方法，技术服务则是加速产业化进程和提升产业发展水平的捷径。本文就服务型政府建设、环评、垃圾排放权交易和科技政策四个方面展开讨论。

一、建设服务型政府

完善环境卫生工作联席会制度、检查通报制度、社情调查制度和工作问责制度等强化服务型政府建设的政策措施，完善工作考核制度，推行问责制，进一步正视权与法、权与民、权与责之间的关系，以"执政为民、民主决策，依法行政、从严行政"为指导原则，促进问责制民主化、法制化和程序化。加强和完善资源环境（容量）消耗的审计与统计工作，将万元 GDP 资源环境消耗、垃圾回收与利用、区域发展和垃圾管理列为公共工程环境评价体系和建设节约型社会评价指标体系的重点考察指标，建立万元GDP 资源环境消耗指标公报制度和社区及重点企业资源环境消耗公报制度。将节能降耗、资源回收、垃圾源头减量等指标纳入领导班子和领导干部任期内实践科学发展观的考核内容，并作为领导干部提拔使用的重要参考依据。

进一步划分权责，明确服务范围。逐步明确和完善"市、区、街三级管理，集中领导，分区负责，责权统一，精简高效"的行政管理工作架构，形成"行政主管部门职能管理—事业单位监督管理—作业服务单位企业化管理"的体制，解决行政机关之间、行政机关正副职之间、政事企之间权责不清和职能重叠等问题。市级行政主管部门负责制定环卫规划和地方法规，调控管理全市环卫工作，对所辖区和县级市环卫局实行业务指导和规范。区（县级市）环卫部门负责市容环卫规划、地方法规和规章制度等政策措施的宣传与实施，负责所辖区域环卫的监督监测管理，维护环卫作业市场秩序。政府是垃圾管理的责任主体，其主要职能是提供法治化管理和优质服务，应将精力放在产业政策的制定和落实、行业监督和管理上，但不能包揽一切事情。各级环卫管理部门应退去环卫作业的直接组织等事务。政府可以将作业监管授权给依公管理的专业事业单位承担，让其代表政府行使监督管理职能。

二、加强区域规划、战略环评和项目环评

区域规划、战略环评和项目环评是引导和强制企业积极参与资源环境保护的有效手段，区域规划和战略环评赋予产品废弃物源头减量与回收利用法律保障，便于政府依法管理。政府部门应做好区域规划和战略环评，企业应认真对待项目环评。规划和环评时应加强对资源环境因素的分析、预测和评估，给出切实可行的控制目标，区域规划和战略环评优先于项目环评，项目建设应满足区域规划要求，实现区域经济和社会可持续发展。

（一）在区域规划和战略环评中明确产品废弃物控制目标

从政策、计划和规划的战略高度制定区域规划，并对区域规划进行战略（区域）环评，进一步完善区域国民经济发展和建设的总体部署，以此作为政府进行宏观调控和社会管理的重要依据。

区域规划把一个区域的经济、资源环境和社会视作一个整体，明确区域内社区布局、产业布局、资源配置、环境保护、市场培养、就业保障及教育、文化、体育、医疗等内容。区域规划要充分体现资源环境的约束、使用和保护，克服不顾资源环境承载能力、片面追求经济规模增长和短期利益等弊端。最终排放的产品废弃物的种类与总量由资源环境的使用决定，而资源环境又是区域规划考量的重点因素，因此，区域规划实际上也对产品废弃物做出了规划，由此可见区域规划对产品废弃物总量控制的重要性。

为了进一步强调资源环境对区域国民经济发展和建设的重要性，进一步完善区域规划，加强战略环评的呼声日益高涨。战略环评进一步协调区域规划各项目标，协调区域规划与上一级区域规划之间的关系，细列资源环境项目，评估规划对资源环境的依赖程度与影响；并提出废弃物控制目标及实现控制目标采取的措施。战略环评以经济—资源环境—社会构成的系统为研究对象，不涉及区域内具体项目的评估，但其设计的控制目标势必对项目建设起到约束作用。对于产品废弃物，战略环评将规定其种类与总量控制目标，这些控制目标将落实到区域内各个项目，限制产品废弃物的排放。企业或通过产品更新换代减少废弃物种类和产量，或通过废弃物回收利用减少废弃物排放，或通过许可交易以平衡区域内废弃物排放等措施来满足目标控制要求，这些目标和措施在项目环评中必须明确。

（二）在项目（企业）环评中明确产品废弃物适当处理和再利用措施

项目环评在区域规划和战略环评以及企业规模基础上，对资源环境利用效率做出评估，限制产品废弃物排放。具体而言，一是明确产品废弃物种类及其产量，明确企业必须回收利用的废弃物种类和总量，明确允许企业排放的废弃物种类和总量，明确允许企业通过排放权交易方式与其他企业交易的废弃物种类和总量；二是规定企业回收利用废弃物的方法和设施；三是规定排放废弃物的分类收集、分类储存和分类运输方法。

产品废弃物的处理有其特殊性。如将炉渣倒入废纸中，轻则影响分类处理，导致资源损失，重则导致火灾等安全事故，这是绝对不允许的。因此，在项目环评中，除了明确产品废弃物应该如何处理外，还应强调不该如何处理，目前国内还没有出台类似日本兵库县的《防止产品废弃物不适当处理的条例》，这就更要求在项目环评中对不适当处理方法加以排除。

项目环评必须对企业的能源、材料和员工使用规模加以约束，而且，当这些资源的使用规模超出环评约束时，企业必须及时申报。员工人数影响生活垃圾产量，材料规模影响边角料、副产品和附属产品的废弃物量，控制能源消耗则具有更广泛的社会效益。尽管能源不是在企业内生产，但使用能源的企业必须承担能源生产过程中的资源环境消耗，这就是项目环评中必须评估能源消耗的理由。

（三）战略环评应优先于项目环评

早在 1979 年，中国就把项目环评作为法律制度确立了下来，以后陆续制定的有关环境保护的法律均含有项目环评的原则规定， 2002 年颁布的《中华人民共和国环境影响评价法》不仅把项目环评也把规划环评作为法律制度确立了下来。环境影响评价制度的建立和实施，对推进产业合理布局和城市规划的优化，以及预防资源过度开发和生态破坏，发挥了不可替代的积极作用。

由于多种原因，项目环评的实施早于战略环评的实施，项目环评对废水废气的重视强于对产品废弃物的重视，战略环评目前仍局限在规划环评而未包括政策与计划环评。这就导致一个根据短视政策或计划上马的具体项目可能通过了项目环评，或项目环评没有战略环评甚至规划环评做依据，或具体项目违反了规划环评的要求。由于规划环评立法较晚，一些规划未做环评，鉴于法律不溯及既往，即使被实践证明确属不好的规划也不算违法，修改前仍需遵守。此时，只能通过项目评价来防止项目的环境影响。一般而言，当项目环评严格按照评价规范进行时，可以在一定程度上防止负面环境影响。但最好的途径是战略环评应优先于项目环评。有了战略环评，一个项目的选址、资源环境配置等方面就有了法理依据和具体约束，当项目的建设违反了战略环评要求时，也就是违反了相应的政策、计划和规划，那就属于违法建设，就可以按照违法建设进行处理，违反规划的项目就不能通过项目环评。

三、推动排放权交易，促进生态补偿法治化

生产和消费产生垃圾将形成外部成本，垃圾处理服务将带来外部效益，垃圾产生者应该承担外部成本，垃圾处理服务者应该分享外部效益，这就是生态补偿的理论基础。法律法规明确了垃圾收费的正当性。目前，中国的垃圾收费定性为经营性服务收费，分为保洁费和处理费两类，也形成了一套管理办法，甚至有些城市计划按类按量收费，但也暴露了垃圾收费的一些弊端，主要表现为收缴率不高及不能做到专款专用。建议实行垃圾排放权交易，并将垃圾排放权交易与垃圾收费及其他补偿方法结合，形成以排放权为主，辅之以垃圾收费、公共补偿和生态产品认证等补偿方法的生态补偿体系，发挥市场调节作用和政府干预能力，促进生态补偿法治化。

垃圾来源比较清楚且垃圾是形态相对稳定的可视物体，垃圾污染一般是局部性或区域性的，不像气态和液态污染物那样长距离传播，也不存在污染源鉴别困难的问题，是便于计量和监测监控的，这些因素是垃圾处理产业导入垃圾排放权交易体系的有利条件。垃圾排放权融政府干预与市场机制调节于一体，便于实行垃圾排放总量控制，且便于排放权跨域交易，而且，构建垃圾排放权交易体系有助于形成以排放权为主，辅之以

垃圾收费、公共补偿和生态产品认证等补偿方法的生态补偿体系，有利于推动区域合作和跨区域协调治理。此外，交易市场的建立将促进垃圾处理产业产品、技术和资本的集聚，这不仅有利于企业融资，也有利于形成统一的排放权的市场指导价格，提升现代服务产业。由此可见，垃圾排放权具有广阔的应用前景。中国在温室气体（CO_2、C_xH_y）、酸性气体（SO_2）和化学需氧量（COD）等指标的排放权交易正在由试点向全面铺开的阶段过渡。中国垃圾收费制度已基本建立，随着有中国特色社会主义的市场经济体制逐步完善，垃圾排放权交易将会逐步取代垃圾收费制度，成为主要的经济手段和垃圾处理的重要作业。

为保证垃圾排放权交易稳步推进，政府应加快生态补偿立法，制定生态补偿计算标准，出台排放权交易管理条例，其中最急迫的是制定垃圾排放权价格的计算标准。生态补偿计算标准一般参照以下四个方面的价值进行初步核算：生态保护者的投入及其发展机会成本的损失、生态受益者的获利、生态破坏的恢复成本和生态系统服务的价值。中国大部分城市确定垃圾收费标准时仅参照垃圾处理者的投入，这是不全面的。制定排放权价格计算标准时，不仅应考虑垃圾处理者的投入，更应该考虑垃圾处理服务对象的收益和垃圾受纳地因失去发展机会所产生的损失，此外，还应该考虑垃圾受纳地生态恢复成本。

四、制定产业化科技政策，为加速垃圾处理产业化奠定基础

垃圾处理系统具有地域性、时效性、多层性、多元性、相关性、动态性和关联性等多种特性，科技政策必须是开放的才能支撑起这样的处理系统。强化政府在研究开发中的宏观协调作用，建立技术进步的促进机制，通过诱导性和鼓励性的政府税收政策来推动研究开发，完善研究开发的基础设施，加快技术成果的转化过程，并使研究经费的扩充呈现良性循环。通过产业界、学术界和官方的密切结合，制定垃圾处理系统评价体系和促进垃圾处理系统升级的科技发展计划。建立全天候垃圾监测系统，完善基础数据库。鼓励垃圾综合处理模式与新技术的研究开发，系统比较全过程管理型与末端处理型、混合垃圾处理型与分类垃圾处理型、集中布置型与分散布局型、多元组合型与功能拓展型、系统封闭型与系统开放型及其相关技术的优缺点。组织研发有重大推广意义的生态产业链的集成技术，努力在一些重点领域突破技术瓶颈，形成技术优势。重视国际间的技术合作。

综上所述，政府应切实加强职能领导，完善法律法规与执行标准，科学规划与战略环评，根据本地实情制定经济激励政策，重点扶持排放权交易和一批资源利用项目，鼓励体制创新和科技创新，加强宣传教育等工作，充分调动公众参与的积极性，为垃圾处理产业的健康发展提供强有力的支撑保障。

参考文献

［1］ 熊孟清.改革开放 30 年广州市客环卫的发展与完善［C］.纪念广州改革开放 30 周年理论研讨会论文集，2009：350-354.

［2］ 能孟清，隋军，范寿礼，等.产品废弃物管理是企业的基本职能［D］.再生资源与循环经济，2009（2）：32-34.

［3］ 潘岳.战略环评与可持续发展［J］.环境经济，2005（9）：11-15.

［4］ 熊孟清，隋军，粟勇超，等.生活垃圾处理产业化综述与建议［J］.环境与可持续发展，2008（3）：32-34.

（刊于《城市管理与科技》，2009 年 8 月 15 日，作者：熊孟清，隋军，粟勇超）

垃圾处理产业化途径

垃圾处理产业化就是以市场为导向，找到一种有效方案，把政府统管的公益性行为转变成政府引导与监督参与和企业运营的企业行为，把被分割成源头、中间和末端的垃圾处理产业链整合成一个完整的产业体系。垃圾处理产业化是一个确立与检验垃圾管理理念的实践过程，其内涵主要是社会化、市场化、集约化和法治化。法制手段、科技手段、经济手段和市场手段，将垃圾处理推回社会，使之由政府统管的公益事业转变成社会生产过程，并成为具备专业化社会分工的产业，保证资本、技术和管理在垃圾管理全过程中充分发挥作用，增强垃圾处理企业对市场的自适应能力，实现政企、政事、事企、管理和作业"四分开"，明确政府、企业、公众和行业协会等各类主体在垃圾生产、收运、资源化利用及处置等环节之间及各环节内部的职能分配，推动这些主体所进行的减量化、再利用和再循环活动，发展循环经济，促进政治、经济和人文社会可持续发展。

一、依法管理垃圾，实现垃圾管理法治化

垃圾是一种低品质资源，且具有公共物品属性，致使处理成本尤其是资源化利用成本较高，其管理需要统筹社会、政治、经济和科技的发展，只有依靠法律和政策的强制与引导作用，垃圾处理产业化才可能实现，换言之，垃圾处理全过程必须实现垃圾管理法治化。我国非常重视垃圾管理的法制建设，先后出台了一系列垃圾管理法律法规和技术标准，明确了垃圾管理的主体、原则、制度与技术标准。

（一）明确垃圾管理的主体及其权利与义务

垃圾具有"产之于民"的鲜明特点，需要全体公民共同努力，改变生产与消费习惯，保护资源环境，少产垃圾，并协助政府及其行政主管部门依法管理。因此，全体公民、政府及其行政主管部门都是垃圾管理法治化的主体。其实，政府及其行政主管部门是通过公民授权来管理垃圾的，故必须接受公民监督，公民才是垃圾管理的重要主体。如果公民无视法律，再完备的法律也必将成为"软法"，绝不可能落实到公民的日常生活中去。

公民具有支配资源环境和享受良好环境的权利，享有过上健康、安全与舒适生活的权利。尊重和保障公民权利是立法和执法的侧重点。政府及其行政主管部门应公正执法，尊重民意，保障公民的合法权利，弘扬"执政为民"的宗旨。当然，公民享有权利的基本原则是权利与义务相统一，垃圾管理法治化的目的是规范法治主体的行为，保障

公民分享环境资源、享受物质文明成果的权利，但同时也要求公民尽到保护环境资源、减少浪费和回收资源等的义务。

（二）法治化原则与制度

垃圾管理必须遵循一些基本原则和制度。我国法律明确规定了四项原则，它们是：统筹规划、统一监督管理原则，减量化、无害化、资源化和产业化原则，污染者依法负责原则和依法惩罚污染环境的犯罪行为、防止以罚代刑原则。同时，我国法律还规定了垃圾管理必须坚持的制度，主要制度是：公众参与制度、经营性服务许可证制度、环境影响评价和"三同时"制度、环境保护和环境卫生标准制度和行政强制与经济激励制度。

我国在加速循环经济立法。十届全国人大常委会第29次会议（2007年8月）对《循环经济法（草案）》进行了初审。草案要求各地和企业要根据本地的资源和环境承载能力安排产业结构和经济规模，并创设了循环经济规划制度、抑制资源浪费和污染物排放的总量调控制度、循环经济评价考核制度、生产者责任延伸制度、高消耗企业管理制度、产业政策的规范引导、激励措施和法律责任制度。在垃圾管理法律的基本法中加入循环经济法将大力促进垃圾减量、回收和循环利用。

（三）加强行政引导，降低法治成本

经过多年实践，垃圾管理法治化取得了很大进步，在环评、信息公开、资源化利用和环境保护等方面都取得了可喜的成就，但仍存在产业化配套政策不完善、执法队伍建设有待加强等问题，表现最突出的就是如何加强行政引导和降低法治成本量方面的问题。

应重视"行政引导"在垃圾管理全过程中的作用。制定周详的行政引导措施和公告禁止性、处罚性和奖励性措施，并加强法律法规的宣传教育，引导公众积极参与垃圾管理法治化进程。行政强制和行政引导有机结合，实现执法行为规范化、程序化和制度化。

此外，垃圾管理法治化的一个重要条件是降低法治成本。资源环境保护法律成为"软法"的根本原因在于依法行事的成本过高，无论公众法律意识多强，如果法治成本过高，法治化就难推行。垃圾管理者可以通过增加垃圾桶设置、提供经济适用的家用垃圾处理设备、设立社区废物回收站和发放环保袋等便民措施，降低法治成本，让公众体会到依法行事的便捷与实惠。只有将法治成本降低到公众可以接受的程度，才有可能实现垃圾管理法治化。

法律是解决社会活动中各种矛盾的首要渠道。垃圾管理法治化是依法治市的重要方面。以法律为准绳，把垃圾管理过程中出现的各种矛盾，无论是社会矛盾还是经济矛盾，纳入法律轨道，高效有序地处理处置垃圾，提高垃圾资源化利用程度，并防治垃圾及垃圾处理对环境的污染，建设可持续发展和人与自然和谐相处的社会。

二、制定产业化科技政策，实现垃圾处理科技化

近十年来，垃圾处理设施建设取得了可喜的进步，先后建成了一批压缩站、转运

站、焚烧发电厂和填埋场，许多设施或其关键设备与技术具有国际水准，如广州市兴丰垃圾卫生填埋场的空间效率系数高达 28 以上，广州市李坑垃圾焚烧发电厂采用中温次高压锅炉回收垃圾热能，这些都达到了国际先进水平。毫无疑问，先进技术、工艺及成套设备的应用推动了垃圾处理事业的发展，起到了资源环境保护作用。但是，垃圾生产与管理带有鲜明的地域特性，管理者只有根据城市特点，制定特色的科技政策，合理应用适合本地垃圾特性的处理技术，才能达到高效处理垃圾的目的。

（一）树立垃圾作为低品质资源处理的指导思想，组建闭环式垃圾处理产业链

垃圾管理存在两种指导思想：垃圾作为废物处理和垃圾作为资源处理。两种指导思想引出两种不同垃圾管理方式，也导致两种不同的技术政策。前者将首选全量填埋或全量焚烧加填埋的末端处理处置方式，这类粗放型处理处置方式不仅处理费高，而且会导致资源环境损失，并导致填埋场和焚烧（发电）厂成为典型的邻避设施；值得反省的是，因混合垃圾热值低、发电效率低，以及炉渣、飞灰和烟气处理难度大，垃圾全量焚烧发电成为一种低效高耗高排的垃圾作为废物的热处理方式，而不能成为资源利用方式；相应的技术政策便是片面的扶持填埋或焚烧新工艺的开发研究，试图解决填埋或焚烧引发的种种问题，结果致使垃圾处理产业链及相应的技术链被人为割断。后者将要求组建闭环式垃圾处理产业链，遵循"垃圾减量、物质利用、能量利用和最终处置"的优先顺序，制定面向垃圾利用的产业与科技政策，均衡发展垃圾分类收集、分类处理和填埋处置，并将垃圾管理责任延伸到生产领域，要求生产企业在产品生产过程中优先选用回收物质作为原料，甚至要求企业根据回收物质的特性逆向组织生产过程，最大可能的使废物回到经济循环并少产垃圾；能回收利用的物质被作为生产原料加以利用，物质利用效率低但热值较高的物质被作为燃料加以能量利用，只有那些物质和能量都不能利用的废物才被允许填埋处置。

但是，垃圾是一种低品质资源，其资源化利用需要技术、资金和政策支持。为了有效利用垃圾的资源特性，必须对垃圾整性（调质）处理以提高垃圾的资源品质，如将垃圾分选以提高焚烧废物的热值从而实现废物热能利用，将厨余垃圾与活性污泥混合改变碳氮比将提高沼气产气率，将渗滤液回灌到垃圾填埋场将加速垃圾发酵，提高沼气产量和产气速率等。分类和加入添加剂是垃圾整性的常用方法。只有树立垃圾作为低品质资源处理的指导思想，才能正确认识垃圾处理产业化的艰巨性和必要性。

（二）制定产业化科技政策，为实施垃圾处理产业化奠定基础

垃圾处理系统具有地域性、时效性、多层性、多元性、相关性、动态性和关联性等多种特性，科技政策必须是开放的才能支撑起这样的处理系统。结合现状，建议制定以下科技政策：①强化政府在研究开发中的宏观协调作用，建立技术进步的促进机制，通过诱导性和鼓励性的政府税收政策来推动研究开发，完善研究开发的基础设施，加快技术成果的转化过程，并使研究经费的扩充呈现良性循环；②通过产业界、学术界和官方的密切结合，制定具有垃圾处理系统评价体系和促进垃圾处理系统升级的科技发展计划；③鼓励垃圾综合处理模式与新技术的研究开发，系统比较全过程管理型与末端处理型、混合垃圾处理型与分类垃圾处理型、集中布置型与分散布局型、多元组合型与功能拓展型、系统封闭型与系统开放型及其相关技术的优缺点；④垃圾处理生态工业园产业

链研究；⑤重视国际间的技术合作。

三、善用经济手段，加速推动垃圾处理产业化

污染者依法负责原则是采用经济手段的法律基础。经济手段作为一种间接调控手段，可以鼓励那些创造最大社会福利的生产和消费活动，从而在资源环境保护和社会经济福利之间找到最佳平衡点，鼓励企业自觉开发利用先进技术，提高全民资源环境保护意识，等等，并使垃圾处理外部不经济性内部化，有助于解决垃圾处理经费不足的问题，具有成本经济性、灵活性和鼓励先进技术的运用等优点。善用经济手段，可以加速推动垃圾处理产业化。

（一）实行按类计量收费（税），推动垃圾分类收集与分类处理

按类计量收费（税）就是根据不同类别的废物分别计量并按不同的收费（税）标准进行收费（税）。计量收费可以减少垃圾产量，增加资源回收量，而且，对不同类废物制定不同的收费（税）标准将提高垃圾分类率，最后，把按类计量收费（税）应用到垃圾生产者和垃圾处理者，以提高垃圾分类收集率和垃圾分类处理率。以目前的科技水平，实现垃圾按类计量收费（税）技术上是完全可行的。

（二）重启抵押金制度，提高资源回收率

对于回收后可以重复使用的包装品，如易拉罐、玻璃瓶、塑料瓶、塑料袋等，要求购买者支付一定押金，当退回包装品时领回押金，这种做法其实早就有了。重启抵押金制度不仅可以提高包装品的回收率，还可以改变生产和消费习惯，让企业和消费者少用一次性包装品，转而使用更有利于环保的可重复利用的包装品。德国包装法明确规定，如果一次性饮料包装的回收率低于72%，则必须实行强制性押金制度，这是值得借鉴的成功经验。

（三）试施垃圾许可交易，降低垃圾处理成本

把垃圾作为一种商品进行许可交易是一种值得尝试的经济手段。政府先确定出管辖内的垃圾管理目标，综合考量各区域垃圾处理设施的消纳量和区域发展规划等因素，确定每个区域垃圾的最大排放量；然后，通过发放垃圾排放许可证的办法实现排放量在不同区域间的分配；最后，通过建立垃圾排放权交易市场，使排放权能够合法合理买卖。许可交易采用排污许可证形式量化垃圾生产者的垃圾排放权，并容许排放权像商品那样自由买卖。垃圾处理成本较低的企业或区域可以采取措施减少垃圾排放，剩余的排放权则转让给垃圾处理成本较高的企业或区域，实现处理量与处理成本挂钩，从而使总的协调成本最低。而且，垃圾生产者不再像垃圾收费（税）制那样只是价格接受者，而是在交易过程中获得了叫价的机会，更能直接感受垃圾交易市场的变化，并根据市场变化制定生产与消费战略。值得期待的是，许可交易可以应用于垃圾处理，将降低垃圾处理成本，推进垃圾处理市场化和产业化。

垃圾处理是微利行业，有些环节甚至还是无利的。针对废物设计产品、添置专门生产线、提高垃圾的资源品质以及满足环保环卫标准等等这些特殊要求都导致垃圾资源化利用成本增大。即使像废纸、玻璃这类可回收垃圾的再利用也由于其环境保护成本过高，无法与原生资源开采利用相竞争，使得企业难以接受资源再利用。这种情况下，需要政府出台补贴等经济激励政策，培育垃圾资源化利用企业。我国垃圾处理事业在行政主导的命令控制系统中正越来越多地运用经济激励机制。

四、建设生态工业园，实现垃圾处理产业化

垃圾处理产业化需要多部门、多行业与多企业协同运作，尤其要求协调好各部门的工作，清晰界定各部门的工作流程，避免发生混乱，生态工业园正好提供了这样一个好平台。生态工业园区内，企业之间存在信息、物质、能量和资本之间的耦合关系，并形成一个连续的生产流，不允许任何环节出现问题，而且生态工业园是依据循环经济理论和工业生态原理，遵循垃圾减量化、再利用和再循环原则，设计而成的一种新型的工业组织形态，符合经济可持续发展要求，自 20 世纪 90 年代开始成为工业园区建设的主流。

我国垃圾处理有必要探索静脉产业生态工业园模式，集中物质回收利用（废物利用）、焚烧处理、填埋处置等设施及渗滤液处理、废渣利用等相关配套设施于一园，走出富有中国特色的垃圾处理道路。考虑到我国垃圾处理、物质回收利用设施大多分散设置，建议优先考虑建立虚拟型静脉产业生态工业园，通过新建信息交互系统，在计算机上实现分散的废品回收、分拣和垃圾处理等现有废弃物处理设施互联互通，即通过计算机网络联系成一个虚拟生态工业园，既克服了各企业布局相对分散的现实制约，又降低了征地费用，同时还提高了垃圾处理设施的实际消纳能力和效率。

垃圾处理产业化是一个复杂的实践过程，也是一个"统筹规划，分步实施，不断修正"的自我完善过程，完善不仅仅是指科技政策或经济手段的完善，甚至包括法律修正，但资源环境保护和经济可持续发展的产业化政策重心是不可动摇的。垃圾处理产业化是解决垃圾问题的有效途径，必将为垃圾处理带来丰硕的社会效益、经济效益和资源环境效益，值得深入研究。

（刊于《环境与卫生》，2008（2）：26-28，作者：熊孟清）

垃圾处理产业化综述与建议

我国生活垃圾年产量从 2000 年 1.18 亿吨以近 9％的速度递增到 2005 年的 1.62 亿吨，预计 2007 年将达到 2.0 亿吨以上，未处理垃圾的堆存量将高达 60 亿吨以上。在如此严峻的形势下，垃圾处理必须实施源头减量和末端处理并举的战略，以完善的法律法规和先进的处理技术，利用市场机制，走产业化道路，才能有效解决城市生活垃圾问题。

一、垃圾处理产业化是解决垃圾问题的有效途径

垃圾处理产业化是以市场为导向，把政府统管的公益性行为转变成政府引导与监督、非政府组织参与和企业运营的企业行为，把被分割成源头、中间和末端的垃圾处理产业链整合成一个完整的产业体系。垃圾处理产业化不仅涉及一般意义上的垃圾处理（即末端处理），还包括垃圾源头减量处理，在此基础上，产业化将发展垃圾处理的战略、核心竞争力、产业链与产业的组织方式等。

垃圾管理产业化的内涵主要是社会化、市场化、集约化和法治化。传统认识把垃圾视为无用物，并在一种社会默契下把各家各户生产的垃圾无形中转化成了公共物品，于是，垃圾处理也随之成为一种政府统管的公益事业。垃圾处理社会化就是要将垃圾处理推回社会，使之由政府统管的公益事业转变成社会生产过程，并成为具备专业化社会分工的产业。实行政企、政事、事企、管理和作业"四分开"，利用市场机制，调节资本、技术和管理在垃圾处理中的作用，增强垃圾处理企业对市场的自适应能力。垃圾处理是技术与资本密集产业，需要从粗放型经营转变成集约型经营，提高处理技术的先进性，尤其是提高环境保护技术的先进性，探讨静脉产业生态工业园的组织管理方式，实现垃圾处理产业化。

垃圾处理产业化将涉及城市建设、资源环境、政府体制改革和市场经济等诸多方面，包括政府与个人在资源环境开发利用方面的权利与义务，政府与个人对城市公益事业的责任与义务，各级政府、非政府组织与企业的产业化职责职能，垃圾生产、收运、资源化利用及处置等环节之间及各环节内部责、权、利的分配，产业化融投资与经营管理利益分配的界定等。

垃圾处理产业化将会促进循环经济发展，推动政府、企业、公众和行业协会等各类主体所进行的减量化、再利用和再循环活动，加速城市产业结构的调整，拓展城市服务业范围，增加就业机会，是保持经济可持续发展的一个重要项目。如今，美国垃圾再利

用行业已成为就业和经济增长的亮点，相关企业达 56000 家，提供劳动岗位 110 万个，年度总销售额为 2360 亿美元。垃圾处理产业化将进一步深化管理体制改革，有利于缩小政府规模和降低政府成本，是推进城市公用事业社会化的重要内容。垃圾处理产业化是解决垃圾问题的有效途径，已经成为垃圾处理的发展方向。

二、法律法规是垃圾处理产业化的保障

垃圾是一种低品质资源，且具有公共物品属性，致使处理成本尤其是资源化利用成本较高，其管理需要统筹社会、政治、经济和科技的发展，只有依靠法律和政策的强制、引导作用，垃圾处理产业化才可能实现。自 20 世纪 70 年代起，各国在垃圾管理实践中不断完善法律，并摸索执法经验；进入 90 年代后，美国、日本、德国、丹麦、法法、英国、比利时和澳大利亚等发达国家又相继颁布和实施了垃圾减量化、资源化和安全处置的有关法律，以推进循环经济的发展。

日本国会早在 1970 年便颁布了《废弃物处理法》，历经 20 余次修改，以适应废弃物处理形势的不断变化； 2000 年通过了《资源有效利用促进法》（修改回收法）和《循环型社会形成推进基本法》；其后，日本又先后颁布了容器包装、食品、家电、建材和汽车等多部单项回收法。《循环型社会形成推进基本法》呼应了日本社会建立一种能够克服资源环境限制的可持续发展的新型社会经济体系的诉求，旨在将环境保护与资源节约融合到经济活动的各个层面，建立"循环型社会"。其具体目标是，与 2000 年相比， 2010 年的资源生产率和资源循环利用率分别提高 40%，废物最终处理量减少一半，人均每天垃圾产生量减少 20%，相关产业的市场需求和就业规模扩大一倍。

德国是垃圾管理法律最完善也是最早进行循环经济立法的国家。1972 年德国制定了《废物处理法》，要求关闭垃圾堆放场，建设以焚烧和卫生填埋相结合的垃圾处理中心，但实践表明这种末端处理不能主动解决垃圾问题。1986 年德国颁布了新的《避免废物产生及废物处理法》，试图推行垃圾减量和再利用，但效果仍不明显。为了有效解决垃圾问题，1994 年德国制定了影响广泛的《循环经济和废物处置法》，并在 1998 年对该法进行了修改；为推进循环经济法的实施，德国还制定了《包装法令》（1998年）、《垃圾法》（1999 年）、《社区垃圾合乎环保放置及垃圾处理场令》（2001 年）、《持续推动生态税改革法》（2002 年）和《再生能源法》（2003 年）等多部法律。循环经济法旨在彻底改造垃圾处理体系，推行产品责任延伸制度，使垃圾减量和资源化利用向生产体系（企业）延伸，贯穿产品的生产、流通、消费和回收全过程，发展循环经济。

我国 2002 年颁布了《中华人民共和国清洁生产促进法》， 2005 年又颁布了《中华人民共和国可再生能源法》并开始实施新的《中华人民共和国固体废物污染环境防治法》， 2007 年 8 月 26 日全国人大常委会第 29 次会议对《中华人民共和国循环经济法（草案）》进行了初审，目前该草案已进入最后的意见征求阶段。《中华人民共和国固体废物污染环境防治法》明确了垃圾处理产业化要求。《中华人民共和国清洁生产促进法》和《中华人民共和国循环经济法（草案）》的核心都是要推行产品责任延伸制度，目的是要调整政府、企业、公众和行业协会等各类主体在产品生产、流通、消费和回收

的全过程中所进行的减量化、再利用和再循环活动。为了有效实施法律法规，相关部门又先后发布了《城市生活垃圾管理办法》《国家环保总局关于推进循环经济发展的指导意见》《关于企业所得税若干优惠政策的通知》等政策措施。这些法律法规与政策措施的实施将加速垃圾处理产业化进程。

三、经济激励机制是垃圾处理产业化的动力

经济激励机制是一种间接调控手段，通过垃圾收费（税）、抵押金、补贴和许可交易等刺激机制，鼓励那些创造最大社会福利的生产和消费活动，从而在资源环境保护和社会经济福利之间找到最佳平衡点，具有成本经济性、灵活性和鼓励先进技术的运用等优点。运用经济激励机制的目的是：克服命令控制系统成本经济过高、灵活性不足、环境效应不理想等问题，使垃圾处理外部不经济性内部化，解决垃圾处理经费问题、鼓励企业自觉开发利用先进技术和提高全民资源环境保护意识等，以推进垃圾减量和资源化利用。自1972年经济合作和发展组织（OECD）环境委员会提出污染者负担原则以来，尤其是1987年联合国世界环境与发展委员会明确提出"可持续发展"定义后，经济激励机制越来越受到重视，但是经济激励机制的发展仍不完善，其在实践中发挥的作用与理论上的优势也有一定的局限性。当前，最优选择是综合运用命令控制系统和经济激励机制，扬长避短，保护资源环境的同时克服垃圾处理的非竞争性和外部性。

垃圾收费（税）已得到普遍采用。目前垃圾收费（税）正在向计量收费（税）等更有效的形式发展。很多发达国家和城市除采用定额收费制外，也采用计量收费制。计量收费制的收费金额与生活垃圾的排放量直接相关，这有利于提高垃圾生产者垃圾减量和资源化利用的积极性。尽管计量收费（税）在操作、管理上比定额收费（税）复杂，但对垃圾减量和资源回收的作用更显著，如韩国实行计量收费制以来，生活垃圾量减少了37%以上，而资源回收量增长了40%。

垃圾收费（税）可用于补贴垃圾处理企业，帮助企业提高处理技术和环境保护技术，如对于生物处理企业，由于有财政补贴保障，企业可以重点关心如何提高沼气产气率和达到环境卫生标准，而不必过多关心产品销路和利润。日本半数以上资源再利用企业得到了政府补贴，有效推进了日本的循环型社会建设。不过，垃圾收费（税）并非全部用在了垃圾处理上，相反，国外数据表明，可能只有不到15%的税收用于垃圾处理，其余则被挪用。如何将垃圾收费（税）更好地用于鼓励资源循环利用和生态恢复是需要探讨的问题。

把垃圾作为一种商品进行许可交易是一种值得尝试的经济手段。政府先确定出管辖内的垃圾管理目标，综合考量各区域垃圾处理设施的消纳量和区域发展规划等因素，确定每个区域垃圾的最大排放量；然后，通过发放垃圾排放许可证的办法实现排放量在不同区域间的分配；最后，通过建立垃圾排放权交易市场，使排放权能够合法合理买卖。许可交易采用排污许可证形式量化垃圾生产者的垃圾排放权，并容许排放权像商品那样自由买卖。垃圾处理成本较低的企业或区域可以采取措施减少垃圾排放，剩余的排放权则转让给垃圾处理成本较高的企业或区域，实现处理量与处理成本挂钩，从而使总的协调成本最低。而且，垃圾生产者不再像垃圾收费（税）制那样只是价格接受者，而是在

交易过程中获得了叫价的机会，更能直接感受垃圾交易市场的变化，并根据市场变化制定生产与消费战略。许可交易在水污染和空气污染控制中都已被应用，尤其是2005年2月《京都议定书》生效以来，排放权交易的应用越来越广泛，其范围已经从一国内部扩展到国家之间，而且国际市场发展非常快。但在垃圾处理领域，许可交易还处于理论探讨阶段，值得期待的是，许可交易可应用于垃圾处理，将降低垃圾处理成本，推进垃圾处理市场化和产业化。

鉴于垃圾处理是微利行业，有些环节甚至还是无利的，及垃圾处理的公益性，需要政府出台补贴等激励政策，培育垃圾资源化利用企业。

四、生态工业园是垃圾处理产业化的方向和目标

生态工业园是依据循环经济理论和工业生态原理，遵循垃圾减量化、再利用和再循环原则，设计而成的一种新型的工业组织形态，通过园区内信息、物质、能量和资本的流动与储存，实现园区内工业共生和污染物"零排放"的目标。

自20世纪90年代以来，生态工业园已经成为工业园区建设的主流。工业化国家纷纷创建生态工业园区，并用生态工业系统标准改造老式企业，使企业之间建立起信息、副产品、废弃物和能量等要素的耦合关系。丹麦Kalundorg生态工业园区是国际上最成功的新建生态工业园区，而美国田纳西州小城Chattanooga的生态工业园区则是改造型工业园的成功典范。前者通过企业间的代谢生态群落关系，建立起一些各具特色的工业联合体，企业之间形成一个连续的生产流，既节省了成本又保护了资源环境。后者通过再利用老企业的工业废弃物，不仅减少了污染，还发展了环境保护产业，对老企业密集的城镇改造尤具借鉴意义。

我国从1999年开始启动生态工业园示范区建设试点工作，目前，国家环保总局已批准了广西贵港等多个示范性生态工业园，而且，国家环保总局还出台了静脉产业（资源再利用产业）、行业和综合性生态工业园标准，这些示范园区的建设和三个层面生态工业园标准的推行将带动我国生态工业园走上富有中国特色的发展道路。

结合我国垃圾处理水平，建议在垃圾处理产业化进程中先考虑建立虚拟型静脉产业生态工业园，通过新建垃圾分选与再利用企业和信息系统，把分散的填埋场、焚烧发电厂、污泥处理厂和污水处理厂等现有废弃物处理设施通过计算机网络联系成一个虚拟生态工业园。先在计算机上建立各企业间的物、能交换联系，然后再予以实施，并最终形成以废纸——纸浆、生物质和沼气——电力、炉渣和干化污泥——水泥或建筑材料等工业联合体为核心的虚拟生态工业园。既克服了各企业布局相对分散的现实制约，又降低了征地费用，同时还提高了填埋场、焚烧发电厂和其他废弃物处理设施的实际消纳能力和效率。

垃圾处理产业化是解决城市垃圾问题的有效途径，而法律法规是垃圾处理产业化的保障，经济激励机制是动力，生态工业园则是方向和目标。本文综述了这四个方面的国内外现状和发展趋势，给出了垃圾处理产业化的定义和应用许可交易经济手段与优先建立虚拟型静脉生态工业园的建议。除此之外，为了推进垃圾处理产业化，还必须细化许多其他方面的工作，如成立产业化管理机构，加强执法力度，完善绿色产品标志制度，

培养市场主体，开发清洁生产和资源化利用技术等，这些方面都是需要进一步探讨的课题。

参考文献

[1] 陈洁，柳宪布.城市垃圾处理产业化道路探讨 [J].环境卫生工程， 2003（1）：46-48.

[2] 赵中友.城市垃圾处理产业化的难点与政策建议 [J].节能与环保， 2004：11-15.

[3] 连玉君，王家荣.城市垃圾处理产业化探析 [J].当代财经， 2003（12）：83-85.

[4] 张志强，王震.上海市生活垃圾产业发展的思考 [J].再生资源研究， 2006（5）：36-39.

[5] 熊孟清，范寿礼，徐建韵，等.生活垃圾管理法治化的内涵 [J].环境卫生工程， 2008（2）.

[6] 熊孟清，林进略.应用经济手段解决城市垃圾处理处置问题 [J].环境卫生工程， 2007（2）：17-20.

[7] 葛颜祥，接玉梅，胡继连.利用排放权交易机制控制城市生活垃圾排放的构想 [J].中国环境管理， 2002（5）：3-5.

[8] 赵瑞霞，张长元.中外生态园建设比较研究 [J].中国环境管理， 2003（5）：3-5.

[9] 赫广才，邹庐泉，郭辉东.上海市固体废弃物静脉产业链的构建 [J].环境卫生工程， 2007（2）：49-52.

[10] 龚慧，厉成梅.国外生态工业园的建设及其对我国的启示 [J].世界地理研究， 2005，（3）：45-49.

（刊于《环境卫生工程》，2007 年 12 月 15 日，作者：熊孟清，徐建韵，范寿礼，等）

垃圾处理产业体系的构建原则

构建垃圾处理产业体系的总原则是统筹规划、全民参与、因地制宜、服务发展、公益优先、总量控制、资源回收利用、多模式供给和按部就班实施等。为落实这些总原则，需要结合实际提出一些切实可行、有效的具体原则与办法。下面从参与主体、处理方法、处理设施布局和产业支撑4个方面推荐具体的构建原则与办法。

一、政府引导、社区组织、企业参与

垃圾处理产业体系应是政府引导下的政府、社区与企业各负其责的协同体系。垃圾处理产业体系可分成5大板块：支撑体系、排放权交易、源头作业环节（产量抑制、分类收集、回收等源头预处理）、中处理环节（有用垃圾回收利用）和填埋处置环节。支撑体系、排放权交易和填埋处置需要政府主导与参与；源头作业环节由社区组织、相关生活小区和企事业单位参与，成立源头垃圾处理虚拟组织、合作社或集体企业；中处理环节主要由企业、社区组织实施。不同环节需要不同的组织者，可以预期，垃圾处理产业将形成国有企业、集体企业（社区企业）、私有企业两两联合或三者联合经营的局面。

政府是引导者、参与者和监督者，甚至是主导者。无论哪个板块或环节，政府至少起引导者作用，也可以作为参与者直接参与垃圾处理作业；对于政策性较强的支撑体系与排放权交易管理等板块，以及不宜完全市场化的填埋处置环节，政府应起到主导作用。政府做为垃圾处理服务产品的购买者，应强势参与到产业之中。社区组织的作用强于企业的作用。在源头作业环节，只有能够体现民意的社区组织才能发动广大公众自发地开展源头减量活动；即使在具有一定利润的中处理环节，因社区组织掌握垃圾来源，不仅可以采取入股方式加入垃圾处理企业，甚至还可以独立建设与经营垃圾处理企业。社区组织应发挥政府、社区和企业三者间的纽带作用，在垃圾处理产业中扮演好组织者角色，这样政府就只需要面对社区组织，无需面对众多企业，从而有利于理顺管理关系。

企业是垃圾处理的基本单位。从培育、发展垃圾处理事业体角度衡量，垃圾处理产业化可理解为垃圾处理企业化，产业化的目的之一就是要让垃圾处理按企业模式组织与运作。

二、填埋是保障、回收利用是核心、排放权须优先

垃圾处理的3个主要任务是：控制垃圾排放总量与特性、提供垃圾处理服务和回收

有用垃圾。从时间顺序考虑，建议先建设填埋设施，以保障及时提供垃圾处理服务，同时构建排放权交易体系以控制垃圾排放总量与特性；从对社会经济发展的重要性考虑，建议在填埋处置服务和控制排放的基础上，加大有用垃圾回收利用力度；综合来讲，构建垃圾处理作业体系时应遵循"填埋是保障、回收利用是核心、排放权须优先"的原则。

（一）填埋是保障

提供垃圾处理服务是垃圾处理产业的基本任务，而填埋是及时高效处理垃圾的最可靠方法。实践表明，任何国家和地区都少不了填埋场，经济欠发达地区和填埋土地较多地区以填埋为主，经济发达地区因需要处置不能回收利用的废物而不得不建设填埋场。除此之外，填埋场还是在市场失灵状态下解决垃圾出路的保障，只有在建成一定库容量填埋场后才能"心安理得"地建设有用垃圾回收利用设施。总之，填埋是保障，必须优先建设。

填埋场不仅是垃圾处置场，也是有机垃圾转换场，高标准建设的填埋场甚至可以成为厌氧发酵场或"沼气田"。新建填埋场应把填埋气收集利用，与卫生填埋、渗滤液收集处理和生态恢复等放在同等重要的位置加以考虑，加速填埋场内有机垃圾转换，提高产气率。

（二）回收利用是核心

有用垃圾回收利用将决定垃圾处理产业的产品能否多元化和高端化，也是解决垃圾处理设施分布不合理、消除服务质量差异、调整产业的产品结构、提升产业水平、维持垃圾处理产业合理利润和培育垃圾处理迎臂效应的有效途径和方法。资源紧缺是目前生产面临的一大问题，资源跨界流动总是受欢迎的，这是垃圾处理一城同化甚至多城同化的客观基础；只要跳出以末端处理（尤指填埋）为核心的传统模式，构建以有用垃圾回收利用为核心的垃圾处理产业体系，就不仅可以向社会提供公益性垃圾处理服务和环境资源（环境容量），还可以向社会提供大量的物质资源和能量资源，使垃圾处理不仅具有社会效益，还具有一定的经济效益。这样，不仅能够消除垃圾处理的邻避效应，还能产生迎臂效应。

有用垃圾回收利用涉及已排放垃圾和排放前垃圾。已排放垃圾的回收利用是垃圾处理产业回收利用作业的重点；但垃圾处理产业应将回收利用延伸到源头，指导、参与并监督源头生产者和消费者回收利用有用垃圾。回收利用的重点是在分类回收基础上加以利用，而利用时应遵循"物质利用先于能量利用，物质再利用先于物质再生利用"原则。

（三）优先构建垃圾排放权交易体系

垃圾排放权交易通过排放权配额分配，在空间和时间上控制垃圾排放，便于预测垃圾排放量和垃圾特性，有利于垃圾处理设施规划和计划的制定，有利于垃圾处理方法和工艺技术的选择。垃圾排放权融政府干预与市场机制调节于一体，消除外部不经济性，将外部经济性内化为补偿，较好地平衡了公平与效益的矛盾，在不能消除利己主义的情况下，通过政府干预和市场机制合理分配利益，对于克服邻避现象尤为重要。垃圾排放权交易体系，有助于推动垃圾处理跨域合作和生态环境跨域协调治理。此外，交易市场的建立将促进信息中心的建立，促进垃圾处理产业产品、技术和资本的集聚，有利于企业融资。

垃圾来源比较清楚且形态相对稳定，垃圾污染一般是局部性或区域性的，不像气态和液态污染物那样长距离传播，不存在污染源鉴别困难的问题，便于计量和监测监控，这些因素是垃圾处理产业导入垃圾排放权交易体系的有利条件。

垃圾排放权交易体系的构建不可能一蹴而就，需要按部就班构建，既充分考虑垃圾处理现状，又谋求创新突破，科学确定垃圾排放方法（种类）和排放总量，统筹排放权配额分配，建立信息共享的交易中心，完善监督检测办法。构建垃圾排放权交易体系的重点是逐步完善排放权交易机制，不仅要保证排放权分配科学合理，更难且更重要的是必须保证排放权落实和执行。

三、自产自消、因地制宜、联动发展

传统上，垃圾处理仅是政府的事，垃圾排放与治理分离，这不仅增加了处理成本，导致处理设施分布不合理，还加重了垃圾与垃圾处理的邻避效应，导致新的社会不公。坚持"自产自消、因地制宜、联动发展"原则，就是为了打破垃圾排放与垃圾处理相分离的单一局面，构建排放者治理、社区治理和政府治理相结合的治理模式，建设与本地社会经济发展规划相适宜的垃圾处理产业，保证各处理设施之间、区域内各地区之间以及与区域外地区的联动发展。

"自产自消"体现在两个方面：一是"谁排放谁治理"；二是在垃圾产地就近处理。排放垃圾是排放者的权利，但处理垃圾也是排放者的义务，排放者和排放地应该承担垃圾处理责任及与垃圾相关的生态环境保护责任。出台政策，要求垃圾产量较大的企业和小区尽量自己处理，否则，就要高价购买排放权。企业应结合自身的设备、工艺和产品特点，精心设计和选购原材料，并回收利用废物；要求商业企业分类回收废物，尤其是包装物和家用电器；要求家庭、酒楼和集体食堂分开收集厨余，有条件者还应自己处理。落实自产自消，应坚持因地制宜，结合本地的社会经济功能和空间形态，选择适宜的处理方法和土地建设。政府结合社会经济发展规划，合理布局大型集中处理设施，确保处理设施之间、地区与地区之间等联动发展。

四、宏观调节、市场导向、社会监督

垃圾处理产业既要以市场为导向，又要注重宏观调节。宏观调节是政府综合考虑市场和社会经济的发展状态，运用行政、法制和经济等手段，对垃圾处理产业的发展所施加的渐进有序的干预。宏观调节的目的是保证垃圾处理产业与社会经济发展相一致，克服市场经济的盲动性、趋利性和滞后性等缺点，保障垃圾处理服务水平，提高垃圾处理产业的经济效益，平衡公平与效益，确保产业健康发展。

宏观调节以规划手段和经济手段为主，并保证调节手段具有可预见性和连贯性，在行政强制的同时加强行政引导。规划对产业发展具有先导作用，应坚持规划先行。科学制定规划，赋规划以法律地位，确保规划有效实施。经济手段可以改变垃圾排放者的行为，是影响垃圾排放的有效工具。政府在采取规划和行政手段的同时，应善用经济手段。常用的经济手段有：对有用垃圾回收利用方面的投资给予低息贷款或财政补贴；对垃圾处理企业和从事垃圾处理的职工给予税收优惠；对垃圾处理设施建设用地实行特批和土地价格优惠政策；对有利于节能减排的设备予以免税或退税；对原材料按是否符合节能减排和国家发展战略制定价格导向；对出厂产品实行生态环保标志认证等制度。

垃圾处理产业除加强政府及公共监督外，应强化社会监督。目前，需要完善社会监督主体和监督形式，搭建信息公开平台和政府与社会互动平台。把公众、社区组织、行业协会、民主党派、政协、人大、舆论机关等纳入监督主体，让其充分拥有知情权，对法律法规、规划、政策、处理设施布局、处理设施建设与营运，以及政府及其相关部门的工作作风与绩效进行监督。

垃圾处理产业体系的构建是一个系统工程，只有从实际出发，坚持原则，按部就班实施，才能完成产业体系的构建任务。

参考文献

［1］ 熊孟清.垃圾处理的一城同化与多城同化 ［N］.广州：广州日报， 2009.
［2］ 熊孟清，林进略.应用经济手段解决城市垃圾处理处置问题 ［J］.环境卫生工程， 2007， 15（2）：17-20.
［3］ 蔡定剑.论社会监督的主要形式 [J].法学评论， 1989（3）：5-9.

（刊于《再生资源与循环经济》，2009 年 11 月 27 日，作者：熊孟清，隋军，王丽华）

垃圾处理产业化
的内涵

中国生活垃圾年产量从 2000 年的 1.18 亿吨以近 8％的速度递增到 2007 年的 2.0 亿吨，未处理垃圾的堆存量高达 60 亿吨。2008 年，广州市（不包括从化、增城）垃圾总量达 357 万吨，平均日产垃圾约 1 万吨，处理设施建设速度跟不上垃圾增速，垃圾填城之势已然形成。在此严峻形势下，垃圾处理必须采用源头减量、物质利用、能量利用和卫生填埋等多法并举，少产垃圾，自产自消，就近处理，依赖完善的法律法规和先进的处理技术，走产业化道路，才能有效解决城市生活垃圾问题。20 世纪 90 年代以来，垃圾处理产业化便受到了高度重视，2002 年以后产业化已成为社会共识，2004 年《中华人民共和国固体废物污染环境防治法》也明确了垃圾处理产业化的法律地位。但在产业化的认识理解和践行上出现许多误区，以致把产业化等同于市场化甚至等同于招商引资，这是需要重新审视的。

一、垃圾处理产业化定义、方向和覆盖层面

（一）垃圾处理产业化定义

垃圾处理产业是以垃圾为处理对象的事业体的集合，包含技术服务、垃圾处理和二次原料开发利用等体系，提供物质资源、环境资源和垃圾处理服务等产品。目前，垃圾处理行业开发和开放了部分市场，引入了多种企业参与模式，但总体来看，垃圾处理行业尚处于产业雏形，未形成产业，充其量处于产业形成期的企业化阶段，需要在产业政策引导下加快产业化步伐，形成私有私益、私有公益、公有私益和公有公益并存的多元供给模式。

垃圾处理产业化就是要将产业雏形转化成产业，它以市场为导向，把政府统管的公益性行为转变成政府引导与监督、非政府组织参与和企业运营的企业行为，把被分割成源头、中间和末端的垃圾处理产业链整合成一个完整的产业体系，遵循"源头减量、物质利用、能量利用、填埋处置"的优先顺序，均衡发展分类收运和分类处理，整合产业链，培养要素市场，调控资本、技术和管理，以促进薄弱环节发展，建设垃圾处理体系，促成垃圾处理产业，保证垃圾全过程管理协调有序地进行。简单地讲，垃圾处理产业化就是造就一种特定模式，聚合已进入垃圾处理行业的事业体并培育在模式下运作的核心事业体的一种过程。

（二）垃圾处理产业化方向

垃圾处理产业化的方向是将垃圾处理由公有公益性服务事业转化成服务产业，并最

终转化成物质生产的基础产业。垃圾处理长期由政府和公共部门统包统揽,是名副其实的公有公益性服务事业,存在投资不足、服务质量差、体制不完善、地区差别尤其城乡差别大等问题,不能满足垃圾处理和社会发展需要。垃圾处理产业化要打破单一的公有公益式供给模式,形成多元供给模式,将垃圾处理转化成为生产和生活服务的服务产业。从服务事业到服务产业,关键是要使"服务"有价并成为商品。垃圾处理的服务对象非常明确,就是为生活消费及提供生活保障的生产服务等解决后顾之忧,生产和生活都离不开垃圾处理服务,但也正是这种每时每刻人人都需要的特性,使得垃圾处理服务成为一种"有市无价"的公共产品,如何使垃圾处理服务变成有价有市的商品是垃圾处理产业化必须优先解决的难题。垃圾处理成为服务产业并不是产业化的最终目标,应回收利用垃圾中可再利用和再循环的资源,实现资源化处理,促进生产、消费可持续发展,实现垃圾处理从服务产业转化成物质生产的基础产业。

(三)垃圾处理产业化的覆盖层面

垃圾处理产业涉及从"源头"到"末端"全过程的垃圾处理,既包括现有垃圾的处理,还包括源头垃圾性质和产量的控制,这注定垃圾处理产业受生产和消费制约。但反过来,垃圾处理产业也对生产和消费产生反作用。因此,垃圾处理产业化不仅仅是技术层面的问题,它必然会涉及生产与消费环节,更全面地讲,涉及社会再生产的 4 个环节。宏观来看,它是涉及经济、文化和政治等层面,如城市化、发展模式、产业布局、产业结构、产业政策、生产方式、生活方式等。

生产决定消费,消费为生产创造动力,这从产业结构调整与消费结构变动之间的制约关系可以得到证实。 1978 年中国三次产业产值比例为 28.2∶47.9∶23.9(产值占GDP 的比例为 28.2%,47.9%,23.9%), 2007 年中国三次产业产值比例为 14.6∶52.2∶33.2(产值占 GDP 的比例为 14.6%,52.2%,33.2%),这说明中国城市化在向深层次推进。城市化不仅仅增加城市数量,更重要的是推动城市产业结构升级,城市化推进第一产业优化,提升第二产业和明显带动第三产业发展。随着产业结构的不断升级,中国人均 GDP 由 1978 年的 379 元上升到 2007 年的 2200 美元,居民消费水平也由1978 年的 184 元上升到 2007 年的 7016 元,居民的家庭恩格尔系数也有大幅度的下降。第二、第三产业比例的上升有利于居民生活水平的提高,特别是第三产业的发展将刺激居民在教育、旅游等方面的消费。新产业的兴起创造出新的消费需求,消费资料和消费劳务的生产状况及其供给结构制约消费结构中各种消费资料和消费劳务的构成比例,这就是"生产决定消费",产业结构通过制约和影响供给结构对消费结构和消费行为产生制约和引导作用。生产决定消费,反过来,消费为生产创造动力,对生产乃至产业结构起到导向作用。从宏观来看,脱离消费需要的产业结构将对经济增长产生不良影响,必须调整以适应消费需求。

发展模式与垃圾处理产业化也密切相关。粗放型发展模式意味着资源环境的低效使用,清洁生产型循环经济发展模式意味着"低投入、低消耗、低排放和高产出"。 20世纪 80 年代以来,中国经济的粗放、高速发展造成了巨大的资源环境损失,生态破坏经济损失相当于当年 GDP 的 5%~13%,环境污染经济损失占当年 GDP 的 2.1%~7.7%,这两者之和高达 7%~20%,由此可见,经济高速发展是由资源环境要素支撑和推动的，这也说明中国发展循环经济的必要性和紧迫性。其实，垃圾经济就是狭义的循环经济，是打破传统的以产品设计来组织生产资料的模式，发展根据废物特性确定产品的生产技术与工艺，让垃圾再利用和再循环成为经济发展的一种积极模式。

垃圾处理产业化涉及的层面有些是显性的，有些是隐性的。显性层面通过宏观调控比较容易实现预定目标，但隐性层面需要坚持不懈的宣传教育并潜移默化，文化和生活方式层面就是如此。当然，因产业布局调整引起的民工潮也会带来文化和生活方式大融合，这种改变对垃圾处理产业化产生了很大影响，然而，垃圾处理产业化不仅仅只适应文化和生活方式的约束，更重要的是积极引导像文化和生活方式这类隐性层面适应现代垃圾处理产业的发展要求。

二、垃圾处理产业化子过程

从产业雏形到产业的产业化包括一系列子过程，它们是：导入过程、扩散过程、发展过程和聚变过程。

导入过程是指在社会发展推动下，新的需求、新的意识、新的分工与阶层和先进生产力相结合，产生一种新产业的萌动过程，尤其指满足某种新需求的技术研发和生产技术的形成过程。它主要包括 3 个阶段：技术研发和产品构思阶段、生产技术初步成形阶段、试制和产品初步成形阶段。导入过程初期，无论是新思维，还是新主体，都处于幼小且分散状态，彼此独立发展；随着导入过程的进行，各个新思维、新主体相互交流和结合，终形成"产业受精卵"。此过程的动力虽然源自社会发展，但无论是人力投入，还是物力财力投入，主要依赖那些新主体，因此，该过程社会凝聚力有限，投入发挥的效益较低。

在新主体阶层联合推动下，社会力量认识到新的"产业受精卵"的发展潜力，更多的新主体加入研发、试制和生产行业，于是，技术扩散到整个社会，这个过程就是产业化的扩散过程。只有当技术充分扩散后，产业化才能受到社会高度重视，配套政策、社会资金等才能向该产业化过程倾斜；也只有这样之后，产业化才算进入快速发展的发展过程。扩散过程将"产业受精卵"转化成"产业胚胎"，发展过程将"产业胚胎"发育成"产业胎儿"。

"产业胎儿"是在发展过程高度发育后，进入产业化的聚变过程。聚变过程将弱小群体提升为新产业骨干群体，将低级生产函数提升到高级生产函数，将满足小范围需求的产品和活动推广到大范围，产业雏形随之聚变成产业，产业化随之实现了催生产业的目标。

城市垃圾的收运与末端处理处置体系基本完备，其产业化进入了发展和聚变过程，重点是通过垃圾处理企事业改制将其从公益性服务事业转化成服务产业。农村垃圾处理才刚起步，其产业化尚处于导入阶段。农村垃圾富含禽粪和草木，其处理方式将与城市采用的方式不同，如厌氧发酵可能成为农村垃圾处理的主要方法，需要大力开发。二次原料（含二次燃料）的开发利用，无论是在农村还是在经济较发达城市，都还处于导入阶段。实际上，垃圾处理还停留在"先产生，再处理"的阶段，技术研发、市场开发与开放和骨干企业培养等产业化任务还很艰巨。

三、产业化与产业状态、产业发展的关系

不同产业出自各自需要，故"产业化"概念是从不同视角定义和应用的。有的用产业状态或产业化结果来定义产业化，认为产业化具有大规模生产的涵义，即基于一项新技术开发而成的产品，达到一定生产规模，从而实现收益最大化；如果这样，产业已经高度成熟，无需什么产业化，除非从这一成熟的产业再裂解出一个新产业。有的把产业化与产业发展混淆，认为产业化就是产业的形成、发展与壮大，以至于过分强调市场化和规模化等对产业化的作用。有的干脆同时用产业状态和产业发展来"全面"描述产业化，认为产业状态和产业发展是产业化的重要特征。这种定义的随意性源自对联合国经济委员会关于产业化定义中"化"的理解，联合国经济委员会将产业化定义为：生产的连续性、生产物的标准化、生产过程各阶段的集成化、工程的高度组织化、机械化和生产与组织的一体化。现在的问题是定义中的一连串"化"究竟是已经"化"了的一种状态还是"化"的过程。

其实，产业化是使产业雏形成为产业的一个特定过程，其目的是催生产业，而不是发展壮大产业。产业雏形是产业成形前的形式。产业源自产业雏形，但两者存在本质区别，如同胚胎与人、蝌蚪与青蛙的区别。产业化就是"产业生殖过程"，它为产业雏形发育提供"温床"，促使其转化成产业。当产业雏形"分娩"成产业后，产业便按自身规律发展，经历形成、成长、成熟和衰退的全生命周期。由此可见，产业化与产业、产业发展是三个完全不同的概念。

中国垃圾处理产业化取得了一些实质性进展。一是基本建立了垃圾收费制度，为吸引企业参与奠定了经济基础。但收缴率普遍偏低，专款专用还有待落实。二是开发和开放了一些垃圾处理市场。末端处理处置设施建设营运市场，尤其是焚烧发电市场，受到充分重视。截至 2007 年底，中国垃圾焚烧发电厂总数已达 75 座，其中建成 50 座，在建 25 座，可谓垃圾发电项目全国遍地开花，这是建成项目的示范作用、焚烧发电技术已趋成熟、设备国产化进程加快和国家政策大力支持的结果。广州、上海、北京和中山等地区认识到物质利用与能量利用同样重要，正努力开发垃圾综合处理市场，力求实现垃圾资源多用途利用。三是形成了政府投资、银行贷款、国债、特许经营融资、股市和外国政府贷款等多种投融资方式，投资主体呈多元化态势。四是积极引导公众参与垃圾处理行业。相信在认清垃圾处理产业化内涵的基础上，各地根据实情制定出产业化路线图，这将加速产业化进程。

参考文献

［1］ 熊孟清，隋军，粟勇超，等.生活垃圾处理产业化综述与建议［J］.环境与可持续发展， 2008（3）： 32-34.

［2］ 张继红.浅议产业结构的调整［J］.科技情报开发与经济， 2007（32）：117-118.

［3］ 熊孟清，范寿礼，杨昌海，等.浅析垃圾处理产业化策略［J］.环境科学与技术， 2008（6A）：503-505.

［4］ 熊孟清.改革开放30年广州市容环卫的发展与完善 ［C］.纪念广州改革开放30周年理论研讨会论文集 ［C］， 2009：350-354.

（刊于《再生资源与循环经济》，2009 年 5 月 27 日，作者：熊孟清，隋军，徐建韵，范寿礼）

垃圾处理产业的基本范畴

垃圾管理通过法制手段、经济手段、科技手段、市场机制和社会道德力量规范垃圾处理设施的建设与运营，确保垃圾处理系统处于协调有序、安全高效、运行平稳的状态，满足目前一段有限时间内垃圾处理的需要，同时又要具备升级潜力，以备未来垃圾处理的需要，并实现垃圾处理可持续发展的产业化目标。我国从 20 世纪 90 年代开始重视垃圾处理产业化，尤其从 2000 年开始，陆续出台了一系列产业化政策，加速了产业化进程。但对垃圾处理产业体系的认识仍旧停留在"源头产生，末端处理"的传统观念，垃圾处理产业化研究大多集中在产业政策，忽视了范畴体系研究。本文的目的是界定垃圾处理产业的定义、体系、产品及供给模式等基本范畴。

一、垃圾处理产业的定义、体系与产品

（一）垃圾处理产业的定义

产业是一群特定模式下运作的事业体的集合，该群体以特定机制合作，使用相同或具有替代关系的原材料或工艺技术，生产与提供相同或具有替代关系的特定产品、服务或活动，创造与分享利润。

垃圾处理产业是以垃圾为处理对象的事业体的集合。垃圾是泛指，包括原生垃圾、分类垃圾和垃圾衍生品。原生垃圾是未经物理和化学处理的、保持了排放时的组成与性质的混合垃圾；分类垃圾是经过分类处理后按特定组成或性质归类的垃圾，视其能否利用分为无用垃圾和可用垃圾，无用垃圾因受目前科技与经济水平限制不能被利用而需填埋处置，有用垃圾经过简单处理或再加工成二次原料后可重复使用或循环利用（包括能量利用）；这类二次原料（包括二次能源）就是实物性垃圾衍生品，如清洗消毒后的啤酒瓶、垃圾衍生燃料、废塑胶制取的胶粒等都是垃圾衍生品，是垃圾调质处理后生成的产物，以下简称二次原料，垃圾衍生品也可以是金融衍生品，如垃圾排放权。垃圾衍生品是从垃圾或垃圾管理活动中派生出来的产品的统称。

所谓"以垃圾为处理对象"，包含将垃圾作为直接处理对象（原材料）和间接处理对象两重意思。垃圾收集、分类、回收、转运、处理和处置等作业以垃圾作为直接处理对象（原材料），这类作业是传统意义上的垃圾处理，为这些作业提供规划、设计、产品研发与制造、监管、垃圾排放权交易等服务的作业则以垃圾为间接处理对象。

（二）垃圾处理产业的体系

垃圾处理产业涉及从"源头"到"末端"全过程的垃圾处理，涉及有用垃圾的加工

处理和无用垃圾的处置，涉及垃圾衍生品的开发利用，不仅包括现有垃圾的处理，还包括源头垃圾性质和产量的控制。

垃圾处理产业体系包括：上游设备开发制造产业体系、垃圾处理作业体系、下游市场推广与服务体系、支撑体系。作业体系包括排放权交易、资源回收与二次原料开发利用和无用垃圾填埋处置。从功能上，垃圾处理产业体系可分为：①规划、决策、战略环评及咨询体系；②处理设施招投标、设计、建设、运营及其监管体系；③财政补贴、排放权交易等政策管理体系；④处理工艺技术研发、生产、销售及维修服务体系；⑤处理设备（产品）研发、生产、销售及维修服务体系；⑥排放权交易体系；⑦垃圾产量抑制体系（源头减量体系）；⑧垃圾收集、转运、分类与回收体系；⑨二次原料转运、生产、销售及维修服务体系；⑩二次原料转运、利用体系；⑪无用垃圾填埋处置体系；⑫垃圾处理产业产品应用推广与服务体系。垃圾处理产业体系的核心是垃圾处理作业体系，而作业体系的核心则是有用垃圾回收与二次原料开发利用体系（并非传统的填埋或焚烧）。

（三）垃圾处理产业的产品

垃圾处理产业的产品主要有三大类：物质资源、环境资源和垃圾处理服务。物质资源的初生态就是未经处理或加工的回收物质，高级形态是二次原料（包括二次能源）；环境资源主要指自然、人文和生态环境的环境容量资源，垃圾处理产业通过对垃圾无害化、资源化和减量化处理减少了排入环境的污染物量，亦即减少了对环境容量的占用，为生产和消费持续发展提供了可能；垃圾处理服务由包括解决公众投诉在内的管理和作业等一系列活动组成，垃圾处理产业通过提供垃圾处理服务带给公众良好环境的享受。

从产业产品来看，垃圾处理产业既是物质生产领域的基础产业，也是与日常生活和物质生产领域密切相关的服务性产业，日本1990年供水和垃圾处理产业的感应度系数和影响力系数分别为0.6397和0.8132，感应度系数和影响力系数适中且两者接近，说明垃圾处理产业既可归入物质生产的基础产业，也可归入服务业。如果环境资源以环境权法明确下来并可增值，垃圾处理产业就是名副其实的服务产业，否则，若垃圾处理产业仅以满足社会公共需要而非以交换和增值为目的，那便只能作为一种公益性服务事业。

二、垃圾处理产业的主要特点

垃圾处理产业的原材料和产品都可能带有不同程度的公共物品属性。那些"丢弃、无用"的垃圾纯属公共物品，那些"可回收、卖钱"的垃圾属准公共物品，垃圾处理服务也带有一定的公共物品属性。公共物品的特性，在消费上是非竞争的，在技术上是非排他的，或者排他是不经济的。这给垃圾处理产业烙上了一些典型特点。

（一）政府在垃圾处理产业起到不可或缺的作用

"公共物品"理论认为，准公共物品可以由私人部门参与生产，但实践表明，政府必须起到对垃圾处理产业加强规划、行政强制、激励和监督等作用。发达国家走过了一条"从私到公，再到公私合营"的曲折反复道路。从20世纪80年代起，工业化国家开始走公私合营道路，倡导私人部门参与基础设施建设与运营（简称PFI），建立起公共部门与私人部门合营的伙伴关系（简称新PPP模式），在保证垃圾处理经济效益的同时，又发挥管制作用，保证垃圾处理的资源效益、环境效益和社会效益（公益）。

（二）多种供给方式并存的多元模式长期存在

公共物品供给不足和效益低下是垃圾处理行业需要解决的两大问题。政府通过产权界定和价格机制等手段，将原来由政府和公共部门承担的公有公益供给方式，转化为私有私益、私有公益、公有私益和公有公益等多种方式并存的多元化模式，供给主体随之由公共部门转化为公共部门、私有部门和公私合营。实物性垃圾衍生品和专利、设计、咨询等技术服务是私有物品，具有竞争性和排他性，可以完全私有化和市场化，按照私有私益模式供给。企业投资建设的处理设施及配套建设的公益设施等产权私有，但其消费对象是公众或局部群体，具有私有公益特性。私有公益这类公共物品的供给具有产权明晰、利益动机强烈和市场效率、管理水平和服务质量都比较高等特点，能够实现相对满意的消费权益，这类公共物品的供给中即使是较重比例的公有主体投资，仍然具有相对的竞争优势。土地、水源、环境资源、已封场的填埋场及政府投资建设的处理设施等产权属于公有，但其使用权、收益权和所有权可以分离，其消费可以具有排他性，形成公有私益方式；这种供给方式具有成本高、逐利动机强烈、公共物品损耗和贬值较快等缺点。至于历史遗留下来的公有公益供给方式和其影子在相当长时期内仍会存在，这种供给方式存在投入产出不对称、成本与效益不相称的问题，在有限公共资源、过高社会期望、过重社会责任和供给主体不完善决策等约束下，容易陷入供给范围有限、投入不足和效益低下的怪圈，同时因消费具有不排他性，容易出现搭便车现象。

三、中国垃圾处理产业现状

（一）开发和开放的市场

目前，我国垃圾处理产业处于形成阶段，目前，绝大部分地区仍以垃圾 100% 无害化处理为垃圾管理目标，被动地消纳垃圾，力求解决生产和消费的后顾之忧，一些社会经济较发达城市投产了垃圾焚烧发电类能量回收设施，试图获得一定的经济收益以减轻财政负担，但经济收益远不能抵消财政投资，总体来看，垃圾处理产业属公益性服务事业和辅助产业。

已经开发和对企业开放的垃圾处理市场有：①传统作业市场，如街道保洁、公厕管理与维护等；②大型末端处理处置设施建设与运营市场，如垃圾焚烧发电厂、填埋场、综合处理厂及垃圾渗滤液处理设施等建设与运营；③副产品综合利用市场，如垃圾填埋气、焚烧厂炉渣利用市场；④技术服务市场，如规划、环评、设计、检测及咨询市场。技术服务市场、大型末端处理处置设施建设与运营市场、传统作业市场的企业化运作比较成功，填埋气利用市场得到一定开发，尤其在 CDM 机制激励下更多企业将更积极地加入到填埋气开发利用行业。

（二）企业参与模式

企业参与模式呈现多样化。视政府是否参与设施建设，企业参与的常见模式有：①政府建设后委托给企业经营。分为承包管理、租赁管理和特许管理，特许管理中又常采用 TOT（移交—营运—移交）模式，但特许管理模式下政府未必将资产所有权移交给企业；②BOT 特许管理（建设—营运—移交）模式；③政府委托代建单位负责设施建设的代建制模式；④政府参与的公私合营（PPP）模式。

承包、租赁、特许和建设—营运—移交（BOT 特许）管理是四种最常用的企业参与模式或政府委托管理模式。承包与租赁管理中企业不做资本投资，只承担作业和服务，承包管理的企业只承担营运与维护作业及相关服务，租赁管理的企业除承担营运与维护作业及相关服务外，还承担审视整修任务。特许管理与 BOT 特许管理的共同点是企业承担投资风险，这是它们与承包模式和租赁模式的最大区别；特许管理和 BOT 特许管理的最大区别是特许管理的企业不参与设施建设而 BOT 特许管理的企业负责设施建设；合同期内， BOT 模式中营运公司拥有资产所有权，但特许管理中却不一定拥有。

企业的参与引入了市场机制，有助于调节资本、技术和管理在垃圾处理中的作用，避免政府自建自营情况下机制缺陷带来的弊端，同时也有助于精简政府机构，逐步实现政企、政事、事企、管理和作业"四分开"，形成行政主管部门职能管理—事业单位监督管理—作业服务单位企业化管理的三级管理模式。

（三）存在的主要问题

虽然垃圾处理产业在逐步形成，但目前还处于形成期的企业化阶段，垃圾处理产业还未成型，表现在：①垃圾处理产业体系不健全。排放权总量控制与交易体系、垃圾产量抑制体系目前还是空白，分类回收体系和二次原料开发利用体系（包括分类回收与分类处理标准）等有待完善。中国以废品回收点（站）方式回收有用垃圾，资源回收的主力军是拾荒者，这种方式有利于鼓励全民进行资源回收，但完全受资源需求市场驱动，不具有强制性，有用垃圾的回收率和回收效率较低，一些经济效益较低的资源得不到回收，目前有用垃圾回收率仅 30% 左右，拾荒者收入不稳定，且无法实现规模效益；②垃圾处理市场有待开发和开放。环卫设施招投标交易市场、垃圾转运市场、垃圾分类回收与利用市场、转运站建设与运营市场、源头垃圾性质和产量控制技术与咨询市场等有待开发和开放；③企业数量和质量都有待提高。企业是市场主体，是产业市场化运作的基础。垃圾处理产业的企业数、种类与规模较小，经营范围较窄，产品价值链未形成，企业竞争力较低，尤其是跨地区竞争能力较低，致使垃圾处理产业明显带有地域特性，无法形成有效竞争格局。

四、结论

垃圾处理产业是以"垃圾"为处理对象的事业体的集合，有其范畴体系。垃圾处理产业虽然取得了一定发展，但总体上还处于形成期的企业化阶段，需要在政府、公共部门、企业和公众公共参与下，优化产业体系与结构，创造产品价值，更好更多地提供基础设施服务，加速产业化进程。

参考文献

[1] 国家环保总局环境与经济政策研究中心.我国城市环境基础设施建设与运营市场化问题调研报告（四）[N].中国环境报，2003-03-07（3）.
[2] 卓成刚，曾伟.试论公共产品的市场供给方式 [J].中国行政管理，2005，(4)：51-54.

（刊于《环境与可持续发展》，2009 年 12 月 16 日，作者：熊孟清，隋军，徐建韵，等）

垃圾处理产业
的推荐流程

　　垃圾处理应坚持"政府引导、社区组织、企业参与、因地制宜、自产自消、源头控制、资源回收利用"等原则,而资源回收利用方面又应坚持"物质回收利用先于能量回收利用"的原则,从实际出发,调动政府、社区和企业力量,鼓励公众积极参与,构建可操作性强的垃圾处理流程和作业方法,催生可持续发展的垃圾处理产业。

一、推荐的垃圾处理流程

　　垃圾处理产业涉及源头垃圾控制和已排放垃圾的分类收集与分类处理等作业,只有将各种作业有机地关联起来,形成时空顺序和逻辑结构,这些作业才会产生一定的合力以推动垃圾处理产业与产业化目标的实现;而且,各种作业关联的方式不同,会产生不同的时空顺序和逻辑结构,导致不同的产业化方向和产业的产品结构、价值链与效益;因此,流程构建对垃圾处理产业与产业化发展有着重要意义。

　　图 1 是垃圾处理的推荐流程。图中给出了作业环节及其逻辑关系、各环节的参与主体与作业对象及其主要要求。推荐流程由垃圾源头控制与排放、垃圾收集与转运、物质

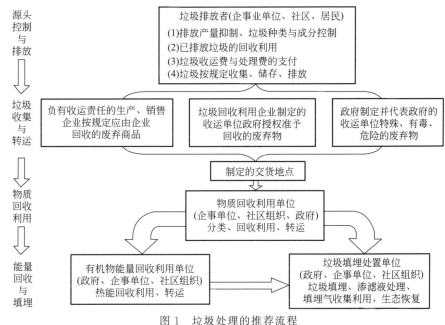

图 1　垃圾处理的推荐流程

回收利用、能量回收利用与填埋处置4个作业环节组成。这4个环节贯彻"垃圾源头控制、物质重复使用（再利用）、二次原料开发利用（物质再生利用）、热能回收利用和无用垃圾填埋处置"的垃圾处理优先顺序或转换顺序。

二、主要作业环节

（一）源头控制与排放

源头控制与排放环节的参与主体是企事业单位、社区和居民，其中，企事业单位和社区是主要参与主体。源头控制与排放的主要作业和任务是垃圾产量抑制、垃圾种类与成分控制、排放者自己进行垃圾回收利用、支付垃圾收运费（卫生费）和处理费、按有关规定对不得不排放的垃圾进行合理收集、储存和排放。

政府推行垃圾源头控制时宜重点调动企业和社区的积极性。居民和家庭是垃圾的直接排放者，但归根结底，垃圾的真正排放者是商品生产（包括流通）企业。产品废弃物是产生垃圾的主要原因，因此，垃圾源头控制应重点控制生产企业的行为，实施排放权许可制度和其他经济手段，鼓励企业从产品规划、设计等阶段就开始重视资源利用率问题，尽量减少商品的产品废弃物份额，并开展已排放垃圾的回收利用工作，减少垃圾排放量。其次，居民和家庭为数众多，且思想和行为难以统一，政府宜视社区为垃圾排放者，并以居民和家庭选择的社区为源头控制的直接参与主体，由社区统一居民与家庭的行为，这样可以减少协调难度并提高工作绩效。

（二）垃圾收集与转运

垃圾收集与转运的参与主体有：负有收运责任的生产和销售企业、有用垃圾回收利用企业、政府指定的收运单位。商品生产和销售企业主要负责收运其生产和销售的大件商品、家电产品、包装物和未售出产品等形成的废弃物。垃圾回收利用企业指定的收运单位主要负责收运政府或商品生产、销售企业委托垃圾回收利用企业处理的垃圾。一般而言，政府应鼓励垃圾回收利用企业重点处理居民日常生活产生的垃圾和公共场所保洁垃圾。政府重点收运有毒、有害、危险及一些特殊废弃物，包括因企业破产或其他特殊原因导致企业不能收运的其生产销售的商品废弃物。

垃圾收运流程是垃圾处理产业物流的关键组成，应精细构建，图2是推荐的收运流程，给出了垃圾排放至物质回收利用期间垃圾交接关系及相关主体的主要责任与义务。对于主要由商品生产、销售企业负责收运与回收利用的旧家电、容器与包装的排放者与回收利用企业实际上可以建立直接联系，废物及其相关的费用交接通过企业指定的代收点完成。对旧家电，主要是电视机、冰箱、空调机、洗衣机和计算机，因其回收利用的成本大于资源利用收益，排放者（消费者）须向代收点支付一定的收运费与处理费；旧家电回收利用中需要考虑企业破产的可能性，由于家电使用寿命较长，而生产或销售企业，即使在短时间内获得非常高的市场份额，也可能很快倒闭，因此，政府应强制要求销售同类产品的商家承担同类旧家电收运任务，即使销售商没有销售过同品牌的产品；对于旧容器与包装，包括玻璃容器、PET饮料瓶、纸质容器包装、塑料容器包装、泡沫苯乙烯盘、铁罐、铝罐、纸包装袋、瓦楞板等，其回收利用的收益高于成本，代收点应向排放者支付一定的报酬；为了鼓励容器与包装的回收，有必要采用押金制度，消费者在购买商品时交付一定押金，待退回容器与包装时取回押金。为了便于排放者（消费者）就近退回容器与包装，无论消费者是否在此地交付押金，收购点都应返还排放者押金，或者政府建立统一的押金收支系统。对于家庭垃圾和公共场所保洁垃圾，排放者与回收利用者相对分离，此时，社区和政府应承担更多的责任，如协助回收利用企业建立收集点、管理垃圾收费、参与收运与处理、监督等。

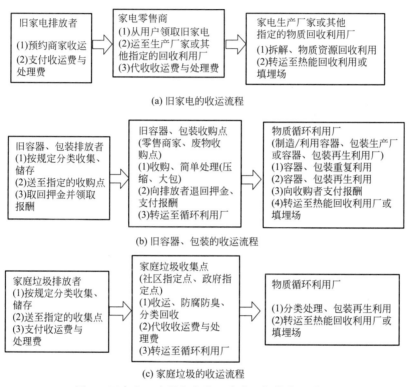

图 2　旧家电、容器与包装、家庭垃圾的收运流程

（三）物质利用、能量利用与填埋处置

垃圾收运单位应将垃圾交给物质回收利用单位，由回收利用单位对垃圾进一步分类回收与物质回收利用。不能再进行物质回收的有机质再由物质回收利用单位转运到热能回收利用单位进行处理，物质与能量回收利用单位将不能回收利用的废物（主要是无机物）转运至填埋场填埋处置。物质利用、能量利用和填埋处置环节应贯彻"物质重复使用（再利用）、二次原料开发利用（物质再生利用）、热能回收利用和无用垃圾填埋处置"的优先顺序。

三、结论

传统上视垃圾清运、填埋，再加之时兴的混合垃圾焚烧发电为垃圾处理主要作业，以垃圾处理服务为重。但随着社会经济发展水平不断提高，垃圾产量不断增大，垃圾成分和特性也从无机为主变化为有机为主，填埋产生的垃圾渗滤液遂成为棘手问题，焚烧含氯塑料产生的二噁英污染成为忌讳话题。在填埋和焚烧为主的争议声中，垃圾和垃圾处理设施潜在的邻避效应不知不觉彰显出来，垃圾处理的窘境也从"垃圾围城"演变成"垃圾填城"。

其实，对于已排放垃圾的处理，问题不在于是否需要填埋或焚烧，关键在于构建怎样的流程或逻辑关系。推荐流程说明，填埋是必须的，总有无用垃圾需要填埋；焚烧回收热能也是有必要的，那些不能物质利用的有机质经过焚烧回收热能也是资源化利用的一种方式；但应该认识到，热能回收的效率终究较低，到目前为止，垃圾焚烧发电的热效率不超过24%，所以，在可能的条件下，应优先开展物质回收利用，并且物质利用应遵守先物质重复使用（再利用）再二次原料开发利用（物质再生利用）的顺序。垃圾处理不仅仅指已排放垃圾的处理，源头控制垃圾排放量和种类才是积极的垃圾处理作业。垃圾处理的主体包括政府、社区、企事业单位和居民，但在垃圾处理的不同环节，这些主体的作用是有所不同的。

（刊于《节能与环保》，2010 年 3 月 15 日，作者：熊孟清，黄晓鹏，隋军）

垃圾处理产业的作业体系

传统的垃圾处理作业是指收集、转运、中处理和处置等。垃圾处理作业少不了从收集到末端处置的这些环节，但垃圾处理产业的作业体系远不止这些内容。从作业目标分类，垃圾处理产业的作业体系可分为3大类：垃圾排放权交易、资源回收与二次原料开发利用、垃圾处置（卫生填埋）。排放权交易是源头作业，其主要目的是控制垃圾总量。填埋处置是末端作业，是将目前技术与市场条件不能利用的垃圾卫生填埋。资源回收与二次原料开发利用是作业体系的核心，其构建是垃圾处理产业由服务业转向生产性服务产业的关键。垃圾处理产业的作业体系应围绕资源回收与二次原料开发利用体系理性构建，统筹规划，渐进实施，以缩短垃圾转运流程，构建闭式生态产业链，提高垃圾处理产业的经济效益，实现垃圾资源化处理目标。

一、垃圾排放权交易

（一）垃圾排放权交易的内涵

所谓垃圾排放权交易是指在"分区、分级、分期、分类"控制垃圾排放总量的前提下，垃圾排放权的交易主体之间通过货币交换的方式相互调剂垃圾排放量。减排者作为排放权的卖方将节约出来的剩余排放权出售并获得经济回报，这实质上是市场对有利于环境的外部经济性的补偿；相反，那些无法按照政府规定减排或认为减排代价过高而不愿减排的超排者只得作为排放权的买方，不得不去交易市场购买其必须减排的排放权，其支出的费用实质上是为其外部不经济性而付出的代价。

垃圾排放权交易是一种基于市场的经济调控手段，融政府干预与市场调节于一体，便于控制垃圾排放总量，实现排放权跨域交易；构建垃圾排放权交易体系还有助于形成以排放权为主，辅之以垃圾收费、公共补偿和生态产品认证等补偿方法的生态补偿体系；此外，交易市场的建立将促进垃圾处理产业的产品、技术和资本的集聚，这既有利于企业融资，也有利于形成排放权的市场指导价格，提高服务水平。可见，排放权交易不仅有助于达到控制垃圾排放总量等目的，还有助于平衡公平与效益矛盾，增进社会和谐，应优先构建。

（二）垃圾排放权交易的四个环节

垃圾排放权交易包括总量控制与配额分配、许可证发放、交易和监督检测四种作业或四个环节。政府根据区域内资源环境容量确定垃圾排放总量（总量控制），并将排放总量分割成若干规定的排放量，即所谓的排放权（配额）；然后以适当方式，如无偿分配、公开竞价拍卖或定价出售等,分配这些权利;最后,通过发放许可证,允许这些排放权进入市场交易。

政府在垃圾排放权交易过程中扮演着重要角色。一是政府应在交易前强制推行垃圾管理办法和环境执行标准,约束企业和公众排放垃圾行为,并提出垃圾总量与人均产量控制标准。二是政府应核实排放权出售申请单位削减额外垃圾的能力,确认后方可批准排放权出售。三是政府应监督交易双方履约,督促交易双方排放的垃圾量不超过其分配或购买的排放量。此外,政府在配额分配、交易市场的建立、信息收集与公布及有关排污权交易的法律法规的修订等方面也起着重要作用。

二、资源回收与二次原料开发利用

资源回收与二次原料开发利用是垃圾处理作业的核心,是垃圾处理产业体系构建的重点。资源回收与二次原料开发利用作业包含三种作业类型:垃圾产量抑制作业、分类与回收作业、有用垃圾开发利用作业(图1)。垃圾产量抑制作业是源头减量作业。分类与回收是垃圾前处理,是将垃圾收集起来并将垃圾分为有用垃圾和无用垃圾。有用垃圾流入有用垃圾开发利用作业体系(企业)加以开发利用,无用垃圾则流入填埋场处置。垃圾分类回收、二次原料开发利用和垃圾产量抑制形成一个闭环,可确保垃圾资源化利用和源头减量。垃圾收集与转运这些传统作业是垃圾处理作业的基本环节,在中国仍是环卫行业的工作重点,但垃圾收集与转运易于市场化运作,完全可以由分类回收企业承担并演变成企业生产的必备过程,仅是影响企业效益的因素,而非衡量垃圾处理产业发展水平的因素,故未列入垃圾处理产业的作业体系内。但需要指出的是,保洁垃圾这类分散在街道与广场等公共场所的垃圾可以由专业保洁公司收集,然后交由分类回收企业处理。

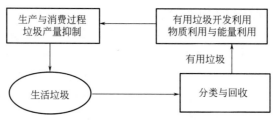

图 1 资源回收与二次原料开发利用

(一)垃圾产量抑制

生产和消费过程的垃圾产量抑制,或简称源头垃圾减量,是积极主动的垃圾处理方法。垃圾生产者通过约束自己的行为习惯、节俭和提高活动效率,在不降低生活或为生活提供保障服务的活动的指标前提下,减少垃圾产量。

垃圾产量抑制主要有三种途径。一是生产企业提高管理水平,推行清洁生产,减少产品废弃物。二是企业打造生态产业链,加强废物利用,变废为宝;或与相关企业组成"生态工业园"企业群,形成"设计—生产—垃圾回收—设计"的循环经济模式。三是公众树立可持续消费观,并对垃圾进行源头预处理,回收部分有用的物质,自行处理易变质腐乱的物质,将待丢弃的垃圾量降至最少。

传统的垃圾处理思路是既成垃圾如何处理,中国目前现状仍是如此,故需要转变观念,推进源头减量。笔者建议组建垃圾源头虚拟处理厂,通过源头虚拟处理厂补贴资源回收,这是垃圾源头减量的有效措施。源头虚拟处理厂是分散在家庭、社区和企事业单位的垃圾分类和资源回收设施组成的垃圾处理网。通过财政补贴调动社会力量发展资源回收产业,完成垃圾源头预处理从而减少需要末端处理的垃圾。财政补贴源头虚拟处理厂更易达到利益公正分配的目的,有助于邻避现象的消除;目前焚烧发电厂日处理一吨的建设投资约 40 万元,每吨垃圾的电力上网和运费补贴约 90 元,将这些资金补贴源头虚拟处理厂回收的资源甚至比 1 吨还多,其直接效果是处理厂经济效益显著提高,末端处理设施数量与规模减小,从而减少征地,避免处理地环境纳污量超过阈值,减轻垃圾运输负荷进而减小沿途二次污染,其更大效益是利益公正分配和公众积极参与带来的社会效益。

(二)有用垃圾的利用方式

有用垃圾开发利用包括物质利用和能量利用两种途径。物质利用是指利用垃圾的物质属性。能量利用是指利用垃圾的能量属性,常见的是垃圾热能利用。尽管理论上和法律上并没有规定物质利用与能量利用的优先权,但习惯上总是物质利用优先于能量利用,只有在物质利用的效率和效益足够低时才考虑垃圾的能量利用。提高垃圾的物质利用率可能增大转运成本以及二次污染的治理成本。

垃圾的物质利用存在两种方式:一是简单处理后直接重复使用,二是需要根据垃圾组成与性质加工成二次原料(燃料)后方可利用。前者便于组织生产,但需要考虑的一点是,尽管一些垃圾处理后可以重复使用,但处理过程中可能导致治理成本较高的二次污染等,如玻璃瓶的处理过程可能导致严重的水污染,致使玻璃瓶的重复使用成本可能高于熔融玻璃瓶后制成二次原料的成本,需要权衡经济、资源环境和社会效益。

从生产组织方式来看,垃圾的物质利用也存在两种方式:正生产利用和逆生产利用(图 2)。传统的正生产方式是先规划和设计产品及生产工艺,然后再根据产品及工艺要求采购原材料。与此相反,逆生产方式是根据已有的原材料特性组织产品和工艺的规划与设计。因此,对正生产方式,只有在满足正生产过程要求的前提下,垃圾处理产业提供的可重复使用垃圾或二次原料才可能被生产企业接受;显然,这将限制垃圾处理产业产品的推广应用,但因生产工艺技术不需要大的改进,垃圾的正生产利用比较受企业欢迎。对逆生产方式,因是"量材而用",垃圾处理产业产品的应用不受生产过程限制,但垃圾的逆生产利用需要开发新产品和新工艺技术,投入较大。

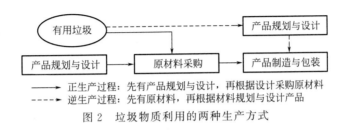

图 2 垃圾物质利用的两种生产方式

(三)垃圾分类与回收

垃圾分类是资源回收与二次原料开发利用的基础作业,是垃圾处理作业体系的重要内容之一。分类将改变垃圾的组成和性质。不同组成与性质的分类垃圾流入相应的处理厂（场），一是有助于运输车辆配备和运输线路的优化，二是有助于提高处理设施的运行效率和使用寿命，前者将提高收运效率，降低运输费用，后者可提高垃圾的资源化利用率，降低垃圾处理费用，这些都有利于降低垃圾管理成本。

因各地生活垃圾的处理方式及垃圾组成具有明显的地域性，故分类方法将因地而异。垃圾填埋场较多且无机质含量较大的地区可以采用无机与有机两分法；对于厨余垃圾含量大、家庭垃圾产量少于企事业单位垃圾产量的工商贸发达地区，垃圾分类的重点是采用干湿垃圾将厨余垃圾与其他垃圾分开，而且引导企事业单位做好垃圾主要组元的分类工作。无论采用何种分类方法方式，从流程来看，都应该强调源头分散分类和二次集中分类相结合，推行二级分类模式，先在源头将厨余垃圾和垃圾的一些主要而特别的组元（事业单位的废纸、家庭的废家具等大件垃圾和危险垃圾）与其他干垃圾分开，后将干垃圾按组元或利用要求进行二次分类，以弥补源头分类不够精细的欠缺，降低集中分类的成本。对于以焚烧发电为主处理方向的地区，集中分选可以采用无机物与有机物二分法，保证进入焚烧发电厂的垃圾的无机物含量不超过一定比例，而进入填埋处置的垃圾的有机物低于一定比例。总之，各地应根据本地垃圾组成与性质确定分类方法，逐步完善社区分类收集，规范街边拾荒者回收作业，让拾荒者成为社区分类与回收的骨干力量，建立社区监督机制，重点推进源头干湿垃圾粗分，并加强集中分选力度。

三、垃圾处置（卫生填埋）

无用垃圾必须卫生填埋，而且，填埋场还充当应急设施。当市场失灵或垃圾处理能力滞后垃圾增速时，填埋场将消纳额外垃圾，正因如此，政府应加强其在填埋处置作业体系的作用。

垃圾填埋作业包括垃圾堆体填埋、填埋场副产品处理和生态恢复等项目。垃圾堆体填埋是基本作业，依据填埋作业标准对垃圾堆体进行压实、覆土、雨污分流和填埋气收集等操作。填埋场会产生渗滤液和填埋气（沼气），垃圾填埋作业必须包括渗滤液处理和填埋气利用两部分内容。为了有效控制渗滤液产量，需要在垃圾堆体填埋作业时严格进行雨污分流操作，因此，如果将堆体填埋委托管理，最好将渗滤液处理同时委托给一家企业，以提高企业雨污分流的积极性。此外，垃圾填埋场污染的潜在性大且隐患持续时间可长达近 200 年，发达国家的填埋场封场后一般要连续维护和监管 30 年。在填埋场规划设计、建设、使用和封场后都必须充分考虑污染防治和生态恢复等课题，而且，在填埋场规划设计阶段就应该考虑封场后的生态恢复。

参考文献

[1] 杜卓，甘永峰，林燕新.产权市场：探索排污权交易 [J].产业导论，2007（11）：40-42.
[2] 熊孟清，隋军，范寿礼，等.产品废弃物管理是企业的基本职能 [J].再生资源与循环经济，2009（2）：32-34.
[3] 谢文理，傅大放，邹路易.分类收集对城市生活垃圾收运效率的影响分析 [J].环境卫生工程，2008（3）：41-43.

（刊于《能与环保》，2009 年 10 月 15 日，作者：熊孟清，隋军）

垃圾分类

推行垃圾分类，意味着什么？

推行垃圾分类，必须坚持因地制宜观，政府主导，全民参与，建设分类投放、分类收集、分类运输、分类处理的垃圾分类处理体系，建设以法治为基础，融合自治、法治、德治的垃圾治理体系。

垃圾分类应该综合法律法规、体制机制、经济社会、科学技术、伦理道德等力量，强制与引导并重，激励与惩罚并用，促使垃圾分类成为社会公众的自觉行为和社会新风尚。

推行垃圾分类，意味着个人行为的约束，即个人行为需要统一到社会行为；意味着社会行为的重塑，从垃圾混合处理转变为分类处理，从垃圾处理、管理转变为垃圾治理；意味着行为范式的转变，从个人主义到集体主义，从工程技术、行政管理到社会良性互动。一方面，要借助现有社会力量助推垃圾治理；另一方面，也要借助推行垃圾治理促进社会现代化转型。

地方政府、社会组织、企事业单位和个人要根据产生者负责、排放者付费、生产者责任延伸制度、有偿服务、责任与义务对等的原则，明确分工、责任和义务，强化垃圾治理的决策、执行及监管，形成相对独立又相互促进的分工协作关系，发挥积极性、主动性、创造性和协同性，有条不紊地推动垃圾分类和垃圾全程、综合、多元治理。

垃圾分类起步难，持之以恒更难。这是一件关系公众利益的大事，是社会治理的重要内容，看似事小，却是传统社会向现代化社会转型的标志性事件。需要妥善处理好垃圾分类处理过程中主体协同、利益协调、环节相扣等问题，以极大的决心、细心和耐心，推动社会公众养成垃圾分类习惯，不断完善垃圾分类处理的推行体系、垃圾处理体系和垃圾治理体系。

（刊于《中国环境报》，2019 年 6 月 12 日，作者：熊孟清）

解决四个问题 促进垃圾分类

无论从无害化、资源化、减量化、节约土地、节约资金的角度，还是从人民满意的角度，垃圾分类处理早已成为共识。我国早在20世纪90年代初便开始提倡，并在2000年试点推广，但垃圾分类处理成效却不及预期，4个问题值得思考。

一是应思考垃圾分类与分类处理的关系问题。实际上，垃圾分类要与后续分类处理相适应，即有什么样的分类处理能力就应该推行什么样的垃圾分类。当前，建立垃圾分类处理系统的关键是建立物质利用设施和寻找合作伙伴，推动物质利用免受市场化废品回收利用波动的干扰，使之真正成为垃圾分类处理的可靠力量。

二是要思考分类标准和分类程度的问题。垃圾分类与分类处理关系取决于现有处理设施及当地物质利用、能量利用和填埋处置的最佳比例，而这也是确定分几类和分到什么程度的依据。如果现在只有焚烧、填埋设施，而且不打算发展废纸、塑胶、玻璃等可回收物的物质利用，就只需要将可燃有机垃圾、易腐有机垃圾、不可燃无机垃圾分离，规划建设易腐有机垃圾处理设施，再复杂的分类就是浪费。如果某地的物质利用最佳比例只有40%，非要把废纸、塑胶等可回收物和餐厨垃圾分出40%以上也是一种浪费。

三是思考分类主体及其积极性的问题。在明确垃圾分类与分类处理关系、分类标准和分类程度后，还要分析分类主体及其积极性，进而提出因地制宜的分类方法。垃圾分类是由每个人完成的，即分类的主体是人，必须分析人参与分类的选择与行为。我们现在缺少分类主体及其积极性的系统分析，不甚清楚垃圾分类的知晓率、参与率、准确率、分类方法、分类程度与人的性别、年龄、职业、收入、工作状态、居住状态、教育、偏见（心理）等变量之间的关系，因此提不出因人而异的分类方法，更谈不上提出一城一池普遍接受的分类处理方法。

就一国而言，不同城市、不同乡村和不同地域的垃圾分类处理方法与其自然状况、经济、文化和生活习惯等有关，应当具体分析。

四是要思考政府部门如何强制推行垃圾分类的问题。谈到强制，多想到建章立制和依法管理，通过制度化和管制把分类处理方法和监管方法上升到社会选择与行动层面，这是必须的，但往往法不责众。

　　因此，必须在科学分析分类主体及其积极性的基础上，将分类主体分门别类，发挥单位、小区、社区等组织的作用，划片推行和加强监管。

　　除此之外，政府部门还必须做好最坏的准备，即公众拒不进行垃圾分类怎么办。对此，政府部门不妨事先告知公众，将按无害化标准推行垃圾的集中二次分选，由此增加的处理费用应由公众分担。用经济手段促进公众进行垃圾分类，也是一种有效的宣传教育方式。

（刊于《中国环境报》，2017 年 2 月 8 日，作者：熊孟清）

推行垃圾分类究竟有无经济性？

近日，看到一篇帖子，讲上海垃圾分类处理的全程成本（财政补贴）为 985 元/吨，比不分类时还高（图 1）。

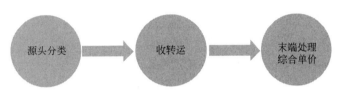

图 1 上海生活垃圾处理全程成本 985 元/吨

985 元/吨全程成本不值得惊叹。如果细算并算上管理费，垃圾处理的全程成本恐怕比这个数还大。

让人奇怪的是这个帖子意指推行垃圾分类导致垃圾处理全程成本大大提高，一是增大了源头分类的 390 元/吨，二是分类还使得末端处理的综合单价增大 5 元/吨，这等于否定了推行垃圾分类的经济性。如果因推行垃圾分类使得全程成本增大，就有必要检视垃圾分类方法、处理方法是否合适和垃圾分类处理体系是否完善。

也正因为奇怪，所以特地拜读了帖子，并对生活垃圾分类处理的全程成本（财政补贴）做出估测。觉得有几点需要指出。

一是帖子估算值得商榷。

第一，源头分类服务费似为 300 元/吨，而非 390 元/吨。源头分类服务费每户每月为 25 元，折算到每户每年的服务费便为 300 元；如折算到单位垃圾，按人均日产 1.1kg，每户 2.5 人计算，每户每年将产生 1 吨多一点生活垃圾，源头分类服务费为每户每月 25 元，折算到单位垃圾的费用约为 300 元/吨。此外，源头分类服务费每户每月 25 元偏高，应可控制在 10 元以内。再者，源头分类督导服务只是暂时性的，待分类习惯养成，便可取消。

第二，帖子给出的厨余垃圾厌氧发酵制沼气发电的成本 380 元/吨和补贴 270 元/吨太高。

二是计算分类垃圾处理的综合单价时没有考虑分类对处理效益的影响。推行垃圾分类将影响源头（社区）管理费用，也将影响运输、处理等环节的费用，主要列举如下（因无法估算运输费用的影响，故不列举）。

第一，因厨余垃圾含量减少，入炉垃圾热值提高，将提高发电效率和单位垃圾的发电量，由此增大收益，焚烧发电的财政补贴也应相应降低。这里，"干垃圾焚烧"的垃圾实际上是干垃圾与厨余垃圾形成的混合垃圾。

第二，干垃圾物质回收利用增大不仅提高资源使用的循环倍率，也会降低处理费。为鼓励干垃圾的物质回收利用，假设财政补贴为 100 元/吨（即低值可回收物回收利用补贴）。"干垃圾回收利用"的垃圾是名副其实的"干垃圾"。

第三，简化厨余垃圾处理工艺技术，降低处理费（含垃圾处理过程中产生的三废的处理费用）。厨余垃圾资源化处理费不应高于焚烧处理费，如控制在 150 元/吨左右，否则，便不应分出厨余垃圾。

表 1 生活垃圾末端处理的综合单价

干垃圾焚烧/%	干垃圾回收利用/%	厨余垃圾/%	干垃圾热值/(kJ/kg)	多发电/kW·h	多发电收益/(元/吨)	综合单价/(元/吨)
100	0	0	6000	—	—	300
95	5	0	5531	−7	−4	294
90	10	0	5011	−41	−17	295
85	15	0	4429	−88	−36	310
95	0	5	6468	44	18	282
90	0	10	6989	75	31	269
85	0	15	7571	130	53	250
80	0	20	8225	192	79	231
70	5	25	8540	189	78	229
65	10	25	8050	159	65	230
60	15	25	7480	103	42	237
60	10	30	8967	215	88	218
55	10	35	10045	281	115	213
55	15	30	8427	182	75	220
50	15	35	9560	251	103	208

注：假设未分类垃圾热值为 6000kJ/kg，发电量为 333kW·h/t，焚烧发电补贴 300 元/吨。多发电指高出 333kW·h/t 的发电量，上网电价 0.41 元/度。厨余垃圾生物转换发电补贴 270 元/吨，干垃圾回收利用补贴 100 元/吨。

从表 1 可以看出，①推行垃圾分类可降低垃圾处理的综合单价；②改变各类垃圾的分出比例，可得到不同的综合单价（存在分类优化问题）；③末端垃圾处理综合单价的降低大约在 80 元/吨以上，这部分节省费用用作源头分类服务费（每户每月 6.67 元以上），基本够配备督导员。由此可见，推行垃圾分类具有经济性。

（刊于《环卫科技网》，2020 年 1 月 7 日，作者：熊孟清）

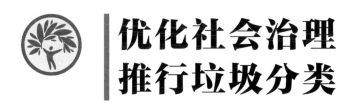

优化社会治理 推行垃圾分类

近日，习近平总书记对垃圾分类工作做出重要指示，要求形成垃圾分类好习惯，人人动手，一起为改善生活环境做努力，一起为绿色发展、可持续发展做贡献。国务院常务会议通过《中华人民共和国固体废物污染环境防治法（修订草案）》，明确国家推行生活垃圾分类制度，要求实现生活垃圾减量化、资源化和无害化。这是我国垃圾治理史乃至社会治理史上的里程碑式事件。

推行垃圾分类，关键是要加强科学管理，形成长效机制。要因地制宜，持续推动，要规范引导，人人动手。笔者认为可从以下三个方面入手。

一是在选择垃圾分类方式上，各地要坚持因地制宜观，结合本地实际加以评估、选择。分类方式一旦成为共识就应该坚决果敢地普遍执行，不允许例外存在。同时，在推行垃圾分类的路径上，要坚持制度化，要形成人人动手的社会行为。要形成以法治为基础、政府推动、全民参与、城乡统筹、因地制宜的垃圾分类制度。要综合法律法规、体制机制、经济社会、科学技术、伦理道德等力量，强制与引导并重，激励与惩罚并用，促使垃圾分类成为社会公众的自觉行为。

二是任何单位和个人都必须开展垃圾分类。每个法人和自然人都应该自觉地开展垃圾分类，摒弃"生产—消费—废弃—污染"的生产生活怪圈，共建共享循环绿色生产生活方式。此外，要树立起"一盘棋"思维。政府、社会组织、企事业单位和个人要根据产生者负责、排放者付费、生产者责任延伸制度等原则，勇担分工、责任和义务，强化垃圾治理的决策、执行及监管，发挥积极性、主动性、创造性和协同性，有条不紊地推动垃圾分类和垃圾全程、综合、多元治理。

三是推行垃圾分类需要妥善处理好垃圾分类处理过程中主体协同、利益协调、环节相扣等问题。垃圾分类是一件涉及公众利益的政治大事，是社会治理的重要内容，也是传统社会向现代化社会转型的标志性事件，需要全社会良性互动，以极大的决心、细心和耐心，形成垃圾分类习惯，完善垃圾分类处理体系。既要借助现有社会力量助推垃圾治理，又要借助推行垃圾治理促进社会现代化转型。

广州市作为全国第一批生活垃圾分类试点城市，始终把推行垃圾分类当成民生大事和城市治理的中心工作，扎实推行垃圾分类，逐步建立起了具有广州特色的垃圾分类投放、分类收集、分类运输、分类处理的工作体系，荣获联合国开发计划署 2015 年度中国可持续发展城市范例奖。目前，广州推行垃圾分类步入了以法治为基础，规范化、常态化、长效化管理的新阶段。广州探索确立了"能卖拿去卖、有害单独放、干湿要分开"的分类原则；率先于 2018 年出台了《广州市生活垃圾分类管理条例》（全国首个垃圾分类处理的地方性法规）；形成了"1＋3＋12"垃圾分类管理体系（1 个地方法规、3 项经济激励配套政策和 12 项工作指引）；今年又引入了第三方机构开展检查评估，确保推行垃圾分类务实到位和监督到位。

下个阶段，广州市将结合实际贯彻习近平总书记对垃圾分类工作的重要指示，把推行垃圾分类纳入基层党建任务清单，纳入党员示范岗位创建内容，纳入文明城市创建体系，进一步推行垃圾分类，助推"五位一体"建设。

（刊于《广州日报》，2019 年 6 月 24 日，作者：熊孟清）

垃圾分类是修身治国的善大之举

今年3月5日，李克强总理在政府工作报告中提出要"广泛推行垃圾分类制度"。紧接着，国务院办公厅发布《关于转发国家发改委、住建部＜生活垃圾分类制度实施方案＞的通知》，要求46个城市先行强制实施垃圾分类。"垃圾分类"这个老话题再次引发人们关注。

早在2000年，北京、上海、广州等地就被列为国家首批生活垃圾分类试点城市，然而17年过去，垃圾分类工作却不如人意。虽然垃圾分类理念起步早、年年讲、月月讲，但突围难，离分类习惯的养成，尚不止"最后一公里"。

表面上，垃圾分类不是复杂活，也不是辛苦活，好像就是个举手抬足的"善小"之为，只要有心便能做好。也许正因如此，许多人以为分类排放善小而不屑为之，在垃圾分类面前沦为"看客"，甚至认为混合排放"恶小"而心安理得。以城市垃圾分类为例，有调查结果显示，公众知晓率高达90％以上，但公众参与率却低至30％以下，准确分类投放率甚至不到10％。

其实，垃圾分类不仅关系到垃圾妥善处理，更关系到社会互动和治理，是修身治国的"善大"之举。垃圾分类首先是个人的事，需要个人克己为公，从我做起，而且持之以恒，这需要个人修身以达择善而从，勿以善小而不为，勿以恶小而为之。垃圾分类又是全社会的事，需要人人动手，蔚然成风，并通过制度化上升为社会行动，方能积小善为大善，这需要每个人都以信任换行动，建立社会普遍信任以达社会良性互动，共同推动垃圾分类及分类处理。

实现"从我做起，人人动手"绝非易事。公众不是不知道要求分类，也不是不赞成施行分类，但大部分人就是不付诸行动，且理由多多，如我分他人不分，或前分后混，分有何用等，以求心安理得。多数人深受善小而不值得做心理、见风使舵心理和囚徒心理等困扰，舍公益取私利，在垃圾分类面前沦为"看客"。尽管人人都产生和排放垃圾，人人都从垃圾处理中受益，但大部分人却都试图与他人和社会分割，不仅不合作，反而回避、推卸并自我解脱责任，导致垃圾处理行业形成集体冷漠的局面。

由此可见，推行垃圾分类不仅需要通过个人修身纠正个人心态与行为，更需要通过社会治理理顺个人与社会之间的关系。最大困难在"中国人的精神哲理根本是建筑在物质上的"（林语堂），精于利益算计，皆不吃眼前之亏。克服这困难不仅需要采用合同契约、个人信用记录、司法介入等方式来加以约束，也需要建立健全道德文化层面的行为规范，并基于社会普遍信任，让每个人都相信他人会按规定分类，真正做到从我做起、人人动手。

环保责任勇担当，勿以善小而不为。此次《生活垃圾分类制度实施方案》要求 46 个城市先行实施生活垃圾强制分类，并由机关事业单位带头执行，是立足现状的现实之举。让我们摒弃"看客"心态，抛弃一切托词，积极响应国家号召，身体力行践行环保。

（刊于《环卫科技网》，2017 年 4 月 30 日，作者：熊孟清）

垃圾分类 众擎易举

广州推行垃圾分类十余年，在分类意识培养、建章立制和分类方法摸索等方面取得了一定成绩；但正如民调显示：90％的市民赞成生活垃圾分类，90％的市民却不愿意参与生活垃圾分类，广州推行垃圾分类之路仍旧漫漫修远。

一、推行垃圾分类的直接意图是缓解垃圾围城之困

新设施建设面临征地难、环评难和建设周期长等制约，仅靠新设施建设不可能破解广州 2012 年垃圾围城之困。需要对现有设施挖潜以延缓垃圾围城，为新设施建设提供时间保障。垃圾分类是现有设施挖潜的举措之一，当前推行垃圾分类的直接意图就是缓解垃圾围城。

预计到 2012 年年底之前，广州市绝大部分生活垃圾的消纳方式为焚烧和填埋，依据处理方式，垃圾分类应采用二级分类方法。首先，将湿垃圾（主要是厨余垃圾）和干垃圾分开，然后对湿垃圾脱水处理和对干垃圾进一步分类回收；主要目的是：降低进入焚烧厂垃圾的水分和无机质含量，降低进入填埋场的水分和有机质含量，提高资源回收率；其效果是 2012 年年底减少 19.2％垃圾进入焚烧厂和填埋场，相当于为广州市建设了一座日处理 2000 吨的垃圾处理设施。

二、垃圾分类是垃圾处理产业化和产业发展的需要

垃圾分类是资源回收利用的前提，而构建和发展市场化前景较好的资源回收利用体系是垃圾处理产业化和产业发展的关键，实践也证明，只有构建起闭环式资源回收利用体系，才能保证垃圾处理可持续发展；因此，垃圾分类是垃圾处理产业化和产业发展的需要，其长远目标是为资源回收利用服务。厨余垃圾干化与回收利用、餐饮垃圾生化处理、矿化垃圾回收利用、大件家具和家电再造利用、炉渣综合利用等将是广州市垃圾资源回收利用的重点，随着这些回收利用设施的不断完善，垃圾分类方式方法将不断完善。

三、盘活垃圾收运环节，推动垃圾分流、分类处理

垃圾收运主体有三个：负有收运责任的生产和销售企业、资源回收利用企业、政府指定的收运单位。商品生产和销售企业主要负责收运其生产和销售的大件商品、家电、

包装物和未售出产品等形成的废弃物。资源回收利用企业指定的收运单位主要负责收运政府或商品生产、销售企业委托资源回收利用企业处理的垃圾，重点收运家庭垃圾和公共场所保洁垃圾。政府指定的收运单位重点收运有毒、有害、危险及一些特殊废弃物，包括因企业破产或其他特殊原因导致企业不能收运其生产销售的商品废弃物。改造垃圾收运方式，将收运市场化，组建三条物流环路，盘活垃圾收运环节，提高收运环节的效率，可推动垃圾分流、分类处理。

四、建立公共财政支撑体系，保障垃圾分类取得社会平均利润

一是在税收、用地、收购价格和设备采购等方面予以支持，二是平等对待分类、回收利用与末端焚烧或填埋，将末端补贴前移到分类与回收利用，支持社区组织开展分类与回收利用工作。帮助回收公司协调销路、稳定价格，甚至确定保护性市场份额，以确保垃圾分类与回收利用企业取得社会平均利润。

五、"决心、细心、耐心"三心呼应，众擎易举

为推行垃圾分类，广州市城市管理委员会专门组建了垃圾分类管理处，精心策划，大胆实践，强力推动，在一些社区、学校和机关取得了可喜的成绩。 2010 年上半年，严格按标准进行垃圾分类的市民参与率达到 2.24%。垃圾分类起步难，持之以恒更难，考验的是当权者的决心、策划者的细心和操作者的耐心。只有这三"心"呼应，分类意图明确且意志坚定，分类方法可行，并妥善处理好主体协同、利益协调、环节相扣等关键问题，垃圾分类才能实现众擎易举。

（刊于《360doc 个人图书馆》，2011 年 2 月 13 日，作者：熊孟清）

推广垃圾分类
要讲战略战术

最初对事物的选择往往决定其今后的发展方向，并且，惯性的力量不断强化这种选择，使其难以改变，社会心理学称之为见风使舵效应。而见风使舵效应就是阻碍垃圾分类推广的社会根源。

为什么我们宁愿自己的手指多移动一倍距离，牺牲10％的打字效率，天天使用QWERTY键盘，却不愿接受更好的DSK键盘？主要原因在于QWERTY键盘先行一步。不好的东西先行一步，让人习以为常，并成为制度性、习惯性惰性，就阻碍了好东西的流行。在笔者看来，推广垃圾分类也面临这个困境，混合排放习惯阻碍着垃圾分类的推广。

人是社会的人，个人受外界人群行为形成的社会动力的影响，在自己的知觉、判断、认识上表现出符合于公众舆论或多数人的行为方式，不知不觉或不由自主地随大流。换言之，越少人参与的事件越不吸引人，越多人参与的事件越引人扎堆。人们已经习惯混合排放垃圾，想要改变非常困难。要顺利推进垃圾分类，就需要正视见风使舵效应的客观存在。根据见风使舵效应，如果实施分类的居民比例越低，意愿实施分类的居民人数的比例则会更低；只有当实施分类的居民人数比例超过60％～70％的转折点后，意愿实施分类的居民人数才会高出实施分类的居民人数的比例，垃圾分类才会成为一种自觉自愿的社会活动。

因此，要据此制定战略战术，从少数人参与跨越转折点，发展到引人扎堆。

一是必须制定公共政策促使实施垃圾分类的居民人数的比例达到转折点，否则，推进垃圾分类的努力难以持久。

二是垃圾分类的初始目标不宜定得过高，达到转折点即可，不需要一开始就制定出实施分类居民比例达到80％或更高的较难实现的目标，这样可节省很多资源。

三是转折点前后的公共政策应有所不同，实施分类的人数比例低于转折点时，意愿实施分类的人数比例低于实施分类的人数比例，说明部分实施分类的人员存在摇摆心理。此时，应借助激励措施，稳定与壮大实施分类的人群；当实施分类的人数比例超过转折点后，意愿实施分类的人数比例高于实施分类的人数比例，说明实施分类已经形成社会风气，未实施分类的人有意跟风，此时，惩处那些顽固的不跟风者成为主要任务。

认识垃圾分类难以推广的社会根源不难，难就难在如何据此制定合理的战略战术。作为战略战术的制定者，政府要改变长期以来习惯了的混合收运与处理处置等简单思维，做到因事、因人、因地、因时施策，增强垃圾分类政策的可操作性。

（刊于《中国环境报》，2016年5月18日，作者：熊孟清）

认识垃圾与推广垃圾分类

伴随垃圾产量、处理量的迅速增大和城市土地供应的日益紧张，而兜底性填埋场的库容日渐减少，垃圾处理形势急剧恶化，一些城市处于垃圾围城困境。于是，垃圾焚烧处理成为选项，却引发邻避运动，使得垃圾问题成为近十年来广受讨论的热点，并日益明晰化。而作为垃圾问题之一的垃圾分类，是垃圾治理的治本之道，也是垃圾治理的重点和难点，有助于彰显垃圾的社会性，提高垃圾的资源性，抑制垃圾的污染性，同时需要广大公众主动参与。

一、认识垃圾：视角、范式和制度化

在垃圾治理过程中，人们看待垃圾问题的视角日益明晰。物理上，垃圾就是一堆固体废弃物，通过工程技术便可解决，这就是"垃圾处理"视角。但从垃圾处理引发的社会看客心理、邻避效应、生态环境污染和垃圾围城等社会问题来看，在一堆废弃物背后隐藏着复杂的社会关系。为了维护社会公共生态环境权利和垃圾处理秩序乃至社会安全秩序，解决垃圾问题还需要"垃圾管理"和"垃圾治理"。

坚持垃圾处理、管理或治理，各自有自己的必要性和正当性，只是看问题的视角不同而已；但恰恰因视角不同，在如何看待和研究垃圾问题上自然会有所不同，其研究方向、关注重点、解释方法和解决垃圾问题的途径等方面各有侧重，使之构成互补或包容的关系。垃圾处理从工程技术层面看待垃圾问题，强调采用填埋、焚烧或综合处理等工程技术手段解决垃圾问题。垃圾管理从行政管理（尤其是政府管理）层面看待垃圾问题，强调采用政策性调控手段解决垃圾问题；垃圾治理从社会和社会技术层面看待垃圾问题，主张吸纳社会学、经济学、心理学、行为科学等学科和吸收垃圾处理、垃圾管理的研究成果，推动政府和社会良性互动，通过动力创新、技术创新和体系创新，实现垃圾全程、多元、综合和依法治理。

有意思的是，垃圾焚烧与否的讨论加速形成了垃圾处理、管理和治理3个视角。垃圾焚烧处理是垃圾处理方法之一，也是为垃圾处理严峻形势所迫，垃圾焚烧处理确有必要；但垃圾焚烧处理不能代替垃圾处理体系，且存在邻避效应，而这种邻避效应又被焚烧处理设施运营过程暴露出的负面影响不断放大，致使焚烧处理设施落地难，甚至进一步恶化了垃圾处理形势，于是，社会呼吁政府加强垃圾管理，推动垃圾分类处理，减少焚烧处理的邻避效应，寻找解决垃圾问题的有效方法，并形成了垃圾处理、管理、治理3个看待垃圾问题的视角。

垃圾治理是我们无法回避的日常活动，而且，事关资源环境保护，事关生产生活及人体健康的安全，事关社会经济的可持续发展，可谓事关社会各方面的利益，需要政府与社会公众良性互动，协同治理。因而，解决垃圾问题的互动共治范式也日益明晰。垃圾处理、管理和治理研究垃圾问题的范式分别是工程技术、行政管理和互动共治。解决垃圾问题不仅需要工程技术和行政管理，更要政府与社会互动共治，更好地发挥工程技术和行政管理的作用。解决垃圾问题的途径必须从垃圾处理、管理转变为垃圾治理。这种转变意味着观察和理解垃圾问题的范式的转变，即要从工程技术、行政管理范式转变成一个社会治理的互动共治范式，不仅要看到垃圾的物质属性，更要看到垃圾的社会属性，更加重视政府和社会的内部及彼此之间的互动和政策、社会和技术之间的相互作用及其对垃圾产生、处理和社会公共利益的影响；相应地，解决垃圾问题的主体便从彼此分割的社会（包括垃圾产生与排放者和处理企业）、政府转变为政府与社会合二为一的全社会。

以互动共治范式观察和理解垃圾问题，必然涉及行政管理、社会生产、生活及其他种种相关活动构成的社会活动。这是一种多主体互动的活动，既会产生互动收益，也存在冲突内耗，诸如旁观者效应、搭便车效应、见风使舵效应和邻避效应就是社会内耗的引因和表现，进一步，社会制度、规范、价值、观念和习俗的惰性乃至昙花一现的社会风尚的惯性影响都会削弱主体的个体意志，影响主体选择和行动，导致社会内耗。典型的事例莫过于垃圾问题中的社会自我卸责问题，个体产生垃圾，却借"公益"之名将其处理职责推卸给政府，没想到政府是动用财政来更高代价地处理，其实更大地损失了社会福利，个体的所谓"理性"选择加载在一起导致社会的"非理性"，换来的是社会内耗和更大的社会损失，这是垃圾治理必须解决的一个原则性认识问题。如何减少社会内耗和增大社会收益是研究垃圾治理的主线和目的。

同时，通过制度化解决垃圾问题的重要性日益明晰。为了减少社会内耗和增大社会收益，必须将各主体的选择与行动制度化，使之成为社会选择和社会行动，达至社会互动共治，最终成为文化传统。为此，必须细分垃圾治理的相关主体，包括垃圾产生与排放主体（居民、企事业单位等）、垃圾处理服务主体（企业、社会组织等）和各级政府行政主管部门等，细分垃圾治理流程与处理服务环节，理清各主体的职责、权利及其相互间的关系，尤其要理清各级政府主管部门、社区（村）居委会、小区物业管理公司、垃圾处理服务企业、垃圾产生与排放主体之间的关系，促使所有主体的选择与行动规范化和程序化。

找准认识垃圾的视角、范式，进一步完善垃圾问题的研究方法和理论，有助于帮助人们扬弃垃圾治理研究与实践中的一些片面认识，启迪人们系统观察、理解、研究垃圾治理，丰富垃圾治理理论，并用理论指导实践，避免个体选择与行为的盲目性，凝聚社会共识，促进垃圾治理全面深入发展。

二、推广垃圾分类需要破除难以成功的预言

全国第一批垃圾分类处理试点城市，已经"试"了16年，给出的成绩单有点难看。原因很多，诸如习惯惰性、设施不全、制度不严、管理不力等等，但忽视了一

个社会心理因素，即社会上普遍存在的"垃圾分类难以成功"的预言，这是一个负面的自证预言。推广垃圾分类，必须消除"垃圾分类难以成功"这类负面自证预言的影响。

"说你行，你就行，不行也行；说你不行，就不行，行也不行"揭示的是人事方面那种让人"不服不行"的主观与霸道心理，其实这正是一种负面的自证预言。社会心理学发现社会广泛存在各种各样的自证预言，有正面的自证预言，也有负面的自证预言。正面自证预言可以成就辉煌；负面的自证预言则可以毁灭伟大事业。社会一旦形成一种负面预言，便会有意无意地去证实这种预言，出现"道高一尺，魔高一丈"的乱象，致使正面预言难以实现。

我国生活垃圾分类从试点到推广倍受这种负面自证预言的束缚。社会公众和政府普遍存在垃圾分类难以实现的悲观情绪，受此影响，往往表现出一种观望、敷衍的态度，不能以持之以恒的心态按部就班地推广垃圾分类。从2000年住建部推动垃圾分类试点至今，虽然垃圾分类观念家喻户晓，但少有城市真正全面推广了垃圾分类，实现了垃圾分类处理，这就是社会公众和政府都不积极作为的后果。

不仅如此，垃圾分类难以成功的预言还引发社会公众和政府彼此互不信任。因为心存垃圾分类难以成功的预言，必然要找到难以成功的借口。常见的借口是"我们分了，又被混合收运与处理，分也是白分"；政府认为"再怎么动员，参与分类的居民少，分得也不彻底，分类处理不能形成规模效益，得不偿失，不如混合收运与混合处理"。这种理由把社会公众和政府置于对立面，致使社会公众与政府滑入相互指责的怪圈。

此外，垃圾分类难以成功的预言严重阻碍垃圾处理体系的完善。因垃圾分类不力，导致无法有效地组织垃圾物质回收利用，乃至助长一些城市放弃垃圾分类处理体系建设，大兴焚烧填埋的处理方式，坐实社会公众"分了也是白分"之指责，误导社会公众放弃垃圾分类；在这种社会环境下，建设生活垃圾源头减量与分类排放、物质回收利用、能量回收利用和填埋处置相得益彰的垃圾处理体系也是无从谈起。

鉴此，推广垃圾分类，必须要破除垃圾分类难以成功这种负面自证预言，建立起垃圾分类终将成功的正面自证预言，鼓舞社会公众和政府朝着成功期望积极作为和良性互动。为此，建议做好以下几点：

一是提出客观可行的目标。推广垃圾分类之初，既然认为不能成功，最少不要认为垃圾分类必然失败，社会公众和政府都得有这个底线，据此提出切实可行的目标。如果说垃圾分类成功太难，一代人甚至几代人都做不到，但垃圾分类不失败总没那么难，规避垃圾分类不可能的自我贬低和自我安慰心理，我们确实看到，垃圾分类在艰难中前行。因此，有理由坚持垃圾分类，坚持就是胜利。

二是加强图式宣传攻势。研究表明，图式宣传越强势，人们的注意力越会放在与图式相符的信息与特征上，人们的心智越会倾向于过滤与图式不一致的信息与特征。我们要在合理强度地利用文字说教的基础上，力求图文并茂，引导人们把更多注意力定格在图式信息与特征，从而使图式的正确性与预期性得以确认。

三是鼓励每个人自我确认。社会人受见风使舵效应的影响，身不由己，践行垃圾分类时就是如此。很多人感叹：他人不分类我分有何用。这种情势下需要政府鼓励人们自我确认，别管他人怎么做，相信分类是趋势，别人不分我也要坚持，少找不分类的借口，才能实现"我分了他人也会跟着分"和人人分类局面的形成。

推广垃圾分类确实很难。从混合排放与混合收运、处理转变为分类排放与分类收运、处理不可能一蹴而就，不仅要解决分类处理设施的建设运营困难，更要转变每个人乃至社会的心理，消除传统制度的惰性。只要破除垃圾分类难以成功的负面自证预言，树立起垃圾分类终将成功的正面自证预言，必将能够坚定全社会开展垃圾分类的动机、意志和毅力，也将会调动舆论正面宣传垃圾分类，形成强大的推广垃圾分类的社会力量，促进垃圾分类，使分类处理稳步推广。

（刊于《中国城市报》，2017 年 1 月 23 日，作者：熊孟清）

垃圾分类始于制度设计

垃圾分类试点 14 年，其意义早已超出垃圾处理行业的工程范畴，启发我们思考社区自治、社会自治的多元治理问题。垃圾分类已经回归为一项名副其实的社会治理工作，在深圳盐田区、广州萝岗区和增城区垃圾分类试点工作已经迈入良性发展阶段。总结这些成功经验，笔者认为，关键是垃圾分类必须始于制度设计。具体分析，要重点设计好以下几个方面：

第一，要理顺垃圾分类工作的环节及相互关系，做到分工细致、流程简化、条理缜密、管理有序。垃圾分类是按一定标准将垃圾分类储存、分类投放和分类驳运，从而转变成公共资源的一系列活动的总称，必须协调推进分类储存、分类投放和分类驳运环节，而且，还必须同时推进分类收运环节和分类处理环节。这些环节的主体、作业内容及要求各不相同，应区别对待、理顺相互之间的关系，尤其要理顺主体之间的关系。分类储存和分类投放的主体是公众，分类驳运的主体是区域管理者，分类收运和分类处理的主体是企业，制度设计应保证这些主体之间形成相互促进、相互监督的关系。

第二，要把垃圾分类纳入社区自治内容，明确主体职责，充分调动公众和管理者的主动性和积极性。公众，包括居（村）民、企事业单位、机团单位，是垃圾分类的行为主体，在享有排放权力的同时，应承担源头减量、分类储存、分类投放和缴纳排放费等责任与义务，履行源头减量与排放控制的监督义务，逐步形成自觉、自愿、主动与合适排放垃圾的生产生活习惯。

区域管理者是分类驳运的主体，也是区域垃圾分类责任人。垃圾分类应坚持谁管理，谁负责的责任人制度，有物业管理服务的区域垃圾分类由物业管理服务企业负责，没有物业管理服务的由经营管理者负责，没有经营管理者的公共场所由其行政主管部门负责。垃圾分类责任人应负责组织、管理所在区域的垃圾分类，包括建立垃圾分类运行管理制度，设立指导管理工作专责岗位，制定垃圾分类方案，设置分类排放容器（堆点），负责分类驳运，指导、引导、规范与监督分类投放，计量管理分类垃圾和负责排放费管理。

第三，应坚持先易后难，循序渐进原则，制定切实可行的垃圾分类实施方案和执法监督计划。垃圾分类启动之初可考虑只将餐厨垃圾、大件垃圾和有害垃圾与其他生活垃圾分开，而且，宜先在管理正规且便于管理的机团单位、农贸市场、商场、校园、酒店宾馆、物业小区等单位（小区）开展垃圾分类，保证分类垃圾得到分类处理，并通过分类处理体系建设促进垃圾分类长效化。重视垃圾分类示范单位（小区）的建设工作，发挥榜样的示范效应,稳步推进垃圾分类区域由小到大、内容由简到繁和标准由粗到细的原则。

第四,通过强化垃圾的物质利用促进垃圾分类。一是利用现有工业产能强化资源回收利用;二是加速建设餐厨垃圾资源化处理设施,加强餐厨垃圾等易腐有机垃圾的分类处理;三是创新体制和商业模式,重视利益的驱动作用,优化资源配置,融合垃圾资源化处理和产品生产,完善垃圾物质利用的财政补贴机制,理顺物质利用流程及产业链,完善市场准入退出机制,促进垃圾收运、回收、物质利用多元化和市场化,切实加强垃圾的物质利用,并借此促进垃圾分类。

第五,合理利用经济激励手段,树立垃圾排放成本意识。奖励垃圾减量、分类投放和回收利用,惩罚混合排放,严惩偷排偷运。建立健全生活垃圾排放费征收机制,鼓励根据垃圾的污染性、资源性、社会性及其处理成本制定垃圾排放费标准,条件成熟时实施垃圾排放费按类从量计费,激励公众自觉自愿地开展垃圾源头减量与分类。

第六,应加强垃圾分类及分类处理监管。坚持公开、公平、公正原则,采取行政监管、第三方专业监管和行业协会、人大、政协、新闻媒体、公众监管等形式,通过督察、检查、抽查、巡查和审核审计等方法,从实体和程序两方面对进入垃圾处理行业的事业体和事件进行规范监督。加强垃圾排放总量、排放方法、收费等监管。加强企业准入和退出监管。加强处理设施建设营运及处理成本监管。加强垃圾污染及垃圾处理二次污染监管。加强规章制度及规划制定、执行与修订监管。严惩偷排偷运、违法经营、浪费资源、破坏环境、失职渎职等行为和事件。

(刊于《中国环境报》,2014 年 7 月 7 日,作者:熊孟清)

生活垃圾分类需加强系统设计

　　垃圾分类处理是一项系统的社会治理工程，核心是按可操作的模式引导居民在前端将生活垃圾分好类，然后将物理分离出来的垃圾流转到合适场所完成后续处理，最大程度地资源化利用。

　　国家发改委、住建部近日联合发布《垃圾强制分类制度方案（征求意见稿）》（简称"《方案》"）。根据《方案》，要按照生活垃圾"减量化、资源化、无害化"原则，建立健全政府主导、部门协同、市场运作、公众参与的工作机制。建设生活垃圾分类投放、分类收运和分类处理设施，强制公共机构和相关企业等主体实施生活垃圾分类。鼓励各地结合实际制定地方性法规，对城市居民（个人、家庭）实施垃圾分类提出明确要求，引导居民积极参与并逐步形成主动分类的生活习惯。同时，提高农村生活垃圾分类水平。

　　我国生活垃圾年产量 2015 年达 2.4 亿吨，且仍将以较高速度增长。生活垃圾中有很多可回收的成分，属于不可再生资源。如果不通过回收循环利用，这些资源就会被白白地浪费掉。资源需要从源头重新开采使用，进而加快枯竭速度。相反，如果提高垃圾的回收利用水平，形成物质和能量循环系统，那么，只需要对不足的资源进行适量补充，就能够步入资源节约、环境友好的良性轨道。

　　生活垃圾循环利用的前提是要进行垃圾分类。然而，"垃圾分类，从我做起"在很多地方沦为一种空谈，生活垃圾分类处理推行效果不佳。究其原因，一方面是市民个人的文明素质尚未养成，没有形成热爱环境、回收有价值资源、减轻对生存空间污染的自觉；另一方面，垃圾分类的硬件设施建设没跟上，部分市民有意愿将垃圾分类投放，但周围基础设施无法支撑。

　　当前，制约我国生活垃圾分类的是贯穿垃圾分类排放、收集、运输及处理处置全流程的协调行动。只有居民把垃圾从入口端分类投放，后面各环节按规则依次处理，相互衔接与督促，才能真正做到垃圾分类处理。如果垃圾的分类处理渠道没打通，垃圾进入分类处理系统后立即发生"肠梗阻"，在前端强制分类垃圾也就失去了意义。

　　由此可见，推广生活垃圾分类需要加强系统设计，重点是再造生活垃圾分类处理流程。两部委出台的垃圾强制分类方案要求推动建设一批以企业为主导的垃圾资源化产业技术创新战略联盟，鼓励通过公开招标引入专业化服务公司，承担垃圾分类收集、分类运输和分类处理服务，提高服务质量。笔者认为，这条指导意见实际上提供了战略联盟或协会统筹协调方案，相关专业公司要组成战略联盟或协会，各司其职，协调一致，总揽生活垃圾分类处理。

高效运行生活垃圾分类处理系统的最大困难在前端的分类投放、收集和分类。解决这个难题有两种选择，其一是欧洲、美国、日本等国模式，强调每家每户分类，公司只是定期定点上门收集，然后快速进入后面的分类处理轨道。其二是国内当前模式的改良。我们的城市并不是没有垃圾分类，非官方的垃圾分类实际上一直在运行，拾荒大军分捡回收了有经济价值的资源。但这种分类回收以市场价值为导向而非以资源价值为导向，需要改良。可以由社区、街镇牵头，由专业化公司在社区、街镇内组织二次分选，以此补充、强化和细化垃圾分类。

生活垃圾分类处理的另一个难点是资金问题。笔者认为，要按照谁污染谁治理或谁付费的原则，垃圾处理资金应由垃圾排放者负责。当然考虑到社会承担能力，也可考虑部分由财政补贴。此外，还可以考虑建立垃圾处理基金。基金的基本金可由垃圾排放者、财政筹集，也可部分来自公益捐款。资金分配应坚持谁服务谁受益原则，明确垃圾处理的经营服务性质和公益性质，明确垃圾处理者的责任与权利，明确垃圾处理行业的平均利润。做到专款专用，合理分配到垃圾分类投放、收集、贮存、运输、处理处置各环节，促进垃圾处理全流程均衡发展，提高垃圾处理服务水平。

垃圾分类处理是一项系统的社会治理工程，核心是按可操作的模式引导居民在前端将生活垃圾分好类，然后将物理分离出来的垃圾流转到合适场所完成后续处理，最大程度地资源化利用。按一定原则分拣后的垃圾，每个流向都应有成熟的产业来承接，从而确保生活垃圾分类后对应的处理经济且高效。

(刊于《中国环境报》，2016年7月27日，作者：罗岳平，刘荔彬，熊孟清)

完善垃圾分类
的推行体系

当下，推行垃圾分类风靡全国各地。一些地方政府将之纳入文明城市建设、乡村振兴和党建工作等，引导公众养成人人动手的好习惯。至此，分不分、谁来分、怎么分等已不再是纠缠不清的问题，但如何保障垃圾分类可持续推行，仍然是值得深入探讨的问题。

笔者认为，垃圾分类可持续推行必须具备两个必要条件：一是满足现在生产生活的需求，兼顾效率与公平，全社会乐于持之以恒地实施；二是能够适应未来生产生活及垃圾分类发展变化的需求，可适时升级。这就需要完善垃圾分类的推行体系，包括运行、管理和监管3个层面，涉及领导方法、目标管理和保障措施等方面，借此导控政府和社会的行为，使之符合垃圾分类可持续推行的要求。鉴于政府推动是推行垃圾分类的中坚力量，尤其在未形成人人动手的阶段更是至关重要。因此，政府以什么姿态与社会互动，事关推行垃圾分类的成败，政府的领导方法便成为推行体系的核心。

推行垃圾分类必须坚持群众路线。一要做到充分发动群众，一般号召与个别指导相结合，团结积极分子，提高中间分子，争取落后分子，不断壮大实施垃圾分类的群众力量；二要坚持"实践—认识—再实践—再认识"的认识论和理论联系实际的作风，做到指导与学习相结合，将群众意见进行提炼、反思、总结，再到群众中去推行，不断改进领导方法与工作方法；三要坚持法治精神，融合自治、法治和德治，统筹大局，兼顾当前与长远利益、局部与全局利益，兼顾各方群众利益，从群众反映最强烈最突出最紧迫的问题着手，重点突破，切实解决好事关人民群众利益的实际问题，引导群众自觉实行垃圾分类。

推行垃圾分类的管理体系，包括加强组织与领导、制定规划与计划、协调相关资源等，以实现既定目标。其中，目标管理、项目管理和资源管理是管理体系的3个重点任务。推行垃圾分类的过程包括开始阶段、中间阶段和最后阶段，各阶段主体对待垃圾分类的态度不同，相应的管理目标、重点项目、方式方法及所需资源也有所不同，管理体系应具有阶段性、针对性。需要指出的是，推行垃圾分类是为了培养主体实施垃圾分类的好习惯，而实施垃圾分类是为了分类处理垃圾，两者的管理体系是不同的。

推行垃圾分类的监管体系，包括为确保运行体系和管理体系正常运转而制定的规范、监督、考评及反馈等机制，聚焦在实施垃圾分类的行为及其产生的社会问题上，检视规章制度的有效性。重点围绕如何培养主体实施垃圾分类的好习惯，如何保证分类垃圾得到分类处理，如何保证垃圾分类处理体系中主体协同、利益协调和环节相扣，保障分类全民化、管理针对化、监管多元化和效益最大化，促进垃圾分类处理体系和治理体系伴随垃圾分类的深入而不断完善。

（刊于《中国环境报》，2019年7月24日，作者：熊孟清）

建立主体多元化的监管体系

推行垃圾分类是人人动手的社会行动，目的之一是建立分类投放、分类收集、分类运输、分类处理的垃圾处理体系；目的之二是建立以法治为基础，融合自治、法治、德治"三治"的垃圾治理体系，促进社会现代化转型。为保障有条不紊地推进，笔者认为，需要建立健全主体多元的监管体系。

首先，要明确监管范围即监管什么。推行垃圾分类的监管，应聚焦在实施垃圾分类的行为及其产生的社会问题上。实施垃圾分类行为监管的重点在于引导、规范、监督、导控各个主体，按规定实施垃圾分类投放、分类收集、分类运输和分类处理；实施垃圾分类产生的社会问题监管的重点在于，防治负面社会效应和社会乱象，负面社会效应主要包括旁观者效应、自证预言效应、邻避效应等，社会乱象主要包括好大喜功、偷运偷排、弄虚作假等。

确定监管范围时，需要重点围绕如何培养个人实施垃圾分类的好习惯，如何保证分类垃圾得到分类处理，如何保证垃圾分类处理体系中主体协同、利益协调和环节相扣。此外，还应包括对规章制度的制定、执行及其作用的监管。推行垃圾分类需要政府推动，政府推动的主要方法是制定规则并监督其执行，检视规则是否有效不仅必要而且重要。

其次，要明确监管方式即如何监管。推行垃圾分类是政府推动、全民参与、"三治"融合的垃圾治理体系的构建过程，主体多元，方式多样，范围宽泛，应根据具体情况选择适宜的监管形式、机制、工具、技术等实施监管，发挥强制、激励和协商等监管方式的综合作用。

政府强制非常重要。政府要出台规章制度，通过标准的设定、价格监管、财政补贴和公共管理权力的使用，强制社会各主体实施垃圾分类。但也有必要同时采用激励和协商方式，刚柔相济，提高各个主体实施垃圾分类的意愿，弥补政府强制的不足。

最后，要明确监管主体即谁来监管。鉴于推行垃圾分类的监管范围宽泛和监管方式多样，政府一方难免力不从心。而且，政府也是实施垃圾分类的主体之一，需要其他方来监管政府的行为。推行垃圾分类的监管主体应是多元的，包括政府、社会组织、企事业单位等。

在众多监管主体中，地方政府、行业协会、社区组织（居委会或村委会）和审计机构是几个重要的监管主体，分别行使政府监管、行业自律、社区监管和第三方监管。政府监管是方向盘和压舱石，行业自律和社区监管是推进器，第三方监管是测向仪，它们相互支撑、互为补充关系。在以往推行垃圾分类的实践中，行业自律和社区监管重视不够，第三方监管几乎被忽视，亟待加强。

（刊于《中国环境报》，2019 年 7 月 12 日，作者：熊思沅，熊孟清）

垃圾分类需因地制宜

广东省深圳市政府常务会议近日审议通过《深圳市生活垃圾分类和减量管理办法》，将生活垃圾分为可回收物、有害垃圾和其他垃圾3类，建立了分类投放、分类收集、分类运输、分类处理制度，并在促进源头减量方面提出了很多措施。深圳垃圾分类三分法结合了垃圾分类推广现状，又结合了垃圾处理产能，值得点赞。

推广垃圾分类的目的就是更好地治理垃圾，但如何才称得上更好，各地却有自己的评判标准。垃圾处理需要注重全程、综合和多元治理，强调先源头减量和排放控制，再物质利用，后能量利用，最后填埋处置的分级处理原则。同样不容忽视的是，垃圾处理必须强调因地制宜。

垃圾处理负担不大的地区可能只关心垃圾终端处理，而不太在意源头减量。在选择处理方式时，各地可能会有侧重偏爱，如土地紧张地区可能偏爱焚烧处理，土地富有地区可能偏爱填埋处置，一次资源紧张地区可能更偏爱资源化利用。治理主体的作用方面，因政府与社会的相对强弱及市场发展水平，也会呈现出政府主导、市场导向和社会自治等形式。

此外，还有3个地域性因素需要考虑：一是垃圾的组成、性质和形态具有地域性；二是垃圾处理方法及处理能力不尽相同；三是一方水土养一方人，居民生活习惯与社会心理也具有地域性。

因此，应鼓励各地结合地域特点，制定适合本地的垃圾分类标准。我们目前适用的《城市生活垃圾分类及其评价标准》，建议将生活垃圾分为可回收物、大件垃圾、可堆肥垃圾、可燃垃圾、有害垃圾和其他垃圾，这一要求不仅不合时宜，也不科学。其建议的垃圾六分标准依据垃圾性质、形态、处理方法等多种分类原则，致使一类废弃物可同时归为几类，像废纸这类可回收又可燃的废弃物就既可归于可回收物又可归于可燃物。遗憾的是这个标准至今还在困惑试图推广垃圾分类的地区。

受此标准影响，同时考虑整治地沟油的因素，深圳及其他一些地区曾仓促制定垃圾四分标准，即可回收物、餐厨垃圾、有害垃圾和其他垃圾，施行情况不如预期。需要说明的是，地沟油原料的一大来源是餐饮业、食堂产生的餐饮垃圾，而非家庭生活产生的厨余垃圾，且餐饮垃圾收运处理已经自成体系。杜绝地沟油需要整治餐饮垃圾收运处理体系，而非垃圾分类。

深圳启动修改垃圾分类标准，勇气可嘉。目前，深圳拥有较强的垃圾焚烧处理能力，但没有足够的餐厨垃圾处理能力，且难以分出绝对的餐厨垃圾，公众自觉分类习惯还处于培育阶段，不宜制定过高的分类标准。深圳从以前的四分标准中去掉餐厨垃圾类是理智、实用之举。

当然，推广三分标准与大力发展焚烧处理之间还不匹配，下一步，应将其他垃圾再分成可燃垃圾和不可燃垃圾。此外，可回收物目前更多的是混合物，利用前还需要二次分选。为此，建议深圳明确施行垃圾二级分类法，即源头先将垃圾分成三类，再对可回收物和其他垃圾集中二次分选。

（刊于《中国环境报》，2015 年 6 月 17 日，作者：熊孟清）

推广垃圾分类需做好四个对接

《广州市城市生活垃圾分类管理暂行规定》已于4月1日起正式施行。垃圾分类对于广州市能否优化垃圾处理体系起到决定性作用，不仅要启动，更要稳定、稳步地深化推广，做出声色，做出成效。垃圾分类是一件实操活，需要做好四个对接。

一、与以往垃圾排放习惯对接

生活垃圾伴随生活而生，时久天长，公众形成了一定的垃圾排放习惯，或袋装扔到楼道，或倒进收集桶，或晚上排放，或早上出门时顺便携出，排放方式取决于个人习惯、居住条件和社区风气等许多因素，可谓因人而异，因楼而异，因地而异。

启动垃圾分类时需与已有的垃圾排放习惯对接，不急不躁，耐心引导，循环渐进，逐步规范。垃圾分类指导员一定要平心静气，温馨劝阻，给排放者足够时间去感受和体验，让屡教不改者自觉孤立，让时间去雕刻新的垃圾排放习惯。

二、与既得利益对接

广州市垃圾分类的现阶段重点是尽可能回收物质资源，鼓励个人、家庭、小区、压缩站对干垃圾层层分拣回收，极大化减少进入末端处理处置设施的垃圾量。我国已形成强大有效的物质回收队伍和利益链。推广垃圾分类时需要与既得利益对接。发扬现存回收体系的优势，不仅回收值钱的资源，还要回收那些不值钱但可再生利用的资源，在提高回收队伍经济效益的同时，加大资源环境保护力度。与既得利益对接也就提出了新利益链的建立课题。既要照顾既得利益，同时也要充分考虑社区居委会、物业管理公司和环卫工人等垃圾分类参与者的利益。

三、与街道经济条件对接

启动垃圾分类是需要投入的，需要结合街道的经济发展水平，因地制宜。经济条件较好的街道可以多投入，提供较好的硬件、软件条件，有声有色地开展垃圾分类，但经济条件不好的街道同样可以有声有色地开展垃圾分类，并不是垃圾分类就需要配置多少或多漂亮的容器，两个塑胶袋就可以把干湿垃圾分开排放。反过来而言，容器配置再多再好也未必能保证垃圾分类坚持下去。垃圾分类考验的是政府的决心、策划者的细心和操作者的耐心，只要这"三心"坚定，垃圾分类就能坚持，就能做出成效。

四、与后续处理设施对接

垃圾分类是垃圾处理的基础环节，分类的目的是高效、环保地处理处置垃圾。广州市已形成垃圾排放、收运和处理模式，垃圾分类要系统考虑分开排放、分开清运、分开压缩和分开处理，这就需要与现有收运、处理处置设施对接。目前，广州市是有分开处理能力的，可再用再生物质资源进入循环利用体系再用再生，经分拣回收后的干垃圾进入焚烧厂进一步回收热能，部分市场垃圾进入生化处理设施处理，等等。当然，广州市需要以设施建设为抓手，进一步优化垃圾处理体系。

（刊于《羊城晚报》，2011 年 4 月 7 日，作者：熊孟清）

找准抓手、推手巧推
垃圾分类

一、对垃圾分类的争议及其危害

当前，社会各界对垃圾分类存在一些争议，主要表现在2个方面。一是垃圾分类目的，究竟是为了厨余垃圾分类处理，还是为了强化再生资源回收利用，又或是为了提高焚烧处理效率，或减少填埋处置量，对此长期争论不休；二是政府、企业与社会公众在垃圾分类中的作用，政府主导或引导、排放者有无义务、如何收取排放费、是否应该企业化运作等问题一直没有定论。此外，在是否定时定点等一些具体措施上也广受争议。

正因为在垃圾分类的一些基本要素方面都存在争议和不正确认识，导致垃圾分类缺失抓手、推手、巧手和先手。结果就如同报端形容，如北京《垃圾分类走不动，投入不够还是管理多头》、东莞《东莞垃圾分类试点三年，5000万投入换来举步维艰》、广州《垃圾分类几时到我家？》和上海《上海再推"大象屁股"》等，给人印象是垃圾分类真如大象屁股——推不动。

二、垃圾分类的国际经验

垃圾分类涉及一些基本要素，可概括为分类目的、主要事项、主体、时间、地点和措施。明确这些基本要素，就是要明抓手、找推手、施巧手和抢先手，只有如此，垃圾分类才能有效执行、规范和控制。纵观国际垃圾分类的成功范例，无论是欧洲、美国、日本等发达国家和地区的源头细分模式，还是以巴西为代表的发展中国家的源头粗分模式，无一例外地都是建立在清晰界定垃圾分类基本要素的基础之上。

首先，要清楚分类的目的，日本与中国的台湾地区早期曾以可燃与不可燃为分类标准，目的是提高焚烧处理的效率，但随着垃圾分级处理与逐级减量变得日益重要，垃圾分类的首要目的是逐步回归到强化物质回收利用，并借此减少焚烧填埋处理的垃圾量。目前，强化物质回收利用已经成为垃圾分类的主要目的、抓手与先手。

其次，要整合政府、排放者、回收公司、资源利用厂家、社会组织及商品产销企业等相关主体，使其成为一个强力的推手，并通过整合业务链、交易链和利益链，促进垃圾分类企业化运作。在明确分类目的、业务、交易关系和利益关系的基础上，再进一步明确分类措施等要素。

目前，国际上形成了两类回收模式，一类是以美国再生银行回收模式为代表的营利性企业运作模式，一类是以巴西塞普利、德国双元和中国台湾四合一回收模式为代表的非营利性社会组织的企业化运作模式。美国再生银行是通过技术与商业模式创新获得成功的典型案例，基本思路是利用物联网技术，重整排放者、商家、再生资源回收利用企业和政府之间的再生资源交易链与利益链，通过市场化经营和政府适度补贴，在排放者得到实惠、商家绑定更多的消费者、再生资源回收利用企业获得稳定的原材料来源和政府减少财政补贴的前提下，提高资源回收率，促进废弃物分流分类，实现再生银行（企业）的预期收益与商业运作。巴西赛普利是制度创新的成功案例，赛普利通过建立拾荒者合作社，分拣市政环卫部门无偿送来的干垃圾，从中回收再生资源，并将再生资源卖给登记合作的回收利用企业，达到强化资源回收和促进垃圾干湿分类的目的。这两类模式只在利益关系与分配方面存在一定差别，在分类目的、主体分工、运作方式等方面并无实质性差别，两者殊途同归，通过整合业务链、交易链与利益链，借助利益驱动，发挥政府、排放者、回收公司、资源利用厂家、商品产销企业和社会组织的作用，强化再生资源回收，促进垃圾分流分类，实现企业化运作的目的。

三、建议明抓手、找推手、施巧手、抢先手推动垃圾分类

由此可见，垃圾分类的抓手和先手就是强化资源回收，垃圾分类的推手是政府、排放者、回收公司、资源利用厂家等相关利益者组成的利益共同体，垃圾分类的巧手就是整合业务链、交易链和利益链。当前，面临垃圾分类裹足不前的困难局面，需要明抓手、找推手、施巧手和抢先手，进而就得鼓动政府、排放者、回收公司等相关利益者围绕回收公司形成强有力的推手，牢牢抓住强化资源回收利用这个抓手与先手，整合业务链、交易链和利益链，实行企业化运作，巧推垃圾分类这个大象屁股。

（刊于《信息时报》，2014年1月25日，作者：熊孟清）

垃圾分类四原则

　　垃圾分类处理已经成为一种共识，并取得了一定的成绩。北京、广州、上海近 3 年的混合垃圾焚烧填埋处理量都得到了控制，甚至逐年有所减少。垃圾处理方式也在多样化，尤其是厨余垃圾分类处理设施建设在大幅加速。但是，垃圾分类工作的效果仍不如预期。主要表现在分类排放实效不大、分类收运体系不完善和后续处理设施不能胜任分类处理。而且，排放、收运与后续处理三个环节存在脱节现象，前面在分类排放，后面却还是混合收运、混合处理。

　　其中，最严峻的问题是如何实现分类排放。分类收运体系和分类处理设施建设，只要资金、土地、技术等问题得到了落实，其实施只是时间早晚问题。但分类排放，不仅需要资金、土地、技术和企业保障，而且需要改变广大居民的垃圾排放习惯和生活习惯，不可能一蹴而就。实现分类排放是一个持久过程，应制定实施方案，分阶段推进。

　　笔者认为，制定垃圾分类实施方案，应坚持四项原则：

　　一是物尽其用，分类处理。推动分类排放是为了节约资源、保护环境，提高垃圾处理效率，应做到物尽其用，这就要求分类垃圾得到分类处理；想做到分类处理，必须拥有相应的分类处理设施。没有分类处理设施，分类排放就是在做无用功。鉴此，要建立健全垃圾分类处理体系，保证分类排放与后续处理设施相对接。

　　我国一些地区目前只有再生资源回收利用、焚烧和填埋处理设施，期望通过推动分类排放，提高再生资源的回收利用率、焚烧处理效率和减少混合垃圾的焚烧填埋处理比例。对此，宜采用二级分类：先进行干湿分类，再对干垃圾二次分拣以回收利用再生资源。不能物质利用的干垃圾作焚烧处理，湿垃圾暂时只能作填埋处置。随着垃圾分类不断推进，有必要建设湿垃圾处理设施。

　　二是因地制宜，社区自治。发挥居（村）委的组织作用，将垃圾减量和分类排放纳入社区环境卫生的重要项目，积极推动划片治理和社区自治。根据社区的特点，尤其是居住和生活条件，结合后续垃圾处理方式，因地制宜，选择适宜的分类排放办法，逐步改变居民排放习惯。

　　广州市在因地制宜方面做出了一些有益尝试。如对以临街、中低层居民楼为主的社区实行直收直运模式，对一些大型高档小区实行厨余垃圾专袋投放、干垃圾二次分拣模式，都取得了较好效果。上海市正对不同类型社区、景点制定不同的分类方法，也是因地制宜的体现。

　　三是减排补贴，超排惩罚。制定垃圾排放费标准，条件成熟时实施垃圾排放费按类从量计费。制定单位和居民垃圾排放量标准，低于这一排放量标准的给予补贴；超过这一排放量标准的则予以惩罚。减排越多补贴越多，超排越多惩罚越重，以此激励公众自觉自愿地开展垃圾源头减量与分类。

广州市自实行垃圾排放阶梯式收费制度一年来，各区积极推动干垃圾二次分拣和厨余垃圾分类处理，有效减少了焚烧填埋处理量。阶梯式收费就是减排补贴、超排惩罚的一种形式。

四是捆绑服务，注重绩效。在居民还没有自愿和自觉行动而居（村）委和政府的资源又不足时，推动分类排放需要物业管理公司和其他企业介入。但是，仅仅承接分类排放难以获利，企业不可能介入，而推行捆绑服务就能解决这个问题。深圳市盐田区将推动分类排放服务与餐厨垃圾处理业务捆绑，取得了较好效果。将推动分类排放服务与垃圾收运、干湿垃圾处理业务捆绑，可促进垃圾分类资本化，保障企业合理盈利。

引入企业服务，关键是科学核定服务绩效，这就需要提出绩效核定指标体系。核定分类排放效果的重要指标是焚烧、填埋处理比例。焚烧填埋比例的减少，说明再生资源回收利用率与厨余垃圾分类处理率得到了提高，这正是分类排放的主要目的之一。

（刊于《中国环境报》，2013年10月21日，作者：熊孟清）

应推广垃圾干湿分类

垃圾分类易讲难做。垃圾分类被赋予了太多含义，社会的、政治的、经济的、人性的、资源的、环保的等等，无论从哪个层面分析，垃圾分类都是必要且紧迫的。发达国家或发展中国家，公众或政府，都不遗余力地倡导和推广垃圾分类。

一、干湿分类减少处理成本

目前，国内城市垃圾收运多采用混合收运方式，因混合垃圾含有易腐厨余，必须日产日清。垃圾混合收运和日产日清增大了人工数量要求和劳动强度，增大了转运车数量和密封性能要求。而且，因混合垃圾黏、脏、臭，不便分拣，可再用再生资源直接进入末端设施被处理和处置，尤其是占混合垃圾总量近一半的水分也进入末端处理处置设施，腐蚀机械设备，生成大量渗滤液，增大了垃圾处理成本。

垃圾分类将改变垃圾收运方式，节约人力和财力成本。以二级分类为例，源头干湿粗分，转运途中干垃圾集中细分，其效果是：干垃圾可三天或一周甚至更长周期收运一次，湿垃圾必须日产日清，但日产日清垃圾量减少近一半，既减少了收集人数和劳动强度，又减少了转运车辆数量；干垃圾集中细分，实现了转运途中垃圾减量，进一步降低了转运负荷和末端处理处置负荷；湿垃圾经过脱水，消除了转运途中二次污染和末端处理处置过程中渗滤液产量，大大降低了渗滤液处理建设投资和营运费用。

二、分类分流提高资源回收率

当前，国内垃圾分类的核心目的是促进垃圾分流分类处理。混合收运处理将家庭装饰垃圾、绿化垃圾、厨余垃圾等统统拉进焚烧厂或填埋场处理处置，渣土、水等不燃物质占去焚烧炉排机械负荷，有机质占去填埋库容，得不偿失。如日处理 1000 吨的焚烧厂接纳垃圾多 5％渣土便意味着占去 50 吨焚烧量，如果这 50 吨渣土进入填埋场填埋，又增加 50 吨填埋量，等于额外增加了 100 吨垃圾处理负荷。

垃圾分类就是要把家庭装饰垃圾、厨余垃圾、市场垃圾、集团垃圾、绿化垃圾分开并分流处理，提高焚烧厂和填埋场利用率、处理效率和使用寿命。

坚持源头分类和二次分拣两手同时抓。推广、强化源头分类，力争尽快做到源头干湿分开，为干垃圾集中二次分拣创造有利条件。因地制宜建设干垃圾二次分拣设施，鼓励小区清洁工二次分拣、压缩站环卫工二次分拣、街道集中分拣和区级集中二次分拣，提高二次分拣的效率和环境卫生条件，提高资源回收率。废纸、金属、玻璃、塑胶、餐厨等得以回收利用是关注重点。

三、分类有利生态环境保护

如前所述，垃圾分类消除转运途中二次污染，减少渗滤液产量，而且，垃圾分类减少干垃圾集中分类的臭气度和邻避效应，减少焚烧烟气含水率，降低填埋场地下水污染的可能性，这些不仅有利于生态环境保护，甚至可以讲就是生态环境保护手段。

垃圾分类是垃圾处理的基础环节，全面、正确认识垃圾分类的目的、意义和实操性，明确怎么分、怎么坚持，对建设物质资源回收利用设施、建设焚烧发电等形式能量回收利用设施，逐步减少填埋量，实现物有所用、能有所值、变垃圾处理邻避效应为迎臂效应，以及实现垃圾处理跨域合作，提高垃圾处理的利润，具有决定性。换言之，垃圾分类对提高垃圾处理产业具有决定性。

垃圾分类起步难，持之以恒更难，考验的是政府的决心、策划者的细心和操作者的耐心。

(刊于《广州日报》，2011 年 3 月 7 日，作者：熊孟清，尹自永，余尚风)

垃圾分类呈现逆向物流效应

广州市垃圾分类经宣传教育、试点和全面推广 3 个阶段，自 2014 年 5 月开始试水第三方企业化服务模式，先后在增城等 8 个区建立了示范街、镇，目前已回收废玻璃 2416 吨、废木材 1502 吨、废塑胶 1400 吨和废碎布 8 万吨，有效推动了源头分类和二次分拣，大大减少了焚烧填埋处理的垃圾量，走出了一条以物质回收利用促进垃圾分类的可持续发展道路。

广州市试点推行的垃圾分类第三方企业化服务模式，由从事回收利用具有资源价值和一定经济价值的低值物的企业、社会组织和事业单位，将服务前延至垃圾产生源头，将回收利用等作业与分类服务捆绑在一起，可有效解决人力、财力和物流困难，是一种可复制、可持续发展的模式。

过去，广州市垃圾分类依靠政府及公共事业机构来解决人力问题，行政主管部门甚至将 18 个处室的副处长派驻街道蹲点指导两个月。但事实证明，这种模式不能持久，群众缺乏参与积极性，叫好不叫座。为此，广州市 2014 年动用了企业、社会组织和事业单位等力量，按企业化运作方式提供垃圾分类第三方服务，引导与督促群众自觉分类，保障了人力的可持续性。

广州市采取与其他垃圾处理作业捆绑的方式，解决了分类控制的资本化难题，便于财政补贴制度化。该市出台了生活垃圾终端处理设施阶梯式计费和区域生态补偿制度，调动了各级政府和社区强化物质回收的积极性；出台了低值可回收物回收利用管理办法，保障了第三方和分类排放者的利益，激发了企业、社会组织和居民参与垃圾分类的积极性。这些制度化措施强化了政府、社会组织、企业和居民的良性互动，打开了垃圾治理社会化、市场化和产业化的新局面，有效提高了资源回收利用率。

垃圾分类的目的是分类处理和物尽其用，因此必须设置配套的分类处理设施。目前，许多城市没有分类处理设施却强推垃圾分类，群众感觉是在做表面文章，为了分类而分类，自然就失去了垃圾分类的积极性。广州市将分类服务与后续分类处理捆绑在一起，并根据回收利用的废物量给予补贴，形成了分类垃圾逆向物流，让物流成为一种生产力，保证了分类垃圾得到分类处理。

广州市城市管理委员会相关负责人表示，广州市垃圾分类第三方企业化服务模式，核心就是通过强化垃圾的物质利用来促进垃圾分类。该市在利用现有工业产能强化资源回收利用的同时，加快建设餐厨垃圾资源化处理设施，加强了易腐有机垃圾的分类处理。此外，该市还创新体制和商业模式，重视利益的驱动作用，完善垃圾财政补贴机制，优化资源配置，理顺垃圾全程、综合和多元治理，切实加强垃圾的物质利用，并以此促进垃圾分类，找到了垃圾分类的抓手、推手和先手，让垃圾分类变得简易、可衡量和可持续。

（刊于《广东建设报》2015 年 5 月 6 日，作者：熊孟清）

建立健全有效的激励机制

推行垃圾分类会遭遇客观存在的"囚徒困境"，每个人都希望推行垃圾分类，但每个人却都避开分类排放责任而选择混合排放。普遍推行垃圾分类处理，从垃圾源头混合排放、全量焚烧填埋处理状态，过渡到源头分类排放和分类处理状态，需要建立健全激励机制，促使推行垃圾分类走出"囚徒困境"。

推行垃圾分类处理的激励机制应该具有说服性和强制性，意在促使公众自主自觉地选择垃圾分类排放，促使地方政府自主自觉地选择垃圾分类处理，促成全社会协作一致。

垃圾治理很难依靠自愿协作实现源头分类和后续处理，需要通过强制来促成协作。但必须指出，说服先于强制，只有首先说服公众和地方政府官员，使他们具有垃圾分类处理的意愿，才能商定出强制推行垃圾分类处理的方式。

此外，推行垃圾分类处理的激励机制应该具有综合性。它可以是由经济手段、行政手段、道德手段、信用手段、司法手段等形成的综合机制，也可以是保证金、垃圾处理费、契约（合同）、制度、规章甚至法律形成的综合机制。

这个综合激励机制的基础和核心至少包括 3 个方面：界定垃圾的权属，还原垃圾处理服务的稀缺性，尊重法治。只有明确了这 3 点，才能引导垃圾排放者在照顾社会公益的基础上，自主选择垃圾分类排放方式；引导垃圾处理者在照顾垃圾排放者私利的基础上，选择分类处理方式，从而形成垃圾分类与分类处理协调发展的良好秩序。

具体来说，要界定垃圾的权属，就是要明确垃圾是排放者的私有物品。通过界定垃圾的私有权属，让垃圾排放者拥有垃圾排放与处理的选择权，同时承担自己所排放垃圾的处理责任。这样有利于排放者权衡分类排放与否的得失，有利于树立"排放者（产生者）负责"原则，也有利于垃圾排放与处理的社会监督。通过这种方式，可以促使各种奖惩措施收到应有的效果，能促使垃圾排放者在混合排放将导致重大损失的观念下，自主选择分类排放。推行分类排放并不剥夺排放者选择混合排放的权力，但选择混合排放会给排放者产生一定的经济、行政、道德、信用等损失。实践证明，通过 IC 卡、二维码等形式，可以直观地表明垃圾的私有属性，有效地推行源头分类。

还原垃圾处理服务的稀缺性，就是要表明垃圾排放者需要付出代价，才能享受垃圾处理服务。以往片面强调垃圾产生者排放垃圾的需要或权利，忽视了处理垃圾是有代价的，忽视了垃圾处理服务的需求法则，甚至没有把垃圾处理看成是一项经济活动。垃圾处理服务的供给与需求相分离，致使垃圾无论怎么排放都只支付相同的费用，垃圾排放者感受不到混合排放较分类排放所引起的额外损失。在这种情形下，排放者自然不愿选择更费时费力的分类排放。当前急需明确垃圾处理的经营服务性质，强调谁付费谁享受服务的分配原则，让混合排放比分类排放付出更大代价。

要尊重法治，就是要依法推行垃圾分类，在依靠公众自主选择的同时，通过制度化上升为社会行为。在这个过程中，需要通过法治来维护公众排放垃圾的权力，维护公众自主选择垃圾排放与处理方式的权利，维护垃圾处理者的权益。同时，维护垃圾处理的公共权益，包括公共环境权益、公共资源权益和公共秩序权益。没有法治，推行垃圾分类很难成功。

（刊于《中国环境报》，2017年4月5日，作者：熊孟清）

探索可行的垃圾分类工作模式

广东省广州市越秀区从 2012 年起推行垃圾分类，并于 2013 年推广定时定点分类投放和引入企业提供第三方企业化服务，形成了居民源头干湿分类、集中收运后二次分拣的两级分类方式，发挥了居民、企业、社区资源回收站（点）和街道环卫所的作用。该区推广垃圾分类的经验是操作具体化，确保垃圾分类"居民可接受、财力可承受、面上可推广、长期可持续"。

一是垃圾分类目标具体化。越秀区把垃圾分类目标明确为强化物质回收利用，减少焚烧填埋处理的垃圾量，并用"垃圾回收利用率"考核垃圾分类成效。

二是每年回收利用物质目录具体化，并视废弃物利用情况及时修订该目录，便于辨识回收种类。如 2016 年确定废木材、废玻璃、厨余垃圾为享受财政补贴的低值可回收物。

三是垃圾分类的操作方式与程序具体化。越秀区把居民干湿分类作为底线，推广"定时定点"投放与收运，对居民提供垃圾分类服务，以提高垃圾分类类别的准确率，并利用"互联网＋"分类回收技术，密切居民与回收利用企业联系，鼓励居民分类投放废木材、废玻璃等低值回收利用物。

同时，越秀区要求回收利用企业、社区资源回收站（点）和街道环卫所对干垃圾进行二次分选，尽可能多地回收利用低值可回收物以减少焚烧填埋处理的垃圾量。

垃圾分类需要具体化垃圾分类方式方法、流程和工作指标。垃圾分类是否可操作和可持续，关键在于分类方式、流程是否便捷易行和目标是否可量化。易简才有民从，民从才有垃圾分类持续。

制定垃圾分类方式方法、流程和工作指标时需要考虑源头垃圾排放者的习惯、可得条件与接受配合程度等，还需要考虑本地政策、资金、企业和土地供应等情况，尤其是废物利用和垃圾处理情况。如设计流程时便需要结合本地情况，确定是选择一步到位的源头细分流程还是选择源头粗分加二次分拣的二级分类流程，以减少传统惰性对推行垃圾分类的阻碍作用。

就垃圾分类管理工作而言，如开展垃圾分类本地有何优势劣势，谁来分类，怎么分类，什么时间、什么地点分类投放与收运，分类后的垃圾怎么处理，如何提升垃圾分类服务水平，垃圾分类如何成为一种生活方式或社会经济活动，等，所有这些，也需要细化思考，并逐渐成为一个个考量指标。

如同绘画存在笔法、构图与意境 3 个层次，垃圾分类也存在方式方法、范式和社会文化 3 个层面。垃圾分类方法、流程等属于方式方法范畴，政府、社会组织、企业和居民互动属于范式范畴，社会治理和垃圾分类固化为生活组成则属于社会文化范畴。推行垃圾分类不仅要因地制宜找准方式方法，更要推动政府和社会互动共治，乃至上升到社会治理高度并融入社会生活之中。这就要求我们客观总结垃圾分类的经验教训，科学预测垃圾分类的作用，提出切实可行的垃圾分类方式方法和激励措施，坚信政府强制推广垃圾分类，引导政府、居民和企业良性互动，促进垃圾分类及分类处理可持续推广。

（刊于《中国建设报》，2017 年 3 月 10 日，作者：熊孟清，陈小龙）

垃圾分类要注重实施模式

一直以来，受垃圾分类推广过程中一味注重具体做法与措施、忽视可复制模式与制度建设的长效性，一些地方存在垃圾分类试点短命、分类失败等问题。笔者认为，当前有必要系统分析垃圾分类推广经验，以坚定方向，统一认识，全民行动，推动垃圾分类上新台阶。

首先，推行垃圾分类，保护与节约资源环境是方向，必须坚定这个方向。各级地方政府必须首先树立方向自信，围绕这个方向有效发动群众、组织群众，促成全民行动局面，推动垃圾分类迈上社会自主自治和创新驱动的垃圾治理新台阶。

其次，垃圾分类是一项实操活，需要有具体做法和措施来完成，但更是一项社会治理的系统工程，需要在正确理论指导下建立实施模式和保障模式顺畅运行的规章制度。相应地，政府发动、组织、推动垃圾分类并使之迈上垃圾治理新台阶时，不仅要有灵活实用的具体做法与措施，而且需要将实践证明行之有效的具体做法与措施模式化、制度化和民俗化，形成科学周详的制度设计，并使之深入人心。如果把具体做法与措施比喻为树木，实施模式就可比喻为森林，法治、制度和民心既是森林的精灵，也是护林使者。因此，我们不能只见树木不见森林。

垃圾分类模式是可复制、可持续的垃圾分类运行机制，应简明扼要地概括出谁通过什么抓手来促进居民分类。目前成功的垃圾分类模式无一例外都是通过回收方以回收（回馈）促分类，但促进或督导方法以及公众分类方法却是各具特色。美国营利性再生银行回收模式是通过再生银行这一回收企业来督导分类的，采用的具体做法与措施是购买干垃圾和拓展利益链等。巴西赛普利模式强调的是通过赛普利这个协会促进分类与回收，德国双元模式强调的是通过包装协会的回收与公众的投送促进包装物的分类与回收。国内资源回收模式是通过供销社以回收促分类，也曾是一类成功模式。

实践表明，垃圾分类一直在探索中前行。以广州垃圾分类为例，广州垃圾分类实践近20年，不断吸收国内外垃圾分类成功经验和反思国内资源回收过度市场化的教训，探索政府、社会公众、市场力量的融合之道，走出了一条坚持二级分类、以低值物回收利用促进垃圾分类和第三方企业化运作的可持续发展道路，逐步完善了垃圾分类第三方企业化服务模式。此模式具有 3 个特点：一是坚持二级分类法，二是以低值物回收利用促进源头垃圾分类，三是坚持企业化运作。二级分类法是一种现实选择，是培育公众自觉分类的手段。以回收促分类是模式的核心，回收、二次分选和源头分类服务三合一是模式的基本框架，推动源头分类是模式的目的，企业化运作是模式的动力和推动源头分类的保障。政府对低值物回收给予财政补贴，并协助第三方搭建业务运作平台，确保第三方企业化运作，是模式可持续的关键。

（刊于《中国环境报》，2015 年 6 月 26 日，作者：熊孟清）

垃圾分类应引入第三方服务

广东省深圳市盐田区近日成功推动垃圾分类实施，主要采用 BOT（建设—经营—转让）方式，将餐饮垃圾、厨余垃圾和垃圾分类处理，交由一家企业进行一体化运营，采用源头分散预处理、统一收运、集中处理、逐级减量，生产高附加值的生物柴油、生物质燃料、饲料蛋白的技术路线，将垃圾处理的外部不经济性内部化，提升了企业的生存能力和行业竞争性。

盐田区模式是主体整合推动垃圾分类的一个成功范例，值得各地借鉴。

理论上，垃圾分类是垃圾排放者应尽的责任，垃圾排放者在享受垃圾处理服务的同时应按规定分类排放垃圾。实际上，在社会普遍认为提供垃圾处理服务应是政府责任的氛围下，政府要求排放者分类排放势必困难重重。

垃圾分类模式分为 3 种：一是排放者自觉自治，这需要排放者具有高度社会责任感；二是政府大包大揽，这需要政府具有充足的财政支付能力等资源；三是借助第三方服务。显然，第一、第二种模式在当前条件下都是不现实的。只有第三种模式，既减轻财政压力，又维护排放者利益，是现实可行的。

在推行垃圾分类过程中，必须正视人性弱点产生的责任分散效应（旁观者效应，看客心理）、搭便车效应、邻避效应、不值得做定律和半途效应等心理问题。解决这些问题，仅靠行政命令、宣传教育是不够的，必须引进第三方给予实时实地的引导、指导、规范与监督等人性化服务。

首先，建立健全垃圾分类处理服务合同管理办法，引入第三方，依照合同管理模式提供垃圾分类及其处理服务，且这一模式的可复制性较强。

其次，修订物业管理办法，完善污染者责任制度，出台垃圾处理行业定价法，整合垃圾处理链。通过将具有经济效益的废食油、餐饮垃圾处理与不具有经济效益的厨余垃圾处理及垃圾分类整合，减少餐厨垃圾处理与垃圾分类的外部性。另外，通过整合将垃圾分类资本化，有助于实行垃圾分类服务合同管理模式。

最后，利用物联网技术实现数据自动交换，便于政府监督。

（刊于《中国环境报》，2013 年 6 月 19 日，作者：熊孟清）

第三方服务有助垃圾分类

垃圾分类是实现垃圾减量的重要途径，目前，我国很多城市都在开展试点工作。从国内外垃圾分类处理的成功案例来看，无论是国外巴西赛普利回收、德国双元回收和美国再生银行回收，还是台北三合一回收、深圳盐田区餐厨垃圾资源化利用和广州低值物回收利用，都有一个共同点，那就是垃圾分类第三方企业化服务发挥了重要的作用。

所谓垃圾分类第三方企业化服务模式，是指由从事垃圾处理的组织，如从事回收利用具有资源价值和一定经济价值的低值物的企业、社会组织和事业单位，前延至垃圾产生源头，捆绑地提供垃圾分类服务的一种模式。这一模式能够有效地解决垃圾分类的人力、财力和物流困难，是一种可复制和可持续发展的模式。

从 2014 年 5 月开始，广州市先后在 8 个区（县级市）的街（镇）示范垃圾分类第三方服务，实实在在地减少了焚烧填埋处理的垃圾量。

首先，解决了人力问题。广州市以前主要依靠政府及其公共事业机构人员督促公众分类，行政主管部门甚至把 18 个处室的副处长派驻街道蹲点指导两个月。但事实证明，政府自编自导不能持久，且督导效果差，以致垃圾分类叫好不叫座。为此，广州动用企业、社会组织和事业单位等力量，按企业化运作方式提供垃圾分类第三方服务，引导与督促公众自觉分类，保障了人力的持久性。

其次，解决了财力问题。通过与其他垃圾处理事物捆绑，解决了分类控制的资本化难题，便于财政补贴制度化。广州市通过出台生活垃圾终端处理设施阶梯式计费和区域生态补偿制度，调动了各级政府和社区强化物质回收的积极性。通过出台低值可回收物回收利用管理办法，保障了第三方和分类排放者的利益，调动了企业、社会组织和居民参与垃圾分类的积极性。这些制度化措施，打开了垃圾治理社会化、市场化和产业化新局面，有效提高了资源回收利用率。

最后，解决了物流问题。垃圾分类的目的就是分类处理、物尽其用，必须有相应的分类处理设施。一些地方没有分类处理设施却强推分类，往往给人一种做表面文章、为了分类而分类的印象，导致公众失去分类积极性。垃圾分类第三方服务模式将分类服务与后续分类处理捆绑，并根据回收利用的废物量给予补贴，形成了分类垃圾逆向物流，让物流成为一种生产力，保证了分类垃圾得到分类处理。

垃圾分类第三方企业化服务的核心是通过强化垃圾的物质利用促进垃圾分类。关键是要把物质利用当作一种垃圾处理方式并给予财政补贴，以驱动第三方企业化运作。广州通过完善补贴机制，优化资源配置，理顺垃圾全程、综合和多元治理，切实加强垃圾的物质利用，并借此促进垃圾分类，找到了垃圾分类的抓手、推手和先手，让垃圾分类变得简易、可衡量和可持续。

（刊于《中国环境报》，2015 年 5 月 22 日，作者：熊孟清）

广州垃圾分类引入第三方效果如何?

自2014年5月起,广州市开始尝试垃圾分类第三方企业化服务模式,先后在增城等8个区建立了示范街、镇。

目前已回收废玻璃2416吨、废木材1502吨、废塑胶1400吨和废碎布8万吨,有效推动了源头分类和二次分拣,大大减少了焚烧填埋处理的垃圾量。那么,这一俗称"广州模式"的垃圾回收利用模式是什么,怎么运行?

一、发展低值可回收物回收利用及垃圾分类第三方企业化服务

"广州模式"是以干垃圾(低值可回收物)的回收(包括运输)、二次分选和督导源头分类3个环节作为基本框架。经济手段上,采用以政府购买低值可回收物回收利用,垃圾源头分类第三方服务。

其中,第三方可以是传统的资源回收商、资源利用企业(利废企业)、环卫公司等营利性企业,也可以是非营利性的社会企业。由企业前延至垃圾产生源头,一并提供垃圾分类服务。

企业在这一模式中的主要职责是从源头和环卫工有偿回收干垃圾(低值可回收物),组织二次分选,再将分选出来的高值资源卖给资源利用企业(利废企业);督导源头分类;申报并配合监管部门核实低值可回收物等相关数量和配合相关部门的监管工作。

这一模式的核心是通过强化低值可回收物的回收利用促进垃圾分类,关键是政府对低值可回收物回收给予财政补贴,协助第三方搭建业务运作平台,确保第三方企业化运作,重点是三合一——干垃圾(低值可回收物)的回收(包括运输)、二次分选和督导源头分类3个环节捆绑经营。

广州推广垃圾分类的终极目的是实现源头自觉细分,借助业务链上离源头更近的回收方提供源头分类服务更方便和更具效力。

二、"源头粗分+二次细分",与原有垃圾收运、处理体系兼容

在试点中,为与原有垃圾收运、处理体系兼容,大件垃圾、餐厨垃圾(湿垃圾)、有害垃圾和其他垃圾沿用以前收运与处理体系。

在政府购买大件垃圾、餐厨垃圾回收利用办法出台及相关条件成熟后,大件垃圾、

餐厨垃圾回收利用流程可与低值可回收物回收利用流程整合。

目前，广州仍处于培育公众自觉分类阶段，做不到源头细分，施行"源头粗分＋二次细分"的二级分类法是理智可行的。

源头将干湿分开或将可回收物与餐厨垃圾（或其他垃圾）分开即可（必须将大件垃圾和有害垃圾分类排放），第三方再按资源利用要求集中对干垃圾（可回收物）进行二次分选。

具体运行主要分为以下 4 个步骤。

第一，垃圾产生源头将垃圾粗分，起码将干垃圾、湿垃圾、大件垃圾和有害垃圾分开，并将干垃圾交给第三方，将大件垃圾、湿垃圾和有害垃圾交给原收运与处理主体。

第二，第三方参照市场价格向源头和环卫工收购干垃圾或低值可回收物，并对干垃圾（低值可回收物）进行二次分选等预处理，将干垃圾分成低值可回收物和其他垃圾，将低值可回收物变成高值资源。

第三，第三方将高值资源按市场价格卖给资源利用企业（利废企业），将其他垃圾交给原收运与处理主体。

第四，第三方向政府主管部门申报回收利用的低值可回收物数量，经相关部门核实后，领取低值可回收物处理费（服务费或补贴费）。低值可回收物处理费是干垃圾回收（包括购买、运输）、二次分选和督导源头分类的补贴费用的总和。

三、解决人力、财力和逆向物流断流问题，具有可复制性和可持续性

广州模式运行一年以来，显示出相当的生命力和优势，具有可复制性和可持续性。

首先，解决了源头分类督导的人力问题。广州市以前主要依靠政府及其公共事业机构人员督促公众分类，行政主管部门甚至把 18 个处室的副处长派驻街道蹲点指导两个月。但事实证明，督导效果差。而按企业化运作方式提供垃圾分类第三方服务，引导与督促公众自觉分类，保障了督导人力的持久性。

其次，解决了源头分类服务的财力问题。通过与其他垃圾处理事物捆绑，解决了分类控制的资本难题，便于财政补贴制度化。广州市通过出台生活垃圾终端处理设施阶梯式计费和区域生态补偿制度，调动了各级政府和社区强化物质回收的积极性。通过出台低值可回收物回收利用管理办法，保障了第三方和分类排放者的利益，调动了企业、社会组织和居民参与垃圾分类的积极性。

再次，解决了分类垃圾逆向物流的断链问题。垃圾分类第三方服务模式将分类服务与后续分类处理捆绑，并根据回收利用的废物量给予补贴，形成了分类垃圾逆向物流，让物流成为一种生产力，保证了分类垃圾得到分类处理，完善了垃圾处理方式方法和垃圾处理产业体系。

最后，第三方在提供垃圾分类督导服务的同时，也可承接其他社区服务业务，以此鼓励物业服务公司、居（村）委会、社区志愿者服务组织等提供垃圾分类企业化服务。广州垃圾分类第三方企业化服务模式支持第三方通过垃圾治理业务建立开放、包容、合作共赢的业务运作平台，增强第三方的盈利能力。

（刊于《中国环境报》，2015 年 7 月 28 日，作者：熊孟清）

以第三方企业化服务助推广州垃圾分类

广州推行垃圾分类已进入提升阶段，积累了诸多优势，如培育了一批积极分子，建成了废品回收站网络、厨余垃圾资源化利用和其他垃圾能量回收利用设施，形成了广州垃圾分类第三方企业化服务模式。当然，也暴露出重利务实、流动人口多、人心涣散、城乡居住隔离等等一些阻碍垃圾分类推行的劣势。当务之急是要利用优势化解劣势，尤其要广泛深入推动垃圾分类第三方企业化服务，提升广州垃圾分类。

【案例】 西村街垃圾分类第三方企业化服务

西村街，1.4平方千米，常住人口约6万人，是广州的一个发展水平一般的街道。

2014年以来，坚持推进垃圾分类第三方企业化服务。第三方主要开展低值可回收物（废木材和玻璃）回收、有害垃圾回收和垃圾分类宣传教育（街道办购买服务）业务。

累计到2018年底，共回收废木材和玻璃4923.53吨，其中，废木材4286.91吨，废玻璃636.62吨。

如果广州所有街道都达到西村街的低值可回收物回收水平，预计仅废木材和玻璃2项，全年可回收33万吨。这相当于可少建一座1000吨/日的焚烧厂——这就是通过分类，实施分级处理逐级减量的综合效益。

所谓垃圾分类第三方企业化服务，是由从事低值可回收物回收的第三方，前延至社区，一并提供垃圾分类服务，将那些摇摆不定的中间分子转化为积极分子。第三方是独立于居民与政府的企业、社会组织或事业单位，集干垃圾回收、干垃圾二次分拣和督导居民分类投放于一身（"三合一"），向政府主管部门申领低值可回收物回收利用补贴（包括分类督导服务费）。

垃圾分类第三方企业化服务的核心是通过强化低值可回收物的回收利用促进垃圾分类，其关键是政府要把低值物回收利用当作一种垃圾处理方式并给予财政补贴，第三方要围绕低值可回收物回收利用和督导垃圾分类服务这一主业进行企业化运作，回收利用低值可回收物和提供垃圾分类督导服务。广州出台了《广州市购买低值可回收物回收处理服务管理办法》，保障第三方合理盈利，形成了独具特色的广州垃圾分类第三方企业化服务模式。

第三方应围绕主业搭建业务运作平台，跨界合作，拓展利益链，丰富利润点，坚持企业化运作。可借鉴美国再生银行做法，通过购物卡、银行卡等消费卡工具与银行、电信、商场等合作。商户赢得固定客户，第三方从商户利润中获得一定收益，居民获得分类积分。也可借鉴德国公厕经营公司的做法，与快递、广告、电信等相关行业合作，在投放、回收站（点）增设快件收寄、广告、手机充费等业务。此外，第三方在提供垃圾分类督导服务的同时，也可同时承接其他社区服务业务，等等。广州垃圾分类第三方企业化服务模式支持第三方通过垃圾治理业务建立开放、包容、合作共赢的业务运作平台，增强第三方的盈利能力。

但第三方不能打着垃圾分类第三方服务的幌子，利用业务运作平台谋取私利，甚至用工业垃圾套取低值可回收物回收利用补贴。目前，行政体制割裂导致资源回收与垃圾处理成为两张皮，而第三方鱼龙混杂，有些企业视推行垃圾分类为商机，加上没有形成政府监管、行业自律和第三方评价等组成的主体多元化的监管体系，连准确统计从生活垃圾中回收利用的低值可回收物都成为难点，统计监督的困难便可想而知。加强统计监督是推进垃圾分类第三方企业化服务的重中之重。

应建立主体多元化的垃圾分类监管体系，强化政府监管、行业自律和第三方评价，切实保障第三方服务的绩效。一要建立治理目标清单，保证目标具体、可衡量、可达。二要建立第三方参与程序和进出门槛，营造公平竞争环境。三要建立第三方回收服务负面清单，建立电子交易暨电子联单与监管平台，适时公布低值可回收物目录，禁止各种套取低值可回收物回收利用补贴的行为。四要对重点环节施行第三方综合评价。五要推进综合执法，强化司法介入，防止相关方相互勾结、非法倒卖和偷排垃圾，维持市场秩序、效率、正义与公平，提高垃圾分类第三方服务水平和垃圾治理的资源环境、社会和经济效益。

此外，应完善垃圾分类处理的定价方法，促进"分级利用，逐级减量"的垃圾分类处理体系的建设。取消以垃圾处理者为中心的实证成本导向定价法，出台基于供求均衡的垃圾处理行业定价法，系统确定各种垃圾处理方式的指导价，形成与分级处理相适应的价格级差，鼓励垃圾分类处理，增强分级处理的协调性与经济性，降低垃圾处理的总成本。根据废弃物利用情况发布低值可回收物回收利用目录，确保低值可回收物形成物流生产力，维持低值可回收物回收利用秩序。

相应地，应根据垃圾分类处理费确定垃圾排放费征收标准，实行与垃圾分类相适应的垃圾排放费征收办法，并结合排放者的购买力和财政状况，制定合理的垃圾排放收费、垃圾处理财政补贴等经济政策，发挥垃圾排放费与财政补贴的调节作用，促进源头减量和分类排放。长期以来，垃圾处理供求分离，导致垃圾排放费与垃圾处理服务费彼此似乎毫无关系，典型表象是排放费多采用（居民）定额计费而垃圾处理服务费则采用计量计费，供求严重失衡。

垃圾分类第三方企业化服务是对居民自觉自愿分类和政府资源调配的补充，可有效减轻财政压力，保障垃圾分类服务人力持久供应，提高垃圾分类的覆盖率、参与率和准确率。巴西赛普利回收、德国双元回收、美国再生银行回收、台北四合一回收和广州低值可回收物回收利用等国内外垃圾分类处理的成功案例，无一例外地都采用了垃圾分类第三方企业化服务。值此垃圾分类提升阶段，广州更要坚定地推进垃圾分类第三方企业化服务模式。

（刊于《广州日报》，2019 年，作者：熊孟清）

垃圾分类第三方服务掣肘何在？

垃圾分类第三方服务有利于解决各地普遍存在的责任分散效应（旁观者效应）、搭便车效应、邻避效应等问题。但目前推广垃圾分类第三方治理服务，仍然遭遇重重阻力与制约。

广州市近年来在垃圾分类第三方服务的实践方面进行了有益探索。 2014 年以来，广州市引进国有企业（主要是供销社下属企业）、私营企业和社会组织等，先后在增城等 8 个区（县级市）建立了垃圾分类第三方服务示范街（镇）。鼓励以垃圾分类为纽带拓展利益链，推动供销社以回收促分类，建立街道垃圾分类促进中心，重点保证分类服务能够引进合适的第三方，保障第三方合理盈利和保证第三方服务的绩效等。

但在具体推广垃圾分类第三方服务的实践中，却遇到了一些制约。

一是主体权责不分。居民、业主委员会、物业公司、社区居（村）委会、第三方企业、政府的权责不分，关系不清。生产厂商难追溯和追责。由于垃圾产生者（排放者）归属不同部门、行业管理，即便是占比大且回收利用较困难的废弃物，垃圾管理部门也难于追溯和追责其生产厂商。

二是政出多门。不同类别垃圾由不同的政府部门管理，如再生资源由经贸部门管理，工业垃圾和有害垃圾由环保部门管理，农村垃圾由农业部门管理，生活垃圾由建设部门管理等，体制分割导致垃圾管理不到位。

三是法律、经济手段乏力。地方城市立法权力、税收等经济工具有限，垃圾分类服务难以资本化计算，地方财政重末端处理轻源头减量和排放控制，导致第三方参与的利益驱动力不足。

笔者认为，为克服阻力与制约，必须建立健全相关机制制度。

第一，完善相关法律。修订《中华人民共和国固体废物污染环境防治法》为《固体废物治理法》，明确各方权责，明确垃圾处理社会化相关规定，规范治理程序、计量、统计与处理要求等。

第二，整合管理机构。将供销社资源回收职能整合到垃圾管理部门，将所有固废归口一个部门管理，在建设部门或环保部门下成立固废管理机构。

第三，完善政策制度。出台政府购买垃圾分类第三方服务管理办法，以及财政扶持政策。出台基于供求均衡的垃圾处理行业定价法，系统确定源头减量与排放控制、物质利用、能量利用和填埋处置的指导价，并形成与分级处理相适应的价格级差，确保分级处理的协调性与经济性，降低垃圾处理的总成本。建议围绕垃圾的主要组成和特殊垃圾建立清单制度，如定期发布生产厂商回收利用废弃物目录等。

第四，形成全程综合多元评价监督机制。完善垃圾分类第三方服务的绩效评价方法，最大化垃圾处理的环境、社会和经济效益。

（刊于《中国环境报》，2015 年 2 月 27 日，作者：熊孟清）

垃圾分类第三方服务难在哪?

推行垃圾分类这么多年，不少企业（或组织）积极进军垃圾分类第三方服务领域，却没有涌现出有实力的垃圾分类服务的企业（或组织）。大多企业（或组织）沿用传统的供给侧生产服务模型，"嘴上喊服务，实际搞工程"，乃至丢失客户价值导向以致失败。

不同于传统的供给侧垃圾处理等生产服务，垃圾分类第三方服务是需求侧综合服务，主要向垃圾排放者提供指导、规范、监督等服务，以便形成垃圾分类体系和良性互动的社会行为规范。这注定垃圾分类第三方服务在客户及产品、业务关系及利益关系、政策环境的影响等方面，与传统的供给侧生产服务存在较大差异。进军垃圾分类第三方服务领域的企业（或组织）必须适应这种差异，做好以下几方面。

一要认清客户与产品的特殊性。垃圾分类第三方服务的客户是广大的有不同需求的垃圾排放者，即社区内的每个人。其产品是针对每个人的个性化、人性化的客户服务，其目的是形成良性互动的社会行为规范。由此可见，垃圾分类第三方服务从始至终都必须围绕"人"开展，而不像供给侧垃圾处理服务，是围绕垃圾"物"开展的。

处理垃圾"物"较简单，利用工程技术手段便可解决。但解决"人"的需求仅仅善用工程技术手段是远远不够的。垃圾分类第三方服务面临的是"人"及其所形成的社会组织，要求垃圾分类第三方服务企业（或组织）具有客户分析与需求洞察能力，而且，这种能力不仅仅只为企业（或组织）高层拥有，更要成为每一位员工的实践能力；不仅如此，垃圾分类第三方服务还是一项长期而艰巨的复杂任务，这正是一些成功的垃圾处理服务企业不能提供垃圾分类第三方服务的主要原因。

二要各方精细对接。即使是狭隘的面向垃圾排放者的垃圾分类第三方服务也涉及较多的利益相关方，如居民、业主委员会、物业公司、社区居（村）委会、企事业单位、政府和第三方企业（或组织）等，这些利益相关方的关系弱而复杂，且利益诉求多样，体现到垃圾上便是垃圾的量与质千差万变、垃圾存放与投放习惯多样、垃圾的可溯性较差等，增大了垃圾分类第三方服务的难度。

垃圾分类第三方服务涉及的各方要统一认识，强化调查研究和因地制宜，始终围绕"分类、推行、治理" 3 个关键词展开工作，兼顾分类行为、组织管理和社会互动 3个方面，实现更好的垃圾分类、更高效地推行管理和全社会良性互动。

三要编制利益拓扑网络。鉴于客户及产品的特殊性和低直接经济效益特性，垃圾分类第三方服务只能建立起利益拓扑网络，且这种拓扑网络关系若即若离，容易断链，不像供给侧垃圾处理服务的产业链和价值链那样强而清晰。

通过编制、维护利益拓扑网络，如同美国再生银行回收模式提供商场客户服务那样，垃圾分类第三方服务企业（或组织）可以在基本业务的基础上，努力寻找像商场服务、社区物业管理服务等盈利点，也可以竞争垃圾处理服务，以此拓宽服务范围，增多盈利点，实现垃圾分类第三方服务自负盈亏。

四要掌握政策环境。垃圾分类第三方服务的可持续发展离不开财政补贴，服务企业（或组织）必须熟稔国家和地方政策，掌握政策现状、趋势和政策背后的政府逻辑、利益格局与博弈。不少热心企业（或组织）正因为对政策理解不到位导致服务项目无法落地或心有余而力不足。

（刊于《环卫科技网》，2019 年 11 月 15 日，作者：熊孟清，熊思沅）

垃圾分类第三方服务
各方要精细对接

  随着生活垃圾分类工作在一些地方的全面推行，社区垃圾分类第三方服务项目日益增多。这类项目市场空间巨大，做好这类项目有利于优化社区服务、满足不同群体的多元化需求、促进社区共治共享，也有利于发挥第三方在社区自治中的作用、增强第三方的社会责任感、提高社会自治能力与水平，所以这类项目值得做好做精。

  要做好做精社区垃圾分类第三方服务项目需要购买服务方、第三方与社区三者之间精细对接。做好精细对接是保障项目顺利开展的必要条件，换言之，做好精细对接未必能保障项目顺利开展，但没有精细对接项目一定无法顺利推进。

  让人担忧的是，项目招投标阶段便出现了各不相谋的问题，表现为各方对推行垃圾分类的认识不全面、不深刻、不统一，无法形成配合，甚至连代社区购买服务的购买服务方还与社区各说各话，这在招标文件上已充分体现。

  一些招标文件或以偏概全地介绍社区现状，有的招标文件压根儿就没有介绍社区现状；或所提服务需求为定性描述，诸如"培养居民垃圾分类意识，带动居民垃圾分类，养成居民垃圾分类的习惯，提升居民参与率、知晓率、减量率，提高生活垃圾整体减量化、资源化处理"之类，难以定量考核；或没有设定适宜的第三方服务年限及与之相应的年度支持资金。这类招标文件可谓简单粗糙。

  用这样的招标文件去向社会招标，大概率是没有第三方响应，因为只有在熟悉社区情况且擅长社区垃圾分类服务时，第三方才可能响应，这既是对社区负责也是对自己负责，遗憾的是目前很难找到既熟悉社区情况又擅长社区垃圾分类服务的第三方。当然，也不排除招到拿信誉冒险的第三方，后果是这类冒险分子不仅进入服务角色慢，且不能提供满意的服务。此外，还存在一种侥幸情况，即恰好有熟悉社区情况和垃圾分类的第三方响应。前 2 种情形将招致社会对购买社区垃圾分类第三方服务的非议，第 3 种巧遇不可能次次发生，无论哪种情形都将有损于社区垃圾分类第三方服务的推广。

  做好项目相关方的精细对接需要抓住以下关键：

  一是突出"分类、推行、治理" 3 个关键词，不能只盯住垃圾分类单个方面。推行垃圾分类的目的是要建立健全垃圾分类处理体系，形成以法治为基础，融合自治、法治、德治的垃圾治理体系，提高社会治理能力和水平，关键词是垃圾分类、推行和治理。各方要统一对推行垃圾分类目的的认识，始终围绕"分类、推行、治理" 3 个关键词展开工作，兼顾分类行为、组织管理和社会互动 3 个方面，实现更好的垃圾分类、更高效地推行管理和全社会良性互动。

二是突出调查研究和因地制宜，不能一刀切。各方务必充分调查研究社区的经济社会和生活垃圾处理状况，掌握社区的管理状况（社区居委、物管、社会组织等）、人口统计（常驻、户籍、流动、职业特点、消费水平等）、居住状况（物管小区、居住隔离、无物管居住楼等）、经济状况（集体土地、产业分布、企事业单位、集体经济等），以及垃圾产量、组成、投放、收集、运输状况及居民心态等方面的具体数据，进而在市、区（县）的垃圾分类规范和制度基础上提出社区垃圾分类实施方案，包括形成社区垃圾分类的骨干管理队伍、协商机制、监督体系和冲突解决机制，把握机会，化劣势为优势，化优势为胜势。

三是突出项目的招、投标文件审核，宁缺毋滥。有关方应加强评价项目的符合性、系统性、协调性、可靠性、便利性、延续性、强制性、透明性、资源环境保护性、可操作性、经济性及先进性、前瞻性等，务求目标具体、可衡量、可达和实现期限明确，务求因地制宜，务求综合治理（服务），认真编制与审核招、投标文件，在招、投标文件编制与审核阶段便开始落实精细对接。

（刊于《中国环境报》，2019 年 10 月 10 日，作者：熊孟清，熊思沅）

垃圾分类第三方企业化服务模式

理论上，垃圾分类是垃圾排放者应尽的责任，垃圾排放者在享受垃圾处理服务的同时应按规定分类排放垃圾。实际上，一方是政府大力推广垃圾分类，而关键的一方是公众普遍存在看客心理，垃圾分类叫好不叫座。在排放者没有形成自觉分类习惯，而政府人力、财力及分类垃圾处理能力等资源不足时，如何握紧政府的"有形之手"和公众的"公益之手"呢？国内外垃圾分类处理的成功案例，如巴西赛普利回收、德国双元回收、美国再生银行回收，台北四合一回收、深圳盐田区餐厨垃圾资源化利用和广州低值可回收物回收利用，给出了答案，那就是垃圾分类第三方企业化服务。文中探讨了垃圾分类第三方企业化服务模式的理念、运行方式、特点及问题与对策。

一、模式理念

垃圾分类第三方企业化服务，是由政府、居民之外的第三方企业、社会组织或事业单位承接垃圾分类服务，如由清扫保洁企业、低值可回收物（简称低值物）回收企业或社会组织、事业单位等提供垃圾分类服务。垃圾分类第三方企业化服务模式的物流与资金流如图1所示。

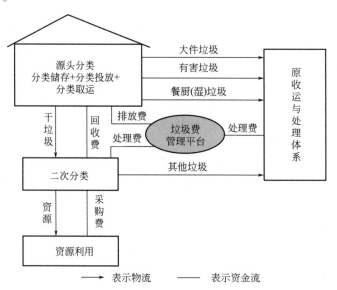

图1 垃圾分类第三方企业化服务模式的物流与资金流

该模式以干垃圾（低值物）的回收（包括运输）、二次分选和督导源头分类三个环节合而为一为基本框架，以政府购买低值物回收利用及垃圾源头分类第三方服务为经济手段，以低值物回收方为垃圾源头分类服务第三方，依托资源回收利用产业产能，在政府与公众共同督导下，拓延利益链，持续发展低值物回收利用及垃圾分类第三方企业化服务。

为与原有垃圾收运、处理体系兼容，大件垃圾、餐厨垃圾（湿垃圾）、有害垃圾和其他垃圾沿用以前收运与处理体系。在政府购买大件垃圾、餐厨垃圾回收利用办法出台及相关条件成熟后，大件垃圾、餐厨垃圾回收利用流程可与低值物回收利用流程整合。

第三方的主要职责是从源头和环卫工有偿回收干垃圾（低值物），组织二次分选，再将分选出来的高值资源卖给资源利用企业（利废企业）；督导源头分类；申报并配合监管部门核实低值物等相关数量和配合相关部门的监管工作。第三方可以是传统的资源回收商、资源利用企业（利废企业）、环卫公司等营利性企业，也可以是非营利性的社会企业。

垃圾分类第三方企业化服务模式的核心是通过强化低值物的回收利用促进垃圾分类，关键是政府对低值物回收给予财政补贴，协助第三方搭建业务运作平台，确保第三方企业化运作，重点是"三合一"——干垃圾（低值物）的回收（包括运输）、二次分选和督导源头分类 3 个环节捆绑经营。

二、运行方式

第一，源头（居民、单位）将垃圾粗分，起码将干垃圾、湿垃圾、大件垃圾和有害垃圾分开，并将干垃圾交给第三方，将大件垃圾、湿垃圾和有害垃圾交给原收运与处理主体。

第二，第三方参照市场价格向源头和环卫工收购干垃圾或低值物，并对干垃圾（低值物）进行二次分选等预处理，将干垃圾分成低值物和其他垃圾，将低值物变成高值资源。

第三，第三方将高值资源按市场价格卖给资源利用企业（利废企业），将其他垃圾交给原收运与处理主体。

第四，第三方向政府主管部门申报回收利用的低值物数量，经相关部门核实后，领取低值物处理费（服务费或补贴费）。低值物处理费是干垃圾回收（包括购买、运输）、二次分选和督导源头分类的补贴费用的总和。

从图 1 可以看出，垃圾分类第三方企业化服务模式实际上采用了垃圾二级分类法：先源头粗分，再对干垃圾进行二次细分。

源头分类标准应随收运、处理管道动态调整，基本标准是做到干垃圾、湿垃圾、大件垃圾和有害垃圾分类排放，而且保证湿垃圾不混入干垃圾，为干垃圾二次分选创造有利条件。大件家具、家电对运输和处理方法有特殊要求，有些经修复或再制造后可重复使用，有些家电含环境有害物，需要特殊工艺与场所进行拆解回收，应与其他生活垃圾分开排放、收运与处理。逐步引导源头对干垃圾进行细分，如将玻璃、竹木、旧衣服等低值物分类排放，逐步减少二次分选工作量，直至取消二次分选，实现源头分类标准与

后续处理方式一致。

源头分类投放的作业方式应因地制宜，切实可行。

争取逐步实现定时定点分类投放和低值物（甚至分类垃圾）定点（不定时）智能回收，逐步实现低值物分类投放、分类驳运和回收同时完成的直收直运，以便于第三方督导服务。

三、模式特点

垃圾分类第三方企业化服务模式具有 3 个特点，一是坚持二级分类法，二是以低值物回收利用促进源头垃圾分类，三是坚持企业化运作。二级分类法是一种现实选择，是培育公众自觉分类的手段。以回收促分类是模式的核心，回收、二次分选和源头分类服务三合一是模式的基本框架，推动源头分类是模式的目的。企业化运作是模式的动力和推动源头分类的保障。

二级分类法是一种现实选择。我国垃圾分类目前仍处于培育公众自觉分类阶段，做不到源头细分，施行"源头粗分＋二次细分"的二级分类法是理智可行的。

源头分类的底线是做到干垃圾、湿垃圾、大件垃圾和有害垃圾分类排放，而且保证湿垃圾不混入干垃圾，为干垃圾二次分选创造有利条件。大件家具、家电对运输和处理方法有特殊要求，有些经修复或再制造后可再使用，有些家电含环境有害物，需要特殊工艺与场所进行拆解回收，应与其他生活垃圾分开排放、收运与处理。

第三方再按资源利用要求集中对干垃圾（可回收物）进行二次分选。政府购买的第三方服务项目是一种集回收、二次分选和源头分类服务三项业务于一身的"三合一"服务项目，其核心就是以回收促源头分类，以二次分选提高低值物的资源价值。第三方必须提供源头分类服务，督导源头按有关规定分类排放。

推广垃圾分类的终极目的是实现源头自觉细分，模式提倡第三方进行二次分选，只是一种过渡性安排，不得已而为之；模式借助业务链上离源头更近的回收方提供源头分类服务更方便和更具效力，目的就是培育源头自觉分类，引导源头逐步细分。

模式解决了分类垃圾逆向物流的断链问题。垃圾分类的目的就是分类处理、物尽其用，必须有相应的分类处理设施。一些地方没有分类处理设施却强推分类，如没有餐厨垃圾处理能力却把分类重点放在餐厨垃圾分类，给人一种做表面文章，为了分类而分类的印象，导致公众失去分类积极性。垃圾分类第三方企业化服务模式将分类服务与后续分类处理捆绑，并根据回收利用的废物量给予补贴，调动和强化分类垃圾逆向物流生产力的作用，保证了分类垃圾得到分类处理。

企业化运作是模式的动力。模式要求第三方创新管理，自负盈亏，坚持企业化运作。低值物回收是微利甚至无利买卖，要坚持企业化运作，除财政适度补贴外，更需要第三方创新商业模式，围绕垃圾治理业务构建业务运作平台，跨界合作，拓展利益链，丰富利润点。

例如，类似美国再生银行做法，可以通过银行卡、手机卡、购物卡等消费卡工具与银行、电信、商场等合作，直接将分类投放干垃圾（或低值物）所得（回馈）变现。商户赢得固定客户，第三方从商户利润中获得一定收益。

也可像德国公厕经营公司那样，与快递、广告、电信等相关行业合作，在回收站（点）增设快件收寄、广告、手机充费等业务，顺便拓宽第三方的业务。

此外，第三方在提供垃圾分类督导服务的同时，也可同时承接其他社区服务业务［比如鼓励物业服务公司、居（村）委会、社区志愿者服务组织等提供垃圾分类企业化服务等等］。垃圾分类第三方企业化服务模式支持且要求第三方通过垃圾治理业务建立开放、包容、合作共赢的业务运作平台，增强自身的盈利能力。

四、问题与对策

（一）主要问题

1. 主体权责不分

居民、业主委员会、物业公司、社区居（村）委会、第三方、政府的权责不分，关系不清。生产厂商难追溯和追责。

2. 管理部门观念偏颇

垃圾管理部门长期把物质利用排斥在垃圾处理方式之外，致使低值物回收利用因不能享受财政补贴而得不到发展。造成这一偏颇认识的重要原因之一是长期存在的体制分割：再生资源由经贸部门管理，生活垃圾由建设（城管）部门管理等。体制分割而使管理工作存在交集导致管理部门推诿扯皮和不作为。

3. 法律、经济手段乏力

地方城市立法权力、税收等经济工具有限，垃圾分类服务难以资本化计算，地方财政重末端处理轻源头减量和排放控制，导致第三方参与的利益驱动力不足。

4. 评价与监督存在困难

既然模式动用了财政扶持手段，政府就必须加强监管。本来，在信息对称和完善、监管者秉公监管并拥有足够使用的监管工具和手段、第三方诚信守法和具有高度的社会责任感时，第三方回收服务监管就不是个问题。但因现阶段这些前提都不具备，加上行政体制上传统的资源回收与垃圾处理相割裂，垃圾处理行业即无骨干企业可以信赖，又缺失行业自律，再加上界定废弃物的资源与经济价值、定量评价第三方服务绩效等方面存在技术困难，致使第三方回收服务监管将是一个棘手的问题。

（二）对策

1. 明确垃圾治理当事方权责，健全第三方服务制度

一要正本清源，明确当事双方主体及其权责。明确垃圾排放者和享受垃圾治理效益的公众是垃圾治理的当事双方；明确排放者承担治理的主体责任，必须为垃圾治理付费，承担环境污染的法律责任；明确受益公众拥有享受良好环境的权责。明确第三方必须按约履行垃圾治理责任，包括提供垃圾分类第三方服务。

二要规范竞争，健全第三方参与制度，保证垃圾治理由最合适的第三方承接。建立第三方信息库并分类管理，保障足够数量和质量的企业参与公开招标或竞争性谈判。建立第三方参与程序和进出门槛清单，让第三方能够清楚参与何种竞争，并自行决定是否参与，以营造公平竞争环境。建立市场负面清单，围绕打破垄断、管制外部性、消除信

息不对称和不完全等方面健全市场，消除投资的盲目性，避免资源配置失当，避免监管失效，防止市场失灵。建立政府审查（审批、核准、备案）清单，改进审查方式，提高审查效率，推进审查便利化，有条件的地区建立联合审查制度，在政府统一的政务审查平台上实行并联审查。

2. 科学设计垃圾处理流程，正确反映垃圾处理的整体性

科学设计垃圾处理流程，形成先源头减量和排放控制，再物质利用、能量利用，最后填埋处置的分级处理与逐级减量的层次结构和整体规律，明确垃圾处理每个环节的进出口参数，做到层次分明、先后有序、条理清楚、要素完备、秩序井然和功能可行。

建立分类排放与分类处理的匹配关系。明确分类主体、对象（标准）、方法与措施，鼓励第三方参与、引导与监督垃圾分类，切实推动源头分类和二次分选，切实加强分类垃圾的回收利用，并且通过分类处理设施建设促进垃圾分类。鉴于传统的资源回收企业的管理与垃圾管理之间存在体制割裂问题，而街道环卫所（站）和垃圾运输车队属于行政性运作，清扫保洁市场化出现诸多问题，建议行政主管部门整合国有资源回收企业、环卫所（站）、运输车队等力量，组建自己的国有环卫企业，企业化经营废品回收利用（包括低值物回收利用）、垃圾收运与处理、道路清扫保洁等业务。

3. 出台第三方服务管理办法，解决分类服务的资本化难题

系统确定各种垃圾处理方式的指导价，形成与分级处理相适应的价格级差，确保分级处理的协调性与经济性，以便确定捆绑服务的补贴价格，降低垃圾处理的总成本。根据废弃物利用情况发布低值物回收利用目录，确保低值物形成物流生产力，维持低值物回收利用秩序。鼓励第三方围绕垃圾治理业务开拓相关市场或与相关企业结成联盟，增加利润点，整合利益链，扩大市场规模，保障第三方合理收益。

广州市通过与低值物回收利用捆绑，采用焚烧填埋处理综合单价作为低值物分类、第三方分类服务、回收、运输与利用等一系列捆绑业务的补贴单价，并根据回收利用的低值物量予以补贴，成功解决垃圾分类第三方服务的资本化难题，为财政补贴制度化和施行第三方服务绩效管理奠定了坚实基础。条件成熟时，可整合生活垃圾终端处理设施阶梯式计费、区域生态补偿制度和低值物回收利用补贴办法，上升到法规位阶，进一步强化政府、社会组织、企业和居民的良性互动，推动垃圾治理社会化、市场化和产业化新局面。

4. 推进全程综合多元评价监督，切实保障第三方服务的绩效

推动全民监督和第三方全程综合评价，强化政府监管，切实保障第三方服务的绩效重点做好以下事宜。

一是建立治理目标清单。做好本底调查，合理确定治理目标，为科学考核考评第三方服务绩效和保障第三方的合理权益奠定基础，尤其要注意低值物回收利用量与焚烧填埋垃圾量之间的此消彼长关系。

二是建立第三方信息库。依据资质、人才储备、财务状况、同类业绩和信用等资源筛选企业入库并分类管理，保障足够数量和质量的第三方参与公开招标或竞争性谈判。建立第三方参与程序和进出门槛清单，以营造公平竞争的环境。

三是建立第三方回收服务负面清单。完善第三方垃圾分类服务实施细则，建立源

头、运输方、回收方、利用方和街（镇）联单制度，建立电子交易暨电子联单与监管平台，禁止在回收量和回收地上造假，禁止区外垃圾偷运至区内，禁止偷排低值物和降低源头分类服务标准。适时调整低值物目录，禁止用高值资源套取低值物回收利用补贴。

四是对重点环节施行第三方综合评价。开展垃圾分类第三方服务、低值物回收和二次分选的决策、规划、设计和运营方案及其实施影响的综合评价，将负面影响消除于萌芽状态。

五是强化招投标和治理过程中程序、绩效、市场负面清单、法律法规标准执行情况、国有资产使用状况等主要内容的监督。建立评价监督信息共享与公开平台，定期发布黑名单，并将黑名单踢出第三方信息库。

六是推进综合执法，强化司法介入，防止相关方相互勾结、非法倒卖和偷排垃圾，维持市场秩序、效率、正义与公平。

参考文献

［1］ 熊孟清.第三方服务有助垃圾分类［N］.中国环境报，2015-05-22（2）.
［2］ 熊孟清.广州垃圾分类推第三方服务［N］.中国建设报，2015-05-01（2）.
［3］ 熊孟清.建立清单制度推进第三方治理［N］.中国环境报，2015-02-04（2）.

（刊于《再生资源与循环经济》，2015年8月27日，作者：江斯，熊舟，熊孟清）

广州垃圾分类探索前行

自 1992 年国务院颁布《城市市容和环境卫生管理条例》以来，广州市积极响应，不断探索和推动生活垃圾分类收集、运输和处理的创新模式。

屈指算来，广州市垃圾分类从 1992 年至今已走过了 23 个春秋，试点推广亦有 15 个年头，历经宣传教育、全民动员（1992—1999 年）、先行试点（2000—2009 年）和全面推广（2010—）三大阶段，各级各地政府部门和广大市民始终在探索中前行，可谓"路漫漫其修远兮"，贵在坚持。

从 2014 年 5 月开始，广州市示范推广垃圾分类第三方企业化服务模式，先后在增城等 8 个区建立示范街、镇。在不到一年的时间里，这些示范点已回收废玻璃 2416 吨、废木材 1502 吨、废塑胶 1400 吨、废碎布 8 万吨，有效地推动了源头分类和二次分拣，大大减少了焚烧、填埋处理的垃圾量。

2015 年 2 月 16 日，广州市出台了《广州市购买低值可回收物回收利用管理暂行办法》，明确鼓励和扶持第三方参与低值可回收物回收利用，走出了一条以物质回收利用促进垃圾分类的可持续发展之路。

一、三"手"合力勇于创新探索前行

广州市垃圾分类实践的最大收获是让全社会认识到垃圾分类是城市治理和社会治理的重要内容，也是城市治理水平和社会治理水平的重要指标。垃圾分类并非举手之劳，需要三"手"合力。一是公众的"急公之手"，需要公众举起"急公之手"，热心公益，齐心参与；二是政府的"有形之手"，需要政府用好"有形之手"，平衡社会经济发展与资源环境保护，引导公众积极参与，乐于分类；三是市场的"无形之手"，需要全社会尊重市场规律，发挥市场的"无形之手"和在资源配置中的决定性作用，以求最大限度地循环利用资源和有效控制环境污染。由此可见，三"手"合力做好垃圾分类需要凝聚公众、政府和市场的力量，可谓题中之义。

那么，如何把握公众、政府和市场之手，这是垃圾分类实践的难点。广州市推动垃圾分类之初，虽然市场经济显示了活力，但是计划经济时代的惯性仍然很大，社会凝聚力又有所弱化，更兼数量超过户籍人口的流动群体存在城市认同等问题。可以说，实施之初，推行垃圾分类既无经验可循，又要化解制度惯性和改革开放带来的一些新问题。再有，鉴于广州市经济、社会、人口、地理、历史，以及垃圾特性等具有的地域特点，广州市只能在借鉴但不能照搬其他城市做法的基础上因地制宜且行且试，构建"居民可接受、财力可承受、面上可推广、长期可持续”的垃圾分类的“广州模式”，这是广州市垃圾分类实践的重头戏。

回顾以往，可以说，广州市垃圾分类的“模式”试点一直走在路上，但是真正称得上“模式”的试点都是围绕引导垃圾产生者自觉分类展开的。

模式试点主要有两类。一是关于分类方法的试点，二是关于第三方企业化服务的试点。从长远来讲，垃圾分类实质上就是从源头进行分类，垃圾产生者按照规定和要求，对垃圾分类储存、分类排放。但是，在垃圾产生者未形成自觉分类习惯，而垃圾分类又必须展现其优势时，就必须探索可行且可持续的分类模式。这段路程一直“走”到了2013年，广州市才在理念上实现了从源头细分，过渡到源头粗分加二次细分的二级分类。而在硬件建设方面，目前仍需要进一步完善二次分拣设施，力争在源头上湿垃圾不混入干垃圾和推动干垃圾二次集中分选，这是今后相当长一段时期内，广州市垃圾分类的重点工作。

随着二级分类方法的逐渐明晰和推广，人力不持久、补贴出师无名和分类垃圾得不到分类处理又成为主要问题。为解决这些问题，广州市开始探讨引入第三方回收利用低值可回收物，并将服务延伸到源头，引导、指导和督促公众积极投身到垃圾分类工作中。而在此前，广州市已试点过企业主导分类与政府主导分类。即：企业主导的“东湖模式”和政府主导的“广卫模式”。但是因为条件尚不成熟，“东湖模式”和“广卫模式”难以为继。其实，这两个模式的重点就是探讨政府、公众和第三方良性互动的机制，以及保障要求等方面的问题，即以物质回收利用促进垃圾分类的垃圾分类第三方企业化服务模式。

从2014年5月开始，广州市先后在8个区的街、镇，试点推广垃圾分类第三方企业化服务模式。2015年2月16日，广州市出台了《广州市购买低值可回收物回收利用管理暂行办法》，明确和鼓励扶持第三方参与低值可回收物的回收利用工作。至此，广州市走出了一条坚持二级分类、以低值可回收物回收利用、促进垃圾分类和第三方企业化运作的可持续发展之路。垃圾分类第三方企业化服务模式显示出强盛的生命力。同时，广州市还在具体操作层面创新了许多做法，诸如专袋投放、定时定点、直收直运（垃圾不落地）等，出现了“南都模式”“南华西模式”“垃圾分类广州范本”“新快样本”等一些新的做法。

二、建章立制完善机构强化引导

为了保障广州市垃圾分类工作可持续发展，职能部门逐步完善了相关规章制度、组织机构和督导机制。

一是建章立制。为推动垃圾分类依法开展，出台了《广州市城市生活垃圾分类管理暂行规定》及《广州市全民生活垃圾分类实施意见》《广州市城市生活垃圾分类评价及奖励办法（试行）》等系列配套文件，建立了目标清晰、分工明确的责任制度和奖罚并举的量化考核机制，将垃圾分类工作纳入城市管理绩效考评，定期公布考核结果。为激励社会各界和广大市民自觉开展生活垃圾源头减量和分类排放，广州市相继出台了“生活垃圾终端处理设施阶梯式计费”“区域生态补偿”和“低值可回收物回收利用”等管理办法，并积极探讨垃圾收费制度改革，逐步完善经济激励政策与制度，强化利益驱动作用。这些规章制度的完善为各级政府、社区、企业、社会组织和居民参与源头减量和分类排放、强化物质回收利用提供了坚实有效的保障。

二是完善机构。为有效、持续推动垃圾分类，全面推进固体废弃物处置利用和发展循环经济，广州市成立了市级和区级固体废弃物处理工作办公室，下设垃圾分类工作领导小组。区城市管理局（城乡建设与环境保护局）参照设置了垃圾分类管理科（小组），负责统筹、协调、指导、监督、考核固体废弃物处理和垃圾分类工作。

此外，为推动政府与公众之间的良性互动，广州市首次在市级层面成立公众咨询机构——广州市城市固体废弃物处理公众咨询监督委员会。监督委员会拥有知情权、表达权、参与权、监督权，直接参与固体废弃物处理和垃圾分类方面的决策，在政府与公众之间发挥桥梁纽带作用。

三是强化引导。为强化垃圾分类引导和监督，广州市出台了相关工作方案，形成了市委、市人大、市政协、市纪委机关和市政府各职能部门、市国有企业间的对口包街、镇挂点督导生活垃圾分类制度，要求每个社区至少配备一名督导员，开展宣传、引导和指导居民做好源头分类。垃圾分类督导机制的建立健全，传达了政府推广垃圾分类的决心与信心，拉近了政府与公众的距离，有力推动了垃圾分类工作。

三、宣传动员形式多样有声有色

全民动员，全民参与，提高公众垃圾分类的意识，离不开多种形式的宣传引导活动。对此，广州市的具体做法是广泛动员各级政府部门、各类社会组织、新闻媒体、驻穗机构等，坚持开展垃圾分类进学校、进单位、进社区、进家庭、进工地一系列有声有色的宣传活动，以及开办"广州垃圾分类"微信公众号、组织开展全市创建"全国垃圾分类示范城市"、宣传发动"万人行"等主题活动。同时组织国内外专家学者、公咨委委员、"环保达人"等，定期举办讲座，组织召开现场示范推广和交流等活动。

在一系列有声有色的宣传活动的推动下，媒体深入学校、社区、工地等采访报道，向公众介绍垃圾分类的长远意义、经验和知识，形成了全社会积极参与垃圾分类的良好氛围，有效提高了公众的知晓率和参与率，收到了良好的宣传效果。

（刊于《城市管理与科技》，2015年10月15日，作者：危伟汉，熊孟清，尹自永）

广州市垃圾分类大事记

自从 1992 年国务院颁布《城市市容和环境卫生管理条例》以来，广州市便积极响应、探索和推动生活垃圾分类收集、运输和处理。今拾史事，回顾艰辛历程，不免感慨。屈指算来，广州市垃圾分类从 1992 年至今已走过 23 个年头，试点推广也有 15 个年头，历经宣传教育（1992—1999 年）、试点（2000—2009 年）和全面推广（2010 年后）3 个阶段，真可叹"路漫漫其修远兮"，贵在坚持。

广州市政府早在 1996 年便开展了垃圾分类居民调查，并于 1999 年正式倡议居民实施垃圾分类。

2000 年，广州市被列为全国 8 个垃圾分类收集试点城市之一，出台了《垃圾分类收集服务细则等》一系列文件，将生活垃圾分为不可回收垃圾、可回收垃圾和有害垃圾三大类。越秀、海珠等区的垃圾分类覆盖率达到 20％至 39％左右，起步最早、速度最快的荔湾区垃圾分类覆盖率甚至达到 100％。

2004 年，"生活垃圾分类收集和分选回收工程"被列为广州申亚 20 项重大环保工程之一。政府计划用 5 年时间，形成垃圾分类法规的基本框架，依法分类收集利用。2005 年，越秀区试点餐厨垃圾单独收集处理。

2006 年，广州市出台《广州市"十一五"持续推进创建国家环境保护模范城市工作实施方案》（穗府办〔2006〕38 号），提出：力争在 2008 年前完成中心城区生活垃圾回收网络建设，2010 年前完成全市网络建设，使生活垃圾分类收集的普及率达到 75％，生活垃圾分类收运处理率达到 40％。

2009 年，广州市城市管理委员会挂牌成立，适遇番禺生活垃圾焚烧发电厂建设引发的选址问题，即周围居民抗争与抵制的"番禺风波"，故决定顺应居民呼吁，起草《关于全面推广生活垃圾分类处理工作的意见》（以下简称《意见》），全面推广生活垃圾分类。 2010 年 1 月起，广州掀起轰轰烈烈的垃圾分类高潮，并在越秀区东湖街、荔湾区芳村花园、番禺海龙湾和华景新城等社区试点全面推广垃圾分类。

2010 年 5 月，经市政府批准，《意见》下发到各区和县级市。《意见》要求，到 2011 年 1 月，各区、县级市将建成 3～5 个餐厨垃圾处理基地，初步形成餐厨垃圾处理循环体系，争取全市中心城区垃圾分类知晓率不低于 90％，参与执行率不低于 60％，分类收集率不低于 85％，再生资源回收率在现有基础上提高 3％～5％，亚运场馆生活垃圾分类收集率达到 100％，实现生活垃圾终端减量 20％，其中越秀区减量不低于 30％。同时，各区将配置统一样式的分类容器。自此，广州市生活垃圾分类步入了政府主导推广阶段。

2011 年 1 月 14 日，广州市政府第 13 届 130 次常务会议讨论通过《广州市城市生活垃圾分类管理暂行规定》（广州市人民政府令第 53 号）。该《暂行规定》从 2011 年 4 月 1 日起施行，是我国第一个专门针对垃圾分类的规范性文件。 2011 年 3 月 3 日，广州市城市管理委员会确定越秀区广卫街等 16 条街道、从化与增城的 6 个社区，以及市、区、街党政机关、全市城区中小学校、农贸市场，岭南集团属下酒店宾馆、保利物业与万科物业服务生活小区为生活垃圾分类先行实施区域，决定每年每月第四周周六为"垃圾分类全民行动日"，并决定从 2011 年 3 月 26 日起，派出 18 名副处长深入先行实施区域蹲点指导，确保先行实施区域的街道、居民生活区生活垃圾分类工作顺利开展。

2012 年 4 月 5 日，广州市政府第 14 届 11 次常务会议讨论通过《关于落实 〈广州市第十四届人民代表大会第一次会议关于罗家海等 20 名代表联名提出的《关于推进城市废弃物处置利用，发展循环经济的议案》的决议〉 实施方案》（以下简称《实施方案》），是推进城市废弃物处置、发展循环经济利用的一个重要举措。该《实施方案》明确了中期垃圾分类、设施建设、行业创新等方面的实施计划和中长期垃圾治理发展战略，对于推进垃圾分类、促进垃圾源头减量和资源利用、完善垃圾治理体系、提高垃圾治理能力具有重要意义。 2012 年 5 月 28 日，市政府常务会议研究成立了"广州市固体废弃物处理工作办公室"，负责《实施方案》的贯彻落实，全面推进固体废弃物处置利用和发展循环经济工作。

2012 年 7 月 10 日，广州市委、市政府、市人大和市政协联合召开 3000 余人参会的"广州市生活垃圾分类处理部署动员大会"。大会总结了垃圾分类试点涌现出来的"东湖模式""广卫模式""南华西模式"和"万科模式"，提出三年内广州垃圾分类走在全国前列和 2012 年底前全市全面推开城市垃圾分类的具体目标，并要求集全市之力，坚定不移地推行垃圾分类，坚决打赢垃圾分类攻坚战、持久战，确保实现到 2015 年全市生活垃圾焚烧处理能力达到每日 1.2 万吨，城市生活垃圾资源化回收率达到 50%，无害化处理率达到 100%，餐厨垃圾分类收运处理率达到 90% 的目标。此后，每年 7 月 10 日都召开四套班子出席的全市垃圾分类处理大会。

2012 年的"7·10"大会前后，广州社会各界举办了一系列有关垃圾分类的活动。2012 年 7 月 8 日，《新快报》在荔湾区冲口街聚龙村杏花社区启动"垃圾不落地，分类我参与"的新快样本，广州日报报业集团在天河区凯旋新世界启动"垃圾分类广州范本"连环炮，广州市城市管理委员会在万科金色家园启动"按袋计量收费"试点，在猎德街凯旋新世界花园启动"专袋投放"试点。 2012 年 8 月 4 日，市政府倡议成立了"广州市城市固体废弃物处理公众咨询监督委员会"，负责对广州生活垃圾分类处理重大项目建设和决策进行咨询、监督、评议。

2014 年 5 月开始，广州市示范推广垃圾分类第三方企业化服务模式，先后在增城等 8 个区建立了示范街、镇。在不到一年的时间内，这些示范点已回收废玻璃 2416 吨、废木材 1502 吨、废塑胶 1400 吨和废碎布 8 万吨，有效推动了源头分类和二次分拣，减少了焚烧填埋处理的垃圾量。 2015 年 2 月 16 日，广州市出台《广州市购买低值可回收物回收利用管理暂行办法》，扶持企业参与低值可回收物的回收利用，走出了一条以物质回收利用促进垃圾分类的可持续发展道路。

（刊于《广州城市管理》，2015 年，作者：熊孟清）

黄石街垃圾分类方案（征求意见稿）

第一章 总 则

第1条 黄石街是广州市全面推行垃圾分类先行街，为贯彻落实《广州市城市生活垃圾分类管理暂行办法》，做好垃圾分类工作，维护城市市容环境卫生整洁，改善居民生活工作环境，实现垃圾处理作业的制度化、规范化、精细化和长效化，促进文明、卫生、宜居、和谐社区建设，依据有关法律法规，结合街道实际情况，制定本办法。

第2条 本办法适应范围涵盖黄石街道所属12个小区居委会和4个村社居委会所辖范围，及街道辖区内主次干道和公共广场。

第3条 坚持二级分类：源头干湿分类，干垃圾集中分类。

第4条 坚持垃圾分流处理。将道路与公共广场保洁垃圾、零星建筑垃圾（物业装修垃圾）、市场垃圾、绿化垃圾、机团垃圾、学校垃圾、餐饮垃圾及家庭干垃圾与湿垃圾分流处理。

第5条 坚持以点带面、分批次落地实施原则。每次从小区、机团、学校、市场等选择成熟点重点推进，逐步实现街道辖区全面贯彻落实垃圾分类暂行办法。

第6条 整合街道办现有环卫力量，充分调动环卫所、物业管理公司、压缩站、公众、社区居委会及街道办的人力、物力和财力。街道办是垃圾分类的管理主体和责任主体，负责计划、协调统筹和督察考评。环卫所负责业务指导和监督检查。社区居委会和物业管理公司是垃圾分类作业的组织实施者，负责所辖区域企事业单位庭院、小区庭院、街道与公共场所的垃圾分类作业。家庭及居民是垃圾分类收集的中坚力量和垃圾分类作业的社会监督力量。

街道办与环卫所依据"分类排放、分类收集、分类转运、分类处理"的工作要求，根据绩效考核相关规定进行监督检查、考评和奖惩。

第7条 本办法强调分级、分区管理，强调社区居委会的主体作用；强调源头垃圾排放控制，强调干湿垃圾分别收集和干垃圾的资源回收；要求垃圾排放者分时段分别排放干、湿垃圾，要求压缩站（中转站）、转运车队分时段分别处理干、湿垃圾。

第二章 街道办重点推进示范点

第8条 由街道办和环卫所牵头，建立垃圾分类示范点，重点推进。示范点名单是：白云高尔夫小区、市场、学校、压缩站、黄石街道办。

第三章 排放控制与回收方法

第9条 小区业主将有害垃圾、大件垃圾、厨余垃圾和其他干垃圾分开收集、储存和排放。物业公司组织力量分别收运厨余垃圾和其他干垃圾，并对其他干垃圾进行分拣与回收。厨余垃圾送压缩站压缩脱水处理，不能回收的干垃圾送压缩站压缩后转运。小区业主电话预约有关部门收运有害垃圾和大件垃圾。

第 10 条　市场应将易腐乱的菜叶、菜头、变质食品等与塑胶、纸屑、布条、废包装、渣土等干垃圾分开收集、储存、排放与转运。压缩站组织力量对干垃圾进行分拣并回收资源。不能回收的干垃圾送压缩站分拣、压缩后转运。

第 11 条　机团与学校将食堂餐饮垃圾与其他干垃圾分开收集、储存、排放与转运，组织力量对其他干垃圾进行分拣与回收，购置餐饮垃圾处理机就地处理餐饮垃圾。不能回收的干垃圾送压缩站分拣、压缩后转运。

第 12 条　鼓励企事业单位、家庭与居民回收其他干垃圾中的值钱的废纸和包装物（玻璃瓶、金属罐及其他包装），并预约回收公司收购。居委会和物业公司有义务协调、协助收购企事业单位、小区、家庭与居民回收的废纸和包装物。

第 13 条　居委会和物业公司向所服务社区公示厨余垃圾和其他干垃圾的具体收集时间，每日早 8 点前完成厨余垃圾收集，每日晚 7 点前完成其他干垃圾收集。（可考虑隔日收集其他干垃圾）

第 14 条　禁止干湿垃圾混合排放，各收运单位有权喝止，3 次不改者收运单位有权拒绝收运。

第 15 条　工业固废、危险废物、医疗废物和建筑垃圾应当按照国家有关规定单独收集，严禁混入城市生活垃圾。

第四章　生活垃圾收集、清运与转运

第 16 条　生活垃圾收集、清运至垃圾压缩站（中转站）的全过程应当实行密闭化，严禁垃圾外泄、遗漏、抛洒，严禁垃圾渗滤液滴漏。

第 17 条　主次干道和公共广场清扫保洁产生的垃圾，由街道环卫所所属清扫保洁当班员负责就近清运到垃圾压缩站（中转站）。压缩站组织力量分拣、压缩后转运至填埋场处置。

市场易腐乱垃圾送压缩站压缩后转运至市场垃圾处理厂处理，或送填埋场填埋处理。

零星建筑垃圾（物业装修垃圾）送社区居委会指定临存点储存，后转运至建筑垃圾受纳场处置。

家庭厨余垃圾（湿垃圾）送压缩站压缩处理后送填埋场处置。家庭其他干垃圾经分拣、压缩处理后送焚烧厂处理。

机团、学校餐饮垃圾就地处理。机团、学校干垃圾经分拣、压缩处理后送焚烧厂处理。

绿化垃圾送园林基质厂处理。

第 18 条　实行"门前三包"责任制的临街单位、商业门店清扫保洁产生的垃圾，应当定时清运到指定的垃圾收集容器或者收集场所。

第 19 条　垃圾压缩站（中转站）应在每日早 6 点到晚 22 点不间断开放使用，根据进站干湿垃圾量合理调整干湿垃圾压缩处理时间，确保湿垃圾随到随处理，干垃圾尽可

能分拣回收。

第 20 条　压缩站因地制宜，组织力量对进站干垃圾进行分拣回收。有条件的压缩站可建设干垃圾分拣线。

第 21 条　确保始终备有周转空箱，垃圾压缩站（中转站）应及时保洁、复位，清洗作业场地，保持垃圾压缩站（中转站）内和周边环境的干净整洁。管理人员应当按规程操作设备，确保安全作业。蚊蝇滋生季节，应定时喷洒药物。

第 22 条　生活垃圾转运车辆应按制定流向转运，且转运途中严禁垃圾外泄、遗漏、抛洒，严禁垃圾渗滤液滴漏，保持车容整洁，安全文明行驶。

第 23 条　工业固体废物、危险废物、医疗废物和建筑垃圾应当按照国家有关规定单独运输，严禁与生活垃圾混合中转运输。

第 24 条　任何单位和个人不得将垃圾转运到非指定场所擅自处理处置。

第五章　监督管理

第 25 条　街道垃圾处理作业工作纳入年度目标考核当中，实行日督查、月汇总排序、季考核讲评、年终进行通报与奖惩的监督检查、考评奖惩机制，由街道办、环卫所、居委会按管理权限分级实施。

第 26 条　主次干道清扫保洁和垃圾收集清运及中转运输工作，由环卫所依据督查标准进行每日督查，每月进行汇总排序和考核，年终对先进个人进行通报表彰和奖励。

第 27 条　背街小巷、单位庭院、无主管庭院、破产单位庭院、居民物业小区、城中村的清扫保洁和垃圾收集清运工作，由辖区居委会负责日常的监督管理工作，街道办和环卫所每月进行一次专项检查。

第 28 条　街道办每月根据居委会、环卫所专项检查的分值与街道办和环卫所联合组织的专项检查的分值加权平均后，对各辖区进行汇总排序，每季度对清扫保洁和垃圾收集清运及转运工作进行一次全面检查和讲评，年终进行年度总评、排序并对先进工作单位及个人进行表彰和奖励。

第 29 条　街道环卫所应当会同有关部门制定生活垃圾清扫、收集、回收和运输应急预案，建立应急处理系统，确保紧急或者特殊情况下生活垃圾的正常清扫、收集、回收和运输。

第六章　罚则

第 30 条　任何单位和个人违反本办法规定，有下列行为之一的，由主管部门责令其纠正违法行为，限期改正，并依《城市生活垃圾管理办法》（2007 年）和《广州市城市生活垃圾分类管理暂行办法》（2011 年）、《广州市市容和环境卫生管理规定（修正）》（1996 年）予以处罚：

（一）随地吐痰、便溺和乱泼污水，乱扔果皮（核）、纸屑、烟蒂、包装物、饮料罐（瓶、盒）、口香糖渣、废电池、动物尸体等废弃物的，处以 20 元以上 50 元以下的罚款；

（二）不按主管部门规定的时间、地点、方式随意倾倒、抛撒、堆放垃圾的，按每次（头）对单位和小区处以 5000 元以上 5 万元以下的罚款，对个人处以 100 元以上 200 元以下的罚款；

（三）不履行卫生责任区清扫保洁的，处以 200 元以上 500 元以下的罚款；

（加入分类管理暂行办法处罚条款）

（四）违章排放余泥、渣土或运输液体、散装货物或废弃物，楼撒污染道路和公共场所的，按广州市人民政府颁布的余泥渣土排放管理的有关规定处罚；

（五）临街工地不设置护栏或者不作遮挡，停工场地不及时整理并作必要覆盖或者竣工后不及时清理和平整场地，影响市容环境卫生的，按工地面积处以每平方米 10 元以上 50 元以下的罚款；

（六）在城市道路或人行道上从事各类作业后，不清除杂物、渣土、污水淤泥的，处以 200 元以上 500 元以下的罚款；

（七）在露天场所和垃圾收集容器内焚烧树枝（叶）、垃圾或其他物品的，处以 500 元以上 2000 元以下的罚款；造成垃圾收集容器毁坏的，处以容器价格 2 至 3 倍处罚；

（八）宠物或牲畜（犬、猫、马、牛、猪等）的携带者对宠物或牲畜的粪便不及时清除的，处以 20 元以上 50 元以下的罚款；

（九）摊点的个体经营者随地丢弃垃圾的，处以 100 元以上 200 元以下的罚款；

（十）将有害固体废弃物混入生活垃圾的，处以 500 元以上 2000 元以下的罚款；

（十一）不按规定的地点、方式冲洗车辆，造成污水漫流、遗弃垃圾的，处以 100 元以上 200 元以下的罚款；

（十二）从事生活垃圾经营性清扫、收集、回收、运输的企业，在进行垃圾收集运输后没有及时保洁、复位，清理作业场地的或者在运输过程中沿途丢弃、遗撒、外泄生活垃圾的，处以 5000 元以上 5 万元以下的罚款；

（十三）未经批准擅自从事生活垃圾经营性清扫、收集、回收和运输活动的，处以 3 万元的罚款；

（十四）企事业单位、小区物业管委和个人未按规定缴纳垃圾费的，由街道环卫所、社区居委会责令限期改正，逾期不改正的，对单位可处以应交垃圾费三倍以下且不超过 3 万元的罚款，对个人可处以应交垃圾费三倍以下且不超过 1000 元的罚款；

（十五）未经批准擅自关闭、闲置或者拆除垃圾处理设施、场所的，由街道办、环卫所或社区居委会责令停止违法行为，限期改正，处以 1 万元以上 10 万元以下的罚款；

（十六）从事垃圾经营性清扫、收集、运输的企业，未经批准擅自停业、歇业的，由街道办责令限期改正，并可处以 1 万元以上 3 万元以下罚款。造成损失的，依法承担赔偿责任。

第 31 条　国家工作人员在生活垃圾监督管理工作中，玩忽职守、滥用职权、徇私舞弊的，依法给予行政处分；构成犯罪的，依法追究刑事责任。

<h2 style="text-align:center">第七章　附则</h2>

第 32 条　本办法自发布之日起施行。

（刊于《360doc 个人图书馆》，2011 年 4 月 2 日，作者：熊孟清）

香港、澳门垃圾分类处理经验与启示

一、香港、澳门垃圾分类处理情况

（一）总体情况

2011 年，香港居民 700 余万，日产垃圾 26000 吨，回收率 44%，填埋处置垃圾量 13000 余吨/日，广州市进入焚烧、填埋处理处置设施的垃圾量 14000 吨/日，两地末端垃圾处理处置量接近，加上两地生活习惯相近，虽然存在制度安排、财政收入、人口构成及人文精神等方面的差异，但香港在垃圾分类处理的很多方面都值得广州市研究和借鉴。澳门人口不足 60 万，日产垃圾仅 800 吨，与广州市没有可比性，垃圾处理实操方面相对简单容易，广州不能照搬澳门垃圾处理作业方法，但在垃圾处理支撑体系建设方面，如超前规划、发挥社会团体作用等也是值得广州市学习借鉴的。

（二）规划与设施建设

香港、澳门两地根据各自实际情况制定了全面的中长期垃圾分类处理发展规划。两地规划都强调因地制宜，强调中长期时效的垃圾分类处理控制目标，强调采用逐步逼近法规划实现垃圾分类处理控制目标的措施，尤其是处理设施建设。在规划引领下，香港推动了家居废物源头分类计划（2005 年）和工商业废物源头分类计划，建成了占地 300 亩（1 亩 = 666.67 平方米）再生资源回收利用环保园和 3 座总库容 13500 万立方米的新界堆填区（填埋场）。目前香港环境局正在按法定程序推进人工岛焚烧处理设施建设，澳门建成投产了设计处理能力 1728 吨/日（二条生产线，一用一备）的垃圾焚烧发电厂，垃圾处理设施的超前规划及按部就班建设确保两地垃圾处理可持续发展。香港垃圾处理形成了以规划为先导，以计划为引领，以源头分类为抓手的回收利用和填埋处置并重的垃圾分类处理体系，澳门形成了以规划为先导，以计划为引领，以焚烧处理为中心的垃圾处理体系。此外，香港、澳门两地注重不断提高垃圾处理设施建设与营运水平，注重作业规范和管理，这些也是值得广州学习借鉴的。

香港环保园承担环保教育、垃圾回收利用模式探索和电子垃圾、餐厨垃圾等回收处理的任务，向企业提供租金优惠的土地和公用基础设施，目前已有 17 家废旧商品分选、再制造、拆解企业及废食油处理企业进驻。值得一提的是，环保园扶持了 2 家慈善团体组织的社会企业，从事电子垃圾的回收、再造，赠送给困难家庭和义卖等业务，这两家社会企业由香港环保基金投资建设。香港环保基金由政府注资 10 亿港元，投资战

略研究、资源化处理工艺技术研究、社区回收中心建设和环保设施建设。

（三）家居源头分类计划

香港从2005年1月起推行"家居废物源头分类计划"，配合"计划"的推行，香港环保署编写了《住宅楼宇废物分类源头指引手册》，2005年12月，香港特区政府又发布了《都市固体废物管理政策大纲（2005—2014）》，要求建立垃圾收集与分隔系统，并解决回收物料的销路，以杜绝"分类收集、混合处置"现象。香港特区政府在此前的三色分类回收桶系统和干湿废物分类试验的基础上发展出更加细致、更倡导因地制宜的垃圾分类与回收方法。家居废物源头分类计划推行至今，已有超过1700个屋苑、住宅楼宇及700多个乡郊村落参加，涵盖全港8成以上人口，家居资源回收率从2005年的16％提高到2011年的40％。

该计划推行了多种便民的回收设施，包括收集桶、挂墙架、多袋式收集袋（塑料袋、尼龙袋、帆布袋等）、盒子（金属盒、塑料盒、纸盒等）及其他废物分类回收桶（例如小型或可层叠式）。金属和塑料的回收主要采用三色分类回收桶和彩色胶带地面分区收集，废纸的回收可采用三色分类回收桶或者挂墙架。小区和楼宇可根据实际情况选择回收设施或多种回收设施的组合，安放在合适的位置。空间充裕的楼宇可采取"随时放置，随时收集"的方式，在各楼层的垃圾房或其他指定收集处设置分类回收设施，居民可随时分类放置，清洁公司可随时收集。当空间狭促的楼宇或楼层只能设置一个垃圾收集桶时，采用"分时放置，分时收集"的方法，即每周按指定日子，分别收集不同种类的回收物品，例如周一收集废纸，周三收集塑料，周五收集金属，或者在每天的不同时段放置不同种类的回收物品于桶内，例如早上7点到11点收集废纸，下午1点到5点收集塑料，傍晚5点到晚上9点收集金属，做到"一桶多用，分类收运。"

香港特区垃圾分类回收的最大特点是特区政府将物业管理公司作为主要合作伙伴，让物业管理公司在政府与居民之间起到桥梁作用。物业管理公司的职责是：①确保住户愿意且能够先在住宅内将回收物品妥善分类，然后再放到收集点；②规划购买和放置垃圾分类设施，根据实际环境及楼宇特点，在每层楼"度身订造"最适合的废物分类和回收模式；③尽可能记录回收物品及垃圾收集数量，以便了解实行计划后的成效；④定期收集废纸、塑料及金属。其他回收物品，例如旧衣服、电脑、电器电子用品、充电池等，可每隔一段时间收集一次。此外，回收的物料可直接卖给回收商，所得额外收益由管理公司或清洁承办商回馈给居民。

（四）工商业废物源头分类计划

2007年香港推出"工商业废物源头分类计划"，鼓励物业管理公司发挥带头作用，在工商业楼宇内建立及推行合适的废物回收机制，让业户/租户可于工作场所内轻松地参与废物分类回收。为鼓励工商业楼宇提高资源回收量，香港环保署制订了2011/2012年工商业废物源头分类奖励计划以表扬表现突出的成员。"工商业废物源头分类计划"推行至今，已超过700幢工商业楼宇参加计划，2011年香港工商业资源回收率已达66％。

二、经验与启示

"科学规划、目标控制、计划具体、行动可控、社会参与、基金助力"是香港、澳门两地的垃圾分类处理经验。这些经验给予我们以下启示：

（1）规划一定要有时效性、实效性、前瞻性，一定要有可控目标，一定要有逐步逼近目标的方法、程序和具体措施。

（2）行动应注重实效性，注重先易后难、循序渐进和难点突破，注重每个事件的可控性，同时行动方案应具备多层次、多管齐下和多部门协同，确保目标得以实现。

（3）应为社会参与提供便利。香港、澳门的废物回收三色桶直接标示塑胶、金属、玻璃，一目了然，提高了垃圾投放的准确率。新建楼宇每层都建有垃圾房，社区也建有垃圾房，垃圾房内除摆放三色回收桶外，还摆放有其他垃圾贮存桶，垃圾房内甚至还安装有紫外线消毒设施，方便了公众排放垃圾和物业收集垃圾。定时定点开展废物回收，培养公众良好的垃圾排放习惯，通过积分卡、以物换物等方式提高公众分类回收的积极性。香港在垃圾分类方面可谓一楼一策，坚持因地制宜，极大地方便了公众排放，减少了物业管理者的负担。

（4）应推行垃圾分类物业管理者责任制。香港家具废物分类和工商业废物分类都由物业管理者组织，充分发挥物业管理者的作用。香港垃圾桶配置体现了属地管理者负责原则。香港垃圾桶都有署名，从署名可看出香港垃圾桶由物业管理者配置。公共场所的垃圾桶由政府相关部门配置，如马路、公共广场等公共场所的垃圾桶由食物环境卫生署配置，免费开放的休闲场所（如浅水湾沙滩）由康乐及文化食物署配置。像海洋公园这类收费性景点内垃圾桶由景区管理公司配置。居民小区内垃圾桶由物业管理公司配置。

（5）应加强行政指引。香港、澳门两地不仅讲究行政强制，也注重行政指引，指引全面明晰，各种各样指引性告示既醒目又便民，垃圾桶上的指引告示告诉公众哪些垃圾须放在桶内，哪些垃圾应特殊处理。从香港垃圾桶的外形还可知道哪些地方可以吸烟或禁止吸烟，如果垃圾桶上部设有烟灰缸，表示该垃圾桶所在地可以吸烟，否则表示所在地禁止吸烟。

（6）应充分发挥专项基金在废物分类、回收及微利和无利垃圾处理设施建设等方面的作用，香港政府通过环保基金扶持慈善组织建设电子垃圾回收再造企业就是很成功的例子，真正营造了社会组织发展平台和空间。

（7）应开展活泼多样的环保教育。香港投资近千万港元在环保园建设了访客中心。该访客中心以立体堆填区模型、多媒体虚拟三维技术、游戏及电影等生动有趣的形式，提高参与者的环保概念和认识垃圾的处理，并再思减量、再用、循环和再造（4R）的基本概念。访客可从展览中认识塑胶、金属、玻璃、废食油等废物的处理方法与程序，学习如何减少废物产生。

（刊于《360doc 个人图书馆》，2012 年 6 月 12 日，作者：熊孟清）

推行垃圾分类
各有奇招

世界各国不仅文化有差异，而且在垃圾分类方式方法上，也各有奇招。现举几例以示说明。

巴西推行二级分类。巴西不走欧美日之路，在国内推行垃圾二级分类。该国政府收编拾荒者，将垃圾分类和回收利用合成一门产业，不仅增加了就业，而且节约和保护了资源环境，走出了一条低投入而又实效的资源回收利用道路。

日本发挥家庭主妇作用。如果要颁"最佳垃圾分类人群奖"，日本主妇当之无愧。把垃圾处理与资源环境保护相结合，广泛宣传，从娃娃抓起，不惜繁琐，逐一而分，逐步从混合垃圾焚烧处理过渡到分类垃圾焚烧，控制了二噁英的生成和排放，克服了公众对二噁英的恐惧，同时，发明了碳化、熔融等多种与垃圾热转换相关的新技术、新工艺。

韩国首尔推行按袋计量收费，不仅减少了垃圾排放量，且提高了资源回收利用率。排放与利用第一次统一起来，排放者也是利用者，少排放意味着多回收利用。

德国是个哲学家辈出的国家，思路严密，严于律己。看似复杂的法律法规，却从包装废弃物抓起，重点突破，大力提倡专业化分类与回收利用，造就有条不紊，打造出分工协作的垃圾收运体系和资源回收利用体系。

美国，一个没有全国性的联邦垃圾治理法典的国度，各州自行其是，恰恰如此，面对一半城市垃圾填埋场将填满的严峻现实，各自出招，旧金山市垃圾回收利用率已达68％，西雅图市近60％，纽约市制定了再一再二不再三的规矩，收运工人在运走垃圾前先查看住户扔出的普通垃圾中是否有可回收的纸张、塑料、玻璃瓶等物，若发现，第一第二次给予警告，第三次则对房主处以数百美元以上的罚款。

（刊于《羊城晚报》，2010年4月5日，作者：熊孟清）

垃圾处理

生活垃圾处理服务供给为何难？

"十二五"期间，生活垃圾分类处理成为共识，广州等地摸索出复制性较强的生活垃圾分类模式，如垃圾分类第三方服务模式，生活垃圾处理设施建设全面推进，尤其是焚烧处理设施建设取得了突破性进展，在运行焚烧厂达到166座，焚烧处理垃圾量比例上升到27%。

但生活垃圾处理量仍在高速增长，而生活垃圾处理服务供给方面又存在诸多短板，致使生活垃圾处理能力严重不足，多地预警垃圾围城，生活垃圾处理服务供给形势严峻，急需引起重视和思考。

生活垃圾处理服务供给有哪些短板呢？处理路线单一，处理设施建设周期长，难落地，生产者责任流失等。

短板之一：处理路线单一。

生活垃圾处理的推荐路线是"焚烧处理＋填埋处置"，主要处理方式为焚烧（目前主要处理方式仍为填埋处置）。这种处理路线有一个严重短板，即垃圾处理严重依赖焚烧处理，需要不断扩大焚烧处理能力，而且，焚烧处理设施的建设速度赶不上垃圾处理量的增大速度。

焚烧处理设施的建设周期较长，从立项到建成投产一般需要4年之久，而且，焚烧处理的实际处理能力具有刚性，正是基于这两个特性导致焚烧处理设施不能一劳永逸地解决垃圾处理问题。

如在日均生活垃圾处理量超过15000吨/日和年增长率高达5%以上的广州市，一座2000吨/日处理能力的焚烧处理设施刚建成，垃圾增量便超过了2000吨/日。一旦垃圾处理能力出现新缺口，意味着新设施刚建成，又得马上筹建新设施，如此往复，乃至形成恶性循环，这也是焚烧填埋为垃圾处理主要方式的建设之困。

短板之二：处理设施建设周期长、难落地。

因土地供应紧缺、居民生态环境和健康保护意识较强、垃圾及垃圾处理的邻避性和长期以来垃圾处理服务供给需求分离等因素，导致生活垃圾处理设施建设呈现两个短板：一是生活垃圾处理设施落地异常艰难，个别城市焚烧填埋设施落地需要5年以上之久，致使这类设施的建设期长达10年甚至更长；二是生活垃圾终端处理设施分布极不合理，处理设施多位于行政区划边界或经济发展较落后的乡镇，导致垃圾运输距离长和运输成本高，激化处理设施所在地的不满情绪。

短板之三：生产者责任流失。

除已排放垃圾的处理服务供给外，生活垃圾处理服务供给还包括生产者源头减量和回收利用服务的供给。目前，国内普遍存在生活垃圾处理服务供给生产者责任流失现象，包括制造、运输、商家和快递等生产环节在内的商品生产者把寄生在商品内的产品废弃物转嫁给消费者，甚至有不良商贩故意增多产品废弃物以获取更大利润，无视垃圾减量和回收利用责任；消费者在通过拥有物质产品而获得使用功能的同时，也背负了垃圾减量与分类回收的责任，这也是垃圾处理服务供给与需求相分离的一种表现形式。

"十三五"期间，我国国民经济仍将以中高速增长，一些地区国民经济甚至以高速加速增长，加上电子商务与快递业的飞速发展导致产业结构和生产、消费方式改变，在生产者责任流失情况下，生活垃圾产量和处理量都将以与国民经济增速相近甚至更高的速率增大。

短板之四：垃圾及垃圾处理的社会性弱化。

长期以来，政府不仅承担了政府应尽的建章立制、规范监督和应急保障等职能，还承担了垃圾处理和管理垃圾处理职能，如在已排放垃圾的处理服务供给方面。目前主要方式是政府主导，政府决定垃圾怎么处理、服务怎么分配，供给与需求被政府分离，弱化了垃圾及垃圾处理的社会性。在垃圾处理服务供给与需求分离的情况下，资源配置效率差、行业竞争力低下，商品生产者、垃圾排放者、已排放垃圾处理服务者等相关主体责任流失，最终体现就是垃圾处理体系不健全和垃圾处理能力不足。

解决之道在哪里？

政府转变职能，引导市场，提高资源配置，均衡供给需求。

在很多地方，面临的现实问题是，虽经百般努力，生活垃圾处理能力却仍无实质性提高。例如，某市 10 年间只建成 1 座 2000 吨/日处理能力的焚烧发电厂，最后却不得不投资逾 7 亿元在原垃圾填埋场挖潜以缓解围城困境。显而易见，这是生活垃圾处理服务供给出现问题。为此，笔者对补齐生活垃圾处理服务供给短板提出以下建议。

建议一：建立基于供求过程优化组合的垃圾综合处理体系，保障供求均衡。

建议将生活垃圾处理路线调整为"源头减量与分类排放＋已排放垃圾集中二次分选＋物质回收利用和易腐有机垃圾生化处理＋焚烧处理＋填埋处置"，推动垃圾衍生燃料的制作与应用，逐步建立起源头减量与分类排放、物质回收利用、能量回收利用和填埋处置并重的垃圾综合处理体系，并对各种处理方式合理定价。

建议二：建立生活垃圾处理服务跨域合作机制，提高垃圾处理的效率效益。

建议下列 4 种情形下，推动垃圾处理跨行政区划合作（以下简称"跨域合作"）：一是如广州、上海、北京这样的一线城市，本地土地资源紧张而资金充足，有意愿寻求外地提供垃圾处理服务；二是如珠三角、长三角、京津冀这样的都市圈区域，它们的地域相邻、交通便捷、联系紧密且产业互补，同城化趋势明显，出于功能布局需要，有必要统筹垃圾处理；三是一些人口较少地区，本地垃圾处理量小乃至形不成垃圾集中处理的规模效应；四是经济欠发达地区需要外地提供垃圾处理资金等资源支持。

建议三：创新商业模式，发挥行业协会作用，落实生产者责任延伸制度。

推动生产生活融合，鼓励生产者从销售物质产品向销售产品的使用价值（功能）转变，促进生产者负责快递包装垃圾、废旧动力电池等大宗垃圾的源头减量和回收利用责任。使生产者不仅承担起包装信息告知责任和环境保护知识教育责任，更要承担起经济责任、物质回收利用责任和环境损害补偿与赔偿责任，切实落实生产者责任延伸制度。

可借鉴德国建立包装业协会的经验，相关行业组建垃圾回收利用协会或联盟，建立垃圾回收利用基金，鼓励清洁生产和绿色包装，创新商业模式和垃圾回收利用方式方法，打造商品制造、配送、垃圾回收与利用产业链。

建议四：转变政府管理垃圾处理的职能，注重政府引导垃圾治理的职能，保障政府、企业、公众良性互动和共治。

明确政府、企业与公众分工，确保企业和公众的权利，促使政府专注于建章立制、规范监督和保障供给，形成政府依法行政和社会自主自治的局面。政府保障供给的作用主要是保障垃圾处理产业化和产业发展、保障垃圾处理的行业利润、参与应急保障等公益性较强的垃圾处理服务作业，而非包揽垃圾处理服务。

（刊于《中国环境报》，2016 年 3 月 22 日，作者：熊孟清）

生活垃圾处理存在的主要问题与建议

一、主要问题

（一）社会力量参与度不高

一是大型设施建设项目投融资主体和建设主体单一，缺少竞争性，设施建设推进缓慢。"十二五"期间我市生活垃圾处理设施建设项目数量多，分布广，处理对象既有混合生活垃圾又有分类生活垃圾，所用技术工艺不尽相同，建设协调耗时耗力，时间紧，任务重，必须吸收社会力量参与，打破投融资主体和建设主体单一的瓶颈。

二是社会参与生活垃圾源头减量和预处理的积极性不高。公众普遍认为享受生活垃圾处理服务是天经地义的事，但生活垃圾处理却是政府的事，存在认知偏差，难以与政府推动源头减量、分类回收的努力形成合力。

（二）设施建设选址难和环评难

因生活垃圾处理设施是典型的邻避设施，极易遭到公众反对，选址、环评难过公众参与关，导致设施用地难以落实。目前，东部固体资源再生中心选址待定，兴丰填埋二场及番禺、花都、增城等地生活垃圾处理项目选址的前期手续也未办理完，除李坑生活垃圾综合处理厂用地落实外，其它拟建大型设施建设用地无一落实。

（三）政府部门横向配合不够

生活垃圾处理，尤其是垃圾分类等预处理，目前主要靠城管部门纵向管理与推动，很难得到其他政府部门的积极响应。

二、建议

（1）开发和开放垃圾处理服务市场，推行垃圾处理综合服务模式，以服务效果为交付标的物，通过招投标等公平竞争方式吸收社会力量进入垃圾处理服务市场。

用2~3年时间，开发和开放面向生活垃圾排放者的生活垃圾分类收集企业——废弃物排放者服务市场，将目前面向政府的生活垃圾焚烧发电与填埋处置市场改造成面向企业的企业——企业服务市场，改变目前单一的国有企业建设——拥有的项目投融资（BO）模式，吸收社会力量参与，逐步形成政府投资企业营运模式、政府征地BOT模式、公私合营（PPP）模式和企业自筹土地、资金、技术等生产要素的完全市场化模式共存的竞争局面，将货币性财政补贴由目前的直接向生活垃圾焚烧、填埋等末端处理环节注入前移至在压缩站（或中转站）向运输企业注入，逐步改变目前单一的以及时清运、消纳生活垃圾为目的的生活垃圾处理服务模式，建立起融源头管理、收运、资源回收利用和生活垃圾处置于一体，向社会提供物质资源、能量资源、环境容量和生活垃圾处理服务等综合产品的生活垃圾处理综合服务模式。

完善企业服务成本回收机制，建立并完善垃圾排放权和垃圾处理能力交易机制，完善生态补偿机制，让社会力量参与获得的回报变得可预见、稳定且强度足够。

（2）加强行政引导工作，明确告诉公众生活垃圾排放前是私有品，只有排放后的生活垃圾才是公共物品，公众有责任和义务管理好自己的废弃物，并按有关规定排放生活垃圾。政府应采取经济激励手段，奖励公众参与行为，惩戒公众不配合行为。

（3）落实垃圾清扫、分类收集和一次转运物业管理者责任制，谁管理，谁负责。市政道路、免费性休闲娱乐场所由政府及其公共管理部门负责。收费性休闲娱乐场所、机关团体、学校、企业、小区由物业管理单位负责。社区居委会（村委会）对辖区内垃圾减量、清扫、分类收集和一次转运负有管理责任。

（4）做足做好公众工作，提高公众认识，让设施周边居民享受一些免费服务和经济补偿；同时，提高设施的建设营运标准，把设施建设成社区开放中心，真正做到社会效益、环境效益、经济效益三统一；此外，应改变以往单一的政府征地方式，允许采用租地方式或支持土地租赁人参与设施建设营运，破解征地难题；对于非政府投资的生活垃圾集中分类、中转站等项目采用备案制。

（5）推动资源回收与垃圾分类对接，依托属地管理，建设回收站（点），鼓励企业建立旧家具、旧电器网络交易平台，进一步规范和繁荣废旧大件垃圾的二手交易市场，加强旧家具、旧电器等大件废旧商品的回收利用，鼓励企业建设专业分拣中心，并出台价格支持政策，减少资源回收对经济社会发展的依赖，提高资源回收率。

（6）加强其他政府部门的主动性，密切职能部门的横向配合，同时，动员省级单位、部队单位积极配合，做到条块结合。

（刊于《360doc个人图书馆》，2012年3月30日，作者：熊孟清）

垃圾何日不再围城？

随着城市迅速发展，垃圾围城现象越来越严重，垃圾如何处置利用的问题已引起全社会的关注。6 大关注点是：

1.目前面临着怎样的垃圾困境？最大的问题在哪里？根本原因在哪里？

2.如何化解垃圾围城困境？

3.如何提高居民的参与度？特别是在垃圾分类这方面？

4.近年来，围绕垃圾焚烧厂选址问题，国内发生了激烈的争论。城市管理者认为，焚烧是解决垃圾围城的有效手段，但对许多焚烧设施周边居民来说，又担心对自身的健康造成危害。如何看待这个现象？

5.如何看待垃圾收费？

6.如何更好地借鉴先进城市的做法，更好地完善垃圾监管制度和管理理念？

笔者以广东省广州市为例，探究广州垃圾处理模式带给我们的经验和启示。

一、广州垃圾处理现状

目前，广州垃圾处理的现状已对城市的可持续发展形成倒逼。 2011 年，全市（含山区、镇村）日产垃圾总量已接近 1.8 万吨，经垃圾分类和资源回收后，进入垃圾终端系统处理的仍有 1.4 万吨/日。现有处理处置设施的设计能力仅 7000 吨/日，处理处置垃圾量缺口高达 7000 吨/日，现有设施长期超负荷运行。若再不加紧垃圾处理，预计 2015 年前，目前运行的五大填埋场将相继填满封场。如无新设施建成投产， 2014 年以后将有 1.11 万吨/日的垃圾无处可去。届时，将引发垃圾围城危机。

当前，垃圾分类处理已成为广州市的中心工作，主要完成三大目标任务:破解垃圾围城困局；构建以资源回收利用为核心的垃圾分类处理循环经济体系；促进垃圾处理产业发展。而最急迫的任务就是化解垃圾围城危机。

二、垃圾治理存在的问题

垃圾围城困局是多种问题长期累计的结果。广州市垃圾治理存在源头减量与垃圾排放控制不力、收运体系不健全、各类垃圾分流不彻底、处理能力严重不足、各种处理方式比例不协调、经济杠杆作用有待加强、政府与社会的责任有待厘清和细化、乡镇农村垃圾处理服务水平亟待提高等问题。

表面上，导致上述问题的原因似乎是资金与土地等资源不足、制度不健全、邻避效应、政府决策失误、权力寻租、行政垄断、宣传教育不够、公众素质低 8 个方面。但更深层次的原因是政府介入过度、企业自利倾向膨胀和社会自治能力赢弱，导致政府与社会不能良性互动。

三、多措并举破解垃圾围城困局

针对以上问题，要破解垃圾围城困局，笔者认为，应加强以下几个方面工作：

明确资源回收利用优先原则。支持社会力量建设垃圾集中分拣厂和资源利用厂，建设"回收站（点）、分选中心、集散市场三位一体"的再生资源回收体系，推行包装物企业回收制度，落实资源回收利用责任延伸制度。鼓励企业建立旧家具、旧电器网络交易平台，进一步规范和繁荣废旧大件垃圾的二手交易市场，加强旧家具、旧电器等大件废旧商品的回收、再造与利用。扶持乡镇农村垃圾就地分类，建立乡镇农村垃圾资源化综合利用示范村（镇），推动资源回收利用社会化、市场化与产业化，优先提高资源回收率，减少无害化焚烧填埋处理处置的垃圾量。

强力推进垃圾处理处置设施建设。出台垃圾处理财政补贴机制，吸引社会力量参与大型垃圾处理设施建设与营运，加速推进兴丰填埋二场、广州市第四资源热力电厂等应急设施的建设，优化垃圾分类处理体系，并将这些建设项目纳入抢险工程或绿色通道报批项目。

鼓励社会参与。破解垃圾围城困局、优化垃圾处理体系和促进垃圾处理产业发展都需要社会力量参与。鼓励社会参与，一要做好顶层设计。尽快制订《广州市垃圾分类处理战略规划》，提出中长期垃圾分类处理目标，提出控制垃圾排放量与质的具体措施，明确垃圾分类处理的基本事项，规划垃圾分类处理设施建设事项，制定各级政府之间及政府与社会之间协同参与垃圾分类处理的推行机制，推动地域融合，制定公众行为规范，促成"减量、循环、自觉、自治"。

二要为社会组织发展提供平台和空间。推动培育社会组织发展，鼓励社会组织承担部分垃圾处理引导、指导、监督、技术服务、宣传教育等任务，让社会组织成为政府与公众之间沟通的桥梁。鼓励社会组织创建非营利性社会企业参与公益性较强的垃圾处理环节，起到力量补充作用。开发和开放垃圾处理服务市场，推行垃圾处理综合服务模式，通过招投标等公平竞争方式吸收社会力量，进入垃圾处理服务市场。

物管在推动垃圾分类进程中起到非常重要的作用。香港的家居资源回收率从2005年的16%提升到2011年的40%，工商业资源回收率2011年达到66%，其中最重要的经验就是特区政府将物业管理公司作为主要合作伙伴，让物业管理公司在政府与居民之间起到桥梁作用。

三要落实惠民政策。建设垃圾分类处理教育中心，做足做好科普教育与科技创新示范工作，提高公众认识，让设施周边居民享受一些免费服务和经济补偿。

做好二噁英控制与监测工作。有效控制垃圾焚烧过程中产生的二噁英，以减少其带来的污染。通过提高硬件建设标准和加强管理多种手段来控制二噁英。硬件建设方面，选用先进的炉排、炉膛和烟道设计，确保烟气温度在850℃以上停留2.5秒以上；在尾部烟道喷入活性炭，通过活性炭吸附二噁英；选用高质量的布袋滤料，进一步拦截二噁英。管理方面，提高焚烧炉操作水平，确保烟气温度达到850℃以上；按设计喷入活性炭；及时更换布袋滤料；要求一年两次第三方检测烟气二噁英指标；加强监管，包括行业监管、环境监管和社会监管。

进一步加强监督监测。提高焚烧设施的建设营运水平，提高信息公开水平，完善社会监督机制，加快建设信息化监管设施，确保焚烧厂营运处于 24 小时全天候监管之下，确保焚烧处理设施的各项污染物排放指标达标排放，实现焚烧处理设施与环境共融的环境管理目标。

试点实行按袋计量收垃圾费。继续推动垃圾按袋计量收费方式，选择生活住宅区为试点单位，试点小区物业发放统一制作的厨余垃圾、其他垃圾专用分类垃圾袋；居民家庭分类袋装生活垃圾，严禁混装；厨余垃圾排放免费，其他垃圾按排放计量（物业每天发放两个专用垃圾袋，每月进行统计，每减少 1 袋其他垃圾给予奖励）。小区清洁工人分类收集，并配合物管人员对居民投放情况进行检查；物业对居民投放情况做好登记，每天或每周公布；区、县级市城管部门对小区生活垃圾减少量者进行奖励，城管综合执法部门加强执法。

完善垃圾监管相关政策制度。制定广州市垃圾处理设施营运监管办法、广州市垃圾处理区域生态补偿办法等相关制度办法，提高垃圾处理设施建设营运标准。市人大 002 号决议由实施方在充分吸取国内外经验教训的基础上，结合广州实情，编制而成。方案坚持"政府主导、社会参与、市级统筹、属地负责"原则，提出"从减量、分类、回收到无害化焚烧、生化处理、填埋处置"的垃圾分类处理技术路线，坚持"减量化、资源化、无害化"技术选择主线和"法治化、社会化、产业化"的社会管理主线。阐述了源头减量、资源回收、各类固体废弃物处置利用和科技创新等十大任务。体现了"从重末端处理到垃圾处理各环节协调发展，从重垃圾消纳到垃圾处理综合服务，从重政府大包大揽到政府与社会共治"的三大转变。

借鉴先进城市的做法。学习国内外好的做法，如德国的二元收运体系，巴西的二级垃圾分类方法，我国台湾地区的四合一资源回收模式，我国香港地区物业公司、社会组织与社会企业、环保基金的参与方式。学习垃圾分类处理的好经验、好做法，科学规划，细化计划，果断行动，突破难点，群策群力，政府与社会共同促进源头减量，促进分流分类处理，完善再生资源回收体系，加速垃圾处理设施建设，落实惠民政策，实现垃圾处理可持续发展。

（刊于《中国环境报》，2012 年 8 月 13 日，作者：熊孟清）

制定生活垃圾分类处理指导方案

生活垃圾分类处理势在必行。广州市政府最近出台的"推进城市垃圾处置利用，发展循环经济实施方案"提出要推行生活垃圾二级分类，构建以资源回收为核心的垃圾分类处理循环经济体系，为落实垃圾分类处理，有必要尽快制定广州市生活垃圾分类处理指导方案。本文就指导方案的内容提出一些建议。

一、明确广州市垃圾处理流程

在分析现状的基础上，理清源头减量与分类排放、收集、转运（包括压缩）、物质回收、能量回收、填埋处置六个环节之间的时空与逻辑关系，并明确责任主体、作业主体及其之间的关系，明确价值链。一是明确收集（一次转运）企业与垃圾排放者之间的关系，二是明确城管委与经贸委（供销总社）在物质回收方面的对接方式方法，三是提出提高物质回收率的有效措施（包括在不改变现行居民垃圾缴费制度的条件下，如何激励居民开展垃圾分类排放与物质回收，及改变现行货币性财政补贴的注入节点与流向，鼓励垃圾收运企业自觉开展物质回收并督促居民和上、下游企业开展分类回收）。

二、制定垃圾分类收运指导方法

（一）建立垃圾分类物业管理者责任制

谁管理，谁负责。应用政策、法律、经济和技术手段，推动物业管理者按照《生活垃圾分类管理暂行办法》分类排放垃圾，尤其要推动垃圾分类社区自治，做到生活垃圾干湿分开，推动干垃圾二次集中细分。明确收运单位有权制止和拒绝收运违规排放的垃圾。政府及其公共部门对垃圾排放实行严格监管。实施垃圾违规排放处罚政策，出台措施保护与奖励、检举与控告违规排放的单位与个人，鼓励分类排放，抑制违规排放。

（二）完善垃圾收运制度，壮大垃圾收运队伍

严格执行垃圾收运服务行政许可制度，完善垃圾收运制度，壮大垃圾收运队伍。

一是明确收运主体。对于按规定应由生产、销售企业回收的废弃物，如包装物、大件家具或电器，其收运应由负有回收责任的生产、销售企业或其委托的收运公司承担收运；对于可回收生活垃圾，如废纸、废金属、玻璃等，可由资源回收利用企业指定的收运单位承担收运；对于特殊、有毒、危险废弃物，或因生产、销售企业破产等不确定因素导致无法收运的废弃物，由政府指定并代表政府的收运单位承担收运。收运单位酌情

收费（经营性收费）。

二是建立收运单位与垃圾排放者和垃圾处理者的合作与制约关系，建立三方垃圾量对账制度。

（三）明确资源回收利用原则

明确资源回收利用原则，推动资源回收利用社会化、市场化与产业化，建立以资源回收利用为核心的垃圾分类处理体系。支持社会力量建设垃圾集中分拣厂和资源利用厂，拓宽投资渠道，引进有条件的大型企业和技术开发公司，参与资源回收利用，提高资源回收率和资源利用效率。推行产品（电器、饮料、月饼、护肤品等）包装物企业回收制度，落实资源回收利用责任延伸制度。扶持乡镇农村垃圾就地分类，建立乡镇农村垃圾资源化综合利用示范村（镇）。

三、制定企业垃圾处理服务成本回收机制

制定企业垃圾处理服务成本回收机制，让企业收益变得可预见、稳定且强度足够，是推动社会参与并发挥社会力量作用的动力，建立鼓励政策的重点就是要建立成本回收机制。企业回收成本的来源主要是：垃圾处理费、产品销售收入和财政补贴，因此，有必要明确垃圾处理费收支政策、资源利用产品销售政策和财政补贴政策及三者之间的关系。

（一）垃圾处理费收支政策

出台并逐步实施分类垃圾差异化补贴政策，在不改变现行居民垃圾费缴纳办法的前提下，间接地让居民获得一定的分类劳动报酬（实际上少缴纳垃圾费）。

逐步实行垃圾收运者负责垃圾处理费收费并向垃圾处理者付费的收支程序。

（二）资源回收利用产品销售政策

出台资源回收利用产品政府采购政策，要求政府优先采购资源利用产品。

出台资源利用的低价格政策。资源回收利用产品价格应低于利用一次资源生产的同类产品价格，二者价差由财政补贴，以鼓励社会购买资源利用生产的产品。

出台资源回收补贴机制或成立信托基金，稳定资源回收价格，让回收资源的价格高于市场价格，以提高资源回收率和鼓励资源利用企业购买回收资源，二者价差由财政补贴。

出台资源回收利用新技术研发与推广应用鼓励政策，以降低资源回收利用成本。

（三）财政补贴政策

合理、均衡地将公共财政补贴到垃圾处理各个环节，包括分类收集、运输、集中分拣、资源回收、利用与处置、监督监测等环节。

制定垃圾分类经费包干和考核考评办法。明确财政补贴在区（县级市）之间、建成区与乡镇农村之间的分配办法。

明确市、区（县级市）提供财政补贴的比例。

严格执行垃圾处理税收优惠政策。

（刊于《环境与卫生》，2012 年 6 月，作者：熊孟清）

分类垃圾应真正分类处理

　　谈到垃圾处理，必提焚烧填埋，即使在推进垃圾分类的城市也是如此。一边大张旗鼓地宣传垃圾分类，一边却在加速建设焚烧填埋设施，似乎把分类处理抛到了脑后。源头分，后面混，分类垃圾得不到分类处理，分类岂能持久推进？扭转这一局面，需要全面认识垃圾的资源、环境与社会属性，并据此正确看待垃圾处理的要求、目的与方式方法。

　　从垃圾与环境、资源、社会的关系分析，垃圾具有污染性、资源性和社会性。垃圾的污染性表现为垃圾自身的污染性和垃圾处理的二次污染性，导致垃圾在其产生、排放和处理过程中对生态环境造成污染，甚至对人体健康造成危害。垃圾的资源性表现为垃圾是资源开发利用的产物，具有一定的物质资源和能源价值。垃圾的社会性表现为社会每个成员都产生与排放垃圾，垃圾产生意味着社会资源的消耗，对社会产生影响，并且，垃圾的排放、处理处置及其污染性影响他人的利益。

　　当前，存在夸大垃圾污染性、片面理解垃圾资源性和忽视垃圾社会性的现象。例如，过分强调垃圾的及时无害化处理，以致任何垃圾都要求日产日清，依赖见效快的焚烧处理方式。再如，目前的垃圾分类和处理工作中，公众大多成了旁观者，而政府却忙得不可开交，即使在源头减量与分类环节也是如此，多元治理格局迟迟不能形成。

　　垃圾的污染性、资源性和社会性，对垃圾处理提出了无害化、资源化、减量化和社会化的要求。综合考虑资源保护的重要性与资源回收利用的效率，垃圾处理应该坚持先源头减量和排放控制、再物质利用和能量利用、最后填埋处置的分级处理与逐级利用理念，均衡发展垃圾处理的各个环节，充分发挥各种垃圾处理方式的作用，尤其要加强分类垃圾的物质利用，减少垃圾的产生量，并减少每级处理后的垃圾排放量。

　　此外，要匹配建设有足够处理能力的物质利用、能量利用和填埋处置设施，保障垃圾处理的安全性，实现各种处理方式的规模匹配和技术、产品、市场、价值共生，保证垃圾处理各环节的协调衔接和良好匹配，保证分类垃圾得到分类处理，并且通过分类收运体系与处理设施建设促进垃圾分类长效化，降低垃圾处理的总成本和财政补贴，实现垃圾处理的资源环境和社会综合效益最大化。

（刊于《中国环境报》，2014 年 7 月 25 日，作者：熊孟清）

垃圾处理方法选择应因地制宜

　　垃圾处理是城镇化进程中的一个重要问题，对垃圾处理方式方法的选择受到了社会高度关注。近几年笔者发现有两种观点，一是认为农村垃圾就近焚烧污染严重，会排放二噁英，不宜推广应用；二是认为垃圾混合排放导致二次分选的效率与效益低下，因而否定综合处理的必要性、可行性和先进性，甚至认为全量焚烧就是最好出路。笔者认为，判断垃圾处理方式方法不能以偏概全，要全面分析其合理性和可行性。

　　首先，要准确把握垃圾处理的不同概念。农村垃圾的就近焚烧与焚烧炉是两个概念，综合处理与二次分选也是两个概念，不能混为一谈。不能因焚烧炉技术、设计与管理问题导致环境污染物排放超标，就否定农村垃圾中小规模就近焚烧的合理性。垃圾焚烧产生飞灰和大气污染物，甚至排放超标，并不是农村垃圾就近焚烧特有的问题，即使是目前流行的采用垃圾全量焚烧的大型焚烧炉也会因技术与管理不善而发生此类问题。同样，也不能因二次分选效果不理想，就否定综合处理的合理性。

　　其次，就近焚烧、综合处理有其合理性。农村垃圾就地就近处理可以降低运输费，延长垃圾集中处理设施的使用寿命，减轻农民负担和财政压力。县（市）、乡（镇）和村宜根据垃圾成分和自身条件承担一定的处理任务，其合理性不容置疑，不能因焚烧炉问题就否定就近焚烧路线。至于环境污染物排放超标问题，通过创新技术、完善设计与营运管理，尤其是强化规范监督，是可以解决的。综合处理可以通过优化组合多种垃圾处理的方式，对垃圾分级进行源头减量与排放控制、物质利用、能量利用和填埋处置，实现以废治废、变废为宝，取得垃圾处理环境、经济、社会等方面的综合效益，这也是一种先进的垃圾处理理念。综合处理的前提是垃圾分类。眼下因源头垃圾混合排放盛行，即使简单的干湿分离也难普及，以致二次细分及综合处理的效率与效益低下，阻碍了综合处理的推广应用，应进一步推动源头分类和创新二次分选工艺技术。目前很多城市在全面推广垃圾分类，一些二次分选工艺技术达到了商业推广程度。我们相信只要坚持不懈的努力，二次分选和源头分类在不久的将来就会有所突破，综合处理终将成为垃圾处理的主流。

　　笔者认为，目前很多城市流行的垃圾全量焚烧、填埋方式并非最佳方式，还存在技术与管理层面的改进余地，如只要分离含水量高的厨余垃圾，焚烧与填埋的效率效益就将大幅提高。从无害化、资源化、减量化、节约资金与土地、居民满意度等方面综合衡量，分类回收、生物转换、焚烧、填埋等垃圾处理方法中并没有哪一种占据绝对优势，这为选择多种处理方法建立适宜、安全的垃圾综合处理体系提供了理论支持。

　　最后，要全面深入地分析垃圾处理的方式方法与路线的合理性。要从技术角度出发，这是垃圾处理的技术经济性维度。垃圾处理的装备、工程建设与营运的技术经济性是需要考虑的基本因素，技术不过关就不能仓促上马垃圾处理项目，垃圾处理要因地、因时制宜。要从生产生活与垃圾处理的无缝连接角度出发，这是垃圾处理的服务目的维度。垃圾处理必须服务于群众的生产生活，需要创新逆生产工艺技术，通过技术流、信息流、物质流和能量流整合与延长垃圾处理产业链，实现综合处理，推动发展循环经济。要从社会心理与社会治理角度出发，这是垃圾处理的社会性维度。要改变搭便车等社会心理，促进社会自主自治和垃圾多元治理。

（刊于《中国环境报》，2016 年 3 月 3 日，作者：熊孟清）

垃圾处理评价应增加两个指标

国家发改委、住建部近日发布《"十三五"全国城镇生活垃圾无害化处理设施建设规划（征求意见稿）》。其中，对垃圾处理设施建设评价指标体系进行了明确。这一指标体系由 7 个指标构成，包括生活垃圾无害化处理率、全国城镇生活垃圾无害化处理设施能力、原生垃圾"零填埋"、城镇生活垃圾焚烧处理设施能力占无害化处理总能力的比例、城市生活垃圾回收利用率、餐厨垃圾分类收运后实现无害化处理和资源化利用的城镇比例。

这一指标体系可以明确引导生活垃圾焚烧处理、资源回收利用和餐厨垃圾资源化利用。但在笔者看来，这一指标体系在完备性、综合性、动态性和适用性方面不够完善，主要体现在不能反映处理设施能力是否满足处理需求和处理设施配置是否优化。

这 7 个指标中与生活垃圾处理需求相关的指标是"无害化处理设施能力"，但因垃圾填埋场也属于无害化处理设施，而填埋场的接收能力具有弹性，只要今天还有库容，再多垃圾也能接收，但明天没有了库容，便不能再接收。因此，"无害化处理能力"今天达标了，却不能说明垃圾处理能力满足明天垃圾处理的需求，可能恰恰相反，此时此刻就处于垃圾围城的严峻局面。此外，这个指标体系不能反映垃圾处理设施建设的资金需求、土地使用和社会满意度等情况，让人无法判断处理设施建设的整体情况以及是否是适合当地的最佳配置。

笔者建议，建立科学的指标体系应引进生活垃圾处理满足度和生活垃圾处理设置离散度两个指标。

一是引进生活垃圾处理满足度，用于衡量处理设施是否满足垃圾处理需求。生活垃圾处理满足度是现有设施的处理能力对未来一段时间内垃圾处理需求的满足程度。未来一段时间可根据垃圾处理设施建设的平均工期而定。此外，计算现有填埋设施的处理能力时应假定现有填埋库容满足未来一段时间的使用，即用现有库容所能消纳的垃圾量除以未来时间天数来计算。垃圾处理设施能力要能满足未来一段时间内垃圾处理需求才是合理的，也就是说，规划指标"生活垃圾处理满足度"应大于或等于1。

二是引进生活垃圾处理设施配置离散度，用于判断垃圾处理方式、处理能力等配置的优化程度。因条件不同，不同地区对资源回收利用、能量回收利用和填埋处置设施的优化配置也不同。规划时，应先在一定准则下计算出当地垃圾处理设施的优化配置，如在无害化、资源化、减量化、节约土地、节约资金和社会满意度 6 个准则下通过层次分析法计算处理设施的优化配置，再确定处理设施的配置与优化配置的偏离程度，即垃圾处理设施配置离散度。垃圾处理设施配置离散度越小，说明设施配置越接近优化配置，也说明垃圾处理越适用于当地情况。

如某市平均建设周期为 3 年，现在的垃圾处理量为 1.80 万吨/日，垃圾处理量年均增速为 6%，则 3 年后垃圾处理量将达 2.14 万吨/日；现有再生资源回收利用能力为 6372 吨/日（35.4%），焚烧处理能力 3000 吨/日（16.7%），生化处理能力 200 吨/日（1.1%），现有填埋库容可消纳垃圾 500 万吨，折算到 3 年的处理能力为 4566 吨/日，其他处理设施能力为零，则该市总的现有设施处理能力为 14138 吨/日；通过层次分析法计算出该市再生资源回收利用、焚烧发电、生物处理和填埋处置的优化配置分别为 0.3238、0.4970、0.1130 和 0.0662，可计算出该市的垃圾处理满足度和处理设施配置离散度分别为 0.66 和 212.3%（标准差/平均权重）。该市垃圾处理满足度小于 1，说明该市垃圾处理设施的处理能力不足。垃圾处理设施配置离散度大至 212.3%，说明设施配置极不合理，处理方式极不协调。

生活垃圾处理满足度和生活垃圾处理设施配置离散度两个指标能够综合、动态地反映生活垃圾处理设施建设情况，而且可测算，具有适用性，可弥补现行垃圾处理设施建设评价指标体系的不足。

（刊于《中国环境报》，2016 年 11 月 30 日，作者：熊孟清）

推动垃圾分类处理
各个环节协调发展

通过反思垃圾围城困局的成因，学习国内外先进城市垃圾处理的经验，广州市提出了"从分类、回收、减量，再到无害化焚烧、填埋和生化处理"的垃圾处理技术路线，跳出重末端垃圾消纳传统思想的禁锢，重视垃圾源头减量、排放控制、收集、运输、处理、处置6个环节的协调发展，运用法律、行政、技术、经济手段，吸收社会力量参与，构建垃圾处理的政府和社会共治模式，推进垃圾处理法治化、社会化、产业化。

广州市已经制定印发了《广州市垃圾处理区域生态补偿办法》和《广州市垃圾处理设施营运监管试行办法》，目前，正在编写《广州市垃圾治理白皮书》《广州市生活垃圾处理阶梯计量与经费管理办法》《广州市垃圾处理设施建设实施方案》等一系列规范性文件，到2015年，要新增每天1.1万吨垃圾日焚烧处理能力，同时新增每天3000吨的生化处理能力，资源回收率要从现在的不足30％提高到40％，万元GDP固废产量要从现在的0.3吨降低到0.25吨，我们重视源头减量、物质利用、能量利用齐头并进，重视行政强制、行政引导、市场导向多管齐下，重视政府、社会组织、公众齐抓共管。不仅要破解垃圾围城困局，更要建立以资源回收利用为核心的垃圾分类处理循环经济体系，推动垃圾处理产业发展。

为此，将尽快制定《广州市垃圾分类处理战略规划》，提出中长期垃圾分类处理目标，提出控制垃圾排放量与质的具体措施，规划垃圾分类处理设施建设事项，制定各级政府之间及政府与社会之间协同参与垃圾分类处理的推行机制，推动地域融合，制定公众行为规范，促成公众"减量、循环、自觉、自治"；尽快建立垃圾处理服务成本回收机制，尤其是应尽快建立垃圾处理财政补贴机制，吸引社会力量参与，增强行业竞争力，提高设施建设与营运水平；建立垃圾分类物业管理者责任制，推动垃圾分类社区自治，做到生活垃圾干湿分开，明确收运单位有权制止和拒绝收运违规排放的垃圾。政府及其公共部门对垃圾排放实行严格监管。鼓励社会组织承担部分垃圾处理引导、指导、监督、技术服务、宣传教育等任务，让社会组织成为政府与公众之间沟通的桥梁，鼓励社会组织创建非营利性社会企业参与公益性较强的垃圾处理环节，起到力量补充作用；做足做好科普教育与科技创新示范工作，提高公众认识，让设施周边居民享受一些免费服务和经济补偿；同时，提高设施的建设营运标准，把设施建设成社区开放中心，真正做到社会效益、环境效益、经济效益三统一。

（刊于《360doc个人图书馆》，2012年8月16日，作者：熊孟清）

推动垃圾处理一体化 PPP 模式

财政部前不久发布《关于在公共服务领域深入推进政府和社会资本合作工作的通知》，将垃圾处理纳入探索开展 PPP 模式强制试点领域。这是因为垃圾处理领域探索开展 PPP 模式较早，申报国家 PPP 模式示范项目的积极性和成功率较高，且在开展 PPP 模式示范方面取得了一定经验。更深层次的原因是，垃圾处理领域正处在推动政府、社会、市场互动共治的关键期，采用 PPP 模式将会对发挥市场作用、吸引社会力量参与和消除政府大包大揽行为产生助推作用。

垃圾处理领域以往采用 PPP 模式集中在焚烧处理和填埋处置环节。这是因为在推动 PPP 模式之初存在两个不利因素：一是政府包揽垃圾收集、源头预处理、运输等前置处理和焚烧、填埋等后续处理环节，引进 PPP 模式必然会对包揽的体制机制产生冲击。因此，必须以保障行业稳定发展和垃圾及时妥善处理为前提。二是我国企业弱于社会管理，暂无力量参与垃圾收集等需要较强社会管理能力的垃圾处理环节，而选择焚烧处理和填埋处置环节作为突破口，可以保证发挥企业自身的优势。这种简化处理策略在当初是稳健的，但造成了现在垃圾处理服务供给与需求相分离的局面。

供给与需求相分离不利于垃圾处理行业的发展。垃圾处理企业只需要面向政府，完成政府送来的垃圾处理任务，达到政府规定的处理标准和向政府领取服务费（处理费）；而政府负责将垃圾分配给垃圾处理企业，实则是负责向垃圾处理服务的需求者分配垃圾处理服务，亦即垃圾处理服务的需求者（同时也是垃圾排放者）也只需要面向政府。这是目前广泛实行的政府购买与分配垃圾处理服务的垃圾处理组织形式。垃圾处理服务的需求者与供给者被政府分离，既不直接交易，也不直接协商价格、服务要求等供需事项，致使垃圾处理失去了应有的经济活动和市场行为的要素，加深了垃圾处理似乎只是政府管理和社会公益活动的印象，阻碍了垃圾处理、管理向垃圾治理的转变，不利于垃圾处理行业的发展。

垃圾处理（准确地讲应是垃圾治理）是一项社会经济活动。一方面，垃圾处理是一项经济活动，应充分体现垃圾处理服务的生产、交换和消费规律，贯彻落实垃圾处理"排放者负责"原则和生产者责任延伸制度，让垃圾处理企业从垃圾处理服务过程中受益，并通过市场规律平衡垃圾处理服务的供给与需求。另一方面，垃圾处理也是一项关系到社会公共环境权益和生产者、消费者权益乃至经济社会发展的社会活动，是一项关系到社会治理水平甚至影响社会构建的社会活动。因此，垃圾处理必须在一定的社会规范下公平、公正、有序、优质地开展，以实现经济效益与环境效益、社会效益相统一。

推动垃圾处理回归社会经济活动本色的途径，是建立健全市场导向型垃圾处理组织形式。市场导向型垃圾处理组织形式就是垃圾处理服务供给者与垃圾排放者（或其委托的物业管理公司、社区（村）居委会等组织）以市场规律为导向进行直接交易，政府为保障社会公共权益对垃圾处理活动进行规范、调控与监督。这不仅仅是投融资模式和商业模式的调整，更是垃圾处理体制与机制的一次创新，目的是进一步提高社会参与的积极性，促进政府、社会、市场良性互动，兼顾效率与公平，保障垃圾处理企业的权益和社会公共权益。

为此，当前急需探索开展与市场导向型垃圾处理组织形式相适应的垃圾处理一体化PPP模式强制试点。垃圾处理不仅要采用PPP模式，更要采用一个项目主体总揽垃圾前置处理业务和后续处理业务的全流程一体化PPP模式，即所谓的垃圾处理一体化PPP模式。垃圾处理一体化PPP模式具有3个特点，即一个项目主体、垃圾处理全流程一体化和PPP。大致存在3个维度：一是由一家垃圾处理企业独家承揽垃圾后续处理业务和与之相关的前置处理业务，像一般工业企业那样，实现自己利用、处理的垃圾（原料）自己去收运；二是由一家垃圾处理龙头企业牵头组建垃圾处理全流程处理企业同盟（联合体），以企业同盟（联合体）为项目主体去竞标全流程一体化项目；三是由垃圾处理龙头社会组织为项目主体，与相关企业、社区（村）居委会、物业管理公司和垃圾排放者互动共治，承接全流程一体化垃圾处理项目。由此可见，垃圾处理一体化PPP模式完全适合市场导向型垃圾处理组织形式。

可喜的是，推动垃圾处理一体化PPP模式的条件已经成熟。一是焚烧、填埋处理PPP实践积累了丰富经验，而垃圾收集、运输等前置处理比垃圾焚烧填埋处理更适合于市场化。二是我国企业和社会组织已经积累了丰富的社会管理经验，其社会责任感也提高到了一定高度，可以胜任公共服务类项目的经营。三是生活垃圾处理服务行业已经发展成城市生活垃圾年处理量超过1.8亿吨和年营业额超过700亿元的巨大规模。如果进一步推动农村垃圾处理和将近70亿吨存量垃圾的处理，年营业额将增长50%以上，可以保障垃圾处理企业获得稳定的收益。更为关键的是，国家正大力推进供给侧结构性改革和公共服务领域政府与社会资本合作，推动垃圾处理一体化PPP模式可谓正逢其时。

（刊于《中国环境报》，2016年11月4日，作者：熊孟清，杨雪峰）

让垃圾处理的供求双方见面

垃圾处理当前的关键问题是什么？不是垃圾排放者不愿意配合，也不是缺少垃圾处理的规模效应，缺少有实力的企业和企业家，更不是缺少政府妥善处理垃圾的意愿，那究竟是什么原因导致垃圾处理饱受诟病？

一、垃圾处理的供求方被政府分开

让我们先看看当前垃圾处理的组织方式。当前，垃圾处理的组织形式是典型的政府购买与分配服务型，是计划经济时代的产物。

这是一种政府强管制的组织形式（图1）。垃圾怎么排放及怎么处理、由谁来处理、在哪处理等全部由政府决定，政府向垃圾处理者购买垃圾处理服务产品，再将其分配给垃圾排放者；政府向垃圾处理者支付垃圾处理费，并向垃圾排放者收缴垃圾排放费。垃圾处理的供给方与需求方被政府分开，处理者与排放者不直接发生交易关系。

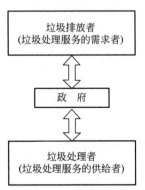

图 1 垃圾处理的组织形式（政府购买与分配服务）

采用这种组织方式的原因是垃圾处理公益性强且市场化能力弱，市场不能独立解决。

但这种组织形式极易导致垃圾处理失灵。

二、垃圾处理供求分离的后果

垃圾处理供求分离助长企业自利倾向膨胀、社会自治能力羸弱和政府管制不当，最终导致垃圾处理失灵。主要表现在以下几个方面：

（1）难形成环环相扣的从源头产生到终端处置的垃圾处理链。

（2）垃圾处理方式简单粗暴，各种处理方式比例不协调。

（3）垃圾处理定价不合理。

（4）政府与企业的对接缺少双向选择。

（5）垃圾处理不安全，存在收运、垃圾围城和社会稳定等风险。

三、让垃圾处理供求双方见面

由此可见，垃圾处理饱受诟病的关键问题和根本原因在于垃圾处理组织形式将垃圾处理供求双方硬生生分开，解决出路在于重构市场导向型组织形式，让垃圾处理的供求双方见面。

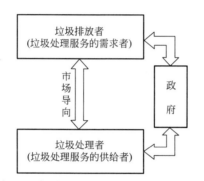

图2　垃圾处理的组织形式（市场导向型）

市场导向型（图2）和政府购买与分配服务型的最大区别在于政府的位置。在市场导向型里，政府"靠边站"，只起到引导与规范作用，让垃圾排放者与处理者面对面，市场起着主导作用，即使政府管制也必须尊重市场规律。在政府购买与分配服务型里，政府占据"中间枢纽"位置，拆散垃圾排放者与处理者，分别掌控排放者与处理者的活动。

具体措施有：

（1）理清政府与社会分工。

（2）树立全链条观念，强制推行垃圾分类处理体系建设。

（3）将低值可回收物回收利用纳入垃圾处理方式，承认利废企业是垃圾处理服务供给者之一。

（4）建立以供求均衡为基础的行业定价法。

垃圾处理的一项艰巨任务就是让政府挪位，将政府购买与分配服务型改造成市场导向型和市场型，由政府大包大揽改变为政府引导（规划、组织、指导、监督和调节等），市场能有效解决的坚决采用市场型，市场不能独立解决的采用市场导向型，只有市场失效的才采用政府购买与分配服务型。

（刊于《环卫科技网》，2019年8月29日，作者：熊孟清）

利用先进科技提升生活垃圾处理水平

一、以垃圾处理行业管理需求为导向，推动科技创新

以垃圾处理行业管理需求为导向，以垃圾分类处理、发展循环经济为引领，坚持科技进步与应用创新并举，以科学研究为基础，以信息化为载体，以标准化为指向，推动垃圾处理生产范式科技创新和服务范式科技创新，并逐步从生产范式科技创新过渡到服务范式科技创新，既要解决垃圾处理实践中的各类具体技术问题，更要提升政府的管理水平，丰富管理手段，逐步提高垃圾处理与行业管理的科技水平，逐步建立科技创新新体系，开创垃圾处理标准化、信息化和科学化新局面。

生产范式科技创新应紧扣缓解资源环境约束和提升基础设施建设与运营水平两方面开展，重视基础研究、技术攻关、技术标准与评价办法制定等，利用先进科技升级改造垃圾处理设施。

服务范式科技创新应紧扣扩展公共服务能力和保证城市安全运营两方面开展，开展软科学战略研究、建立海量城市管理数据库、开发数学模型仿真管理软件、开发城市管理监测监控和预警预报系统。建设科技创新示范工程，融合科学研究、教育培训和科技普及。

二、十二五期间财政应重点支持的领域

（1）城市垃圾管理信息化系统建设。主要研发内容是综合利用视频监控、智能监测、全球定位、远程控制、物联网等先进的信息技术手段对垃圾分类回收、垃圾压缩站、转运、垃圾填埋场、垃圾焚烧发电厂的作业过程和相关环境污染物进行监测和在线监管，对全市各类环卫作业车辆、余泥运输车辆和危险垃圾运输车辆进行"准运"认证管理和运输过程的全程监控，并对这些垃圾运输车辆的偷倒偷排、抛撒滴漏、计量、行驶等行为进行有效监管。

（2）餐厨垃圾资源化利用工艺技术研发。重点是研究利用生物转化对餐厨垃圾进行减量化、无害化、资源化的回收利用技术；开展餐厨垃圾好氧堆肥关键技术研究，并进行生产性试验。

（3）飞灰、渗滤液无害化与资源化处理技术研发。重点开发飞灰的资源化利用技术，研究低成本实用的垃圾填埋场渗滤液处理技术。

（4）建筑垃圾资源化利用工艺技术研发。重点研究下挖泥的处置和资源化利用技术。

（5）动物尸骸卫生处理技术研发。重点开发动物尸骸处理过程除臭和废液无害化处理技术。

（6）新能源电动环卫专用车研发。重点开发汽车的动力系统优化匹配技术、车身轻量化技术、电动汽车充电站技术。

（7）新型垃圾运输车的研发，重点解决夹洒垃圾、污水滴漏、行驶路线监管和防偷倒垃圾等技术问题。

三、加大科技研发经费投入

将先进的垃圾处理新技术研发列入市科技专项资金预算，将垃圾管理信息化系统建设列入市信息化专项资金预算。

吸收社会力量参与垃圾处理科技研发，吸收社会力量建设垃圾处理科技示范园和科技创新示范园，积极争取相关部门、企业和科研院所对垃圾处理科技研发的投入。

（刊于《360doc 个人图书馆》，2012 年 3 月 14 日，作者：熊孟清）

加大建筑垃圾分类处理力度

北京市发展改革委近日组织召开了 2018 年"创新创业·惠民生"需求解决方案征集活动新闻发布会，宣布建筑垃圾处理被列入北京市向社会求解的 30 项民生热点问题。

建筑垃圾的主要出路是填埋和资源化利用。鉴于土地供应限制，以往多强调建筑垃圾资源化利用，尤其是再生利用或循环利用。但因建筑垃圾数量大，再生利用或循环利用的成本高，推动效果并不理想，导致建筑垃圾偷运偷排现象频频发生。

要解决建筑垃圾出路问题，笔者认为，最好的途径是分类处理和加大土地回用力度。

土地回用是建筑垃圾资源化利用的一种重要方式，而且是比再生利用或循环利用更经济适用的一种方式。土地回用就是让建筑垃圾重新回到土地，如用分类后的惰性建筑垃圾回填建设工程，以抬高建筑物或小区的土建地基标高、建设假山等。这种建设工程内部消化建筑垃圾的方式，可显著减少外运量，而且消纳量大，值得推广。

需要注意的是，有的地方在土地回用过程中忽视了分类管理，导致建筑垃圾在不分类的情况下随处乱倒，污染环境。因此，建筑垃圾要进行土地回用，前提是必须做好分类，确保土地回用后不污染环境。

建设工程垃圾和装修垃圾都包含弃土、弃料和其他废弃物，其材质、物理化学性质和污染机理等各不相同。为此，应对渣土、泥浆、拆除废物、混凝土废物进行分类处理。比如，下挖泥土进行土地回用或进入资源化利用设施进行利用，表层渣土进入消纳场消纳；泥浆进入资源化利用设施进行利用，或经泥水分离等预处理后进入消纳场所进行消纳；装修垃圾和拆除废物经分拣后，进入资源化利用设施和消纳场所进行利用、消纳；建筑废弃混凝土进入消纳场和资源化利用设施进行消纳、利用。

此外，在管理上，要设置建筑垃圾治理前置审批。明确要求建设工程项目建议书、可行性研究报告、环境影响评价报告书加入建筑垃圾治理情况，尤其是拆建废物和营建废料治理专章。要求产生大量建筑垃圾的建设项目编制建筑垃圾治理报告书，明确建筑垃圾处理渠道、处理方法、运输方式、接纳方意见书、建设工地临时处理与堆置场地、经费预算和综合利用率等。建筑垃圾治理专章和报告书需报建筑垃圾管理部门审批。没有编写建筑垃圾治理专章或报告书的建设项目，不得通过立项审批或核准。

　　管理部门还要健全并实施建筑垃圾分类处理制度。明确建筑垃圾减量、分类收集、运输、中转、分拣、利用、消纳、监管等活动要求，要求建设单位和施工单位对施工现场排放的建设工程垃圾进行分类，并按照有关规定，使用建筑垃圾资源化利用产品。

　　当然，为稳妥起见，每座城市都应有应急填埋场。各地应因地制宜建设一定库容的建筑垃圾填埋场，起到应急保障作用，确保已排放建筑垃圾得到妥善处置。应急填埋场建设的土地、资金供应应得到保障。此外，各地应加快评估社会提供的临时建筑垃圾消纳场，将符合土地政策、土地利用总体规划、城市发展总体规划、安全、无害化等要求的纳入政府监管之列。

　　　　　　　　（刊于《中国环境报》，2018 年 8 月 24 日，作者：熊孟清）

垃圾分类有助于优化垃圾处理体系

注：不分类也可以焚烧，但分类后可以更高效、环保地焚烧。要视垃圾分类为垃圾处理的基础环节，认真做好垃圾分流分类处理工作，提倡焚烧、填埋前做好分类。推行垃圾分类具有3个目的：一是改变居民生活及垃圾排放习惯；二是保护资源、环境和生态，维护生产生活有序和谐；三是建立健全垃圾处理体系。

综合应用分类、回收、焚烧、填埋等垃圾处理方法，合理配置各种处理方法的作用，建立健全垃圾处理体系，可以提高资源品质与回收比例，提高现有处理设施的消纳能力，有效解决垃圾处理问题。分类回收等预处理是解决垃圾围城问题的关键。本文以某城市垃圾处理为例，说明垃圾预处理及其与焚烧填埋等处理相链接组成生态工业园的重要性。

一、问题的提出

某城市日产垃圾7500吨，现有一座日处理1000吨的焚烧发电厂和一座设计日处理能力2200吨的卫生填埋场，计划建设多座日处理能力2000吨、4000吨不等规模的焚烧发电厂，但多数焚烧厂至今仍未动工。不能动工的表面原因是当地居民反感，但内在原因却是建设这么多而大的焚烧厂本身的不合理性。

垃圾焚烧发电厂投资大、运行成本高、噪声和二噁英等污染物排放控制的难度大，是典型的邻避设施，容易引起当地居民反感，更糟糕的是计划中的第二焚烧厂（处理能力2000吨/日）毗邻现有的焚烧发电厂，而且焚烧厂和填埋场都位于一个区，使得整个区似乎成了政策成本的承担者，不满情绪由设施所在地附近蔓延到一个区，增大了解决问题的难度。

虽然该城市推行了新公共管治措施，兼顾社区发展和加强冲突管理，注重行政引导和经济激励机制，但还是不能解决问题。此种局面警示，应该采用新的垃圾处理方案以替代多而大的焚烧厂方案。

其实，德国的经验已经表明，不管是填埋还是焚烧与填埋相结合，甚至推行清洁生产，垃圾处理设施的建设速度都跟不上垃圾增量速度，所以只有将资源回收利用才能有效解决垃圾问题。目前，德国生活垃圾的回收利用率高达50%。

纵观我国生活垃圾处理史，农业经济时代，垃圾产量低，组成简单，通过土地回用（简易填埋）和家禽食用等自然处理方法便可得到妥善处理；随着工业经济的发展，垃圾产量日益增大，垃圾成分日益复杂，必须通过工业化处理方式才能解决日益突出的垃圾处理问题。焚烧发电因其见效快、减容效果明显、回收能量和工程投资大，受到管理部门和工程界欢迎，甚至一度成为垃圾处理体系的替代品，正是这种以偏概全的短视导致了目前的垃圾分类处理被动局面。

从资源利用效率角度而言，原生垃圾混烧发电也不是一种最佳途径。一是垃圾热值低，现有焚烧发电厂（混烧）入炉垃圾的热值在 4500～6000kJ/kg，刚跨入能源利用门槛，而且，为了达到这个热值门槛值，入厂垃圾必须在储存坑内堆放一天以上，以去除 5%以上的水分，代价却是臭气度增大；二是自耗电比例高，能量利用率低，焚烧发电厂自耗电占发电量的比例在 15%～20%，能量利用效率最高能到 20%左右，如现有垃圾焚烧发电厂自耗电比例高达 20%以上，而能量利用效率却不到 20%；三是炉渣和飞灰需要处理且处理难度大，飞灰（尤其是酸性气体吸收塔和布袋除尘器捕集物）是危险固体废弃物，需要安全处置，炉渣成分也因不完全燃烧而复杂，在作为资源再利用前需要处理，或只能卫生填埋。按德国循环经济和废物处置法，这种状况下的混烧发电只能算作垃圾热处理，而不能看成是资源利用，发电的目的仅仅是为了获得一定收入以抵偿部分焚烧处理费用，代价却是降低了垃圾的资源利用效率，提高了垃圾处理费用，我国在运行和筹建的垃圾焚烧发电厂都处于这种状况。

由此看来，从技术、经济和社会角度衡量，以原生混合垃圾焚烧发电为主的处理方案不是我国垃圾处理的适宜方案，这里介绍一种组合方案：由以分选为核心的预处理厂、焚烧发电厂和填埋场组成的生态工业园。

二、生活垃圾的预处理

（一）垃圾预处理流程与物质流

以图 1 给出的某城市生活垃圾典型组成为例。该垃圾含 80%可燃物和 20%不可燃物，可燃物由厨余、纸屑、布条、草木、塑料、橡胶和皮革组成，不可燃物由渣石、玻璃、罐头盒、有色金属和黑色金属组成。图 2 给出了一种可行的组合处理方法（生态工业园物流图），由预处理、焚烧和填埋组成，其中预处理包括破袋、筛分、人工分选、气力（或水力）分选和烟气干燥，这种安排目前是不难实现的。

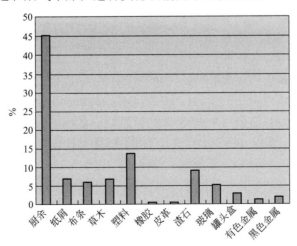

图 1　广州市生活垃圾的典型组成

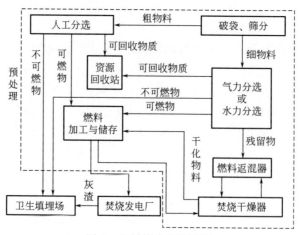

图 2　垃圾综合处理流程

图 3 给出了 1 吨垃圾预处理后各类物料的数量。经过分选处理，从 1 吨垃圾中分拣出可回收物质 255kg（纸类、塑料、玻璃、金属），可燃物 144kg（竹木、布类、部分厨余）和不可燃物 89kg（渣石等），共 488kg（干物质 399kg），余下 512kg（干物质 132kg）为残留物，这部分物料因含水率高达 74.2％不宜直接焚烧或填埋，应先干化或直接发酵处理。

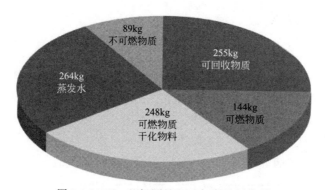

图 3　1000kg 垃圾预处理后各类物料数量

为了减少占地，打算先将残留物干燥然后焚烧，如干燥成含水率 46.8％的颗粒物料（该含水率受焚烧炉最大热负荷限制），这样，残留物中便有 264kg 水分被蒸发（如干燥效率 60％，则需要热量 1100MJ），余下的 248kg 固体物料将与分选出来的可燃物混合、加工成 392kg 燃料（湿基热值约 7500kJ/kg，符合现有焚烧炉允许的最大热值要求）。该燃料中，147kg 焚烧干燥残留物，实际只有 245kg 送去焚烧发电厂焚烧，由此可见，经过预处理后，只有 24.5％的物料需要送到焚烧发电厂处理。值得指出的是，增设独立的焚烧干燥器起到了提高现有焚烧炉消纳能力的作用，这种安排是有意义的。

（二）垃圾预处理的主要作用

（1）减少二噁英的生成量

去除燃料中含氯塑料将减少二噁英的生成量，是控制二噁英排放的主动措施。垃圾焚烧产生二噁英的机理较复杂，少量二噁英源于燃料原携带，但主要部分还是焚烧过程生成，一般认为二噁英的生成机理有高温合成、低温生成和前趋物合成三种，这三种机理产生原因都是垃圾中存在含氯塑料和氯盐类物质。预处理去除90%以上塑料，极大降低了含氯塑料量，从根本上控制了二噁英的生成，甚至可使二噁英生成量减少90%以上，降低了二噁英污染的风险。

此外，预处理采用了残留物干化工艺，该工艺不仅制得了燃料，而且解决了高浓度有机废水的处理问题，蒸发水冷凝后还可循环利用，起到了资源环境保护的作用。分选车间的空气用作焚烧干燥器的助燃空气，保证分选车间卫生条件达标。

（2）提高垃圾的资源品质

经过预处理，25.5%的垃圾成为可回收物质，可以直接利用，效率和品质都得到了提高；39.2%的垃圾成为较高品质的燃料，不仅热值高，危害性降到极低，对焚烧设施的技术与操作要求降低，甚至可用作工业锅炉的燃料，而且焚烧后炉渣、飞灰和烟气的处理难度与成本也大幅下降，其焚烧处理的可操作性大幅提高，提高了垃圾资源利用的经济效益。垃圾是一种低品质资源，预处理提高了待用物质的品质，有利于提高资源利用效率，而且，预处理暗合了物质利用优先的潜规则。尽管物质利用和能源利用都是同等重要的资源利用方式，但事实上，出于利用效益的考虑，物质利用具有优先权。

（3）提高现有设施的消纳能力

预处理可以大幅提高焚烧炉与填埋场消纳垃圾的能力。预处理后，只有24.5%的垃圾需要焚烧发电厂焚烧处理，换言之，原来只能焚烧1吨清运垃圾的焚烧炉，现在可消纳4吨多清运垃圾。而且，由于罐头盒、玻璃和金属被分选出来，燃料焚烧后的炉渣和分选出来的不可燃物总量将小于清运垃圾混烧的炉渣量，一般不到清运垃圾量的25%，也就是说，4吨清运垃圾经过预处理和焚烧处理后，只有不到1吨的不可燃物需要填埋，原设计消纳1000吨垃圾的填埋场现在便可以消纳4000吨清运垃圾；即使垃圾预处理后，可燃物也填埋处理，1吨垃圾也只有48.1%需要填埋，原设计消纳1000吨垃圾的填埋场现在也可以消纳2000吨以上清运垃圾。由此可见，预处理将成倍提高焚烧厂和填埋场的消纳能力。

三、虚拟型生态工业园方案

虚拟型生态工业园由分散的填埋场、焚烧发电厂、预处理厂和信息系统组成。先在计算机上建立起各企业间的物、能交换联系，然后再予以实施，形成以废水——水力分选，燃料与废气——焚烧干燥和焚烧发电，不可燃物——填埋，可回收物质——资源回收站的物质流与能量流，实现园区内工业共生和污染物"零排放"的目标。既克服了各企业布局相对分散的现实制约，又降低了征地费用，同时还提高了填埋场、焚烧发电厂和其它废弃物处理设施的实际消纳能力和资源利用效率。

（一）增建预处理厂和信息系统

现假设只增建一座4000吨垃圾预处理厂和信息系统。按日产7500吨清运垃圾考量，那么，该生态工业园每日可回收资源1020吨，发电18MW，填埋处置约4500吨，产生渗滤液 650m³（目前产量在 990m³ 以上）。与目前处理水平比较（1000 吨焚烧发电，其余 6500 吨垃圾和炉渣填埋），多回收资源 1020 吨（收入 110 万元），多发电 12.5%（收入 2.64 万元），少填埋 2200 吨（少支付营运费 3.96 万元，而且延长了填埋场使用寿命），少产生渗滤液 340m³（少支付处理费 2.70 万元），此外，每日还可以回收水近千吨。其意义不仅仅在于经济收益，更重要的是减小了焚烧厂和填埋场的建设数量与规模。

（二）增建焚烧发电厂和扩大预处理厂规模

以日处理 10000 吨的垃圾规模为目标，增建若干座总处理能力为 10000 吨的预处理厂，增建一座处理能力为 1500 吨的焚烧发电厂，形成 2500 吨焚烧处理能力，保证燃料在工业园内全部焚烧。该方案每日可回收资源 2550 吨，发电 45MW，填埋处置约 2100 吨，产生渗滤液 200m³。与 7000 吨焚烧和 3000 吨填埋方案比较，多回收资源 2550 吨（收入 275 万元），少发电 65MW（少收入 85.8 万元），少填埋 2300 吨（少支付营运费 4.14 万元），少产生渗滤液 850m³（少支付处理费 6.8 万元），工业园方案每日的经济收入高出焚烧填埋 200 多万元。

四、结论与建议

解决城市垃圾处理问题的关键是建设集聚预处理、焚烧发电、填埋等设施的生态工业园。垃圾预处理不仅可以提高垃圾的资源品质，回收资源，还可以成倍提高现有处理设施的消纳能力。应该转变观念，推动垃圾预处理厂建设，并整合现有处理设施，使之形成生态工业园，既具有资源环境保护价值，又具有社会经济意义，尤其是减轻甚至避免了邻避反应，有利于和谐社会的建设。

参考文献

［1］ 裴振明，高忠爱，祁梦兰，等.固体废物的处理与处置[M].北京：高等教育出版社，1993：70-119.

［2］ 苏勇超，熊孟清，伍乃琪.炉排炉焚烧垃圾过程中二噁英的控制.上海电力学院学报[J]，2005（2）：153-156.

［3］ 江源，刘运通，邵培.城市生活垃圾管理[M].北京：中国环境科学出版社，2004：37.

（刊于《环境与卫生》，2010 年，作者：熊孟清）

广州市全面推进生活垃圾处理工作

广州市"十二五"期间生活垃圾处理面临"化解垃圾处理危局，优化垃圾处理体系"两大任务，将贯彻执行"科学规划，化解危局，优化体系"垃圾治理路线图，力争到 2015 年全市生活垃圾无害化处置率达到 100％，资源化处理率达到 80％，生活垃圾日产量在 2010 年的基准上减量 10％。

一、以规划为先导，谋求垃圾处理可持续发展

科学编制《广州市环境卫生总体规划（2011—2020）》和《广州市生活垃圾处理设施建设"十二五"规划》。为正视现状，谋求长远，环卫总体规划重点提出 2011 年至 2020 年期间环卫需求，还应展望 20 年、30 年直至 50 年环卫行业可持续发展的需求。同时，在总体规划指导下，系统提出"十二五"期间广州市生活垃圾处理设施建设规划，既明确破解垃圾围城困局的建设需求，也明确优化垃圾处理体系的建设需求。从法规政策、行业管理和技术三个层面论证垃圾排放控制、垃圾收集、道路与广场清扫保洁、垃圾中转、垃圾处理和监督监查等模式及其设施建设需求，明确落实规划与管理目标的保障体系。

（一）生活垃圾末端处理量与处理能力需求预测

十年来，广州市生活垃圾产量和末端处理量以近 5％的速率递增，2010 年日均产量和末端处理量分别达到 1.78 万吨和 1.28 万吨，以此为基础估算，2015 年日均产量和末端处理量将达到 2.27 万吨和 1.62 万吨。如计入乡镇农村垃圾处理产量，2015 年广州市生活垃圾日均产量和末端处理量将达到 2.72 万吨和 1.85 万吨。表 1 给出了 2015 年、2020 年广州市生活垃圾末端处理量和处理能力需求，表中分别列出了中心城区、南部城区和北部城区末端处理量和处理能力需求（单位：吨/日）（不含餐饮垃圾、绿化与水上保洁垃圾、建筑垃圾、动物尸体和城市粪便）。

表 1　2015 年、2020 年广州市生活垃圾末端处理量和处理能力需求

年份	广州市十区两市	中心城区和萝岗区	南部番禺、南沙 2 区	北部花都、从化、增城
2015 年	18500/21000	11000/12000	3500/4000	4000/5000
2020 年	20300/22800	11600/12800	4300/5000	4400/5000

（二）超前规划 4 个生活垃圾综合处理循环经济园区

广州市形成了中心、南部、北部三大垃圾产生地，这是城市空间与功能的直接反映，生活垃圾处理设施建设总体规划也应体现这一现状，有必要形成中心、南部、北部三个组团。考虑到中心城区垃圾末端处理量逾万吨，中心组团垃圾末端处理至少应分两地进行，因此，广州市生活垃圾处理设施建设总体规划应超前规划至少 4 个大型生活垃圾综合处理循环经济园区。

中心组团建设白云（李坑、兴丰）、萝岗两个循环经济园区，处理中心城区和萝岗区垃圾。南部组团建设南部循环经济园区，处理番禺和南沙 2 区垃圾。北部组团建成花都、从化和增城等跨域合作的北部循环经济园区，分别处理花都、从化和增城垃圾。此外，考虑到中心城区垃圾处理压力大，应研究将部分中心城区垃圾运至南部组团和北部组团处理的可行性。

垃圾处理循环经济园区遵循共生、循环利用、环境安全和因地制宜的原则，以垃圾分拣为基础，综合考虑物质、能量回收利用和填埋处置，优化垃圾处理链，强化企业或工艺流程间的横向耦合，以废治废，极大化减少填埋处置量，实现垃圾处理集约化、资源化、专业化和无害化处理。园区可以采用综合处理基地方式集中处理垃圾，如中心组团萝岗园区，也可以采用虚拟生态工业园方式分散垃圾，如中心组团白云园区和北部组团园区，各处理企业或单元虽然分散在异地，但通过信息交互系统紧密关联。

中心组团建成多元组合型循环经济园区，白云园区以焚烧发电和填埋两种方式为主，增设垃圾分拣、物质回收，逐步形成多元组合型园区；萝岗园区将以物质回收利用、焚烧发电和生化处理为主，采用多种单元并列的综合处理方式。南部组团和北部组团建成功能拓展型循环经济园区，南部组团以焚烧发电为主，辅之以物质回收、生化处理、填埋等处理方式；北部组团则以填埋为主，辅之以物质回收、焚烧发电、生化处理等处理方式。

（三）系统编制生活垃圾处理设施建设"十二五"规划

目前，广州市生活垃圾日均处理需求达 1.28 万吨，而日处理能力不足 5000 吨，总缺口高达 8000 吨/日。中心城区垃圾处理能力仅 3000 吨/日，缺口达 6000 吨/日。番禺区填埋场库容基本用完，目前将垃圾打包后暂存在填埋场堆体上面，待新设施建成后再处理。南沙、萝岗没有垃圾处理设施，其垃圾运往中心城区兴丰填埋场处置。兴丰、花都、增城、从化填埋场库容将相继告罄，十二五期间广州市全线面临垃圾围城危局。垃圾渗滤液处理缺口也高达近 1000 吨/日，且处理方式单一，90％填埋，8％焚烧，处理场所过于集中。垃圾压缩产生二次污染且压缩效率低，转运模式有待优化。建设与营运主体单一，市、区两级政府责权利不明晰，"主体多元化，营运企业化，管理专业化"的格局难以形成。可见，广州市生活垃圾处理形势异常严峻，中心城区、番禺、南沙和萝岗 9 区形势尤为严峻。"十二五"期间，广州市既要化解垃圾处理危局，又要着手优化垃圾处理体系，化解危局是形势所迫，优化体系是设施建设规划的目的，必须两者兼顾，任务艰巨。垃圾处理设施建设"十二五"规划为了应对上述方面提出解决方法。

二、以建设为抓手，优化垃圾处理体系

"十二五"的重中之重是化解垃圾围城危局。为化解垃圾围城危局，广州市生活垃

圾处理应建成物质回收利用能力 3300 吨/日、焚烧处理能力 6100 吨/日和一座大型生活垃圾卫生填埋场（兴丰填埋二场）。

物质回收利用包括干垃圾（包括学校、家庭、机团干垃圾）分拣回收和厨余垃圾（包括市场、家庭湿垃圾）堆肥等综合利用，其中，干垃圾分拣回收能力 1800 吨/日，厨余垃圾生化处理能力 1500 吨/日（李坑综合处理厂 1000 吨/日，大田山生化处理基地500 吨/日）。

中心组团建成投产李坑生活垃圾焚烧发电厂（2000 吨/日）和兴丰生活垃圾焚烧发电厂（1500 吨/日），南部组团建成投产番禺生活垃圾焚烧发电厂（2000 吨/日）和南沙生活垃圾焚烧发电厂一期（600 吨/日）。

当务之急是务必在 2012 年上半年建成投产兴丰生活垃圾卫生填埋场第六区和李坑生活垃圾焚烧发电二厂，缓解垃圾围城压力，为新设施建设赢取时间。

此外，推进从化、花都、增城填埋场的改扩建工作，提高广州市生活垃圾无害化处置率。升级改造大田山渗滤液处理厂，完成兴丰渗滤液处理厂和李坑渗滤液处理厂的改扩建，力争在垃圾处理处置场所内处理垃圾渗滤液。建设飞灰无害化、资源化处理设施，加强炉渣综合利用监管，中心城区焚烧厂炉渣和飞灰 100% 资源化处理利用。改造社区垃圾压缩站，建设大型中转站，提高垃圾脱水率和转运效率。

南沙、花都、从化、增城等根据各自情况从早谋划乡镇农村垃圾处理体系建设，可建设一定规模的能源回收利用设施（农村沼气）、沤肥或堆肥厂、综合处理场，提高乡镇农林垃圾资源化处理率和乡镇垃圾处理服务水平。

"十二五"后半期，有计划地推动四大生活垃圾综合利用循环经济园区建设工作，建成布局合理、生产共生、资源充分利用和区域良性合作的垃圾处理局面，确保"十二五"后广州市生活垃圾处理可持续发展。

三、以生态补偿为牵手，构建垃圾处理的经济调节平台

近期以公共财政和垃圾处理阶梯式收费为来源，推动垃圾处理设施所在区的环境补偿（狭义生态补偿）。以此为基础，逐步完善生活垃圾处理的经济调节平台（广义生态补偿），形成垃圾处理跨域合作的良性局面和垃圾处理产业的良性循环。

（一）垃圾处理经济调节平台的组成

垃圾处理经济调控平台包括三个层面：一是垃圾排放收费（税）机制和垃圾处理服务费机制。垃圾排放收费（税）可部分解决补贴资金的来源问题，并起到垃圾排放抑制作用；建立垃圾处理服务费机制对维持垃圾处理市场秩序和提高行业竞争力具有重要作用。二是垃圾排放权交易机制和垃圾处理能力交易机制。实施垃圾排放权交易有利于政府控制垃圾排放总量，促使企业和居民加强垃圾源头减量；实施垃圾处理能力交易有助于调动社会力量积极建设垃圾处理设施，并促使垃圾处理设施的效益极大化。三是狭义生态补偿机制。通过生态补偿机制对垃圾处理地区的生态服务功能恢复成本和发展机会损失成本予以补偿，以促进垃圾处理跨域合作。

（二）公共财政是垃圾处理经济调节平台构建和正常运转的保障

垃圾处理作为一项公益性民生事业，向社会提供物质资源（包括能源）、环境容量

和垃圾处理服务等产品，具有外部性，但垃圾处理的一些环节是微利甚至无利的，需要公共财政支撑，作为垃圾处理服务性产品购买者的政府必须构建垃圾处理产业的公共财政支撑体系。

只有公共财政才能保障向社会提供广泛、公正、优质的垃圾处理服务。公共财政支撑体系一是全额向垃圾管理的行政单位、执法单位和事业单位拨款，二是向提供垃圾处理服务性产品的企业拨发财政补贴并确保垃圾处理企业获得社会平均利润，三是向因垃圾处理需要而失去发展机会的地区拨发经济补偿，四是向垃圾处理设施所在地划拨生态恢复资金。此外，公共财政支撑体系还应出台鼓励生产企业自觉抑制垃圾排放量和回收利用废物的经济政策，利用经济手段引导企业实行有利于环境保护的经营模式，重点在废物回收利用、原材料采购、设备采购、土地等方面予以资金支持或税收优惠。

公共财政支撑体系的基本着眼点是合理配置资源、维持垃圾处理行业获得社会平均利润和向社会提供广泛、公正、优质的垃圾处理服务。垃圾、垃圾处理服务和环境容量都是公共品，应无差别地配置到每一个企业和居民，同时，社会提供的垃圾处理能力也应无差别地消纳每一个企业和居民排放的垃圾，并充分发挥每一个垃圾处理设施的效益，这就需要公共财政发挥资源配置职能。垃圾处理的一些环节是微利甚至无利的，目前，物质回收和能量回收环节产生微利，填埋、渗滤液处理、飞灰处理、转运等环节是无利的，整体衡量，垃圾处理行业还是无利的，需要公共财政补贴以保障垃圾处理行业获得社会平均利润，维持垃圾处理的正常运作，推动垃圾分类等关键环节的发展以提高后续处理环节的效益，促进垃圾源头减量。公共财政以其公共性、非营利性和法制性促进垃圾处理产业化，并保障垃圾处理产业向社会提供广泛、公正、优质的垃圾处理服务。

公共财政催生垃圾处理经济调控平台。通过公共财政支持，建立垃圾处理的经济调控平台，实现以价格机制为主，与公共财政补贴相结合的投资收益组成，从而形成垃圾处理产业的良性循环，实现垃圾处理统筹规划和"主体多元化，营运企业化，管理专业化"的格局。

公共财政应本着"以支定收"的原则，在科学评估垃圾处理各环节的市场化能力及其经济效益、环境效益和社会效益的基础上，确定垃圾处理财政支出占 GDP 的比例，并依照财权、事权划分，建立稳定的各级公共财政投入体系，重点扶持那些市场化能力较差的垃圾处理环节，培育垃圾处理主体和垃圾处理市场，实现垃圾处理均等化和规范化。

四、以垃圾分类为突破口，全面推进垃圾处理工作

贯彻落实《广州市城市生活垃圾分类管理暂行规定》，坚定不移地推进生活垃圾分类各项工作。全市党政机关、中小学校、大型商场、星级宾馆饭店、农贸市场和有条件的新建小区及各区选定的 1～2 条街道全面推进生活垃圾分类工作。

垃圾分类是一件实操活，需要做好四个对接，与已有垃圾排放习惯对接，与既得利益对接，与街道经济发展水平对接，与垃圾收运和处理体系对接。推行垃圾分类应因地制宜、循环渐进、逐步规范。

生活垃圾伴随生活而生，时久天长，公众形成了一定的垃圾排放习惯，启动垃圾分类时需与已有的垃圾排放习惯对接，不急不躁，耐心引导，逐步规范。垃圾分类指导员

一定要平心静气，温馨劝阻，给排放者足够时间去感受和体验，让屡教不改者自觉孤立，让时间去雕刻新的垃圾排放习惯。

广州市垃圾分类的现阶段重点是尽可能回收物质资源，鼓励个人、家庭、小区、压缩站对干垃圾层层分拣回收，极大化减少进入末端处理处置设施的垃圾量。我国已形成强大有效的物质回收队伍和利益链。推广垃圾分类时需要与既得利益对接。发扬现存回收体系的优势，不仅回收值钱的资源，还要回收那些不值钱但可再生利用的资源，在提高回收队伍经济效益的同时，加大资源环境保护力度。与既得利益对接也就提出了新利益链的建立课题。既要照顾既得利益，同时也要充分考虑社区居委会、物业管理公司和环卫工人等垃圾分类参与者的利益。

启动垃圾分类是需要投入的，需要结合街道的经济发展水平，因地制宜。经济条件较好的街道可以多投入，提供较好的硬件、软件条件，有声有色地开展垃圾分类，但经济条件不好的街道同样可以有声有色地开展垃圾分类，垃圾分类并不需要配置多少数量或多么漂亮的容器，两个塑胶袋就可以把干湿垃圾分开排放。反过来而言，容器配置再多再好也未必能保证垃圾分类坚持下去。

垃圾分类考验的是政府的决心、策划者的细心和操作者的耐心，只要这"三心"坚定，垃圾分类就能坚持，就能做出成效。垃圾分类贵在行动，贵在持之以恒。

垃圾分类是垃圾处理的基础环节，分类的目的既是节约和保护资源与环境，更是优化垃圾处理体系，高效、环保地处理处置垃圾。垃圾分类要系统考虑分开排放、分开清运、分开压缩和分开处理，需要与现有收运、处理处置设施对接。一是充分利用现有设施分流分类处理垃圾。目前，广州市是有分开处理能力的，可再用再生物质资源进入循环利用体系再用再生，经分拣回收后的干垃圾进焚烧厂进一步回收热能，部分市场垃圾进生化处理设施处理，等等。二是以垃圾分类为突破口，推进垃圾处理体系优化工作。目前，干垃圾分拣回收设施、厨余垃圾处理设施及能量回收设施严重不足，需要加大建设力度，争取在"十二五"末期形成分类垃圾分类处理的基本能力。垃圾分类必将促进垃圾处理设施建设和垃圾处理体系优化工作。

此外，垃圾源头减量也是垃圾处理的重要方式，应鼓励生活消费品生产企业开展清洁生产，提高产品规划、设计、制造、运输水平，减少产品废弃物，鼓励企业自行开展包装垃圾、废旧电器及过期产品等废物的回收利用，鼓励净菜进市，控制酒店酒楼等场所一次性商品的使用，鼓励消费者树立可持续消费观念。理顺政府管理体制的运转机制，严格控制垃圾产量，实现 2015 年垃圾产量在 2010 年基准上减少 10% 的目标。

垃圾处理是城市管理的重要组成部分。坚持政府主导和分区治理，培育垃圾治理主体和骨干主体，培育大型国有企业成为垃圾处理的骨干企业，鼓励社会企业依法采用多种模式参与垃圾处理作业，以骨干企业带动垃圾处理产业发展。整合社会力量和政府力量，理顺源头控制与排放、垃圾收集与转运、资源回收利用与填埋四大环节，逐步构建起资源利用闭环，实现垃圾处理"三化"的目标。

（刊于《360doc 个人图书馆》，2011 年 4 月 27 日，作者：熊孟清）

上海奉贤和杭州市垃圾分类处理经验的启示

上海奉贤以街（镇）为单位对果蔬垃圾进行分类处理，杭州市以混合收运生活垃圾为处理对象开展垃圾分类处理，都取得了工程应用经验，值得总结推广。

一、基本情况

（一）上海奉贤区有机易腐垃圾处理情况

上海奉贤区在垃圾分流分类处理方面奉行"因地制宜、就地处理、先易后难、注重绩效"的原则，以街（镇）属地为治理区域，划片治理，全区统筹，先后解决了家庭装修垃圾、园林绿化垃圾和农贸市场有机易腐垃圾（果蔬垃圾）的分流分类处理问题，降低了垃圾运输费用，促进了垃圾分流分类，有效地减少了焚烧填埋垃圾量。

在有机易腐垃圾（果蔬垃圾）处理方面，全区 12 个街（镇）建设果蔬垃圾循环利用中心，目前已有 9 个中心投入运行，每天处理 150 吨果蔬垃圾，成为上海市推广应用示范模式。果蔬垃圾循环利用中心采用的工艺技术为机械破碎脱水加生物分解干化，先将果蔬垃圾破碎并挤压脱水至含水率 60％左右，破碎脱水后的物料进入生物分解干化装置，物料在生物分解干化装置内被微生物分解并加热，在强制通风的条件下进一步脱水至含水率 50％以内。机械挤压脱水能耗仅为热风干燥能耗的 1/10，生物分解干化过程只是一级堆肥过程，所需时间一般控制在 3～5 天，这些特点使得果蔬垃圾破碎脱水加生物分解干化工艺具有占地少、经济便捷、处理周期短、臭气度低等优点。1 吨果蔬垃圾（含水率 90％左右）处理后变成 0.2 吨左右的一级堆肥（含水率低于 50％），大大减轻后续处理（转运、处置）压力与处理费用；一级堆肥可用于土地回用或焚烧处理，机械脱水经市政管网进入城镇污水处理厂处理或用于农林浇灌。奉贤区（环卫署）统筹园林绿化垃圾处理，将园林绿化垃圾粉碎干化后用作果蔬垃圾生物分解干化所需的添加剂，达到了以废治废的效果。

（二）杭州市混合垃圾分类处理情况

杭州市天子岭垃圾综合处理产业园区于 2011 年建成 50 吨/日混合垃圾分类处理中试设施，至今运行良好，取得了混合垃圾分类处理，尤其是厨余垃圾厌氧发酵制沼气处理的第一手数据。目前，正在建设 200 吨/日混合垃圾分类处理厂。

混合垃圾先经二次分选与生物质分离处理，其中 55％左右的有机易腐垃圾（厨余垃圾）被分离，并被厌氧发酵制沼气处理；45％左右的其他垃圾被分选成废塑胶、废纸、废布料与废金属几大类，进入相应工厂再生利用。

杭州天子岭产业园区以混合垃圾为处理对象，优化组合成熟技术，形成具有特色的混合垃圾分类处理工艺技术，具有几大意义：一是证实了混合垃圾分类处理的可行性，给出了从垃圾混合排放到分类排放的过渡阶段实现"物尽其用，分类处理"的途径；二是扬弃了高市场价值再生资源（废品）才回收利用的传统观念，借助现有工业产能处理垃圾并实现其他垃圾的物质利用，节省了垃圾处理设施的建设费用，拓宽了垃圾处理渠道，打造了"先物质利用、再能量利用、最后填埋处置"的垃圾分级处理理念与产业链；三是第一次工程意义上地将厌氧发酵制沼气工艺技术用于厨余垃圾处理，为厨余垃圾厌氧发酵处理起到了示范作用；四是开发了有机易腐垃圾分离设备，为提高混合垃圾分类处理效率奠定了基础。

二、经验与不足

（一）成功经验

1. 因地制宜，多措并举

鉴于各地社会经济发展水平、地质地貌、生态环境、垃圾产量与成分等不同，各地的垃圾处理方式组合各不相同，即便是同一城市的不同地区，其处理方式组合也不尽相同。上海奉贤采用果蔬垃圾脱水后土地回用、其他垃圾焚烧与填埋的组合方式；杭州采用厨余垃圾厌氧发酵制沼气，其他垃圾再生利用、焚烧、填埋的组合方式。放眼世界，欧洲、日本和新加坡等国家和中国台湾地区主要采用再生资源回收利用和能量利用（焚烧发电）的处理方式组合，美国和巴西则主要采用再生资源回收利用和填埋处置的处理方式组合。

无论采用何种组合方式，无一例外地都是结合本地资源（包括土地、人力资源）、环境、经济、企业家、社会状况等实际情况，分解目标，整合资源，扬长避短，开拓创新，因地制宜，多措并举，综合处理，提出实现治理目标的处理方法与执行措施，保证处理方法和执行措施能够落地实施。

2. 分级处理，逐级减量

坚持先物质利用（包括再生资源回收利用和有机易腐废弃物生物转换成高品质可利用物质）、再能量利用、最后填埋处置的分级处理与逐级减量理念，尽量减少焚烧填埋处理的垃圾量，保证每级适度处理，其处理量合适且处理标准适当，保证各级协调衔接和良好配合，既能充分发挥各自的作用，尽量减少流入下一级的废弃物数量，并尽力提高下一级的处理效率，又不抑制上下级处理充分发挥各自的作用，能实现资源保护、环境保护、经济效益和社会效益相统一。

需要指出的是，借助现有工业产能处理垃圾并实现垃圾的物质利用具有市场化能力强、投资少、资源保护性强、经济效益好和见效快等特点，且具有推动垃圾分流分类及促进就业的作用，值得加倍重视。

3. 政府引导，市场导向

政府引导，市场导向是指发挥政府的宏观管理作用，发挥政府的服务职能及其对市场、社会的引导作用，维持垃圾处理的行业适度竞争和企业化运作，统筹各地区、各阶层、各行业、各社区之间的利益，兼顾私利与公益，兼顾效率与公平。同时，尊重市场规律，坚持市场的导向与资源配置作用，发挥市场机制的自我调节功能，优化资源配置，增强行业的竞争性，提高垃圾处理效率，促进公共利益和社会福利极大化。

（二）不足之处

尽管两地努力形成垃圾处理产业链，但都注重在物质链的整合方面，忽视了价值链与利益链的整合。无论采用什么样的处理方式组合或什么样的新技术，首先是要减少总的垃圾处理费用，减轻政府财政负担，否则，便是不可取的；其次，加强物质利用应减轻后面焚烧填埋的负担，提高焚烧处理效率，延长填埋场使用寿命；同时，改变处理方式组合应有助于主体整合，并保障参与主体的利益，促进行业持续发展。

三、几点建议

通过考察，形成了以下共识：一是上海奉贤区以街（镇）为单位建设循环利用中心的做法有利于发挥街（镇）的积极性，减少垃圾转运费用和后续处理压力，具有可复制性；二是好氧发酵与厌氧发酵都可用于有机易腐垃圾处理，应根据处理对象的成分与性质，及土地、资金、环境、人文等具体条件加以选择，确保落地实施。具体建议如下：

（一）将垃圾分类处理财事下移到街（镇）

垃圾分类、物质利用（包括再生资源回收利用和有机易腐废弃物生物转换成高品质可利用物质）和逆向物流组织（包括废品与再生产品的交易、转运等）等垃圾前处理应以街（镇）为重心开展。为此，应制定区一级与街（镇）一级垃圾分类处理的管理办法，明确以街（镇）为单位的垃圾收费与减排补贴办法，保证财随事转和责任逐级落实。

（二）推荐农贸市场果蔬垃圾采用机械破碎脱水加生物分解干化工艺

对于以蔬菜、瓜果、甘蔗种植业为主和农贸市场果蔬垃圾及水浮莲较多的街（镇），推荐采用垃圾机械破碎脱水加生物分解干化工艺，且采用螺旋挤压破碎脱水，控制处理周期不超过 5 天，控制处理规模在 30～100 吨/日（一般不超过 200 吨/日）。产生的一次堆肥可土地回用或焚烧处理，机械脱水或进入城镇污水处理厂处理或用于农林浇灌。

（三）推荐混合垃圾分离出来的厨余垃圾和酒楼餐饮垃圾采用厌氧发酵制沼气工艺

混合垃圾分离出来的浆状厨余垃圾和酒楼餐饮垃圾采用机械脱水难以达到或接近好氧发酵的含水率，不宜采用好氧发酵处理工艺。为避免干燥处理，推荐其采用厌氧发酵制沼气工艺，控制处理规模在 100～200 吨/日（一般不超过 300 吨/日）。

（四）建立健全垃圾处理绩效的考核体系

权衡经济效益、生态环境效益和社会效益，划片治理，跨域合作，统筹协调，社会自治，注重绩效，促进垃圾处理的综合效益增殖，实现政府引导、市场导向和注重绩效下的垃圾处理专业化、企业化与社会化，确保垃圾处理可持续发展。

（刊于《穗府调研》，2014 年，作者：熊孟清）

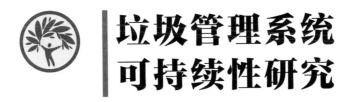

垃圾管理系统可持续性研究

一、垃圾管理系统可持续性的涵义

垃圾管理系统的可持续性指该系统既能满足现在一段有限时间内垃圾管理的需要，又能适时升级，满足未来发展的需要，要求商品生产（包括流通）、消费和垃圾处理（包括处置）各环节实现人与人平等生活、区域与区域平衡发展、人与自然互利共生。

从时空分析，可持续发展是人与人、人与自然的协同发展。通过协调解决人与人、人与自然之间的矛盾，尤其是当代人之间的矛盾，实现人类和自然的延续与进化。垃圾管理系统的可持续性同样如此，垃圾管理系统要协调解决垃圾生产者与受纳者（包括人与人和区域与区域）、垃圾处理作业与生态之间的矛盾，避免人与人、区域与区域、人与生态之间以邻为壑，同时，垃圾管理系统应能适应社会发展，适时升级，既满足现在需要，又满足未来需要。

从垃圾生命周期涉及的主要活动分析，垃圾管理系统的可持续性包含生产可持续性、消费可持续性和垃圾处理可持续性等内容。垃圾管理的核心目标是及时有序、安全环保和平稳高效地处理垃圾，垃圾处理可持续性当然是垃圾管理系统可持续性的重要内容与标志，但实践表明，只有均衡管理垃圾全过程，重视垃圾源头减量和资源化利用，垃圾管理才有可能实现上述目标，因此，垃圾管理系统须对生产和消费提出可持续性要求。

可持续发展注重社会、经济、文化、资源、环境、生活等各方面协调发展，要求这些方面的各项指标组成的向量变化呈现单调增态势（强可持续性发展），至少其总的变化趋势不是单调减态势（弱可持续性发展），而且，垃圾管理系统受政治、政策等影响较大，给出垃圾管理系统可持续性的充分条件是困难的，此时，探索垃圾管理系统可持续性的基本要求（必要条件）并据此建立可持续垃圾管理系统路线图便是当务之急。

二、垃圾管理系统可持续的基本要求

（一）垃圾管理必须服务于社会发展

垃圾管理的首要任务是为社会发展服务。发展是第一要务，一切社会经济活动根本出发点和目标都是为了社会发展，垃圾管理也不例外。妥善处理垃圾和垃圾引发的社会矛盾，为生产、消费解决后顾之忧，从而促进社会发展；社会的进一步发展反过来又促进垃圾管理系统升级。

1. 保护资源环境

垃圾是"环境有害物",必须及时得到 100％无害化处理;垃圾无害化处理不仅要求对垃圾本身进行无害化处理,还要求尽量减少垃圾处理过程的资源消耗和二次污染;垃圾无害化处理是垃圾管理的基本要求。垃圾是生产、消费过程中资源无效利用的表现,垃圾管理应反作用于生产、消费活动,促进资源利用率提高,引导消费习惯良性改变,实现垃圾源头减量;同时,垃圾是一种低品质资源,垃圾管理应回收可再利用和再循环的资源,实现资源化处理,以此促进生产、消费可持续发展。垃圾处理减量化、资源化和无害化是我国固体废物污染环境防治法(2004 年)明确规定的基本原则。

由于社会发展不平衡,城市之间、城乡之间甚至同一城市的行政区之间垃圾管理水平存在较大差异。社会发展较成熟地区形成了较完善的执法与监督体系,正朝垃圾全过程管理迈进,垃圾处理采用了卫生填埋、焚烧发电和综合处理相结合的混合方式,但离"源头减量、分类收运、分类处理"目标仍有相当距离。社会处于起飞阶段的地区目前仍以 100％无害化处理为垃圾管理目标,垃圾处理方式以卫生填埋为主,垃圾管理水平滞后于社会发展水平。社会欠发达的传统地区的垃圾管理刚刚起步,垃圾简易堆置,尤其乡村垃圾甚至无组织堆置或低温焚烧,导致收入减少、资源浪费和生态破坏。即使在一些社会较成熟地区,目前仍有一些垃圾简易堆置场未做补救处理,让人对当地发展水平产生怀疑,削弱了当地软实力。由此可见,垃圾管理为社会发展的服务尚处在较低水平,甚至连垃圾无害化处理这一最低要求也未达到;可以预计,垃圾管理的地区差异将在相当长时间内存在,无论如何,垃圾管理必须首先实现垃圾 100％无害化处理目标,并尽可能提供好的资源回收和源头减量服务,最终消除地区差异,这也是再三强调"垃圾管理服务于社会发展"这一基本要求的必要性与目的。

2. 消除邻避现象

垃圾是典型的邻避物,表现为垃圾排放的损人性和垃圾受纳的利己性。垃圾排放的损人性是指垃圾生产者对污染者身份不以为然更不愿履行"污染者负责"义务,这是"利益自得,损失他人承担"的极端利己主义的一种表现,任其自由发展将导致资源环境遭到掠夺性破坏和地区发展极度不平衡;垃圾受纳的利己性指垃圾受纳者以受害者自居追求利益补偿最大化,这似乎比垃圾排放的损人性更合情理,但往往隐藏着垃圾受纳者过度追求个人利益、忽视垃圾统筹管理的重要性、致使垃圾无法异地处理的危险,结果是既不利人也不利己。

垃圾管理应消除邻避现象,促进社会公正与和谐。既然利己主义这一传统价值观是产生邻避现象的重要原因,在不能消除利己主义的情况下,通过经济手段合理分配利益对于克服邻避现象尤为重要。垃圾收费(税)、押金制度和排放权交易制度等是实现社会公正的有效手段,尤其是排放权交易制度不仅让排放者付费、受纳者受益,而且受纳者获得直接向排放者叫价的机会,已有文献详细介绍,不再赘述。笔者建议通过源头虚拟处理厂补贴资源回收,惠及公众。源头虚拟处理厂是分散在家庭、社区和企事业单位的垃圾分类和资源回收设施组成的垃圾处理网通过财政补贴调动社会力量发展资源回收产业,完成垃圾源头预处理从而减少需要末端处理的垃圾;财政补贴源头虚拟处理厂更易达到利益公正分配的目的，有助于邻避现象的消除；目前垃圾焚烧发电厂日处理1吨的建设投资约40万元，每吨垃圾的电力上网和运费补贴约90元，将这些资金补贴源头虚拟处理厂回收的资源甚至可望比1吨还多，其直接效果是处理厂经济效益显著提高、末端处理设施数量与规模减小，从而减少征地与避免处理地环境纳污容量超过阈值，以及减轻垃圾运输负荷从而减小沿途二次污染，其更大效益是利益公正分配和公众积极参与带来的社会效益；源头虚拟处理厂是一种先进的处理技术和处理概念。

（二）垃圾管理必须促成垃圾处理系统可持续发展

妥善处理垃圾是垃圾管理的核心目标，垃圾处理系统可持续是垃圾管理系统可持续的标志，促成垃圾处理可持续便是垃圾管理的核心任务。垃圾管理通过法制手段、经济手段、科技手段和社会道德力量规范垃圾处理设施的建设与运营，确保垃圾处理系统处于协调有序、安全高效、运行平稳的状态，满足目前一段有限时间内垃圾处理的需要，同时又要具备升级潜力，以备未来垃圾处理的需要，并实现垃圾处理可持续发展的产业化目标。

影响垃圾处理系统可持续的主要因素：资源利用、环境影响、经济效益、科技先进性和系统升级潜力。资源利用指垃圾本身所含资源及垃圾处理过程中产生的废物的利用；可持续垃圾处理系统要求按生态工业园模式回收利用各种资源。环境影响包括处理系统对自然环境、人文环境和生态环境的影响；可持续垃圾处理系统要求处理设施与周围自然、人文和生态环境相容，要求环境污染治理达标，要求与经济发展战略相吻合，与人们生活习惯相协调。经济效益包括直接经济效益和间接经济效益；垃圾处理长期被视作公益事业，被认为是只有投入没有产出的项目，其经济效益未受到重视，但可持续垃圾处理要求垃圾处理系统具有经济效益；首先，重视投入产出分析，优先建设资源回收类有产出且建设与运营成本较低的处理设施，追求最佳投入产出比；其次，核算间接经济效益，优先建设对周边经济拉动效应较大的设施，获取外界对设施建设与运营的支持，当然，因垃圾产生者是垃圾处理设施的用户，垃圾产生者应该付费，该费用也是垃圾处理的间接经济效益的一部分；为了提高垃圾费（税）的收缴率，并考虑到垃圾的实体来源是生产资料，政府可在生产资料交易过程中收取一定比例的垃圾费（税）。此外，可持续垃圾处理系统在设计、建设与运营方面必须采用先进的科学技术以延长系统的使用寿命，而且还必须具备升级潜力，确保处理系统改造在经济上是有利的、在技术上是可行的、在运营上是安全可靠的，只有能升级的系统才有可能是可持续的。

（三）垃圾管理必须吸引公众积极参与垃圾处理产业

公众参与不仅指公众参与监督垃圾管理，更指公众积极参与垃圾处理活动。公众享有监督垃圾处理设施的规划、环评、建设与运营的权利，仅提出批评和建议是不够的，垃圾管理应吸引公众投身到垃圾处理产业，一是遵守垃圾管理办法，养成可持续生产、可持续消费和垃圾分类收集习惯，上缴垃圾费（税），制止公众场所违章丢弃垃圾的行为；二是成为垃圾处理设施的投资与运营主体，尤其是成为源头虚拟处理厂的运营者，这里的公众泛指个人和企事业单位。鉴于单位是产品废物的源头，其积极参与垃圾处理产业对建立可持续垃圾管理系统尤为重要。

三、建立可持续垃圾管理系统的路线

根据上述基本要求和国内外经验分析，围绕资源利用、环境保护、利益分配和公众参与等要素，建立可持续垃圾管理系统大致分四步走，表1给出了这四步的主要特点及标志性处理设施与管理规范。目前我国一些经济较发达城市已走入了第二阶段，仍未进入可持续管理阶段，需要逐步建立分类收运与分类处理系统，走过关键性的第三阶段后方可建立起可持续管理系统。需要指出的是，社会欠发达的传统地区，如乡村，虽然目前处于第一阶段，但仍可以采用源头虚拟处理厂概念，培育农林副产品等资源利用产业，虚拟处理厂是解决乡村垃圾问题和农民就业问题的有效办法之一。

表1 可持续垃圾管理系统路线

垃圾管理阶段	标志性设施	标志性法规	主要特点
第一阶段：100%无害化处理	卫生填埋场	无害化处理规范	解决生产、消费的后顾之忧，全量填埋，不可持续模式
第二阶段：混合处理	物质回收厂或能源回收厂	堆肥、焚烧发电等专项管理规范	回收部分资源、全量填埋、全量焚烧，不可持续模式
第三阶段：分类处理	源头分类厂（虚拟处理厂）和集中分类厂	分类收运与分类处理规范	高效回收资源，分类收运、分类处理，准持续模式
第四阶段：全过程管理	源头减量	清洁生产法、循环经济法、环境权法	高效回收资源，源头减量、分类收运、分类处理，可持续模式

四、结论

可持续垃圾管理系统首要任务是满足现在一段时间内垃圾管理需要的系统，同时具备适时升级潜力，改造后又能满足未来的需要。垃圾管理系统服务于社会发展需要、促成可持续垃圾处理系统及吸引公众积极参与垃圾管理和处理是对可持续垃圾管理系统的3个基本要求，据此可形成四步走的建立可持续垃圾管理系统的路线。

参考文献

［1］ 王书明.可持续发展涵义研究述评：对布兰特定义的质疑和中国学者的理解 ［J］.哲学动态, 1996（10）：17-21.

［2］ 熊孟清, 林进略.应用经济手段解决城市垃圾处理处置问题 ［J］.环境卫生工程, 2007, 15（2）：17-20.

［3］ 熊孟清, 隋军, 粟勇超, 等.生活垃圾处理产业化综述与建议 ［J］.环境与可持续发展, 2008（3）：32-34.

［4］ 熊孟清, 范寿礼, 杨昌海, 等.浅析垃圾处理产业化策略 ［J］.环境科学与技术, 2008（6A）：503-505.

［5］ 熊孟清.加强规划与环评促进企业保护资源环境 ［C］.民盟北方生态论坛论文集, 2008：152-157.

（刊于《环境卫生工程》, 2009 年, 作者：熊孟清）

固废治理的综合方案及其决策

固废治理面临经济社会可持续发展、循环型社会系统建设、和谐社会建设的挑战。新形势下，固体废弃物治理方案的决策势必不同于以消纳垃圾为首要目的、非埋即烧时代垃圾处理方案的定性决策，需要在传统的定性决策基础上引入定量分析方法；固体废弃物治理方案也不再是非埋即烧或"焚烧为主，填埋为辅"，而可能是多法并举的综合方案。

一、决策的层次结构

（一）影响固体废弃物治理方案决策的因素

影响固废治理方案决策的因素可分为两类：准则和治理方法。固废治理准则是确定固废治理方案的依据，也是开发固废治理方法时必须遵循的一般性原则，是社会经济发展对固废治理的具体要求。生态环境保护要求无害化，循环型社会系统建设要求资源化和减量化，资源节约与保护及经济与城市可持续发展要求节约土地、节约资金以及资源化和减量化，和谐社会建设要求居民满意。由此可见，在当前经济社会发展形势下，固废治理的主要准则有无害化、资源化、减量化、节约土地、节约资金和居民满意六项。

治理方法包括传统意义上的处理方法及维持治理意义上政府与社会良性互动的政策、措施和程序。因此，固废治理方法包括两类，一类是软方法，主要指经济手段、科技手段和生产者责任延伸制度，治理除包含垃圾处理外，还包括垃圾管理及政府与社会互动等层面对垃圾处理的作用，软方法虽然不能引起量变，但对后续回收、热转换、生物转换和填埋都会产生较大影响，应列入固废治理方法之一；另一类是硬方法，目前可以商业化应用的硬方法有固废分流分类、物质回收利用、热转换、生物转换和填埋处置。传统上，垃圾处理方法主要指热转换、生物转换和填埋处置三类，不包括分流分类与物质回收利用，前者在以消纳垃圾为首要目的时没有受到足够重视，后者因物质回收利用权属经贸部门而未被垃圾处理管理部门纳入垃圾处理范畴。由此可见，目前应综合评估的固废治理方法有经济手段、科技手段、生产者责任延伸制度、垃圾分流分类、物质回收利用、热转换、生物转换、填埋处置八种。

（二）固废治理方案决策的层次结构模型

固废治理方案的决策至少涉及上述十四个因素，决策的关键是通过找出因素间的相互关系及隶属关系，形成一个层次结构模型，将决策过程层次化，从而将决策问题归结为求解最低层（方案、措施、指标等）相对于最高层（总目标）权重的数学问题。

固废治理方案的决策可归结为一个三层结构的层次结构模型，最高层是目标层，目标就是选择固废治理方案；中间层是准则层，由无害化、资源化、减量化、节约土地、节约资金和居民满意六个准则组成；最低层是治理方法层，包括经济手段、科技手段、生产者责任延伸制度（简称"生产者负责"）、分流分类、物质回收利用、热转换、生物转换和填埋处置八种方法。固废治理方案决策就是先分析各种治理方法相对于每个准则的重要性，再结合本地经济社会发展状况，分析各个准则的重要性，最后找到适合本地实际情况的固废治理方案，治理方案一般应是同时选用多种治理方法的综合治理方案，但也可能是只由一种优先选用的治理方法组成的简单方案。

二、因素的权重分析

由上文所述可知，固废治理方案的决策是一个多准则下多方法按优先程度排序的多层次结构分析问题，可采用层次分析法（AHP）。层次分析法是 20 世纪 80 年代美国运筹学家 Saaty 教授提出的一种多方案或多目标的决策方法，按照思维、心理规律把决策过程层次化和数量化，成功地将定性与定量决策结合起来，具有简单、灵活、适用等优点，广泛应用于城市规划、经济管理、能源系统分析和绩效评价等社会经济各个领域。

（一）因素重要性的标度方法

为构造层次分析法的判断矩阵，首先要对各因素的相对重要性进行标度。引入 1～9 标度法：与因素 i 比较，若因素 j 同等重要，则用 1 标度；若稍重要，则用 3 标度；若明显重要，则用 5 标度；若极其重要，则用 7 标度；若强烈重要，则用 9 标度； 2、4、6、8 表示相邻判断的中间值。

（二）治理方法相对于每个准则的权重

表 1 给出了八种治理方法相对于每个准则的重要性的标度。其中，经济手段和科技手段对其他 6 种方法都将产生巨大的积极作用，且具有同等重要性，而且，其对固废治理的作用大于其他六种治理方法的任何一种，这两种治理方法对每个准则的标度都取为 9。

表 1　治理方法相对于每个准则的重要性标度

准则	经济手段	科技手段	生产者负责	分流分类	物质回收利用	热转换	生物转换	填埋
无害化	9	9	5	3	1	7	7	7
资源化	9	9	7	7	3	3	3	1
减量化	9	9	7	1	1	1	1	1
节约土地	9	9	7	5	5	7	1	3
节约资金	9	9	7	7	5	1	3	3
居民满意	9	9	7	5	7	1	7	3

生产者责任延伸制度对减量化和资源化都极其重要，因垃圾产量与排放量减少，故其对节约土地与节约资金也极其重要，此外，因生产者责任延伸制度的责任主体主要是产品生产者（包括制造、运输、销售、进口者），居民对其也非常满意，但因生产者责任延伸制度的执行分散且跨部门，监督较难，不利于提高无害化水平。鉴此，相对于无

害化准则，生产者责任延伸制度只标度为 5，对其他五个准则都标度为 7。

分流分类对资源化和节约资金极其重要，标度为 7；对节约土地也比较重要，标度为 5，但对减量化没多大作用，标度为 1（基准值）。这里的减量化是指严格意义上的源头减少资源消耗和废弃物产量，分流分类、回收利用、热转换、生物转换及填埋都起不到减量化效果，故这些治理方法对减量化的标度都为 1。

物质回收利用是居民极其满意的治理方法，对居民满意准则的标度为 7，但不利于无害化控制，对无害化的标度为 1。

热转换是无害化和节约土地的好方法，对这两个准则的标度为 7，但建设投资和运营费用较高，极不受居民欢迎，对节约资金与居民满意的标度都为 1。

生物转换是无害化和居民满意的好方法，对无害化和居民满意的标度为 7，但占地较大，对节约土地的标度为 1。

卫生填埋是一种无害化方法，对无害化标度为 7，但占地较大，对节约土地的标度为 1。

通过代数运算后，得到 8 种治理方法对 6 个准则的特征向量构成的权重矩阵 $W^{(3)}$：

$$
W^{(3)} = \begin{bmatrix}
0.218 & 0.237 & 0.314 & 0.217 & 0.226 & 0.218 \\
0.218 & 0.237 & 0.314 & 0.217 & 0.226 & 0.218 \\
0.019 & 0.140 & 0.209 & 0.143 & 0.141 & 0.130 \\
0.063 & 0.140 & 0.033 & 0.098 & 0.141 & 0.091 \\
0.020 & 0.074 & 0.033 & 0.098 & 0.107 & 0.130 \\
0.130 & 0.074 & 0.033 & 0.143 & 0.022 & 0.020 \\
0.130 & 0.074 & 0.033 & 0.021 & 0.067 & 0.130 \\
0.130 & 0.074 & 0.033 & 0.063 & 0.068 & 0.063
\end{bmatrix}
$$

（三）各准则的权重

因各地实际情况的差异，判断准则的重要性排序会有所不同。居民环境意识强的地区会强调居民满意度，土地紧缺地区要优先考虑节约土地，资源贫乏地区优先考虑减量化和资源化，经济发展落后地区则会优先考虑节约资金。各地应结合实际情况，确定各判断准则重要性的标度。表 2 给出了几种判断准则重要性的标度情形及特征向量。

表 2　判断准则重要性的标度情形及特征向量

情形	无害化	资源化	减量化	节约土地	节约资金	居民满意	特征向量 $W^{(2)}$
1	1	1	1	1	1	1	$[1/6\ 1/6\ 1/6\ 1/6\ 1/6\ 1/6]^{\mathrm{T}}$
2	7	5	3	7	1	9	$[0.177\ 0.106\ 0.064\ 0.265\ 0.029\ 0.359]^{\mathrm{T}}$
3	5	5	5	9	1	9	$[0.153\ 0.153\ 0.088\ 0.287\ 0.031\ 0.287]^{\mathrm{T}}$
4	7	5	3	9	1	7	$[0.211\ 0.166\ 0.097\ 0.334\ 0.031\ 0.211]^{\mathrm{T}}$
5	7	5	3	1	9	3	$[0.233\ 0.176\ 0.105\ 0.035\ 0.346\ 0.105]^{\mathrm{T}}$
6	5	7	9	7	1	5	$[0.124\ 0.207\ 0.309\ 0.207\ 0.028\ 0.124]^{\mathrm{T}}$
7	9	5	1	5	5	3	$[0.326\ 0.235\ 0.032\ 0.156\ 0.156\ 0.095]^{\mathrm{T}}$

三、固废治理方案

表 3　表 2 列举情形下各种固体废弃物治理方法的排序

情形	经济手段	科技手段	生产者负责	分流分类	物质回收利用	热转换	生物转换	填埋
1	0.238	0.238	0.142	0.094	0.077	0.070	0.076	0.072
2	0.226	0.226	0.133	0.091	0.121	0.079	0.087	0.074
3	0.229	0.229	0.136	0.093	0.086	0.082	0.080	0.072
4	0.229	0.229	0.135	0.089	0.079	0.092	0.076	0.076
5	0.234	0.234	0.135	0.105	0.075	0.061	0.085	0.079
6	0.251	0.251	0.155	0.083	0.067	0.059	0.064	0.064
7	0.227	0.227	0.126	0.100	0.069	0.088	0.087	0.087

通过计算 $W^{(3)}$　$W^{(2)}$，即可得到不同情形下各种固废治理方法的排序。表 3 给出了表 2 列举情形下各种方法的排序和固废治理方案，具有两方面意义：一是给出了不同情形下固废的综合治理方案，二是给出了不同情形下应该优先选择的固废治理方法。从表中可以看出：

（1）无论哪种情形下，经济手段、科技手段和生产者责任延伸制度这 3 种软方法都具有明显优势，尤其在减量化强烈重要条件下（情形 6），优势更明显，这是因为软方法对任何准则都极其重要。

（2）无论哪种情形下，热转换、生物转换和填埋这 3 种传统意义上的垃圾处理方法中的任何一种都不具有明显的优势；只有在情形 4 即土地极度紧张条件下，热转换才稍具优势。这是因为这 3 种方法的优点与缺点同样明显，在多准则下其总体表现持平。

（3）分流分类和物质回收利用相较于热转换、生物转换或填埋具有一定的优势，这是因为做好分流分类和物质回收利用有利于更好地发挥热转换、生物转换或填埋的优势。

（4）从技术角度看，分流分类优先于物质回收利用；但情形 2、3 说明，当居民满意最具强烈重要性时，物质回收利用应优先于分流分类，这是因为相较于分流分类，居民更乐意接受物质回收利用。

综上所述，固废治理方案决策可以层次化，因而可应用层次分析法进行系统、定性分析与定量分析相结合的决策，从而得出适合本地情形的固废治理的综合方案，找出治理方法的优先程度。软方法是行之有效的固废治理方法，应大力运用经济手段和科技手段，动用行政手段落实生产者责任延伸制度；热转换、生物转换和填埋可多法并举，并不存在谁先谁后的选择问题。但填埋作为一种应急措施，应具备一定的填埋库容；对于广州这样的居民满意具有强烈重要性的城市，除大力运用经济手段、科技手段和行政手段外，应优先推进物质回收利用，同时推进垃圾分流分类，适当加大热转换比例，以适应土地日益紧张的要求。

（刊于《城市管理与科技》，2013 年 2 月 15 日，作者：熊舟，熊孟清）

盘活垃圾收运环节，
推动垃圾分流处理

　　与一般生产企业的原材料或产品运输可以市场化一样，垃圾收运比填埋和焚烧等处理环节更适合于市场化，而且，因不同用途或种类的垃圾其回收利用的主体不同，各主体有权根据自身情况选择不同的垃圾收运主体及收运方式。实践表明，政府统管垃圾收运不宜于垃圾合理分流，这样不仅降低了资源配置效率，且阻碍了垃圾回收利用率的提高。盘活垃圾收运环节，推动垃圾分流已成为当前提高垃圾治理效率的重要事项。

　　垃圾收运主体应由3类组成，它们是：负有收运责任的生产和销售企业、有用垃圾回收利用企业、政府指定的收运单位。商品生产和销售企业主要负责收运其生产和销售的大件商品、家电产品、包装物和未售出产品等形成的废弃物。有用垃圾回收利用企业指定的收运单位主要负责收运政府或商品生产、销售企业委托垃圾回收利用企业处理的垃圾。一般而言，政府应鼓励垃圾回收利用企业重点处理居民日常生活产生的家庭垃圾和公共场所保洁垃圾。政府指定的收运单位重点收运有毒、有害、危险及一些特殊废弃物，包括因企业破产或其它特殊原因导致企业不能收运的其生产销售的商品废弃物。

　　3类收运主体分工协作，形成垃圾处理产业的3条物流环路。垃圾收运流程是垃圾处理产业物流的关键组成，应精细构建，确保垃圾排放、回收和利用整个过程安全顺畅，并明确各环节间的垃圾交接关系及相关主体的主要责任与义务。

　　对于主要由商品生产、销售企业负责收运与回收利用的旧家电、容器与包装的排放者与回收利用企业实际上可以建立直接联系，废物及其相关的费用交接通过企业指定的代收点完成。对旧家电，主要是电视机、冰箱、空调机、洗衣机和计算机，因其回收利用的成本大于资源利用收益，排放者（消费者）须向代收点支付一定的收运费与处理费；旧家电回收利用中需要考虑企业破产的可能性，由于家电使用寿命较长，而生产或销售企业，即使在短时间内获得非常高的市场份额，也可能很快倒闭，因此，政府应强制要求销售同类产品的商家承担同类旧家电收运任务，即使销售商没有销售过同品牌的产品；对于旧容器与包装，包括玻璃容器、PET饮料瓶、纸质容器包装、塑料容器包装、泡沫苯乙烯盘、铁罐、铝罐、纸包装袋、瓦楞板等，其回收利用的收益高于成本，代收点应向排放者支付一定的报酬；为了鼓励容器与包装的回收，有必要采用押金制度，消费者在购买商品时交付一定押金，待退回容器与包装时取回押金。为了便于排放者（消费者）就近退回容器与包装，无

211

论消费者是否在此地交付押金，收购点都应返还排放者押金，这就需要政府建立统一的押金收支系统。

对于家庭垃圾和公共场所保洁垃圾，排放者与回收利用者相对分离，此时，社区和政府应承担更多的责任，如协助回收利用企业建立收集点、管理垃圾收费、参与收运与处理、监督等。对于政府负责收运的有毒、有害、危险及一些特殊垃圾，排放者应按有关规范、标准适当排放，并预约相关收运单位上门收运。

（刊于《环卫科技网》，2010 年 1 月 18 日，作者：熊孟清）

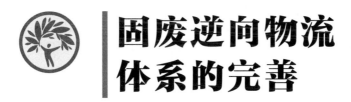

固废逆向物流体系的完善

　　固体废弃物逆向物流是指固体废弃物从排放、处理（包括收集、回收、运输、再加工、储存等）、再回到产品制造厂家利用或进入填埋场填埋处置的过程中所形成的物质流，具有分散性、不确定性、复杂性和依赖性等特点。废弃物排放者居住地的分散性导致废弃物源头及回收站点呈现分散性；源头废弃物、回收品和半成品（分销品）的产地、时间、种类、质量与数量等具有不确定性，再生产品的销售市场甚至相关治理信息及废弃物治理政策也具有不确定性；废弃物逆向物流的主体、客体及交易具有复杂性；废弃物逆向物流对产品生产制造的正向物流具有依赖性，废弃物逆向物流只有并入产品生产制造的正向物流才具有经济效益和现实意义。这些特点增大了废弃物逆向物流的复杂程度与组织难度，需要慎重对待；稍有不慎，便会导致逆向物流体系臃肿、成本高涨和效率低下。本文以废弃物逆向物流交易为主要研究对象，探讨逆向物流体系的完善方法及途径，重点介绍内生交易环路的减少、双边交易电子化、第三方公用电子交易平台和第三方逆向物流公司。

一、通过减少内生交易环路优化交易网络

（一）逆向物流双边交易体系现状

　　图 1 是固体废弃物双边交易的一般示意图，它是我国废弃物逆向物流双边交易的集成，也是目前我国电子废弃物回收利用逆向物流双边现货交易的真实版本。废弃物处理者多达 8 类（包括产业联盟、二手市场、回收、拆解和资源利用与处置业者等），废弃物处理渠道多达 6 条，资源化利用渠道也是 6 条，这些废弃物处理渠道相互耦合，形成许多内生交易环路，使交易体系复杂化，双边交易多达 18 种。

　　图 1 所示双边现货交易体系不仅在 2 个废弃物处理者之间形成双边交易关系，而且，在 3 个或更多交易者之间形成了很多内生交易环路，甚至一环套一环的多层内生交易环路，如排放者、物质回收公司、废品收买者和拆解公司之间便形成一个内生交易环路，该环路内又包含一些像排放者、物质回收公司和废品收买者之间形成的内生交易环路。形成如此复杂的双边交易局面，主要由废弃物逆向物流特点所决定，尤其是分散性和不确定性两特点造就了庞杂的回收队伍，形成了 5 条资源化利用渠道，但也有行业规范管理不到位的原因。此种情形增大了交易体系的复杂程度与交易的成交难度，有待进一步完善。

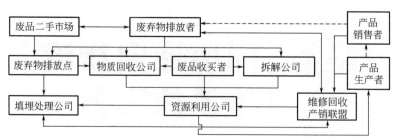

图 1　固体废弃物逆向物流双边现货交易

——废弃物逆向物流；- - →产品生产销售正向物流

（二）内生交易环路的减少

内生交易环路虽然增大了交易的便捷性，但同时也增加了废弃物的交易次数，提高了交易成本；内生交易环路容易滋生买空卖空等虚假交易，甚至形成内部物流循环，抬高物价的情况。减少内生交易环路是优化交易体系的一条重要途径。

图 2 是废弃物逆向物流双边交易的优化方案之一。废弃物处理经由相对独立的 4 条渠道，一是经由产销联盟维修与回收，二是经由物质回收公司回收，三是经由二手市场交易，四是无用垃圾经由废弃物排放站点收集后送至填埋场填埋处置。废弃物资源化利用保留经由产销联盟、物质回收公司到资源利用公司和二手市场交易后重复使用 3 条渠道。相较于图 1 所示物流体系，图 2 废弃物处理渠道减少 2 条，资源化利用渠道减少 3 条，双边交易次数也减少 11 次。

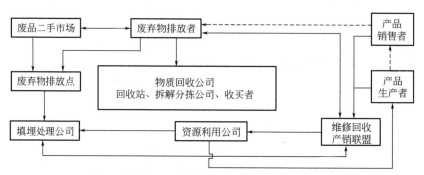

图 2　固体废弃物逆向物流双边现货交易的优化

——废弃物逆向物流；- - →产品生产销售正向物流

由此可见，斩断内生交易环路可以极大优化废弃物逆向物流交易体系。主要途径为：一是优先发挥战略交易的作用，减少次要交易。围绕废弃物资源化利用和填埋处置两条最终出路拟定战略交易，确保战略交易，去除次要交易。图 1 充分发挥产销联盟、二手交易市场、物质回收公司和废弃物排放站点的战略交易与集散作用。二是整合拆解公司、废品收买者、回收站点（物质回收公司），成立回收、拆解分拣、仓储、配送和运输五位一体的物质回收公司，减少内生交易环路。三是加强废弃物排放控制。配合战略交易，要求废弃物按生产者负责回收废弃物（如包装物）、再使用产品、再生资源（广义，除传统的再生资源内涵外，还包括可资源化利用的其他废弃物，如餐厨垃圾、建筑废弃物及能量利用的废弃物等）和无用垃圾排放。

二、通过交易电子化提高交易效率

（一）双边交易电子化

交易双方通过电子化手段开展交易，消除时空阻隔，可以提高交易效率，并优化库存和资金流。所谓废弃物逆向物流交易电子化就是推动物联网（IOT）技术在废弃物逆向物流交易中的应用，通过传感器、射频识别技术、全球定位系统等技术，实时采集交易所需的实物、过程、信用等相关信息，并上传到指定的（固定终端和移动终端）互联网络，实现交易主客体与交易物之间的"零距离"接触，实现对实物、过程与信用的智能化感知、识别和管理。交易电子化不仅仅是一套采购系统，同时也可以提供一套逆向物流处理方案，实现逆向物流信息处理的电子化，有利于优化仓库的布局与库存，及时调整运输路线，扩大物流系统的服务半径，实现物流系统的集约化。

废弃物逆向物流电子交易模式主要有企业与企业模式（B2B）、企业与废弃物排放者模式（B2C）和企业与政府模式（B2G）。企业与企业电子交易模式存在于运输公司、回收公司、资源化利用公司、处置公司、二手市场和产品生产者之间。企业与排放者模式存在于运输公司、回收公司、资源化利用公司、处置公司、二手市场、产品生产者和废弃物排放者或产品消费者之间。企业与政府主要存在于资源化处置公司、处置公司、产品生产者和政府之间。企业与政府模式主要用于财政补贴和监督信息传递。此外，消费者与消费者之间也存在物品交换。因而有必要构建消费者与消费者模式（C2C）。

交易电子化需要交易规则、送退货机制等支撑。此外，鉴于在线展示未必能及时反映废弃物、回收品及废弃物资源化利用产品的形状和质量等特性及其变化，废弃物逆向物流电子交易需要线下验货等交易活动辅助。

（二）创建第三方公用电子交易平台

双边交易电子化尽管可以消除时空阻隔，但因为各个电子交易系统独立运行，甚至有意保密各自的交易信息，各电子交易系统不能互相访问，致使交易电子化不能消除信息不完全和不对称等信息障碍。为了弥补这一缺陷，有必要创建第三方公用电子交易平台，创造逆向物流交易市场，整合交易与物流渠道，联动线上线下，实施产业链上下游的一站式流通，优化废弃物逆向物流链，实现交易过程网上监管、交易数据网上联动和全程共享、全程受控、全程安全的信息化目标，为客户提供交易便捷，同时向客户提供市场行情报价、市场支持、技术支持、优惠补贴、培训支持，促进废弃物处理信息化、专业化、市场化和社会化。

第三方公用电子交易平台应具备两个基本功能：一是能够接纳有意参与交易的组织和个人，覆盖废弃物排放者、二手市场、产销联盟、回收公司、个体收买者、废弃物排放站点、拆解公司、回收利用企业、处置公司、运输公司、仓储企业、物流公司、快递企业和产品生产者等；二是起到交易市场作用，拥有客户管理、信息发布、交易组织、专家评审、结果公示和现场监督等交易过程管理能力，通过卖方挂牌、买方挂牌、在线竞买、在线竞卖、双向竞价、集合竞价（撮合交易）、在线招标、在线专场等方式，促成双方或多方有效交易。为此，第三方公用电子交易平台应具备公共服务系统、交易受理系统、交易组织系统、交易评审系统、监管监察系统和综合管理系统等子系统。

第三方公用电子交易平台，在运行机制上，便于建立标准化运作模式，实现统一项目申报、统一信息发布、统一操作规范、统一监督管理；在技术手段上，便于建立电子招投标平台，实现电子资格预审、电子招标投标、电子辅助评标、电子银行等，用科技手段提高效率、减少失误，解决围标串标、评标不公等问题。

第三方公用电子交易平台不仅改变了交易体系，也改变了物流体系；反过来，物流体系的改革不仅是电子交易平台开展可信交易的保障，也将促进电子交易平台的进一步完善。为保障线上可信交易，物流体系有必要建立与第三方公用电子交易平台集中交易相适应的配送中心、退货中心、处理中心（产业园）和物流跟踪系统等，确保满足订单要求的货物及时准确地到达目的地，不满足订单要求的货物可便捷地退货处理。

三、通过创建第三方逆向物流公司降低生产成本

创建第三方逆向物流公司，把第三方逆向物流服务视为"产品"进行开发，推动公共物流服务平台建设，势必开发出一个全新的服务市场。

第三方物流服务，可以让客户企业专注自己的核心业务、降低生产成本并享受专业化的个性服务，这是第三方物流服务市场赖以成长壮大的基础。

第三方物流源于管理学的外包。从对外委托形态来看，外包大致有三种形式：一是业主将货物运输与保管委托给物流企业，自己从事物流系统设计、库存管理和物流信息管理等工作；二是物流企业不仅承担物流作业，且向客户提供其开发的物流系统；三是物流企业向客户提供个性化的物流系统设计并承担该系统的运营责任。前两种对外委托形态在发达国家已被企业普遍采用，第三种对外委托形态逐渐受到重视。

但第三方物流不止于外包服务，作为一个服务产品和服务市场，第三方物流将以合同业务管理模式，向客户提供运输、仓储、包装、货代、信息及物流系统的设计与咨询等复合型服务，而且，为提高竞争力，第三方物流围绕核心服务，建设性地增加便利性和支持性服务项目，如使用条形码以便于点数和溯源，建立一体化的配送中心和退货中心以提供便利性流通加工服务，建立动态物流跟踪系统以便于客户掌握订货、退货及货物运输等信息，向客户提供一揽子物流运营管理服务以便于客户专注发展核心业务，等等。

现代第三方物流不仅在业务领域不断拓展，实现运输与仓储、配送、货代、物流系统设计与运营等业务的融合，在服务手段上，以电子信息技术为基础，融合仓储基地与网络、物流与产业、物流与信息化、物流与金融，不断推陈出新。

比第三方正向物流更复杂，第三方逆向物流必须解决逆向物流的不确定性带来的困难，这就需要物流公司做好货物来源、种类、质量和数量等要素的鉴别与记录等工作。为此，必须做好逆向物流标准化建设工作，为物流公司提供相关规范和标准。

完善固体废弃物逆向物流体系的关键是完善交易方式方法，检验废弃物逆向物流体系是否完善的关键指标就是成交率。交易重配资源，交易创造利润，创新与完善交易体

系是催生交易的主要途径。减少内生交易环路、促进双边交易电子化、创建第三方公用电子交易平台和第三方逆向物流公司的目的就是要完善与创新交易体系，一则优化资源配置，提高交易效率和服务水平，二则创造交易机会，催生交易，三则开发相关的服务市场，拓展服务领域，借此完善废弃物逆向物流。

参考文献

［1］ 樊芳，杨东升.逆向物流管理在城市固体废弃物处理中的应用［J］.现代企业文化，2009（5）：111-112.

［2］ 全晨泽，张宏伟.基于低成本的逆向物流回收策略探讨［J］.铁路运输与经济 2005（27）：19-21.

（刊于《城市管理与科技》，2014 年，作者：危伟汉，熊孟清，范莹）

上海生活垃圾水陆联运系统

一、上海垃圾转运的两种模式

上海市形成了陆运和水陆联运的垃圾混合转运模式。陆运模式向目前在线焚烧发电厂（总处理能力3500吨/日）供应垃圾；垃圾由社区压缩站或中转站车运到附近焚烧发电厂，与广州市现有转运模式相同。水陆联运模式（图1）向老港填埋场及计划建设的老港焚烧发电厂供应垃圾；垃圾由社区压缩站或中转站，以散装或集装化方式，分别转运到徐浦子系统或蕴藻子系统，再由徐浦子系统或蕴藻子系统水运至老港子系统，最后转运到老港处理处置基地（目前只有填埋场处置）。上海市日均清运垃圾约12500吨，其中，3500吨由陆运模式运至焚烧发电厂焚烧处理，焚烧发电厂焚烧炉渣及其他9000吨清运垃圾由水陆联运系统水运至老港填埋场填埋处置。

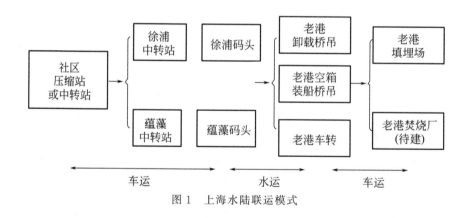

图1　上海水陆联运模式

二、水陆联运模式

（一）组成

水陆联运模式由三部分组成：社区垃圾收运子系统、前端水陆对接子系统和末端水陆对接子系统。

社区垃圾收运子系统由社区收运、压缩站或规模较大的中转站、转运车队组成，这部分与广州市现有模式基本相同。

前端水陆对接子系统将车运社区垃圾转运至水运船舶，由压缩站（中转站）和码头组成，现有徐浦和蕴藻 2 个前端对接子系统。

末端水陆对接子系统将集装化水运垃圾卸载并车运至处理处置基地，该系统应就近建设处理处置基地，上海市的末端水陆基地就建设在老港处理处置基地内，十分便捷。

（二）徐浦子系统

徐浦子系统属前端水陆对接子系统，由垃圾压缩站和中转码头组成，压缩处理能力为 3800 吨/日，水运总能力可达 10000 吨/日；2010 年日均压缩散运垃圾 2000 吨，日均接收其它压缩站集装化转运（车运）来的垃圾 1500 吨，日均水运至老港子系统的垃圾 3500 吨。

上海市前端水陆对接子系统还有一个规模略小的蕴藻子系统。

（三）老港子系统

老港子系统属末端水陆对接子系统，承担水运卸载、车运集装化垃圾至填埋场及将空集装箱装船三个功能。老港子系统日装卸集装箱能力可达 800 个，日卸载和车转运垃圾能力可达 12000 吨。

（四）建设水陆联运系统的必备条件

（1）具有一定航运能力的水系；

（2）具有一个大容量垃圾处理处置基地；

（3）城市（或区域）具备一定的经济能力（给出详细经济核算报告需要进一步调研）。

三、老港垃圾处理处置基地

老港垃圾处理处置基地占地 6.72 平方千米（4.2km×1.6km），目前设施只有填埋场及其配套设施，计划建设 2 座 3000 吨/日的焚烧发电厂。

老港填埋场规划于 1983 年，第一期建成投产于 1989 年，可满足上海市 40 年垃圾填埋之需要，规划之长远实在令人羡慕，是时任市长的大手笔。

四、上海水陆联运模式建设给我们的启示

（1）广州市建设水陆联运系统的关键在于能否找到足够大容量的垃圾处理处置基地，调研重点应放在处理处置基地调研；没有水陆联运的目的地——处理处置基地，谈水陆联运毫无意义。

（2）南沙已列入粤港澳发展规划的重点开发区，能否建设大容量垃圾处理处置基地存在很大变数。除南沙外，还应把视野扩大到泛珠三角地区，"离岛方案"是一个值得认真调研的方案，如珠海小万山岛（无人岛）就是一个较理想的垃圾处理处置基地。如果南沙仅能接受 3000 吨/日左右规模的垃圾处理处置能力，则仅宜建设局部区域垃圾水陆联运系统。

（3）垃圾转运模式其实不是重点，如在陆地能找到大容量垃圾处理处置基地，长距离列车陆运也是值得调研的，建议对粤西北山区调研。

（4）就广州市情况而言，要建成 30 年以上可持续发展的垃圾处理处置体系，就需要把广州市置入泛珠三角甚至广东省区域内一并规划，这就需要省政府协调组织。

（刊于《360doc 个人图书馆》，2019 年 3 月 8 日，作者：熊孟清）

垃圾排放量不断增大怎么办?

　　我国生活垃圾处理的主要方式是焚烧和填埋。目前,焚烧和填埋处理的垃圾分别占垃圾总清运量的27％和60％。从发展趋势看,焚烧处理比例日益递增,填埋处置比例逐渐下降。特别是一些经济发展较快的地区,正在加快焚烧处理设施建设,增强焚烧处理能力。但笔者认为,把焚烧和填埋作为垃圾处理主要方式并不能完全解决垃圾围城困境,而必须坚持源头减量—物质利用—焚烧处理—填埋处置的分级处理原则,因地制宜制定垃圾综合治理路线。

　　德国经验表明,当经济处于中高速发展时,如果不加大物质回收利用力度,焚烧处理设施的建设速度将赶不上垃圾处理量的增加速度。垃圾焚烧处理设施的建设周期较长,从立项到建成投产一般需要4年之久。而且,焚烧处理的实际处理能力具有刚性。正是这两个特性导致焚烧处理设施不能彻底解决垃圾处理问题。比如,对于日处理量1万吨和年增长率5％的城市而言,一座2000吨/日处理能力的焚烧处理设施刚建成,垃圾增量便超过了2000吨/日,垃圾处理能力出现新缺口,于是,新设施刚建成,又要马上筹建新设施。如此,一些老设施便到了使用寿命,乃至形成恶性循环。

　　实际上,除了焚烧和填埋以外,垃圾处理还应进行物质回收利用和源头减量。当前,我国经济发展处于中高速发展阶段,垃圾处理量仍将以较高速度增长,而社会参与源头减量与分类排放的动力不足,短时间内难以取得显著成效。一方面,应将其作为一项社会治理工程,全力推进源头减量和分类排放;另一方面,不能完全倚靠源头减量和分类排放来解决垃圾处理设施建设之困,可暂时利用综合处理代替综合治理,借助垃圾集中二次分选来促进垃圾的物质利用,保证在垃圾排放量增大的情况下也能控制住焚烧填埋处理垃圾量。

　　以广州生活垃圾为例,可选择简单、成熟、可靠的筛分加筛上物进一步细分、筛下物挤压分离的二次分选工艺。清运垃圾筛分(80mm筛孔)后得到32.5％的筛上物和67.5％的筛下物。筛上物中12％左右的塑料和纸类物质可进入再生资源行业加以利用,其余20.5％可用于生产衍生燃料(RDF);筛下物经挤压处理后,分离出45％的易腐有机垃圾用作生化处理原料,其余物料则是较高热值的燃料。经此分选处理后,77.5％的垃圾被物质利用(再生资源＋RDF＋生化处理原料),只有22.5％的垃圾被直接焚烧。显然,只要能解决物质利用途径,通过二次分选和物质回收利用,即使垃圾产量增大,也完全可以控制住焚烧填埋处理量的增大。

　　目前,杭州已经有200吨/日的垃圾集中二次分选与回收利用的工程实例,工艺技术已达到商业推广程度。为了维持垃圾二次分选与回收利用的可持续发展，需要政府从产业和资金两方面予以扶持。

一是引导现有工业产能利用二次分选与回收利用的产品作为生产原料，如引导利废企业收购二次分选出的再生资源，引导工业炉窑、工业锅炉和电厂锅炉采购衍生燃料，保障产品出路。

二是给予二次分选与回收利用财政补贴。二次分选、物质利用环节都是无利的，如利用上述二次分选工艺，处理1吨垃圾的处理费为117元（含厂房折旧），生化处理1吨易腐有机垃圾的处理费也在150元以上，没法通过产品销售加以平衡，需要财政予以补贴，或政府购买服务。考虑到物质利用的减碳和资源保护作用，只要二次分选与回收利用的补贴不高于焚烧处理的补贴，从经济上看就是可行的。实际上，二次分选与回收利用所需补贴确实也低于焚烧处理所需补贴。

（刊于《中国环境报》，2016年3月23日，作者：熊孟清）

减少垃圾处理量需回收利用优先

广州市焚烧填埋垃圾量的减少是坚持资源回收利用优先原则的成果。2012年上半年，广州市清运垃圾的日均回收资源达到2384吨，比2011年日均资源回收量提高了26%；广州市坚持源头分类和二次分拣两手同时抓，推行生活垃圾二级分类，推进源头干湿分类，扶持小区、社区、街道和区（县级市）因地制宜开展二次分拣，初步形成了小区清洁工二次分拣、压缩站环卫工二次分拣、街道集中分拣和区（县级市）级集中二次分拣的多层级二次分拣格局。2012年上半年，全市经过二次分拣的日均垃圾量为3477.72吨，约占垃圾清运量的25.1%，二次分拣的回收率为17.6%。

一、资源回收"两张皮"导致管理不到位

虽然推行生活垃圾二级分类取得了一定成绩，但存在二次分拣垃圾比例偏低、二次分拣设施简陋等问题，遇到了技术、资金及政策困难。

首先，资源回收存在"两张皮"割裂现象。再生资源回收利用行业管理及包括分拣厂在内的回收体系建设的管理职能属于经贸部门，垃圾排放控制、收集、运输、处理环节的垃圾分拣管理职能属于城市管理部门，两部门根据各自的需要规划建设回收站和分拣厂，存在"两张皮"现象。多头管理导致监管主体缺失，管理不到位。

其次，业主、物管和拾荒者之间存在利益分配需要。广州存在一支庞大的拾荒大军，把持着社区、企业、小区、楼宇的废品收购业务，拾荒者绕开物业管理者，直接从业主手中收购，这种做法虽然保证了拾荒者和业主利益的极大化，但却挫伤了物业管理者管理垃圾排放的积极性。如何兼顾业主、物业和拾荒者的利益，已成为促进社区、小区垃圾回收站建设绕不开的一个关键问题。

最后，资源回收受市场波动影响较大。资源回收的品质、价格受经济社会发展影响较大，经济景气时回收品种较多，回收率较高，经济不景气时回收品种和回收率都会降低。目前，连啤酒瓶这类包装物，拾荒者都不予收购，2011年生活垃圾资源化回收率从2010年的近33%跌至23%。制定出台扶持政策，减少资源回收价格受市场波动的负面影响是稳步提高资源回收率的紧迫任务。

二、出台资源回收经济扶持政策

针对上述问题，我们有如下建议。

首先，深化改革，理顺城市管理体制。进一步整合城管、经贸、水务、环保、卫生、城乡建设等部门固废处置利用及设施建设管理职能，组建城市固体废弃物管理部门，统筹管理城市固废处理工作。

其次，以社区居委（村委）会为组织核心，推行物管责任制。视社区居委（村委）会为社区自治组织，负责属地资源回收管理工作，推动源头垃圾分类与小区二次分拣物管责任制，妥善处理好业主、物管和拾荒者的利益分配，逐步建立新的废品回收机制。

最后，出台经济扶持政策，稳定资源回收价格。尽快出台资源回收经济扶持政策，通过财政扶持，稳定低市场价值废品的回收价格，减小市场波动对资源回收的负面影响，稳步提高资源回收率。

（刊于《广州日报》，2012 年 9 月 18 日，作者：熊孟清）

生活垃圾亟待
实施二次分选

目前我国生活垃圾大多是混合排放，排放的垃圾不仅为易腐有机垃圾与其他垃圾的混合物，成分复杂，而且100毫米尺寸以上的物质占比为20%左右，急需实施精准分类。

近年来，我国各地积极推动垃圾分类处理和资源化利用工作。如广州市为了推动源头垃圾分类和垃圾分类处理，先后出台垃圾分类管理办法、阶梯处理计费办法、低值可回收物回收利用管理办法等，并采用了"可回收废物、厨余垃圾、有害垃圾、其他垃圾"的四分标准。但推广垃圾分类是一项长期任务，短期内无法实现全面、精准的分类。无论哪一类分类垃圾实际上都还是混合物，其分类处理需要二次细分。

笔者认为，在相当长一段时期内，我国都必须在全力推动源头生活垃圾粗分基础上，建设粗分垃圾集中二次分选设施来细化和强化垃圾分类。可以说，二次分选是目前我国生活垃圾资源化利用的前提。

目前我国生活垃圾处理的最大问题是易腐有机垃圾和其他垃圾的二次分选与资源化利用工艺技术的选择。

易腐有机垃圾二次分选的主要目的是脱水。厨余垃圾脱水方法大体分为热力干燥、生物干化和挤压分离。热力干燥能耗大；生物干化时间长（5～7天）和占地大；挤压分离流程短，能耗介于热力干燥与生物干化之间。

欧洲一些公司在垃圾二次分选与资源化利用方面积累了丰富经验，对我国垃圾处理特别是实施二次分类有一定借鉴意义。

位于德国柏林的一家垃圾处理企业采用热力干燥技术，通过破袋筛分、磁选、热力干燥、风选、筛分、成型等多个工序，将混合垃圾中的可回收物分类单独回收，并将剩余可燃质做成RDF燃料棒（含水率20%～30%）供水泥窑使用。同样，这家公司旗下的广东省揭阳垃圾处理项目拟采用生物干化技术，将生活垃圾经过破袋、破碎、磁选、生物干化等预处理工序后，焚烧发电。

欧洲另一家垃圾处理企业则通过压榨技术将厨余垃圾分离成干、湿组分（含水率分别为30%和70%左右）。干组分与其他垃圾混合，或直接焚烧回收热能，或深加工成水泥窑用燃料；湿组分则通过厌氧发酵制取沼气。

热力干燥能耗大，每吨厨余垃圾干燥至30%的含水率时需要耗能1000MJ以上，大约需消耗150千克标准煤。如不利用余热，厨余垃圾采用热力干燥后的资源化利用就没有经济价值和环境保护价值。生物干化日处理1000吨厨余垃圾需占地近30亩，难以在

土地供应紧张的城市推广。从目前情况判断，比较实用的选择是挤压分离，通过挤压将湿组分与干组分机械分离，有助于提高易腐有机垃圾的资源化利用率及其综合效益。

笔者认为，当前急需采取措施，实施生活垃圾综合治理。

一要推动源头减量与分类排放。为此，必须落实排污者负责制度和生产者责任延伸制度，发挥社区、物业管理公司、社会组织、居民和企事业单位的作用，推动社会自治和政府、社会的良性互动。

二要建章立制，发挥企业的主体作用，建立从源头减量与分类排放、物质利用、能量利用到填埋处置全流程的多措并举、逐级利用的综合处理体系。建议重点研究推广破袋滚筒筛分一体化＋压榨分选的二次分选工艺＋干组分焚烧发电/湿组分生化处理的工艺流程，缩短流程，控制耗电量在可接受大小。控制干组分含水率在30％左右、热值在10000kJ/kg以上，不仅能实现脱水的目的，提高垃圾能量回收效率，减少污染物排放量，而且能将易腐有机垃圾中的固体易腐有机物与大部分水一起挤出，形成可降解的浆料，便于生化处理，从而减少焚烧处理垃圾量，化解垃圾处理的邻避效应。

三要理顺垃圾排放、收集、运输与处理之间的衔接关系，提出垃圾收运处理的一揽子、系统的解决方案。

（刊于《中国环境报》，2016年7月19日，作者：熊孟清，张颖）

加大物质利用力度
优化垃圾处理

推行垃圾分类，且坚持干湿分开和加大物质利用力度，有助于减少焚烧填埋的垃圾量、减少焚烧填埋垃圾的水分和焚烧垃圾的渣土含量。焚烧填埋的垃圾量过大，焚烧填埋设施的建设速度跟不上垃圾量增速，及焚烧填埋的渗滤液产量和焚烧处理的炉渣产量过大，是当前垃圾处理面临的主要问题。

进一步，加大干垃圾的物质利用力度，可减少干垃圾入炉比例，降低入炉垃圾的热值，从而抑制入炉垃圾热值设计值偏低的负面影响，提高焚烧炉的实际垃圾处理量。目前在运行的焚烧炉普遍存在入炉垃圾热值的设计值偏低问题。

此外，在加大干、湿垃圾物质利用这对矛盾中，考虑到干垃圾资源化利用效率高于湿垃圾资源化利用效率及现有焚烧填埋设施都配有渗滤液处理设施等因素，加大干垃圾的物质利用力度也应视为矛盾的主要方面。

这里，湿垃圾主要指厨余垃圾类易腐有机垃圾；干垃圾则是指易腐有机垃圾除外的其他固体废弃物，是分类标准推荐的可回收物和其他垃圾的总称，主要包括废塑料、废纸、废旧织物、废玻璃、渣土等零碎垃圾形成的混合物和家电家具等大件垃圾。

干垃圾的物质利用实际上是干垃圾中各种具有相同性质的物质的综合利用；利用前，除需要源头干湿分类（一次分拣）外，还需要回收和二次分拣。考虑到干垃圾，即使按分类标准分出的可回收物，是各类固体废弃物形成的混合物，也需要进一步通过二次分拣，从中分选出各种具有相同性质的物质并拆解大件垃圾。

目前加大干垃圾的物质利用力度存在体制与机制障碍。生活垃圾收运处理与资源回收利用呈现两张皮，源头分类归属环境卫生（城市管理、住房建设）系统，而干垃圾的回收、二次分拣和综合利用大多归属供销系统。环卫系统以公益公利为导向，寻求垃圾及时处理；供销系统以经济利益为导向，寻求利益极大化，其融合困难重重。机制上，垃圾处理的供求分离，致使垃圾处理者只求垃圾大规模、高速率的处理而不顾处理成本的高低。

这些障碍放大了各系统的弊端并衍生出新弊端。供销系统再生利用行业过度市场化、私有化和个营化，管理松散，重原收原调轻加工利用增值，加工利用手段落后甚至路边拆解，回收网络分散低效、鱼龙混杂、缺乏信任、偷税漏税等。环卫系统漠视垃圾的物质利用，淡化家庭、小区、社区妥善处理垃圾的责任和权利，致使拾荒者进入小区、社区等。后果是降低干垃圾流向的可溯源性，打击物管和第三方推行垃圾分类的积极性，降低资源回收率和利用效率，阻碍物质利用产业链的完善。

出路在于环卫系统要敢于"自我救赎"，强化主体管理，拒绝拾荒者进入社区拾捡

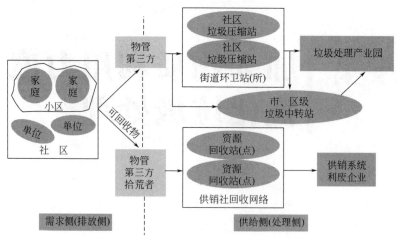

图 1　现有的生活垃圾收运处理体系

生活垃圾的废品，建设环卫系统的回收网络和垃圾处理产业园，借此再造生活垃圾收运处理体系。图 1 为现有的生活垃圾收运处理体系，图 2 为改造后的生活垃圾收运处理体系。一方面，生活垃圾收运处理体系自身需要改造，另一方面，政府主导的生活垃圾收运处理体系易于改造。

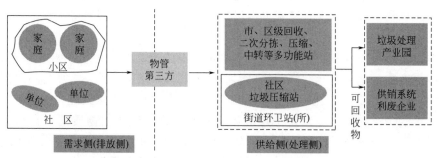

图 2　现有生活垃圾收运处理体系的改造

　　加强小区和社区生活垃圾管理，指定物管或小区和社区认可的第三方负责指导源头分类投放和一次转运干、湿垃圾至社区压缩站或多功能站，提高数据的真实性和垃圾流向的可溯源性，拒绝拾荒者进入社区拾捡生活垃圾的废品。

　　建设包含物质利用的垃圾处理产业园，或自建利废设施，或引进供销系统的利废企业。整合级垃圾压缩站和多功能站，承担压缩、中转、干垃圾的回收和二次分拣等功能。加强税收风险隐患管理，包括在多功能站注入低值可回收物补贴，并建立健全产业园税收优惠和多功能站补贴优惠向前传导至源头分类的机制。

　　建设"区块链＋垃圾分类处理"多链平台，使垃圾分类处理透明化，保障垃圾流向的可追溯性和数据的真实性，理顺垃圾分类处理的物质流和资金流（包括补贴、税收及其优惠），加大干、湿垃圾识别技术的应用，打破各类主体内部和彼此之间的信任壁垒，强化个体隐私保护，增进主体间信任与合作，降低交易成本。

（刊于《环卫科技网》，2019 年 12 月 18 日，作者：熊孟清）

再生资源回收行业
要融合发展

商务部等六部委日前联合发布《关于推进再生资源回收行业转型升级的意见》，提倡市场运作和政府引导相结合、规范秩序与行业创新相结合、突出重点和兼顾其他相结合及经济效益与社会效益相结合，从宏观角度对再生资源回收行业转型升级提出了基本原则，切中时弊。笔者认为，应进一步统筹审视再生资源回收行业，推动再生资源回收行业与垃圾处理产业、市场和生产行业的融合，以此促进行业转型升级。

第一，做好与垃圾处理产业的融合。随着废品经济价值的降低，如果没有优惠政策支持，传统的废品回收行业难以维持。但优惠政策必须建立在增进公共利益的前提下，如果再生资源回收行业仍旧只做盈利买卖，就不具备享受优惠政策的资格。再生资源回收行业应打破传统思维，视再生资源回收为垃圾处理产业的一个环节。不仅要回收高经济价值的废品，也要回收低经济价值的物品，还要充分考虑没有经济价值的垃圾的妥善处理问题，平衡私利和公益。

再生资源回收行业如何与垃圾处理产业融合，应该由市场决定，是再生资源回收企业的市场行为，可以成立垃圾处理实体、并购并入垃圾处理企业，也可以与垃圾处理企业建立战略同盟关系，具体选择只能因事、因时、因人制宜。

第二，做好与市场的融合。随着再生资源交易平台和"互联网＋"回收的高度发展，回收企业与利用废水、废气、废渣生产产品的企业（以下简称利废企业）的松散联合极易断裂。利废企业甚至可以越过回收企业直接回收，所以急需加速再生资源回收行业与市场的融合。鉴于此，要坚持政府引导和市场导向，兼顾效率与公益，完善再生资源回收网络，网络化整合回收站点和流动收购人员等资源，全面建成能收则收、应收尽收、精细分类和充分利用的再生资源回收利用体系。如通过建设再生资源回收利用产业园，紧密捆绑回收与利用。只重视回收及与回收相关的前端关系，不重视后续利用，再生资源回收行业就等同于自缚手脚，把命运交给后续利废企业。这在计划经济时代可以，但在市场经济时代，尤其在网络与信息技术高速发展的时代，是没有前途的。

第三，做好与生产行业的融合。再生资源回收行业的回收对象源自生产行业。一些成功的回收企业大多与制造、物流等生产企业建立了同盟关系，保障了回收的规模效益。同时，与生产行业融合，不只是为了保障原料来源和规模效益，更是为了保障回收利用产品回到生产领域。只有回收利用产品回到生产行业，回收利用才会有其经济、资源、环境和社会效益。

此外，再生资源回收行业要加快与产品制造、运输、分配行业的对接，完善产业链。当前，快递业迅猛发展势头不减，快递包装垃圾成为垃圾增量与组成变化的主要成因，这是再生资源回收行业转型升级的一个好机会。再生资源回收行业应通过加强与快递业的对接，以回收利用快递包装垃圾为突破口，完善再生资源回收利用体系，促进行业转型升级。

（刊于《中国环境报》，2016 年 5 月 27 日，作者：熊孟清）

创新商业模式，促进动力电池回收

无论从资源环境保护角度衡量，还是从新能源汽车行业发展角度衡量，汽车动力电池的回收利用都是必须且十分重要的。而且，随着新能源汽车行业的快速发展，汽车动力电池的报废量将快速增长，预计2020年我国仅锂电池累计报废量就将达到12万～17万吨，汽车动力电池的回收利用将成为资源节约环境保护的一项重大任务。

然而，汽车动力电池的回收利用目前面临组织、技术、资金等方面的困难，是一块难啃的骨头，相关部门也意识到了问题的严重性与紧迫性。为此，国家发改委和工信部等5个部门联合发布了《关于电动汽车动力蓄电池回收利用技术政策（2015版）》（2016年第2号公告），对回收主体及其责任、回收利用企业资格和动力电池设计、生产技术等方面予以规范，这是非常及时和必要的。

为有效解决汽车动力电池的回收利用问题，同时，也为了新能源汽车行业的健康发展，不妨从商业模式角度来进行一些探讨。具体观点是汽车买主只购买汽车电池的功能，而不购买汽车动力电池设备。

具体做法是将汽车动力电池的制造、销售、充电、回收利用等业务与新能源汽车车体的相关业务分离：一是要求动力电池生产标准化、系列化、模块化和通用化（以下简称"四化"）；二是要求汽车制造商按标准在车体内预留动力电池的安装空间和接口，汽车买主购买汽车时自主选择动力电池并由汽车经销商安装；三是沿路建设动力电池充电、换新服务站，车主可自主选择充电或换新；四是动力电池服务站根据电池情况确定是否需要报废，并对报废电池进行回收利用。

保障这一商业模式成功运转的关键是要求动力电池的生产实现"四化"。唯有如此，才能保证不同品牌的汽车，不论何时何地，都能快捷地更换到动力电池，同时方便汽车制造商生产不同马力的汽车产品。

动力电池的发展必须走"四化"路线，避免手机发展之初各种品牌手机的电池、充电器等不能替代带来的不良后果，就因各品牌不能替代，不仅给用户造成不便，还造成完好产品提前闲置的后果，多产生了不少垃圾。

这种商业模式的最大优势是解决了汽车买主对动力电池质量、寿命和维护、充电、换新、报废的担忧。其次，有利于简化动力电池回收利用的组织，便于动力电池回收利用技术的研发与推广，节省废旧电池回收利用的成本；也有利于提高动力电池的维护水平，延长电池使用寿命，从而减少电池报废量。

当然，这一商业模式还有利于促进汽车动力电池的生产，使回收利用成为一个独立行业，保障这一行业的健康发展，同时也有利于规范新能源汽车行业的竞争，尤其是防范新能源汽车商以动力电池性能欺诈汽车买主。

其实，从购买物质产品转变为购买产品的功能或使用价值，是一种实现垃圾源头减量和提高废弃产品回收利用率的重要手段，值得大力提倡。带家具的出租公寓、公共交通、集中空调、配餐服务等等都是消费者购买功能或使用价值的例子。

可以预计，如果汽车动力电池业务的经营统一采用这一商业模式，必将减少废弃动力电池数量，简化废弃电池回收利用的组织程序，提高废弃电池的回收利用率。

（刊于《中国环境报》，2016年3月1日，作者：熊孟清）

垃圾焚烧发电项目中标价为何大起大落？

2015 年以来，垃圾焚烧发电项目中标价呈现 2 个特征。一是继续降低，1999 年上海江桥垃圾焚烧项目中标价高达 213 元/吨，2019 年大连中心城区垃圾焚烧发电二期项目中标价低至 11.11 元/吨，用断崖式下跌也不足以形容。2015 年是垃圾焚烧发电项目中标价急转直下的断崖年，多个项目中标价跌至 30 元/吨以内。目前，所有项目的平均中标价降至约 73 元/吨。二是存在成倍的差异，高至 100 元/吨以上，低至 30 元/吨以下，而且，不仅各个项目的中标价存在成倍的差异，即使同一项目的投标价也存在成倍的差异。

项目中标价甚至同一项目的投标价出现如此大起大落和成倍差异，不是一种正常现象。不禁要问，这种不正常现象能够延续这么多年，是否其自身本就如此，换言之，是否垃圾焚烧发电项目中标价存在这种大幅变化的空间？每次出现超低价中标时都会引来原罪推定评论，这显然是不负责也是不足以平息项目中标价大起大落现象的。负责的做法是分析垃圾焚烧发电项目的回报机制和建设运营费用，找出影响项目中标价的敏感因子，从而找出中标价存在成倍差异的原因。

目前，垃圾焚烧发电项目的回报机制大多是以发电上网电费为主，不足部分由政府以垃圾处理服务费方式补助（上述中标价就是该"垃圾处理服务费"）。建设运营费主要包括建设投资的折旧费、运营管理费和发电上网收入。项目中标价的敏感因素主要是建设投资的折旧费和发电上网收入，而影响建设投资折旧费的敏感因子主要有年吨垃圾建设投资、折旧期、资本收益和建设边界，影响发电上网收入的敏感因子主要有年吨垃圾发电量、上网电价和上网补贴。

以吨垃圾建设投资折旧费为例加以说明。吨垃圾建设投资折旧费随年吨垃圾建设投资线性变化，垃圾建设投资目前多处在 1060～1363 元/（吨/年）范围内，吨垃圾建设投资折旧费变化范围可达 30%。折旧期从 10 年增大到 20 年，如资本收益为 4%，吨垃圾建设投资折旧费将减少 42%；如资本收益为 8%，吨垃圾建设投资折旧费将减少 36%。资本收益从 4% 提高至 8%，如折旧期 10 年，吨垃圾建设投资折旧费将提升 18%；如折旧期为 20 年，吨垃圾建设投资折旧费将提升 30%。当前条件下，垃圾建设投资折旧费可以在 90～190 元/吨范围内变化。

由此可见，年吨垃圾建设投资、折旧期和资本收益的变化的叠加效果可使吨垃圾建设投资折旧费的变化超过 100%，这将使焚烧处理服务费成倍地变化。此外，如果各项目的建设边界扩大（如有些项目把进厂道路、自来水管网、周边村集体公益项目建设等纳入建设内容），更易导致年吨垃圾建设投资大量增大。再者，年垃圾处理量不仅影响垃圾发电上网收入，而且直接影响年吨垃圾建设投资，年垃圾处理量增加，吨垃圾处理服务费将显著降低。年运行天数从 300 天增至 330 天时（意味着年垃圾处理量增加），吨垃圾处理服务费将降低 10％以上。

只要投标商调节一个或几个敏感因子，便可得到成倍差异的投标价。令人遗憾的是，全国没有对上述敏感因子作出规定，垃圾焚烧发电项目的招标文件对这些敏感因子也可能没有详细描述，项目中标价大起大落和存在成倍差异甚至进一步降低为零便不足为奇了。

鉴于上述现状，有必要对垃圾焚烧发电项目中标价（垃圾处理服务费）进行财务审核，尤其要盯住投标商关于敏感因子的承诺，确保项目中标价与承诺一致。当然，要消除项目中标价大起大落和成倍差异现象，更需要在全国范围内对敏感因子作出统一规定，堵住垃圾焚烧发电项目中标价大起大落的后门。

（刊于《中国环境报》，2019 年 10 月 16 日，作者：熊孟清，熊思沅）

垃圾焚烧发电项目中标价的敏感因子

　　垃圾焚烧发电项目中标价的敏感因素主要是吨垃圾建设投资的折旧费和发电上网收入，而影响建设投资折旧费的敏感因子主要有年吨垃圾建设投资、折旧期、资本收益和建设边界，影响发电上网收入的敏感因子主要有年均吨垃圾发电量、上网电价和上网补贴。消除垃圾焚烧发电项目中标价大起大落现象的措施是对这些敏感因子作出全国性统一规定，堵住项目中标价大起大落的后门。

　　在这些敏感因子中，折旧期、资本收益、建设边界、上网电价和上网补贴只需一纸公文便可统一，但年吨垃圾建设投资和年均吨垃圾发电量是项目建设营运水平的衡量指标，需要从技术角度认真对待。此外，折旧期可能小于营运期，需要明确折旧期满后项目中标价。

　　为什么采用年吨垃圾建设投资，而不采用惯用的日吨垃圾建设投资？

　　惯常用日吨垃圾建设投资指标，即每日焚烧处理一吨垃圾所需的建设投资，单位是元。但因一日周期过短，不能反映焚烧炉/余热锅炉在一年或更长时期之中的运行水平，如日处理1000吨的焚烧炉/余热锅炉一年内究竟能够运行多少天，仅从1000吨/日处理能力设计值是反映不出来的。

　　我们不仅关心焚烧炉/余热锅炉的日处理能力，也关心该焚烧炉/余热锅炉一年内能够运行多少天，希望达到运行时间不低于330天的建设标准。采用年吨垃圾建设投资便可反映这一点。

　　年吨垃圾建设投资将总投资平摊到一年焚烧处理的总垃圾量上，一年焚烧处理的垃圾量便是日处理能力与一年能够运行的天数的乘积，如日处理能力为1000吨，每年运行天数要求达到330天，则年焚烧处理垃圾量为33万吨。

　　年吨垃圾建设投资比日吨垃圾建设投资更能反映出建设营运水平。

　　当前，日吨垃圾建设投资可控制在35万元～45万元范围内，相应地，按建设标准330天运行时间规定，年吨垃圾建设投资应控制在1060元～1363元。但如果焚烧炉/余热锅炉一年只能运行300天，虽然日吨垃圾建设投资相同，但实际的年吨建设投资将增大到1166元～1500元范围内。显然，招标方把年吨垃圾建设投资作为控制指标更有利。

　　每年应测算年均吨垃圾发电量。

　　前面已谈年焚烧处理垃圾量的重要性，这里重点谈垃圾热值。需要特别注意热值设计值的选取、如何管控入炉垃圾的热值和权衡垃圾处理与发电关系等几个方面。

焚烧炉/余热锅炉的热值设计值（及 MCR 设计）选取至关重要。很多焚烧炉/余热锅炉的热值设计值选取偏低，甚至不能适应垃圾热值的提升需求，导致焚烧处理垃圾量下降，达不到设计处理能力。这个问题随着推行垃圾分类的不断深入，将会更加明显。

焚烧炉/余热锅炉的热值设计值（铭牌值）以入炉垃圾热值为准（包括焚烧处理能力），如果招标文件以进厂垃圾为对象，则需要换算，且应在招标文件明确指出，这不仅影响发电量，也影响年吨垃圾量建设投资。1000 吨/日进厂垃圾可能只有 900 吨/日入炉，其余以渗滤液形态分流，相应地，入炉垃圾的热值便会提高。相反，如果选取 1000 吨/日的焚烧炉，实际上进厂垃圾量则应大于 1000 吨，需要加上渗滤液量。加强储坑垃圾管理可有效提高入炉垃圾的热值，设计时要参考进厂垃圾热值，但又不能等同于进厂垃圾热值。

此外，垃圾焚烧发电项目的主要目的是焚烧处理垃圾和少产生渗滤液及其他二次污染物，其次才是多发电。一味延长储坑垃圾停留时间，入炉垃圾的单位发电量可能略有增大，但总发电量未必会增多，且加大了渗滤液处理量和臭气控制难度，这是需要权衡的。

折旧期后的项目中标价需要另外测算。

延长折旧期可降低年吨垃圾建设投资折旧费和项目中标价，但也增大了总的偿还费用。如当资本收益为 8%，投资 3.3 亿元时，10 年还清需支付 4.75 亿元，而 20 年还清则需要支付 6.07 亿元。有较强支付能力的地方应适当缩短折旧期，如十年内还清中标方的投资。

这就引出一个问题，即折旧期后营运中标价问题。折旧期后所有固定投资已折旧，中标价就应不再包含建设投资项。

（刊于《环卫科技网》，2019 年 10 月 18 日，作者：熊孟清）

生活垃圾焚烧处理蒸汽发电工艺关键指标

生活垃圾焚烧处理蒸汽发电工艺具有减容减量化高、无害化彻底、资源再利用等优点，在发达国家已被广泛采用。近年来，在我国经济发达城市，也已纷纷开始采用焚烧发电技术。焚烧后减重80％左右，减容90％左右，焚烧每吨垃圾可发电300度以上。以广州市生活垃圾焚烧发电为例，堆放三日后可燃物含量达34.15％，热值达7619kJ/kg，灰分约19％，容重约480kg/m³，焚烧后可减重80％左右，减容88％左右，每吨垃圾可发电400余度。

一、生活垃圾焚烧处理蒸汽发电工艺的总要求

生活垃圾焚烧处理和蒸汽发电对垃圾性质、关键设备和热效率等有一定要求，主要要求如下：

① 热值：入炉垃圾的湿基热值不低于5000kJ/kg时才可采用焚烧发电工艺，热值低于11000kJ/kg时焚烧发电厂的主要目的是处理垃圾，热值高于11000kJ/kg时焚烧发电厂的主要目的可认为是能量回收[1]；我国生活垃圾热值远达不到11000kJ/kg，故目前垃圾焚烧发电厂的主要目的是处理垃圾；

② 焚烧发电厂的热效率（发电效率）不得低于20％；

③ 以能量回收为主要目的时各热能动力设备的效率不得低于75％[1]；

④ 粉尘、氮氧化物、氯化氢、硫氧化物、二噁英等排放必须达到国家《生活垃圾焚烧污染控制标准》（GB 18485—2001）；

⑤ 垃圾焚烧发电厂规模不宜小于500吨/日。

二、生活垃圾焚烧发电厂的主要组成

生活垃圾焚烧发电厂一般由以下系统组成：垃圾计量系统、垃圾接收系统、焚烧处理系统、热能利用系统、烟气净化系统、自动控制与监测系统、锅炉馈水系统、灰渣处理系统和飞灰固化系统。有关这些系统的介绍文章已经很多，不再赘述，本文就这些系统的物质流、能量流、处理对象和功能做简单介绍。

① 一个中心——中央控制室。中央控制室具有三大功能，它们是，正常工况下的操作、紧急情况时报警和危急情况时危机管理。中央控制室可对所有设备进行操作和监控，并可对厂区内活动进行监视。

② 二个过程——物质转换过程和能量转换过程。垃圾通过焚烧转换成灰渣和高温烟气,同时垃圾的化学能转换成高温烟气的热能,高温烟气加热锅炉工质水,生产过热蒸汽,过热蒸汽驱动汽轮发电机组发电,又将热能转换成电能。采用过程能量组合技术对两个过程进行优化耦合,不仅可使垃圾高效转化,而且可使全厂热效率达到设计指标。

③ 三股物流——固相物流、气相物流和液相物流。固相物流是指垃圾到灰渣和飞灰固化块,其间经过垃圾计量系统、垃圾接收系统、焚烧处理系统、热能利用系统、烟气净化系统、灰渣处理系统和飞灰固化系统;气相物流主要指空气到高温烟气再到净化处理后的排放烟气,其间经过焚烧处理系统、热能利用系统和烟气净化系统;液相物流主要是废水处理流程。废水主要来源于冲渣水、垃圾渗出液和冷却塔排水。冲渣水易于处理,采用传统电厂废水处理工艺处理便可达标。我国垃圾焚烧发电厂的垃圾渗出液宜采用两套处理方案,一是喷入炉膛内焚烧,二是送入生活垃圾渗出液处理厂或大规模城市污水处理厂处理,两套方案可同时或单独采用,垃圾水分低于30%时可考虑将垃圾渗出液喷入炉膛内焚烧。锅炉工质由液到气再到液,循环使用,不纳入物流之列。

④ 四类污染物——大气有害物(包括粉尘、酸性气体、二噁英、重金属蒸气和废热)、废水、飞灰和噪声。大气有害物主要存在于烟气中。目前先进可靠的烟气治理工艺是:采用选择性非催化还原烟气脱硝技术(SNCR工艺)控制氮氧化物排放,采用半干法或干法吸收工艺去除氯化氢等酸性气体,采用控制炉膛温度和烟气在炉膛内的停留时间,以及活性炭吸附工艺去除二噁英和重金属蒸气,采用高效布袋除尘器去除粉尘及进一步吸附二噁英和重金属蒸气。至于对大气有害的废热和垃圾储仓臭气的控制,以及废水、飞灰都已有成熟工艺与方法加以治理。对于噪声污染,建议通过以下三条途径予以控制:一是选用低噪声设备,二是对诸如汽轮发电机组、空压机、引风机、备用柴油发电机之类高声级设备采取降噪措施,三是主厂房分区隔声,通过这些措施,确保厂界外一米处夜间噪声不高于50分贝。

三、生活垃圾焚烧发电厂先进可靠工艺简介[2, 3]

基于垃圾转换效率、烟气净化率和发电效率等考虑,目前最先进的垃圾焚烧发电工艺趋于统一,主要工艺部分示于图1,图中包括垃圾接收与焚烧处理系统,热能利用系统和烟气净化系统。自动控制与监测系统、锅炉饲水系统、灰渣处理系统、飞灰固化系统等系统没有示意在流程图上。

垃圾接收与焚烧处理系统主要由卸料平台、垃圾储仓、垃圾抓斗、焚烧炉组成;生活垃圾在焚烧炉内焚烧,产生高温烟气,释放大量热量;垃圾抓斗和焚烧炉炉排是其中两台关键设备。

流程从垃圾转运车①向垃圾储仓②卸料开始。卸料平台应满足多辆垃圾转运车同时卸料的要求,垃圾储仓的有效容积最小应保证储存两日处理的垃圾,建议垃圾水分低于30%时储仓大小以储存两日垃圾为标准,垃圾水分在30%~40%时以储存三日为设计标准,垃圾水分高于40%时应以储存四日为设计标准,储仓大小不应超过五日垃圾处理量。适当延长垃圾储存时间可降低垃圾水分,从而提高垃圾热值,但随着垃圾储存时

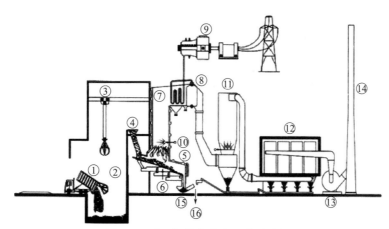

图1　生活垃圾焚烧发电工艺示意图

间的延长，臭气浓度增大，失水率也会逐渐降低。为了不让臭气外逸以致污染环境，储仓应呈负压状态，而且储仓内空气应送入焚烧炉作为一次助燃空气。

　　垃圾储仓上方的垃圾抓斗③将垃圾抓入垃圾进料斗④；垃圾经溜槽滑至炉排饲料平台，后被推送到炉排⑥进行全量焚烧（混烧）。垃圾抓斗，除抓送垃圾至进料斗外，还具有三个功能：探测垃圾料位、识别大件垃圾并将其送入大件破碎机、搅拌和疏松储仓内垃圾。对于垃圾全量焚烧，炉排宜采用机械炉排，尽量采用逆推式马丁炉排。炉排应具有三大功能：承载垃圾并使之通过焚烧炉⑤、搅拌混合炉排上垃圾、允许一次助燃空气通过炉排喷入炉膛。垃圾在炉排上经历干燥、热解气化、固定碳着火燃烧、燃尽四个过程。

　　焚烧炉宜采用分区配风以提高垃圾转换效率和控制炉膛温度。60%左右的一次空气被蒸汽或烟气预热后由炉排下方鼓入焚烧炉，40%左右的二次空气在炉排上方鼓入以控制燃烧效率和炉温。有机物的热解气化产物和有机颗粒，甚至固定碳颗粒上升到炉膛⑦，必须予以完全燃烧，而且其中有些物质，如一氧化碳（CO），只有在温度高达870℃时才能完全燃烧，生活垃圾焚烧发电厂宜将炉膛温度控制在870℃～1050℃，烟气在炉膛内的停留时间宜控制在2.5秒左右，以权衡NO_x的生成、有机气体的去除、一氧化碳完全燃烧、碳粒的燃尽以及结构的紧凑性等因素。炉膛是焚烧炉的重要组成部分，承担燃烧和传热两大功能，一是保证燃料完全燃烧，提高燃烧效率，降低大气有害物排放；二是通过热量交换将炉膛出口烟气温度冷却到灰渣软化温度（1200℃）以下，以防止后面受热面结渣，为此，炉膛内必须布置足够的受热面（上升管或称水冷壁）。

　　热能利用系统由余热锅炉、汽轮机、凝汽式冷凝器和水泵组成；工质水吸收高温烟气的热量，先在省煤器和水冷壁中由给水温度（一般在120℃左右）的液态水变成饱和蒸汽，再在低、中、高温过热器中加热成过热蒸汽，过热蒸汽温度宜控制在400℃左右以延长过热器寿命。过热蒸汽具有做功能力，进入汽轮机后，首先在喷管中膨胀，其压力、温度降低，流速增大，热能转换成自身的动能；高速气流进入叶栅，带动叶轮旋转，气流的动能转换成叶轮的机械能。汽轮机叶轮旋转带动发电机转子旋转而切割磁场，从而发电，将叶轮的机械功转换成电功；发出的电功约15%～20%供焚烧电厂自用，其余部分并入公用电网。汽轮机排出的乏汽进入冷凝器放出热量，凝结成水；凝结水经水泵提压又送回锅炉循环使用；如此周而复始地循环，把高温烟气的热能源源不断地转换成电能。通过优化一次助燃空气预热温度和锅炉蒸汽参数，可使全厂热效率（发电效率）达到 25％左右，其至高达 30％。

在热能利用系统中，各种受热面是重要设备，主要受热面如下：

① 水冷壁：布置在炉膛四周，吸收炉膛的辐射热，用以加热管内工质，并对炉墙起保护作用；

② 过热器：吸收高温烟气热量，将饱和蒸汽加热成过热蒸汽；

③ 省煤器：吸收尾部烟气的热量加热锅炉给水，提升锅炉给水温度，并将排烟温度降至 220℃，以节约燃料；

④ 空气预热器：利用汽轮机中压缸的排汽或烟气将一次助燃空气加热至 220℃～320℃，以提高垃圾干燥速率、燃烧温度和燃烧效率。

对于以能量回收为目的的垃圾焚烧发电厂，受热面可能还包括再热器。再热器加热汽轮机中间抽汽，以提高热效率（发电效率）。

完善的烟气净化工艺是生活垃圾焚烧发电厂必不可少的部分。烟气净化系统由氮氧化物（NO_x）控制工艺、氯化氢（HCl）/二氧化硫（SO_2）/氟化氢（HF）等酸性气体吸收工艺、重金属蒸气和二噁英气体吸附工艺和布袋除尘系统四部分组成。

氮氧化物（NO_x）控制工艺采用选择性非催化还原烟气脱硝技术（SNCR 工艺），可将氮氧化物浓度控制在 200mg/Nm^3 以内，以满足国家标准要求（400mg/Nm^3）。尿素溶液或氨水溶液喷入温度 900℃～1050℃的炉膛区域，分解成高活性还原剂，将烟气中的氮氧化物选择性非催化还原成氮气（N_2）。该工艺从 20 世纪 70 年代开始应用，在日本、欧盟和美国得到迅速推广。

氯化氢（HCl）等酸性气体吸收工艺广泛采用氢氧化钙浆液喷雾吸收干燥工艺（半干法吸收工艺）或炉内喷钙尾部烟气增湿工艺（干法吸收工艺），可将氯化氢浓度控制在 40mg/Nm^3 以内，氟化氢浓度控制在 0.4mg/Nm^3 以内，二氧化硫浓度控制在 40mg/Nm^3 以内，这些指标都远高于国家标准要求。

半干法吸收工艺先将石灰加水消化制成活性更高的氢氧化钙 [Ca（OH）$_2$] 浆液，然后利用高速旋转的雾化器将氢氧化钙浆液雾化成雾滴并喷入吸收塔内，雾化器的雾化轮转速为 11000 转/分钟，雾滴的平均直径为 150 微米。由于大量雾滴具有极大的蒸发表面，水分很快蒸发，使烟气迅速降温，增大相对湿度，这种情况有利于酸性气体的吸收，保证在 1 秒左右的时间内，氯化氢和氟化氢的去除率高达 95％以上，而二氧化硫的去除率高于 80％。这是因为，一方面有利于氯化氢、二氧化硫（SO_2）等气体溶解并离子化，另一方面使脱硫剂表面的液膜变薄，减少了二氧化硫（SO_2）、三氧化硫（SO_3）等分子或离子的扩散传质阻力，加速了它们的传质扩散速度。同时，烟气的热量传递给雾滴，使之不断干燥，最终变成粉体。粉体产物由氯化钙、硫酸钙、氟酸钙及未完全反应的氢氧化钙等组成，大部分在塔内与烟气分离，由锥体出口排出，少部分随烟气进入布袋除尘器收集。

干法吸收工艺先向炉膛上部喷入石灰粉（活性成分为氧化钙 CaO），炉膛内石灰粉吸收部分酸性气体；炉膛内未反应的石灰粉在锅炉尾部加湿可活化成氢氧化钙 [Ca（OH）₂]，氢氧化钙的活性高于石灰，可进一步吸收酸性气体。大部分产物及未反应的吸收剂（氧化钙和氢氧化钙）被惯性除尘器收集，少部分随烟气进入后面的布袋除尘器收集。

烟气在进入布袋除尘器之前，被喷入含碘活性炭，含碘活性炭对二噁英有良好的吸附作用，并对重金属蒸气有好的吸附作用。活性炭随烟气进入布袋除尘器。布袋除尘器的主要功能是收集粉尘，除尘效率高达 99.9%，同时，黏附在布袋表面的粉层进一步吸附烟气中的重金属和二噁英气体。烟气经过活性炭吸附与布袋除尘器过滤后，其内粉尘浓度将低于 $5mg/Nm^3$，二噁英浓度将远低于 $0.1ng/Nm^3$，汞浓度将低于 $0.01mg/Nm^3$，这些指标也都远高于国家标准要求。

焚烧炉底部灰渣先加湿冷却，再经磁选除铁后，进入灰渣坑。灰渣的灼减率应小于 3%，使灰渣成为真正的稳定无害的固体混合物。灰渣可用于制砖、制作陶料或筑路材料，灰渣最现实的用途是用做垃圾填埋厂的覆盖材料。

过热器和省煤器收集的飞灰、吸收塔或惯性除尘器收集的粉体，及布袋除尘器收集到的粉尘都是有毒固体废弃物，必须予以处理。这些固体废弃物一并输送到飞灰仓，然后送入飞灰固化车间制成飞灰固化块；飞灰固化块是有毒固体废弃物，应交给环保部门安全填埋。

四、结论

① 生活垃圾焚烧发电对垃圾性质尤其是热值、发电效率、大气有害物排放指标等有一定要求；

② 生活垃圾焚烧发电厂存在处理垃圾和能量回收两个目的，目前我国垃圾焚烧发电厂的目的是处理垃圾；

③ 焚烧发电厂宜采用目前国内外最先进可靠的工艺；核心系统包括垃圾接收与焚烧处理系统、热能利用系统和烟气净化系统；

④ 目前过热蒸汽温度不宜超过 400℃以延长过热器寿命；

⑤ 烟气净化可采用 SNCR 脱硝工艺、酸性气体半干法或干法吸收工艺、活性炭吸附工艺与布袋除尘工艺；

⑥ 粉是有毒固体废弃物，必须予以安全处理。

参考文献

[1] 江源，刘运通，邵培.城市生活垃圾管理.北京：中国环境科学出版社，2004：37.

[2] 解强，边炳鑫，赵由才.城市固体废弃物能源化利用技术.北京：化学工业出版社，2004.

[3] 翁史烈.热能与动力工程基础.北京：高等教育出版社，2004.

（刊于《环境与卫生》，2006 年，作者：熊孟清，粟勇超，谢志标，等）

生活垃圾热能利用对环境的影响及环保策略

生活垃圾热能利用过程产生大气有害物（包括粉尘、酸性气体、二噁英、重金属和废热）、废水、固废和噪声，必须予以处理，严禁污染物转移排放。排放标准执行国家《生活垃圾焚烧污染控制标准》（WGKB 2000-3）。

一、生活垃圾热能利用过程污染物来源及其危害

（一）大气污染

无论是直接焚烧（全量焚烧和衍生燃料焚烧），还是热解（包括热解气化和液化）、气化，或生物转化的一次或二次产品的燃烧，其烟气都含有大量的二氧化碳（CO_2），以及一定浓度和一定量的大气有害物。直接焚烧烟气中大气有害物的主要成分是粉尘、氯化氢（HCl）、一氧化碳（CO）、二氧化硫（SO_2）、氮氧化物（NO_x）、氟化氢（HF）、碳氢化合物（C_xH_y）和微量的二噁英类物质（PCDD/PC-DFS），燃气轮机和内燃机排气中主要大气有害物是 NO_x、 CO、 SO_2 和 C_xH_y。必须对这些大气有害物进行治理并达标后方可排放。

NO_x 对动植物有较大危害。NO 损害动物的中枢神经、抑制植物的光合作用；NO_2 具有强烈的刺激味，是目前形成酸雨的第二大酸性气体，还可能导致地面附近形成光化烟雾，对心、肝、肾和造血组织等重要器官都有很强的毒害作用，使植物叶子变小、叶色增浓、落叶和发育受阻等。SO_2 是目前形成酸雨的主要酸性气体，对生态系统（水、农业、森林）、建筑物和人体健康都有危害作用，酸雨在"1990～1995 联合国系统中期环境方案"中被联合国列为"最重大攸关问题"之一。CO_2 虽然对人体没有直接危害，但却是造成温室效应的主要气体，与废热直接排放相比，CO_2 的排放对环境影响的程度可能更严重。CO 是一种无色无味气体，与血红蛋白的亲和力是氧的 240 倍，可很快降低血液输送氧的能力，导致缺氧窒息；空气中 CO 的体积分数超过 0.1% 时就会导致人体中毒，超过 0.3% 时则会在半小时内使人致命。碳氢化合物的主要危害来自它产生的光化烟雾，有些碳氢化合物具有高强度的臭味。光化烟雾导致流泪、头痛、呼吸困难，甚至生命危险。二噁英，俗称世纪剧毒，对哺乳动物毒害很大，表象症状是：体重减轻、胸腺萎缩、免疫系统受损、肝损伤和叶淋病、氯痤疮及皮肤病变、组织发育不全或过度增长等，而且更严重的是，由于二噁英具有高亲脂性又难溶于水，很容易经食物链积累和传播，长期残

留在生物体内。

（二）热污染和水污染

能量转换过程中不可避免地存在能量损失，这些损失的能量最终以废热形式排入环境，焚烧炉及各种热能动力装置都是如此。各种工作机，如风机、泵、压缩机、空调机等，运行过程中也或多或少地向环境排放热量。排向环境的废热引起环境温度升高，导致热污染。

废水主要是垃圾渗出液、冲渣水和冷却塔排水。垃圾渗滤液是垃圾在垃圾储仓存放期间渗出的水分，其渗出量与垃圾含水率、储存时间及有机质含量等因素有关，一般约为垃圾量的 5%～20%（质量比）左右的渗出液。垃圾渗滤液含有大量有机物，其 COD_{Cr} 约为 $1000～13000mg/L$、BOD_5 约为 $10000mg/L$，此外，还含有病菌和少量重金属离子，用一般污水处理方法很难达到排放标准；冲渣水不仅排放量大，其 pH 值也较高，并含有重金属等。垃圾渗出液和冲渣水如不处理排放，将污染水体和大气，导致水污染。冷却塔排水经简单处理即可。

（三）固废污染

固体废弃物来源有三部分：省煤器和过热器收集飞灰、吸收塔或中间惯性除尘器收集酸性气体吸收产物和布袋除尘器收集产物。根据我国《生活垃圾焚烧污染控制标准》（WGKB 2000-3），这些固废属于危险废物，应按危险废物处置。

（四）噪声污染

热能动力设备、大件破碎机及输送设备等运行时，因摩擦、振动、工质高速流动或雾化破碎等，会产生较高的噪声，大型机械的声功率级高达 90dB 以上，对人的听力、心理和生理都会造成有害影响。

二、环境保护策略

生活垃圾热能利用技术、工艺和设备不同，环境保护措施也不尽相同，但环境保护策略基本相同，归纳如下：

（1）提高能量转换效率，完善节能措施。对焚烧炉、热解炉和气化炉进行技术改造，包括结构改造和化学过程控制技术改造，提高燃烧效率和产气率；改善锅炉等热能动力设备的性能，采用热、电，甚至冷联产联供方式或燃气—蒸汽联合循环等，提高热能利用效率；提高锅炉、风机、管道及阀门的保温性能，减少散热损失。

（2）倡导清洁利用。大力开发衍生燃料（RDF）和热解、气化、液化产品燃烧与热能利用工艺和设备，使之达到工业应用水平，可以显著降低粉尘、 HCl 和二噁英等大气有害物的排放。

（3）采用先进、成熟、可靠的废弃物处理技术和污染物控制技术。本着"发展循环经济、建立节约型社会"原则，开发、选用绿色环保工艺与技术，降低成本，减少原料消耗，防止二次污染和污染转移，提高可靠性。

（4）采用污染物浓度和排放量双控制制度。生活废弃物焚烧，尤其是直接焚烧，过剩空气系数一般较大，排放浓度应折算到标准所设定的烟气含氧量基准，此外，建议

在控制浓度的同时，控制排放量。

（5）危险固体废弃物宜采用安全填埋。目前我国对危险废物的处置尚处于初始阶段，如何对垃圾焚烧生成的飞灰进行有效处置尚无成熟经验，应尽快进行研究，早日推广应用。

（6）环境综合治理。提倡厂区绿化造林和灰渣、废水综合利用。灰渣可用于制作陶料、筑路材料或建筑材料，也可用做填埋场的覆盖材料。处理后的废水可用做冲渣水和冲坪水。厂区绿化率应高于50％，厂区绿化造林不仅可以调节厂区温度、湿度，还可以在保护环境和净化大气方面起到重要作用。

（刊于《环境与卫生》，2006年，作者：熊孟清，粟勇超，谢志标）

垃圾焚烧发电厂营运的委托管理与监管

为了提高营运、维护及整修水平，引入市场机制，调节资本、技术和管理在垃圾处理中的作用，避免政府在自建自营情况下的机制缺陷带来的弊端，同时也为了精简机构，实行政企、政事、事企、管理和作业"四分开"，我国正在积极探索垃圾焚烧发电厂委托管理模式，力争形成完善的规章制度。下面我们探讨一下垃圾焚烧发电厂委托管理应重点关注的问题。

一、垃圾焚烧发电厂营运的委托管理

（一）委托管理的常见形式

委托管理是一种比较适合我国的模式，资产继续国有，而营运职能外判给营运公司，营运监管则由政府所属事业单位承担，政府专注制定法规，营运公司专注营运及维护服务质量，事业单位监督营运公司依法营运，从而形成政府—事业单位—营运公司各司其职的3级管理模式。

图1给出了委托管理的4种常见形式，即承包、租赁、特许和BOT特许管理模式。承包与租赁管理中营运公司只承担作业和服务，而不做资本投资，特许与BOT管理中营运公司将承担投资风险。营运公司在承包管理中只承揽营运与维护作业（包括相关服务），在租赁管理中多承揽设施整修任务，在BOT特许管理中，除设施营运、维护及整修任务外，还需承揽建设任务。合同期内，BOT模式中营运公司拥有资产所有权，但在特许管理中却不一定拥有。

（二）委托管理内容

图1从业务范围界定委托管理形式，但并未涉及具体的委托管理内容。一般而言，在界定业务范围内，该业务相关的日常营运及相关事宜，包括辅助性生产资料采购、劳动保护、资源环境保护、安全与卫生、业务培训和其它服务，都全权委托营运公司自主经营。然而，垃圾焚烧发电厂至少有下列4个方面特殊情况需要面对，一是垃圾供给和电力上网目前仍具有行政规制性质；二是飞灰和渗滤液是政府重点规制的2种废物；三是垃圾焚烧发电厂是典型的邻避设施；四是委托管理的市场主体目前远未形成。面对这些特殊情况，营运公司和政府都会作出维护自身利益的选择，从而造成了垃圾焚烧发电厂委托管理内容不尽相同。

图2给出了我国存在的3种委托管理内容。垃圾焚烧发电厂委托管理内容谈判焦点

城乡垃圾及人居环境治理

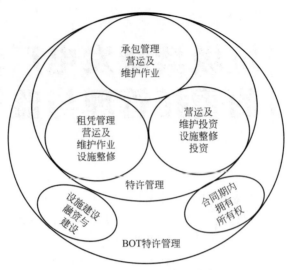

图 1　委托管理的常见形式

主要集中在焚烧发电（包括配电线路维护）、炉渣处置、渗滤液处理、飞灰处置和上网电力收费 5 个方面。营运公司希望仅接管第Ⅲ类包含的内容，即厂内生产内容，而不希望接揽渗滤液处理和飞灰处置这类管制严格的内容；政府部门希望将第Ⅰ类包含的内容即垃圾供给以外的所有内容委托给营运公司，尤其在 BOT 特许管理时更如此，这不仅出于回避风险考虑，还出于简化营运费计算与支出考虑。

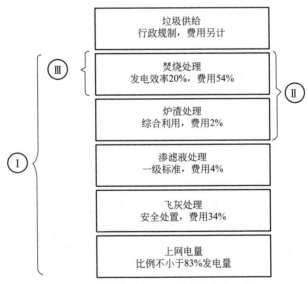

图 2　委托管理内容、要求及成本比例

图 2 给出了管理要求及该要求下处理处置成本占总成本比例的典型值。由图 2 可知，焚烧发电和飞灰处置费用是主要部分，分别占 54％和 34％，焚烧发电和飞灰处置是委托管理谈判内容的重中之重。

二、垃圾焚烧发电厂营运委托管理的监管

在委托管理条件下，营运公司掌握着技术与运行数据等信息，在"逐利"的市场经济行为驱使下，这种信息不对称将导致道德风险和逆向选择问题更加复杂，如营运公司可能选择较低性能的石灰、活性炭或稀释方法处理烟气，甚至修改数据或偷排有害物等，因此有必要加强委托管理的监管。委托管理的监管是一个激励机制，重点是设计出一套既能为营运公司提供适度激励，又能最大化实现社会公益的机制，规范营运公司的道德操守，消除信息不对称，并有机地融合政府与营运公司的目标，以提高营运效率和监管效率，事先承诺制较好地解决了这一问题。

（一）事先承诺制在监管中的运用

事先承诺制通过当事人的事先承诺对选择加以约束。承诺前一些最优选择在承诺后不再最优，这迫使当事人重新评估承诺前的选择，趋向满足规制者的目标，也迫使当事人的竞争者重新考虑当事人的策略，最终作出让当事人受益的决策，由此可见，事先承诺制让规制者和被规制者同时受益。

事先承诺制运用到垃圾焚烧发电厂营运监管，是指营运公司事先对自身的风险控制水平向监管者（代表政府）作出承诺，保证一定时期内的累积损失及任意时刻的损失不超过预定限额。损失在预定限额内，监管者不会介入，营运公司自行管理和控制风险，一旦损失超过预定限额，无论何时或何种原因，都视为营运公司违反了事先承诺，监管者将介入营运公司的具体活动对其进行处罚。

监管者（规制者）结合垃圾焚烧发电厂实际情况筛选监管内容，并设计出可行的激励机制，促使监管内容的委托管理效果快速准确地暴露并被公正地惩罚或奖励。如果造成监管内容任一水平的损失，监管者都将给予严厉惩罚，而且鉴定起因，将起因归类到营运公司失职、国家或地方标准提高和市场形势整体变化等，惩罚时区别对待，即使是因标准提高或市场形势整体变化导致的损失也需要予以惩罚，以警示营运公司跟踪标准和市场变化。当委托管理执行较好时，营运公司将受到奖励。

推行事先承诺制的关键是激励措施能否兑现。

要兑现激励措施，监管者必须掌握充足的资金。激励资金源自保函/信用和管理增效。保函/信用是监管者和营运公司在委托管理谈判过程中事先约定的，体现了营运公司对委托管理风险的事先评估及其资本实力，是监管者实施惩罚的保证；营运公司高估委托管理风险，保函/信用就高；如果低估，营运公司就会有违背事先承诺而经常被惩罚的风险，这正是规勉营运公司实事求是的动力。管理增效是奖励资金的主要来源，这部分资金需要营运公司和监管者共同努力，体现了营运效率提高的成果，其额值大小不仅与营运管理水平、标准和市场形势有关，还与委托管理谈判过程中监管者和营运公司的讨价还价有关，是委托管理与监管双方经验和智慧的量化。

（二）营运监管手册

营运监管手册是委托管理的执行标准，编制时应考虑国家与地方法规、产业政策及焚烧发电技术的发展趋势，同时应充分反映垃圾焚烧发电厂的建设水平、营运目标和事

先承诺内容，监管者应精心编写。表1给出了营运监管手册大纲，具体细节可参阅《生活垃圾焚烧发电厂营运管理监管手册》，该手册是为广州市李坑生活垃圾焚烧发电厂营运监管编写的，明确规定了130余条监管内容与要求。

表1 垃圾焚烧发电厂营运监管手册大纲

章 目	内 容
编制依据	国家级法律法规,地方性法规,产业规划与政策,技术政策、标准及规范,项目文件
术语	废物,危险废物,生活垃圾,生活垃圾烧发电和全量焚烧,过磅垃圾,入炉垃圾,垃圾渗滤液,工业废水,生活废水,垃圾热值,炉渣,炉渣热灼减率,飞灰,稳定化,飞灰固化,锅炉热效率,发电效率,填埋场
焚烧发电厂概况	概况,工艺流程,主要系统,工艺参数,装置设备,分析与测量设施,辅助设施
营运方与监管方职责	营运方职责,监管方职责
营运管理基本要求	营运条件,机构设置与劳动定员,人员培训,废物收发、储存与转运制度,交接班及营运登记制度,劳动保护,环保、安全与卫生,突发事件应急管理(一案三制)
任务与目标	垃圾接收、贮存与处理,热能回收,渗滤液的控制与处理,炉渣控制与综合利用,烟气控制与净化,飞灰控制与处置,工业废水和生活废水的控制与处理,噪声控制,环保、安全与卫生标准,节能降耗,厂房和设备的使用、维护与保养,计量,分析与监测,应急系统
考核办法 监管手册用词说明	考核与扣分内容,考核方法,惩罚与奖物

三、落实委托管理与监管的对策

垃圾焚烧发电厂营运的委托管理与监管，尤其是事先承诺制的引入，能有效提高营运效率，并有助于推进垃圾处理产业化。但在现阶段还需要加强落实对策。

（一）加强监管者自身建设

事先承诺制的运用对监管者的素质提出了更高要求，不仅要对营运业务进行审查，还要对利润与损失计算、会计政策、财务政策以及风险管理模型等方面进行审查，而且，垃圾焚烧发电厂集垃圾焚烧、蒸汽发电以及废物处理等专业于一身，需要监管者具有较强的专业知识。再者，垃圾管理涉及市政、环保及建设等部门，要求协调好各部门的工作，清晰界定各部门的工作流程，避免发生混乱。建议吸收专业人才充实监管队伍，采用先进的监管技术手段，充分运用计算机网络，实现实时监控。

对监管者进行监督与规制。除党政监督外，对监管部门还要进行政府行政体制改革，引入非政府组织和公众参与的力量，让监管过程透明化。

（二）培育市场主体，建立环卫招投标交易市场

我国垃圾焚烧发电厂是最近10年才发展起来的，目前有近50个厂在运行，运行管理人才缺乏，营运公司更少，需要大力培育市场主体，形成有效竞争格局。培育市场竞争主体，是环卫行业市场化运作的基础，适度引进民营企业并鼓励非政府组织参与垃圾管理，有利于加速垃圾处理的市场化步伐。

国内目前还没有形成完善的环卫招投标交易市场。需要建立城市乃至全国性统一规

范的环卫招投标交易市场，完善招投标办法及各项规章制度，进一步规范市场管理和服务。有序开放垃圾处理市场，规范招投标行为，按照统一的作业条件、质量标准、作业定额、评标方法等，实行对业主方、承包方、中介方等市场主体的监管，保证招投标过程公开、公平、公正和合理。

（三）确保营运数据的真实性和准确性

事先承诺制把风险控制的选择权交给了营运公司，政府和代表政府的监管者只重结果而非过程，这样对营运公司的诚信度和数据的准确性提出了较高的要求。科学制定考核办法，尤其是筛选考核指标和制定惩罚标准，尤为重要。尽量选择那些不易造假或造假成本较高的指标作为考核指标，最好在项目设计阶段就对一些重要指标采取防止数据造假的技术措施。制定处罚标准时权衡惩罚效果和营运公司负担，保证罚金比例适中。既起到惩罚和告诫的作用，又不会过多增加营运公司的负担。罚金比例与损失大小关联，损失比例越大，惩罚力度越大，这样可以防止营运公司采取更冒险的手段换取高收益以弥补惩罚行为。在惩罚制度安排上可以采用延期处罚的方法，即在损失发生当期不进行处罚，在以后的经营期间再处罚，这种安排不会加重营运公司的额外负担，同时鼓励营运公司进行自助，可起到告诫和激励的双重作用。

四、结论

垃圾焚烧发电厂委托管理是提高营运效率的有效途径，为确保委托管理行之有效，需要选择合适的委托管理形式，确定委托管理内容，引入事先承诺制，加强营运监管等。

参考文献

［1］ 汤京平，陈金哲.新公共管理与邻避政治：以嘉义县市跨域合作为例 ［J］.政治科学论丛， 2005（23）： 101-132.

［2］ 金雪军，李红坤.规制理论演进与商业银行规管 ［J］.济南金融， 2004（10）： 3-5.

［3］ 熊孟清，范寿礼，徐建韵.树立科技观念完善城市垃圾处理系统 ［J］.环境卫生工程， 2007， 15（4）： 62-64.

（刊于《环境卫生工程》，2008 年，作者：熊孟清，隋军，史选，等）

垃圾填埋场建好管好才能用好

我国垃圾填埋场身负三重，即使命重、隐性污染重和土地复垦任务重。

使命重。垃圾填埋场的设计与运营简单，填埋作业成本较低，是土地资源富裕地区的首选垃圾处置设施。而且，垃圾填埋场的库容有多大，一次性消纳垃圾的能力就有多大，可应对突发事件导致的垃圾量的遽然变化，是垃圾处理的应急设施。正因如此，垃圾填埋场建设备受各地重视。我国在运营的一、二级垃圾填埋场有 660 座，三、四级垃圾填埋场 193 座，简易堆置场成千上万，消纳垃圾量预计占清运总量的 60％以上。

隐性污染重。垃圾填埋场对水气土都造成不同程度的显性污染和隐性污染，尤其是渗滤液可能会对土壤和地下水造成难以修复的隐性污染，这类隐性污染具有发现困难、污染效应滞后以及污染修复困难且修复时间长等特征。简易堆置场没有建设标准的防渗措施，垃圾堆体甚至直接接触地下水层，渗滤液对土壤和地下水的隐性污染相当严重。即使达标的垃圾填埋场也可能因防渗膜破坏出现渗漏现象，对土壤和地下水造成污染。据估算，填埋场污染的土壤和地下水的修复费用高达 1000 亿元。

中国环境科学研究院固体废物污染控制技术研究所对多省市垃圾填埋场防渗层渗漏情况进行了普查，结果发现垃圾填埋场防渗层渗漏严重。每座填埋场都存在多个防渗层漏洞，平均每公顷防渗层漏洞约有 17 个，洞径大于 10 厘米的漏洞占到 35％，洞径大于 50 厘米的漏洞占到 12％，这些大口径漏洞使垃圾填埋场人工防渗层作用完全失效。此外，普查结果还显示，大多数垃圾填埋场渗滤液导排管路患上"尿结石"，阻碍渗滤液导排，致使垃圾堆体下部积水严重，加速渗滤液沿漏洞渗漏。

土地复垦任务重。我国 2005 年建成的垃圾填埋场多已停止填埋作业，存量垃圾近 50 亿吨，占地近 5 万公顷（75 万亩），预计"十三五"期间待复垦的填埋场土地近 1 万公顷，土地复垦费用高达 1800 亿元（包括土壤和地下水修复费用、矿化垃圾利用与处置费用），土地复垦任务重。

如何推进垃圾填埋场建设，使其既能有效发挥作用，又能减少污染？结合工作实际，笔者有如下几点建议：

从长计议。垃圾填埋场的建设项目包括库区建设、封场和土地复垦等相关内容，建设期跨越从筹建到土地复垦使用的填埋场生命周期，时间跨度不会短于 30 年，其建设需要从长计议。为此，填埋场的建设单位应以地方政府为主，建设模式可采用政府建设委托企业运营的模式或以政府为主的公私合营模式，确保填埋场建设期内主要建设单位不发生变更。长远看，要从垃圾处理费中划拨出一定比例，用于建立生态恢复基金以保障填埋场的土地复垦使用。

从严管理。建立健全填埋场建设运营管理办法和负面清单，严格管理流程、内容和要求。严格建设及运营企业的准入制度，选择有经验、有实力的企业建设运营。严格执行填埋场建设运营的相关规范与标准，尤其要严格执行防渗层施工标准和防渗膜技术标准，严把建设设计、施工、监理与验收关，强制开展防渗层完整性检测并作为库区施工验收的重要指标，严把填埋作业与监督检测关，高频率监测防渗层的渗漏等隐性污染。

从重追责。满足公众的知情权、表达权、监督权，加强第三方质量、安全与环境评估，科学监管，从严监管，从速处理，且严格执行环境保护党政终身责任追究制度。对于违反负面清单及被媒体曝光、群众反映强烈等违规行为，必须从快从重给予行政处罚。对于受到行政处罚且屡罚不改的环境破坏行为，对于造成土壤和地下水严重破坏、造成饮用水水源污染和人员伤害的环境违法行为，以及阻碍执法人员依法执法的行为，必须从严打击，从重追责。

（刊于《中国环境报》，2016 年 2 月 18 日，作者：熊孟清）

推进垃圾综合处理产业园区建设

垃圾围城是当前困扰我国城市可持续发展的突出问题。据统计，广东省仅珠三角地区 2013 年城市生活垃圾日产量就已超过 5 万吨，全国约 2/3 的城市处于垃圾包围之中，其中 1/4 已无填埋堆放场地。全国城市垃圾堆存累计侵占土地超过 5 亿平方米，每年经济损失高达 300 亿元人民币。预计，未来 10 年我国城市垃圾围城的问题将会愈发严重。

目前，我国大部分城市处理垃圾的方式主要以填埋、焚烧为主，但由于环境影响等因素，传统的分散式的生活垃圾终端处理设施如焚烧厂、堆肥厂、填埋厂均存在选址难的问题。以此为背景，集约化、多元组合式的垃圾综合处理产业园区应运而生。

垃圾综合处理产业园即是将垃圾处理与循环经济结合起来，建立持续有效的循环经济模式，加快推进城市垃圾资源化综合利用。其不仅有利于降低垃圾处理的环境污染，最大限度地实现垃圾减量化、无害化，还可以充分发挥垃圾的资源效益，实现有用垃圾的资源化利用，同时还减少了垃圾处理设施的选址数量，降低了选址难度，并有助于垃圾处理体系的完善，开始成为许多城市解决垃圾终端处理的模式。

但是，各地已建或在建的垃圾综合处理产业园区还是出现了诸多问题，主要表现在：

（1）选址困难，公众普遍带有抵触情绪。

近年来，不少垃圾产业园区建设之际，一方面园区建设规划滞后于城市发展，与其他城镇规划衔接不够，另一方面，有的园区建设定位不清，导致群众对垃圾产业园区不了解，担心环境污染，对垃圾产业园区在本地建设运营多少带有抵触情绪。广州东部垃圾处理循环经济产业园区、惠州生态环境园区和深圳坪山生态环境园在规划运营过程中甚至引发了群体事件。

（2）相关政策缺失，产业化发展缓慢，综合处理难以落实。

从当前来看，各地上马垃圾综合处理产业园项目的初衷大多是以解决垃圾处理选址问题为出发点，并未将垃圾原料作为一项产业来大力发展，致使很多园区建设目标不明确，事实上成为多种垃圾集中处理地。一部分园区内垃圾处理方式仍以简单、孤立的焚烧、填埋处理方式为主，没有形成垃圾综合处理，更遑论打造产业链；还有一部分园区存在产业混乱、缺乏主导产业、特色模糊的现象。以某地运营的垃圾综合处理园区为例，该园内有垃圾填埋场、污水处理厂、污泥干化厂、污泥焚烧厂等诸多项目，无法有机整合，不利于园区的可持续发展。

（3）缺乏独立的营运评价和监督，园区建设营运标准偏低。

目前为止，各地在建的垃圾综合处理产业园区，普遍缺乏相对独立的营运评价标准和监督机制，基本依照企业环保标准执行，缺乏相对独立的标准体系。另外，环评报告缺乏透明机制，跨区域产业园监管主体不明确等都制约着垃圾综合处理产业园区的健康发展。

鉴此，建议：

（1）恪守垃圾综合处理原则，统筹规划，合理布局。

垃圾产业园区规划要坚持科学合理、适度超前、节约用地的原则，注意与当地城镇建设和发展相关规划相衔接，与生态城镇化建设相配套，与生态文明建设相协调。合理设置环境缓冲区，尽量避开人口中心区及较密集的建成区。垃圾产业园区建设，要恪守垃圾综合处理理念，坚守产业园区的处理对象为垃圾、处理方式为综合处理、组织方式是处理主体（企业）集聚并形成园区，园区建设目的是保障环境安全、节约资源和实现垃圾集约化、企业化与专业化处理。

产业园区建设项目，可包括垃圾回收、分选、拆解、物质利用、能量利用、填埋处置、渗滤液等相关副产品（废物）处理、逆向物流、源头减量与排放控制服务、垃圾处理技术服务及其他废弃物处理服务等项目。产业园区应合理布局回收站、分拣厂（拆解厂）、仓储、交易站点、资源利用厂等设施，并配套建设环境、消防、交通与治安综合信息监控指挥中心及科学研究、教育培训与科学普及三位一体的环保科技示范中心等集中管理服务项目，实现垃圾处理的环境、资源、经济和社会的综合效益极大化。

（2）健全选址机制，做好科普宣传工作。

一是建立科学的选址程序。内容应包括建设需求的提出、备选址筛选、民意征集、论证会及听证会组织、设施建设与营运监督组的成立等程序及相关规定；二是建立社会参与机制和政府与社会互动机制。认真评价建设项目的实施对备选地址的环境影响和潜在风险，明确选址机构的形成办法及其责任，明确选址过程中公众参与范围、方式、程度与程序；三是明确并公示合理的选址方针，内容应包含对人居环境影响的有限性、征（租）土地的可能性、建设处理设施的可能性、作业与维护管理的便利性和复垦利用的可能性；四是做好科普宣传工作。通过公告、宣传单、知识讲座等方式宣传建设采用的先进技术与工艺流程，让群众知晓随着高科技的广泛运用，垃圾综合处理的安全环保性。

（3）打造产业链，建设特色园区。

应以垃圾产业化为目标推动产业园区建设，优化组合多种处理方法，有机整合相关项目或企业，形成"先源头减量与排放控制、再物质利用、后能量利用和最后填埋处置"的垃圾分级处理产业链，要构建组合式政策体系，把垃圾作为产业原材料，通过政府分级补贴方式让企业有利可图，吸引民企民资进入垃圾处理行业。

园区建设应明确垃圾及副产品（炉渣、烟气、噪声等）的处理方法与处理规模，制定能量利用设施的建设营运模式、监管办法和惠民措施；明确进场废弃物种类和处理量，制定填埋场及其副产品（渗滤液、填埋气、臭气等）处理设施的建设营运及土地开发利用（复垦利用）方案。

产业园区应以垃圾综合处理为主业，精心选择产业园区的核心项目及其承担的产业发展的主攻方向。以 1～2 类垃圾的分类处理或以 1～2 种处理方法处理混合垃圾为核心项目，一个产业园区应有且只能有 1～2 个核心项目及相应的骨干企业，做到"一园一核心、园区有特色"。同时，建设示范园区，推广先进模式。

（4）加强规划设计评估与过程监督，确保生态环境安全。

一是对产业园区的规划设计进行系统评价。评价其符合性、可靠性、经济性、便利性、资源环境保护性、先进性、前瞻性等，重点评价垃圾无害化、资源化、减量化和社会化处理的落实情况，严格把关，先事虑事，防患于未然。

二是客观评价和严格监督园区运营过程。科学评价园区的环境效益、社会效益和经济效益；评价园区运营过程中是否得到公众支持，以及环境、安全、消防方面的"三同时"制度落实情况等。同时，明确主管部门和责任主体，及时向公众公开环评报告，建立惩罚机制。

（刊于《广东民盟网》，2015 年 1 月 27 日，作者：熊孟清）

邻避效应

基于社区营造视角的环境邻避效应治理对策初探

一、文献回顾

邻避现象（NIMBY）是当前社会治理的热点与难点，邻避型环境设施因具有局部负外部性和公众损益空间不均衡性而形成邻避效应。表层的环境风险潜伏着环境设施运行风险和监管风险，在社区意识觉醒和高度信息化的社会转型背景下，进而诱致社会稳定风险。化解环境设施的邻避效应须运用系统思维方式从环境综合治理和社区营造相结合的角度进行研究。

现有关于环境邻避效应治理的研究，主要有四个角度：一是工程技术思维，注重从设施和技术的先进性、运营管理的规范性方面控制和防范邻避设施的环境风险，增强居民和社会公众对邻避设施的接受度。李永展从安全保证与环保标准、监测、环保协定三个方面提出减轻环境技术风险的方案；周丽旋等提出建立城市生活垃圾处置设施、建设与运营商资质认证制度和设施运行监督制度，保证建设与运营商的专业性与可监督性；陈宝胜认为通过发展技术来降低邻避设施的负外部性影响，是治理邻避冲突的治本之策。二是空间结构思维，注重从规划选址的合理性、邻避设施与周边环境的协调性角度规避居民的矛盾冲突，尽可能在空间距离上弱化社区居民的邻避情结。桂昆鹏基于环境正义视角，对邻避设施的布局和规划策略进行了研究；刘晶晶认为邻避设施选址困境源于对空间正义中分配正义与过程正义原则的违背，提出应该以空间正义的价值和原则反思邻避设施选址的决策；赵小燕提出从邻避设施距离标准的制定、邻避设施的设置数量等方面科学合理配置邻避设施，破解邻避冲突治理困境。此外，还可以优化邻避设施使其与周围环境景观协调，提高周围居民对设施的接受度。三是生态经济思维，注重从循环经济的 3R 原则，特别是发展静脉产业，最大限度地减少垃圾焚烧，实现无害化处置和"蓝色焚烧"，在社会公众树立绿色发展印象，缓解邻避效应。张益认为清洁高效焚烧技术是生活垃圾焚烧发展的大势所趋，建设社会友好型生活垃圾焚烧厂可以消除公众的"邻避"疑虑；郑希黎等以深圳国际低碳城节能环保产业园规划为例，指出在我国大力发展循环经济的背景下，发展以节能环保产业园为核心的垃圾处理设施，是减少环境污染、促进资源循环利用、创造新的经济增长点的有效手段。四是公共政策思维，包括运用政策营销手段、多部门协同治理、多途径补偿等方式，化解社区居民间的矛盾。补偿是最早用来解决设施设置问题的制度，提供适当的补偿能提高居民接受度，增加设置的成功性。随着研究的深入，一些学者发现，单纯通过生态补偿这一经济政策可能无法实现缓解垃圾焚烧设施"邻避情绪"的目的。 Altman 认为只有运用社会营销观点来推行公共政策，才能让大众与政府共同重视环保政策，所谓政策营销就是通过把邻避项目的各种资讯包括收益和风险等告知民众，从而获得民众支持。陈宝胜认为邻避冲突中的核心利益相关者主要包括政府、企业及设施周边社区和居民，根据他们在邻避冲突治理中的实际利益地位和利益关系的不同，建立多重利益补偿和回馈机制，对利益受损主体进行利益激励，是有效治理邻避冲突的必要条件。从源头控制、公众参与、合理补偿、科学选址以及政策制度设计等方面提出缓解垃圾处理场邻避效应的治理措施。

上述四种思维有其可取之处，在多个地方的政策实践也收到了一定的效果，但是远未达到邻避设施被社区充分接受的程度。邻避现象的最新研究表明，邻避问题的产生不仅仅是环境问题，而且是社会问题甚至是政治问题。城市管理中关于垃圾治理有一句话，"垃圾一天不收是卫生问题，一周不收是环境问题，十天不收是社会问题，一个月不收是政治问题"。同理，邻避问题发生到今天，需要用系统的、综合的思维来分析。杨雪锋认为，邻避行为背后的逻辑可分为三大类：一是技术理性支配下对环境风险的恐惧，二是经济理性支配下对邻避补偿失衡的担忧，三是价值理性支配下对环境正义乃至空间正义的诉求。

可见，从邻避到"邻利"再到"迎臂"，不仅需要利益上的共享，还需要价值上的认同和心理上的融通。邻避设施涉及附近居民、政府、运营商、城市市民、环保组织等多个利益主体，不同主体都存在着一定程度上的认知偏差。这种偏差在社会心理和群体行为上呈现出邻避效应的多重困境，可概括为规划的技术理性与价值理性背离、公众邻避认知的理性与非理性杂糅、专家科学理性与公众社会理性的分裂、政府对邻避运动的定义失当与部分媒体的污名化并存。

环境设施的邻避效应根源在于环境设施潜在的环境损害风险诱致邻避情结。社区是邻避效应的直接利益相关者和核心利益相关者，这种情结会因信息不对称、居民对地方政府缺乏信任和设施营运不规范而放大居民的感知风险，进而导致邻避冲突。因此，邻避设施建设要从社区角度切入，做到公开信息、增进信任、重建信心，营造和谐的社区氛围。

以往的研究结合心理学、行为学和社会学等学科，聚焦个人及社会群体的心理、利益与行为选择等方面，给出邻避效应的化解途径。其中，最重要的途径是促成建设营运企业与设施周边居民形成利益共同体，增加设施周边居民对污染物处理成果的获得感。本文拟在吸收现有成果的基础上，从更具综合性视角分析环境设施社区营造的邻避效应化解之道。

二、社区视角的环境邻避效应

（一）环境设施邻避效应需要综合治理

环境公共设施本意是处置环境问题，但是又造成邻近社区的次生污染，导致邻避冲突。因此，化解环境邻避效应需要有综合治理、系统治理的思维。现实中所谓的"综合治理"并没有达到真正意义上的综合治理，不仅"综合"的内容、方式太过单一，而且多是政府对居民的"治"，没有居民和社区需要的"理"。

此处所提的"综合治理"，是指综合环境治理、社区治理乃至空间治理而进行的全方位治理。所谓"综合"，包括领导体制的综合性、运用手段的综合性、依靠力量的综合性以及防治内容的综合性。

此外，还需要与自然生态、产业发展以及生活空间结合起来，实现综合施策、系统治理。所谓"治理"，不仅要相关部门的协同，发挥"无缝隙"政府的作用，更要政府、企业与社区的协同，形成共建共治共享的社会治理新格局。例如，可以利用污水处理设施建设的大好机会，综合考虑多方面因素，把社区居民和社区组织纳入设施设计建设的决策范围，实现多方共赢、多目标同时达成。

（二）基于生活共同体的社区参与环境综合治理

社区是公共复合空间，其形成是居民群众日益增长的个性化需求和社区治理多元化要求的产物。随着居民的社区认同感增强，作为居民主要日常工作和消费生活所在空间的"地域社区"（locality）逐渐成为基于共同利益、共同意识、共同价值取向、互动关系频密的社会生活共同体。当环境邻避设施出现在社区附近时，他们很容易形成一致行动。当这种一致行动能够和政府的公共政策意图相向而行时，这种共同体将成为社会稳定的基石。

社区和政府如何达成一致呢?有效的解决办法就是运用社区营造的方法对环境邻避问题进行系统治理，综合化解社区环境设施邻避风险。从居民的角度看，在地域生活共同体范围内建设邻避设施，遭到居民的抗争是必然的。化解邻避冲突的必要方式就是吸收社区参与邻避设施的规划、建设和管理。从政府的角度来看，环境设施作为公共品的建设需要寻求社会福利的最大化和居民利益的最大公约数，而不是厚此薄彼，以损害一方的代价换取另一方的福利。邻避设施的建设不可缺少社区的参与。

（三）基于社区营造方法实现综合治理

环境邻避效应是在社区意识觉醒和社会环境风险意识提高的背景下出现的环境治理困境。社区作为城市的基本组成单元，同时又是邻避效应的直接利益相关者和核心利益相关者，社区居民及社区组织对社区空间资源配置的公平感和合理感、对社区环境的追求、对社区利益的诉求以及对社区发展的关切直接关系着社区对邻避设施的接纳度。因此，要想化解邻避效应，就不能不考虑社区的作用，无论是设施运行企业还是社区居民抑或是社区组织都必须树立"共同社区"的理念，培育"共同体"意识，从社区的长远发展考虑，维护社区的整体利益，共同营造社区。

社区营造，首先是社区治理的一种理念、路径，是指从社区生活出发，集合各种社会力量与资源，通过社区中人的动员和行动，完成自组织、自治理和自发展的过程。社区营造最基本的理念是参与式的社区规划，强调由下而上的发展模式，由居民自己提出需要，指出社区应有的设施、经济和社会活动模式以及如何发展本土文化、社会关系、经济、人文素养等，最终目的是社会环境的保护和培育，促进居民与环境的和谐关系以及社会和民族的可持续发展。多主体的参与是实现社区营造的前提，包括政府、社区居民、企业、社区自组织及社会组织等，不同参与主体在社区营造中发挥不同的作用，而社区居民及非政府组织是社区营造的主导力量。

社区营造也可以看作是针对不同社区议题的具体行动。通过社区营造，社区内相关主体不断以集体行动共同面对和处理各种社区生活议题，逐渐构建起一种自下而上、协商合作的社区治理体系，在这个过程中，社区各成员的责任意识和使命意识得到培育，组织能力和解决问题的能力得到培养，成员之间的社会联系也越来越紧密，社区共同体意识越来越强，真正实现了社区的共建、共治和治理成果共享，促进了社区的可持续发展。可以说，社区营造是一项以实现社区内人的需求的满足和自我完善与提升、历史文化重塑与延续、地方特色挖掘与发扬、优质产业打造与发展、空间景观塑造与丰富以及各要素之间协调融合发展为目标的系统性工程，是推动社区治理的高级手段，是社区治理的最终目的，为化解邻避效应、实现综合治理提供了一种新的理论选择和实践支撑。

三、邻避治理的社区营造分析框架

（一）社区中的环境邻避设施：从城市设计到空间再造，再到社区营造

1. 优化邻避设施建设的初级层次：城市设计

曾经人人喊打的邻避设施通过科学美观的城市设计，可以消除人们心理的恐惧和厌恶。通过景观设计，环境邻避设施可以建造得很美观——童话般的建筑外观、会"吐烟圈"的滑雪场，都给人们以美观的视角享受。

在奥地利首都维也纳市区北部，多瑙运河岸边的施比特劳区域，有一座由奥地利著名建筑设计师"百水先生"设计的"怪房子"，它有着童话般的建筑外观，歪歪扭扭的轮廓线条，外墙上还打着彩色的"补丁"，屋顶上种植着树木花草，是施比特劳区域的一座标志性建筑，这座可爱的"怪房子"，即维也纳施比特劳垃圾焚烧发电厂。

丹麦哥本哈根垃圾焚烧发电厂是丹麦规模最大的环保项目之一。在设计上，这座发电厂不仅可以"吐烟圈"，同时还是一个滑雪场。漂亮的设计，让它入围了《时代》2011 年度五十大最佳发明奖。

这座焚烧厂集垃圾焚烧、滑雪、攀岩等功能于一体，其中一个特殊的烟囱每排放一吨二氧化碳，就会吐出一个直径 15 米大小的烟圈，这种烟圈经过特殊的过滤处理，由大量的水蒸气和极少量的二氧化碳组成，无毒无害。设计方希望通过烟圈这种生动有趣且容易量化的形式，引起人们对碳排放的重视。

由于厂房高约 300 英尺（约合 91.5 米），还依此设计了一面等高的攀岩壁。加上咖啡厅、儿童游乐场等设施，这座垃圾焚烧厂成为兼具垃圾处理和市民休闲功能的城市公共空间。

2. 优化邻避设施建设的第二层次：空间再造

生态广场与邻避设施的完美结合，改造了传统的平面空间，丰富了空间资源，改善了景观生态，化邻避为"迎臂"。

安徽某市首座全地下式污水处理厂———清溪净水厂 PPP 项目，采用全地埋花园式设计方案。为美化环境，该污水处理厂将 80 亩的地面部分进行了景观绿化，建成以"水文化"为主题的生态广场。而经净水厂处理过的水可以用来灌溉整个广场，并可用于细流和喷泉等。在不浪费水资源的同时，为市民提供了休闲娱乐的好去处。

杭州某垃圾填埋场也是通过生态化改造，消解邻避设施的负外部性，实施生态覆绿工程，在垃圾堆体上建立生态公园，园内有长达千米的游步道，分为百果区、桂雨区、翠竹区和植物模纹景观区，设置入口广场、摩崖石刻、绿宝亭、善小亭、天池等景观，并种植"市树"香樟、"市花"桂花、南方红豆杉、垂丝海棠、紫薇等上百种植物。同时，以生态为基础，打造人文景观，由人文、生态、垃圾文化、景观及功能五个主题词延伸出的"六脉共鸣，文谐山行"的理念，其中"六脉"是指功能脉、卡通脉、情感脉、景观脉、生态脉和人文脉。

3. 优化邻避设施建设的第三层次：社区营造

社区营造意在通过政府、社区、居民、邻里志愿者组织协力打造人文环境、生态景

观、社会氛围和谐美丽的宜居社区，实现"生产空间集约高效，生活空间宜居适度，生态空间山清水秀"。

社区营造并非是庞大的社区建设工程，而是针对不同社区议题的具体行动。日本的宫崎清教授将这些议题分为"人""文""地""产""景"五大类，其中的"人"指社区居民需求的满足、人际关系的经营和生活福祉之创造；"文"指社区共同历史文化之延续，文艺活动之经营以及终身学习等；"地"指地理环境的保育与特色发扬，是地性的延续；"产"指在地产业与经济活动的集体经营，地产的创发与行销等；"景"指社区公共空间的营造、生活环境的永续经营、独特景观的创造、居民自力营造等。

将环境邻避设施建设纳入社区营造的范畴不仅可行，而且具有多重意义。随着居民生活的改善，精神文化需求日益多元化，丰富社区文化生活、活跃社区商业氛围、美化社区生态景观，都可以通过一些公共设施的建设得以实现。通过社区营造的方式，环境设施建设不仅可以规避邻避效应，还能够实现"和谐美丽的宜居社区"的目标。

（二）社区营造破解邻避矛盾

随着社区治理理论的发展，社区营造已经从早期的物理空间再造走向人文多维空间的营造。这一理论进展为社区邻避治理提供了新的思路。

在建设营运具体的邻避项目时，通常存在简单解读"利益"及"利益共同体"现象。有的地方简单地把利益等同于经济补偿，把为设施所在地建设保健所、学校等公共设施当做是建设利益共同体；甚至还有的地方唯钱是举，以为给点钱就能解决邻避问题，导致形成"少数人没钱便闹、一闹便给钱"的恶性循环。这不仅不能根本性化解邻避效应，还增大了地方政府和企业的成本，更助长了社会歪风。

传统的解决邻避矛盾的办法具有强制性、单一性和反复性等特点，治理效能很低，也恶化了政府和社区间的关系，经常出现"上马—抗议—暂停—安抚—重启"的死循环，不能从根本上化解邻避矛盾，也不利于城市环境公共设施的正常建设和运营，特别是已经运营的环境设施，一旦遭遇抵制，后果不堪设想。

邻避问题表面上看是邻避设施的负外部性产生的利益不均衡，由于未能合理调整利益关系导致社区冲突；深层次的问题则是总体上空间资源的配置不公平以及局部生产空间、社会空间和生态空间未能有机融合。因此，要想从根本上消除邻避情结，不能不优先考虑社区的环境关切和利益诉求。运用社区营造方法，全方位、多角度化解邻避风险，把邻避设施融入社区这个社会生活共同体。对于小型邻避设施而言，这种思路具有可行性。

四、环境设施邻避风险的综合治理：粤东某市的实践

粤东某市人口密度很大，练江流域辖区内生活污水等产生的生活源污染严重。为治理练江领域的水污染，该市加快建设农村生活污水收集处理设施。按照常规的规划设计路线，由于污水处理设施占地面积广，工厂运行造成的空气污染、噪音以及视觉污染等邻避效应不可避免，运营商和周边居民会产生邻避冲突。要想规避邻避风险，必须改变传统的规划理念，以综合治理的思维和方式做好污水处理。该地部分社区进行新探索，试图以环境综合治理替代单一的污染物处理，融污染物处理与休闲景观建设、社区营造等为一体。该市某村建设分散式农村污水处理设施，通过生态化处理，把处理后的中水与附近低洼地结合起

来，形成人工湿地，湿地上方是一大片"地下过滤吸附系统"，利用土壤、人工介质、植物、微生物的物理、化学、生物三重协同作用，对污水污泥进行处理。处理后的流水清澈透明，被引到灌溉渠用于灌溉，灌溉渠中种植荷花，夏天会形成美丽壮观的荷塘景观。

在这种分散式处理方式经验基础上，该市全面建设农村生活污水处理设施，对人口大于 5000 人的村社，加快农村污水连片整治；对于人口少于 5000 人的村社，将整合成一个项目打包给专业的污水处理技术公司，结合农村实际开展分散式处理。此类设施的建设在分散式布局的前提下，各村因地制宜，发挥主动性和创造性，以环境综合治理和社区综合治理相结合的系统思维规划设计、建设并做好运营管理。在考虑农村生活污水处理时，并不单单考虑生活污水处理，而是综合考虑生活污水处理与水塘整治、村容村貌改善、人居环境改善、文化宣传、休闲设施建设及景观建设等，把生活污水处理设施建设成一个多位一体的"人工湿地公园"和社区活动中心，深受当地村民称赞，原来反对建设污水处理设施的村民也主动参与到"人工湿地公园"的建设与维护中。分散式处理不仅解决了农村生活污水集中处理的高成本问题，而且化解了污水处理设施的邻避矛盾，取得了经济、社会、生态等多方面效益。

以环境综合治理和社区综合治理相结合替代污染物单纯处理的最大变化是设施主功能从污染物处理转变为社区活动中心。虽然污染物处理是该社区活动中心的基本功能，却不再像以往污染物处理设施那样独立建设且醒目可辨。相反，整座设施向人展示的是引人跃跃欲试的社区活动项目，消除了污染物处理设施对人们心理的负面影响和视角污染。当然，为了建好社区活动中心，就必须下足"综合"和"治理"工夫。把与污染物处理相关的环保项目推广至生活环境乃至经济发展环境改善相关的项目，使之形成一个有机体。同时，该有机体应能吸引本地居民及外地客人参与，需要谋划好社会良性互动的"治理"。

总之，以环境综合治理替代污染物处理不仅能满足污染物处理需要，更能满足人们生产生活需要，既避免了视角污染和心理负面影响，又提供了公共服务，满足了人们的参与需求，化解了污染物处理设施的邻避效应。

五、结论及政策启示

（一）结论

邻避效应的综合治理包括环境综合治理和社区综合治理，既要考虑环境因素，也要考虑社会因素，还要考虑空间因素。社区作为地域生活共同体，参与环境综合治理和邻避设施建设有助于规避邻避矛盾。社区中的环境邻避设施在规划思路和实践上有三个层次，从城市设计到空间再造，再到社区营造，体现出社区邻避设施治理的综合性不断增强。粤东某市的综合治理实践验证了综合治理的多重效益，能够成功化解邻避风险。

（二）政策启示

首先，进行生产、生活与生态融合的生态化设计。类似这种环境邻避型设施均可从生产、生活和生态整体融合的视角进行规划设计、施工建设和运营管理。在安全、环保生产的前提下，美化环境设施的外观，优化整体的生态环境，系统性综合治理环境问题，有效化解邻避情结。

其次，鼓励居民参与环境邻避治理的社区营造。改变过去以政府主导、专家设计和居民配合的模式，倡导居民自主创造活动的方法，鼓励居民从有人情味的空间环境开始建设，循序渐进构建更精致和多元的空间。

再次，塑造多元化的人文空间。社区不仅仅只是一个建筑群，每一个居民、每一条街都应该有它独特的魅力，这样才能吸引和凝聚居民，才能给社区带来活力和新鲜感。结合当地的实际情况和居民的实际需求，社区尽可能为附近居民提供力所能及的生活服务，创造丰富的人文空间，化"邻避"为"迎臂"，把人人喊打的邻避设施变成多方共赢的优质公共物品。

最后，活化社区经济空间。社区既是一个小社会，也可以孕育新的经济空间。通过美化环境设施，活化社区商业（包括商业街、文化历史、形象识别系统等），复兴当地经济，将会创造出新的工作机会和发展前景，为社区营造提供持续的力量。

参考文献

［1］ 李永展.邻避症候群之解析［J］.都市与计划，1997，24（1）：69-79.

［2］ 周丽旋，彭晓春，房巧丽，等.破除集中式环保设施"邻避效应"的长效管理机制研究［J］.生态经济，2013（10）：173-177.

［3］ 陈宝胜.公共政策过程中的邻避冲突及其治理［J］.学海，2012（5）：110-115.

［4］ 桂昆鹏.环境正义视角下的邻避设施布局和规划策略研究［D］.南京：南京大学，2013.

［5］ 刘晶晶.空间正义视角下的邻避设施选址困境与出路［J］.领导科学，2013（2）：20-24.

［6］ 赵小燕.邻避冲突治理的困境及其化解途径［J］.城市问题，2013（11）：74-78.

［7］ FISCHE R F. Citizen participation and the democratization of policy expertise: From theoretical inquiry to practicalcases［J］. Policy Sciences, 1993, 26（3）：165-187.

［8］ 张益.我国生活垃圾焚烧处理技术回顾与展望［J］.环境保护，2016，44（13）：20-26.

［9］ 郑希黎，杜任俊.走出邻避困局，探索垃圾综合处理设施新模式：以深圳国际低碳城节能环保产业园规划为例［C］.中国城市规划年会，2016.

［10］ 张向和，彭绪亚.垃圾处理设施的邻避特征及其社会冲突的解决机制［J］.求实，2010（S2）：182-185.

［11］ 周丽旋，彭晓春，关恩浩，等.垃圾焚烧设施公众"邻避"态度调查与受偿意愿测算［J］.生态经济，2012，37（12）：174-177.

［12］ ALTMAN J A, PETKUS E. Toward a stakeholder-based policy process: An application of the social marketing perspective to environmental policy development［J］. Policy Sciences, 1994, 27（1）：37-51.

［13］ 徐祖迎，朱玉芹.邻避冲突治理的困境、成因及破解思路［J］.理论探索，2013（6）：67-70.

［14］ 张向和.垃圾处理场的邻避效应及其社会冲突解决机制研究［D］.重庆：重庆大学，2010.

［15］ 杨雪锋，何兴斓，金家栋.邻避效应的行为逻辑、多重困境及治理策略：基于垃圾焚烧规划选址情景的分析［J］.中共杭州市委党校学报，2018（2）：48-54.

［16］ 吴海红，郭圣莉.从社区建设到社区营造：十八大以来社区治理创新的制度逻辑和话语变迁［J］.深圳大学学报（人文社会科学版），2018，35（2）：107-115.

［17］ 刘中起，杨秀菊.从空间到行动：社区营造的多维政策机制研究：基于上海的一项个案研究［J］.华东理工大学学报（社会科学版），2017（6）：28-36.

［18］ 罗观翠.社区营造适用于我们的社区吗［N］.中国社会报，2014-04-18（005）.

［19］ 高明鸣.议题导向：一种融入社会治理的社区教育发展策略［J］.成人教育，2018（1）：40-43.

［20］ 谢庆裕，陈萍，陈晓光，等.2020年全省农村建成岭南特色美丽乡村［N］.南方日报，2018-01-07（AT04）.

（刊于《南京工业大学学报》（社会科学版），2018 年 10 月 20 日，

作者：杨雪锋，李爽，熊孟清）

化解邻避有良方?

从关切、上访、反对，演变为抵制甚至违法宣泄，垃圾焚烧厂建设选址风波已不仅仅只是源自邻避效应或是一种利益诉求，而是出自公众对现实生态环境污染和自身健康安全的担忧。更加严峻的是，公众将这种现实担忧的起因归咎于政府及其公共事业机构的行政失当，导致公众对政府的信任流失。

美国纽约在 20 世纪 80 年代深受垃圾填城困扰，起因就是垃圾及其处理设施的邻避效应。为破解邻避效应， 1991 年，纽约市施行《城市设施选址标准》，执行"平等共享选址程序"，采纳 90% 以上来自社区委员会和公众的意见和建议，确保政府为民行政和公众合适参与，纽约市因此成为第一个化解邻避运动的城市。

笔者认为，选址机制应规定选址机构的组成办法、选址程序和选址方法，既发挥政府及其公共事业机构的作用，又保障公众合适参与，贯彻为民行政的理念。

一是建立选址程序。规定建设需求的提出、备选址筛选、民意征集、论证会及听证会组织、设施建设与营运监督组的成立等程序及相关规定。

二是建立社会参与机制和政府与社会互动机制。明确选址机构的形成办法及其责任，明确选址过程中公众参与内容、方式、程度与程序，既发挥政府及其公共事业机构的作用，又保障公众合适参与，确保政府与社会公众平等参与，贯穿选址始终，确保选址决策融合政府、相关机构、行业专家和普通公众的意见，确保项目用地部门（或建设方）与居民双方准确传递与共享相关信息、相互信任、相互妥协，努力形成相互满意的局面。

三是明确并公示一个合情合理的选址方针。公示一个明确且合情合理的选址方针是说服居民简单质疑并得到居民满意的首要条件。选址方针包括征（租）土地的可能性、建设处理设施的可能性、作业与维护管理的便利性和复垦利用的可能性。除满足设施建设的技术要求外，还需要考虑自然环境（包括景观、生态环境）、城市（乡镇）甚至区域社会经济发展、法律、政治等方面的要求。

四是做好建设项目的环境影响评价和风险评估。预防是解决危机的最好方法，认真评价建设项目的实施对几个备选地址的环境影响和潜在风险，明确现状，回答可能发生的事件，阐明事件的后果，告知事件后果的可控性，提出削减和控制事件发生与后果的方法与措施，提出利益补偿办法，让备选地址周边居民做到心中有数。

五是加强宣传教育，筑牢所在地居民拥有促成设施建设的意愿。需要在全社会树立起处理设施是为自己服务的设施认识，并将这种认识转化成推动设施建设的动力，为设施选址奠定民心基础。

（刊于《中国环境报》，2014 年 8 月 29 日，作者：熊孟清）

对邻避效应的四点建议

PX（对二甲苯）项目继在厦门、大连、宁波引发公众抗争后，再次在昆明、彭州等地遭到公众抵制。无独有偶，垃圾焚烧发电项目也曾在广州、北京、江苏等省市引发公众抗议风波。这些项目能直接或间接地拉动地区 GDP 增长，增加社会福利，如大连 PX 项目总投资 600 余亿元，年产值约 260 亿元，年纳税 20 亿元，但为什么会屡屡引发公众强烈的抗争、抵制和反对？

首先，这类项目本身具有潜在的环境污染和人体健康伤害风险，属于邻避项目。一方面，其产品或原料可能存在环境污染和人体健康伤害风险，如 PX 虽不是高危高毒化学品，但具有一定毒性，长期反复直接接触或大量吸入会对人体健康造成一定危害。另一方面，这类项目在建设营运过程中会存在二次污染的风险，如建设过程导致水土流失和生态环境破坏，营运过程中排放废气、废水、固体废弃物和噪声等。

其次，多年来，地方政府抓 GDP 快速增长，企业忙财富积敛，牺牲发展质量换取经济增速，加之官商创租寻租、腐败行贿和利益输送，致使地方 GDP 和社会福利的快速增长难掩社会公平与信任的流失。社会经济呈现出低质量增长模式，公众目睹环境逐渐恶化，开始日益焦虑健康安全，进一步加深了公众的不信任，放大了建设项目的邻避效应。

当前，我国开始进入环境敏感期，环境污染已逐步成为继违法征地拆迁、劳资纠纷之后造成群体性事件的第三驾"马车"。而且，随着公众环境意识和维权意识的迅速提升，建设项目的邻避效应势必会对项目建设营运和政府管制提出更高的要求。

邻避效应是社会失灵的表现之一，指成果受益者只愿意付出与其他人等价的成本，而不愿付出高额的成本。邻避项目存在环境污染和健康伤害风险，减少项目所在地的发展机会，而且，如果风险失控，将导致生态环境破坏，甚至影响居民健康，这意味着项目所在地将承担更多的风险与责任，从而产生了自己是政策牺牲者和项目不要建在我家后院的心理。社会存在邻避效应是人之常情的表现，是理性经济人与非理性社会人纠结的结果，应循理解决，不能简单、粗暴处理，也不能指望一夜之间解决。

如何避免邻避效应并培育迎臂效应？笔者认为，需要政府、企业和公众三者的良性互动。

首先，企业应坚持信息透明化，向公众和政府提供完全的信息，消除信息不完全和不对称对公众心理和政府决策的负面影响。为此，企业除进行商务分析外，还应进行简明扼要、系统的风险分析，制定风险减轻与控制方案，并及时公开，吸收公众和政府的意见，确保受影响区拥有知情权、表达权。

其次，企业应遵循社区自愿和企业满意的原则进行选址，主动寻找自愿性社区，绝不能单厢情愿，也不能依靠政府指定。

然后，政府应出台受影响区域生态补偿与经济补偿制度，给项目所在地的发展机会损失、环境污染和生态恢复予以补偿，确保受影响区域的利益不受到损失。

最后，完善政府与社会共同监管制度，引入第三方专业公司依法对项目建设营运进行指导、规范、监督与监测，加强社区监督，赋予社区一定的掌控权，强化政府的管理与监督作用。

（刊于《中国环境报》，2013 年 5 月 10 日，作者：熊孟清）

用利益补偿化解垃圾处理邻避效应

我国台湾省新北市近日出台《新北市垃圾处理场（厂）营运阶段提供回馈金自治条例》，授权行政管理部门对焚烧处理厂和填埋场周边适当距离内的社区予以回馈补助，并规定回馈金主要用于公共设施建设与管理维护、环境检测鉴定、全民健康保险补助等项目。

其实，给予垃圾处理设施周边社区回馈补助并不鲜见，台北市和广州、北京等城市也都有类似的回馈补助做法，台湾习惯称之为回馈补助，大陆则习惯称之为生态补偿。不论冠以什么名称，其性质都是利益补偿。

之所以要给予垃圾处理设施周边社区利益补偿，是因为垃圾处理设施建设与运行对当地的经济、环境和发展机会造成一定的负面影响，如影响当地房地产升值，这是最明显的影响之一。弥补负面影响，直接方法便是利益补偿。笔者认为，完善利益补偿制度，有助于化解垃圾处理的邻避效应。

第一，明确补偿主体和补偿对象。垃圾处理是一种经营性服务，补偿主体理当是垃圾处理服务的受益者（即垃圾排放者）。因此，垃圾从哪里来，哪里就得提供利益补偿，可要求每吨垃圾加收一定的补偿金。补偿对象没有补偿主体那么容易确定，关键是不容易确定垃圾处理设施建设运营的影响范围和影响程度。而且，衡量确定影响范围与程度不仅仅是一项技术性工作，也是一项社会心理鉴定工作。但是，建立健全利益补偿制度必须明确补偿范围及其补偿标准。

第二，明确利益补偿的运行机制，包括核算方法、运行方式和评价机制。核算方法需要评估补偿主体因素、补偿对象因素和政府因素，并建立补偿主体和补偿对象的良性博弈方法，直至确定补偿标准。运行方式，理论上讲最好由补偿主体与补偿对象直接完成，但在政府主导垃圾处理的现状下需要政府主导。例如，广州市利益补偿运行方式是市将补偿金划拨给区，再由区划拨给镇，镇再分配给村，最后由村计划使用。这种方式有利于减轻市、区政府的工作，实现精准补偿，但居民个人获益大小取决于镇、村的利益补偿分配方案。

第三，建立利益补偿的评价机制非常重要，但往往被忽视。跟踪补偿对象、补偿主体与政府相关因素的变化，及时、准确地评价补偿效益，判断补偿是否有效，对进一步完善利益补偿具有重要意义，也是实现利益补偿动态化的保证。如果利益补偿没有达到预期效果，就要对补偿方式方法予以修正；如果一些重要因素或其主要方面没有达到预期，就要进行相应调整。为此，需要做好补偿实施前的本地调查和实施过程中的阶段性调查，并建立完整的调查分析资料档案。

此外，需要探索多种利益补偿模式。完善市场型和市场导向型垃圾处理运行机制，为建立多样化生态补偿模式奠定基础。创新利益补偿形式，逐步建立资金补偿与配套性公益服务、公共服务设施建设、经济发展替代项目对口支援、政策扶持等多样化补偿形式。完善补偿费转移分配途径与方式方法，探讨垃圾排放权/处理权交易模式，充分发挥输血型补偿方法的作用。同时，拓宽造血型补偿方法的应用范围，创新造血型补偿方法的运行机制，逐步提高造血型补偿方法的使用机会。例如，建设垃圾焚烧、填埋处理设施时，可就近配套建设拆解与二次分拣设施、二手交易市场、再生资源利用设施、集散中心等相关设施，甚至建成循环经济园区，推动造血型补偿方式的应用，促进当地经济发展。

总之，要积极引导社会各方参与，拓宽利益补偿市场化、社会化运作渠道，形成补偿主体多元化、补偿形式多样化、运作方式市场化、监督管理法治化的利益补偿模式，化解垃圾处理邻避效应。

（刊于《中国环境报》，2016年7月1日，作者：熊孟清）

垃圾处理的一城同化与多城同化

"垃圾处理同城化旨在消除邻避效应，产生迎臂效应，实现废旧资源回收利用。其中，垃圾排放权交易是控制垃圾总量；填埋处置是末端作业；资源回收与二次原料开发利用是垃圾处理作业体系的核心。"

垃圾中含有大量有用资源，而资源紧缺是目前生产面临的一大问题，资源跨域（城）流动总是受欢迎的，这是垃圾处理同城化的客观基础。

实践表明，政府必须对垃圾处理产业加强规划、行政强制、激励和监督等作用，甚至以公私合营模式直接参与垃圾处理作业。

垃圾处理同城化有助于根据城市功能定位和空间形态合理布局垃圾处理设施，充分利用现有优势，避免重复建设，加快垃圾处理产业化。广州和佛山分别在垃圾的能量利用和物质利用方面拥有优势，广佛同城化不仅可以兼顾这种现实，而且可以促进广州市发展成垃圾能量利用基地，佛山市发展成物质利用基地，确保垃圾得到及时高效地处理。同城化包含导入、扩散、发展和融合等子过程，政府主导下的导入过程至关重要，导入的内容，导入的时空程序等直接关系到同城化进度和效果。

一、科学导入垃圾处理产业体系基础

垃圾处理作业习惯上是指收运、焚烧处理和填埋处置等，主要目的是解决垃圾的出路问题。当前，政府虽高度关注垃圾处理问题，但没有系统、科学地分析垃圾处理产业，因而致使市场不完备，体系不健全，处理方法简单和产品单一。至于有用垃圾回收则主要依赖自发形成的废物回收站点，回收主力是拾荒者。回收站点多由私人所有，规模较小，缺少有用垃圾加工手段，难以提高有用垃圾的使用价值，较难形成规模效率和高附加值。显然，这种局面不能满足社会经济可持续发展需要。垃圾中的有用资源得不到充分利用，而垃圾处理现有方法隐藏的二次污染问题又令人担忧，致使垃圾处理一城同化都难以实现，跨城同化更是遥遥无期。

这就提出一个问题：构建怎样的垃圾处理产业体系才能推动垃圾处理一城同化和多城同化。

垃圾处理同城化需要克服的障碍不少，但垃圾处理同城化也有很强的可操作性和紧迫性。垃圾中含有大量有用资源，而资源紧缺是目前生产面临的一大问题，资源跨域（城）流动总是受欢迎的，这是垃圾处理同城化的客观基础。只要跳出以末端处理为核心的传统模式，构建以有用垃圾回收利用为核心的垃圾处理产业体系，向社会提供公益服务、环境资源（环境容量）和物质资源（包括能量），将垃圾处理产业由公益服务业转化成物质生产的基础产业。这样，垃圾处理将不仅能够消除邻避效应，还将产生迎臂效应（人见人爱），这正是推动同城化的前提。

垃圾处理产业体系包括：上游设备开发制造产业体系、垃圾处理作业体系、下游市场推广与服务体系、支撑体系。产业体系的核心是垃圾处理作业体系，因此，构建垃圾处理作业体系便是同城化的重中之重。

二、构建以资源回收利用为核心的作业体系

概括而言，垃圾处理作业体系可分为三大类：垃圾排放权交易、资源回收与二次原料开发利用和垃圾处置（卫生填埋）。排放权交易是源头作业，其主要目的是控制垃圾总量。填埋处置是末端作业，将目前技术与市场条件下不能利用的垃圾卫生填埋以待来日开发利用。资源回收与二次原料开发利用是垃圾处理作业体系的核心，目前这是中国垃圾处理作业最薄弱的环节。

资源回收与二次原料开发利用作业包含三种作业类型：垃圾产量抑制作业、分类与回收作业、有用垃圾开发利用作业。垃圾产量抑制作业是源头减量作业。分类与回收是垃圾前处理，将垃圾收集起来并将垃圾分为有用垃圾和无用垃圾。有用垃圾流入有用垃圾开发利用作业体系（企业）加以开发利用，无用垃圾则流入填埋场处置。垃圾分类回收、二次原料开发利用和垃圾产量抑制形成一个闭环，确保垃圾资源化利用和源头减量。

三、优先构建垃圾排放权交易体系

垃圾排放权交易是指在"分区、分级、分期、分类"控制垃圾排放总量的前提下，垃圾生产者（交易主体）之间通过货币交换的方式相互调剂垃圾排放量。减排者作为排放权的卖方将节约出来的剩余排放权出售并获得经济回报；相反，那些无法按照政府规定减排或认为减排代价过高而不愿减排的超排者只得作为排放权的买方，不得不去交易市场购买其必须减排的排放权。可见，排放权交易有助于实现控制垃圾排放总量、降低垃圾管理成本和促进生产与消费可持续发展等目的。

区域一体化应建立多城同享的垃圾排放权交易市场。其中，区域垃圾排放总量是制定交易主体排放权分配额的基础，关系到区域经济发展等社会经济问题，也关系到功能区之间，如工业区、商业区和休闲旅游区等之间排放权及相关利益的合理分配等，需要兼顾各城市的现状和发展规划。同城化涉及的每个城市政府应自愿让渡权利，既维护各自城市的利益，又顾全大局；当然，欲顺利推进同城化，需要建立起合理的生态补偿机制，对那些失去发展机会的城市予以适度补偿。

四、打造垃圾处理产业的支撑保障体系

垃圾处理产业的支撑体系包括法律法规与执行标准、经济激励机制、排放权管理和技术服务等内容。要切实加强政府的职能领导、完善法律法规与执行标准，科学

规划与战略环评，根据本地实情制定经济激励政策，重点扶持排放权交易和一批资源利用项目、鼓励体制创新和科技创新，为垃圾处理产业的健康发展提供强有力的支撑保障。

政府是垃圾处理的责任主体，是垃圾处理产业的推动者、引导者、规范者和监督者，同时也是重要的参与者。实践表明，政府必须对垃圾处理产业起到加强规划、行政强制、激励和监督等的作用，甚至以公私合营模式直接参与垃圾处理作业。发达国家走过了一条"从私到公，再到公私合营"的曲折反复道路，建立起了公共部门与私人部门合营的伙伴关系（简称新PPP模式），打破了基础设施服务要么由私人部门垄断要么由公共部门垄断的格局，政府加强了统筹规划、战略坏评、经济激励、法律法规约束和监督管理力度，促进了社会、经济和环境的协调发展。政府应承担起责任主体重任，成为垃圾处理产业体系构建的引导者和参与者，主导垃圾处理同城化方向，加速同城化进程，确保社会、经济和环境的协调发展。

（刊于《广州日报》，2009年8月31日，作者：熊孟清）

垃圾治理需走出家族主义困境

只关心家族范围内的垃圾治理，拒绝与家族外的垃圾治理发生任何关系，并可能寻求家族内垃圾处理外部化，有损于更大范围的公共利益。

中央环保督察组于 4 月 13 日向广东政府反馈环保问题，其中垃圾治理问题比较突出，主要是垃圾处理设施建设滞后。而这一问题大多集中在潮汕地区，如潮州市垃圾焚烧发电厂、潮安区生活垃圾焚烧发电厂和饶平县大湖山生活垃圾填埋场，建设严重滞后，汕头和揭阳两市的三座垃圾焚烧厂、两座垃圾填埋场无害化改造工程无一建成等。潮汕地区垃圾治理除遭遇普遍存在的邻避心理外，当地盛行的家族主义困境也是一个不容忽视的因素。

在广东潮汕地区，家族主义普遍蔓延于社会、市场甚至政府部门中，核心表现在乡土依恋、家族优先和家族信任三个方面。

首先，故土是世袭资源，是家族繁衍兴旺的根据，有责守土；其次，家族是自身利益的保障，必须保持家丁兴旺，维护家族利益；最后，信任源自血缘，这是一种狭隘的家族信任，甚至表现出对外的不信任。凡此种种，造成了垃圾治理的家族主义困境，即家族内垃圾得到妥善治理，家族外垃圾治理却不是自己的事。这是一种基于家族的公益，只关心家族范围内的垃圾治理，拒绝与家族外的垃圾治理发生任何关系，并可能寻求家族内垃圾处理外部化，有损于更大范围的公共利益。家族主义的思维、选择和行动均出自家族利益至上的观念，有时甚至会不惜牺牲更大范围的公共利益。

较之于个人的邻避心理，家族主义困境带来的危害更大、根治更难。这是因为家族主义困境带有家族价值观、礼俗、行为规范、制度和宗法性质，它是一种有组织、有制度的社会困境。家族内形成自治体系，家族事物得以妥善治理，家族成员在体系内互动和互助并因此保障自身利益，家族利益也因此最大化，家族及家族成员皆得以兴旺发达，于是家族主义越发具有吸引力和生命力。但问题出在家族成员的思想与行为局限在家族这个公共圈内，这与城镇化需要建立广泛的社会共同体和市民社会相冲突，乃至成为潮汕地区经济社会发展的制约因素。

而大量的城镇垃圾需要妥善治理，需要建设垃圾处理设施，这就需要部分人顾全大局，提供垃圾处理设施建设用地并与其为邻，这与邻避心理相悖，更遭到家族主义有组织的抵制。

垃圾治理要走出家族主义困境，需要在克服邻避心理的基础上，克服家族主义的局限性。途径有三：

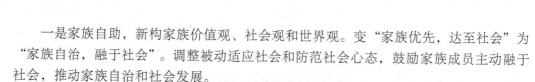

一是家族自助，新构家族价值观、社会观和世界观。变"家族优先，达至社会"为"家族自治，融于社会"。调整被动适应社会和防范社会心态，鼓励家族成员主动融于社会，推动家族自治和社会发展。

二是政府积极作为，消除家族壁垒。家族主义不惜牺牲外部利益，但也离不开外部交易和服务，因此多寄希望于政府调和家族与外部之间的关系。政府应强势作为，同时扶持社会组织发展，完善社会救助和社会信用体系，强制打破家族之间的壁垒，引导家族与外部公平交易，热心更大范围的公益，建立利人利己和社会普遍信任的社会关系。

三是大力发展经济，完善社会保障体系。通过扶持企业发展，尤其是扶持国有企业、大型跨家族企业和产业园区的发展，大力发展经济，完善社会保障体系，充分保障人民的权利，从根本上弱化家族主义的利益保障功能，有助于垃圾治理走出家族主义困境。

（刊于《中国环境报》，2017 年 4 月 26 日，作者：熊孟清，熊舟）

异地处理垃圾要均衡各方利益

有媒体报道，上海成千上万吨垃圾有组织地转运到无锡简易填埋，给当地生态环境造成破坏。这并不是垃圾异地处理的个案，高值资源异地利用非常普遍，低值可回收物异地利用时有发生，无用垃圾和有害垃圾异地处理也难以避免。在笔者看来，垃圾可以异地处理，但不能损人利己，更不能破坏受纳地的生态环境。

垃圾异地处理存在污染转移、损人利己等诟病，但综合权衡资源需求、土地制约和经济发展等因素，有时也是一种合理选择，如珠三角垃圾离岛处理就是一个有吸引力的方案。异地处理存在合理性，理应受到正视并加以规范，需要在政府主导下建立健全跨域合作机制。

第一，异地处理应事先规划。异地处理的基础是双方均有需求与意愿，但最基本的还是备选地址满足项目建设营运的技术、经济要求。如果连垃圾妥善处理所必须的地理地貌等基本条件都不具备，合作意愿再强，也不允许异地处理。为此，需要合作双方在上级部门协调下事先做好区域规划设计工作，并制订项目规划选址基本方针、项目选择原则、投融资建设模式、安全卫生防护标准、规划评价与社会合适参与办法，从规划设计上保证共建项目得到居民认可。

第二，异地处理需要高效的互动机制。共建项目建设营运过程中少不了合作地区政府、公众之间的互动，需要制订政府之间、政府与公众之间及合作地区公众之间的互动机制。弥合地域差异，规范互动的主体、对象和手段。明确谁与谁，通过什么程序、形式与方法，在什么时间、什么场合，围绕什么事和期望，达到什么目的，以避免相互推诿扯皮，提高行政效率，保证公众合适参与。

第三，异地处理需要利益均衡机制。异地处理必然利益驱动，需要充分考虑收纳地获得的利益。同时，还需要均衡各方利益以避免引发矛盾与冲突。为此，需要建立健全政府、群众利益均衡机制，重点建立垃圾处理权（处理量）的分配机制，建立垃圾处理定价方法与调价机制，建立生态补偿机制，做到动态分配、事前定价、计划调价和多样补偿。既保证处理设施所在地的利益，也保证设施服务区享受优质而公平的服务。同时，也照顾到经济发展较落后地区的可持续发展。

第四，异地处理需要完善监督机制。项目涉及不同地区，极易出现钻政策空子和信息不对称等现象，而且，项目本身具有外部性，极易引发责任分散效应、搭便车效应和邻避效应。因此，要建立有效的联合监督规范机制，完善"互联网＋"监督系统，规范监督异地处理所涉及的装卸、转运和处理等各个环节，实现全程监督。同时，建立管理、作业、监督等责任主体的分工协作与分级制裁制度，确保相关事务公开、公平、公正实施，保证项目平稳、顺利推进。

此外，跨域合作机制还应包括利益诉求协调机制和矛盾冲突调处机制。健全地方政府之间的利益矛盾协调机制，确保政府之间紧密配合。健全公众诉求协调机制，将公众诉求提炼为公众议题，协调社区与政府立场，妥善处理公众诉求。健全矛盾冲突调处机制，通过行政调解、法律救济、司法介入等手段妥善平息矛盾冲突，降低矛盾冲突调处成本，消除后续负面影响。

（刊于《中国环境报》，2015 年 8 月 7 日，作者：熊孟清）

经济手段

构建垃圾排放权交易体系，推动垃圾处理跨域合作

一、现阶段垃圾处理跨域合作的必要性

受区域空间形态和经济功能分区等因素制约，垃圾处理设施多建在经济欠发达的偏远区域，且处理规模不断增大，这导致垃圾和垃圾处理设施的邻避效应（邻避效应就是"不要放在我家后院"的意思，源自英文：not in my back yard，单词的首字母组成NIMBY，音译为"邻避"，正好表达了不受欢迎的意思）愈发彰显，致使垃圾处理跨域合作更加困难，垃圾处理设施建设征地愈加艰辛，社会矛盾也越来越突出。以广州市垃圾处理为例，白云区受纳了中心城区所有垃圾，为其他行政区提供了环境容量和垃圾处理服务，其他行政区因白云区的贡献获得扩大社会再生产的必要条件。遗憾的是，白云区并未因此获得经济效益，而且，因建设垃圾处理设施失去的发展机会也未获得补偿，这极大地挫伤了白云区建设垃圾处理设施的积极性。相反，其他行政区在扩大再生产的同时生产出更多垃圾，但并未因此多支付垃圾处理费，这又负面地鼓励了这些行政区推卸垃圾处理责任。广州市垃圾产量按5％的速度逐年增加，2008年中心城区垃圾日产量高达7900余吨，日处理能力缺口高达500吨，而新设施的建设规划至今无法落实。兴丰填埋场将于2012年封场，如果不能尽快开工建设新设施，尤其是填埋设施，到了2012年，广州城市垃圾将无处消纳，届时将不是"垃圾围城"，而是"垃圾填城"。

在垃圾减量和垃圾处理新方法无法取得突破成绩，而空间形态与功能分区等限制也无法很快解除的形势下，推动垃圾处理跨域合作就成为解决"垃圾填城"这一燃眉之急的首选。

二、垃圾处理跨域合作的建议对策

平衡公平与效率矛盾可以消除垃圾与垃圾处理设施的邻避效应，促其产生迎臂效应（迎臂效应则是欢迎的意思，英文为：yes, in my back yard，单词的首字母组合成YIMBY，音译为"迎臂"，中文也表达了欢迎的意思），是解决垃圾出路的关键。可以说，在当前，通过政府干预和市场机制合理分配利益对于克服邻避现象尤为重要。垃圾排放权交易体系融政府干预和市场机制调节于一体，有利于消除垃圾处理设施的邻避效应，促进垃圾处理跨域合作，应优先构建。

（一）垃圾排放权交易体系的构建步骤与前提

垃圾排放权交易是指在"分区、分级、分期、分类"控制垃圾排放总量前提下，垃圾生产者（交易主体）之间通过货币交换的方式相互调剂垃圾排放量。减排者作为排放权的卖方将节约出来的剩余排放权出售并获得经济回报，这实质上是市场对有利于环境的外部经济性的补偿，相反，那些无法按照政府规定减排或认为减排代价过高而不愿减排的超排者只得作为排放权的买方，不得不去交易市场购买其必须减排的排放权，其支出的费用实质上是为其外部不经济性而付出的代价。可见，排放权交易有助于平衡公平与效益矛盾，达到控制垃圾排放总量、降低垃圾管理成本和促进生产与消费可持续发展等目的。

垃圾排放权交易体系的构建大致需要六步，即社会经济与生态环境调查、环境压力与环境安全分析、环境容量测算、排放总量控制、排放权初始分配和排放权交易市场建设。社会经济与生态环境调查是确定垃圾排放总量的基础，而社会经济与生态环境主要指区域空间形态、经济功能分区、产业布局和企业分布、生态与环境现状、生活垃圾产生与处理现状及社会经济发展规划等六个方面，其中空间形态、经济功能分区和社会经济发展规划对垃圾产生与垃圾处理设施布局影响较大，如空间形态直接影响设施建设征地，经济功能分区影响设施建设规划。垃圾排放权交易离不开严格的监督与监测，应在社会经济和生态环境调查基础上制定严格的监督监测办法。

垃圾排放权交易市场的建设是构建交易体系的重要内容。建立跨域同享的垃圾排放权交易市场有三个前提：其一，政府要在一定区域内通过一定的方式确定该区域内垃圾排放权交易的总量；其二，将排放权交易的总量进行初始分配；其三，保证参与排放权交易的各方获得充足的市场信息。区域垃圾排放总量是制定交易主体排放权分配额的基础，也关系到区域经济的发展等社会经济问题，关系到功能区，如工业区、商业区和休闲旅游区等之间排放权及相关利益的合理分配等，因而，慎重确定区域排放总量是必要的。排放权初始分配涉及面广且难度大，必须综合考虑新老企业、污染程度不一的企业及不同产业与生产性质的企业的利益均衡等问题，而且，还必须充分考虑区域发展规划的约束。各区既要维护各区的利益，又要顾全大局，当然，要顺利推进生态补偿机制，对那些失去发展机会的地区予以适度补偿。

垃圾排放权交易体系的构建不可能一蹴而就，需要按部就班构建，既充分考虑目前垃圾处理的现状，又谋求创新突破，确保垃圾处理体系不仅能满足现在一段有限时间内垃圾处理的需要，且能适时升级，满足未来发展的需要，促进商品生产（包括流通）、消费和垃圾处理（包括处置）各环节实现人与人平等生活、区域与区域平衡发展、人与自然互利共生。此外，构建垃圾排放权交易体系还需要法制支撑，如需要法律保障公民以"公共委托"方式成为垃圾排放权交易的主体等。

（二）垃圾排放权交易有利于推进垃圾处理跨城合作

垃圾排放权交易体系融政府干预和市场机制调节于一体，政府根据本地的环境容量确定排放总量并发放排污许可证，确保排放权有序进入交易市场交易，甚至跨域交易。同时，排放权交易以市场为导向，不仅让排放者付费、受纳者受益，而且受纳者获得直接向排放者叫价的机会；构建垃圾排放权交易体系有助于形成以排放权为主，辅之以垃圾收费、公共补偿和生态产品认证等补偿方法的生态补偿体系，平衡公平与效益的矛盾，促进和谐社会建设。此外，交易市场的建立将促进信息中心的建立，促进垃圾处理产业产品、技术和资本的集聚，这不仅有利于企业融资，也有利于形成统一的排放权的市场指导价格，提升现代服务产业。可见，垃圾排放权交易有利于推动垃圾处理跨域合作和生态环境跨域协调治理，促进垃圾处理一城同化和多城同化。

垃圾排放权交易体系具有广阔的应用前景。垃圾来源比较清楚且垃圾是形态相对稳定的可视物体，垃圾污染一般是局部性或区域性的，不像气态和液态污染物那样长距离传播，不存在污染源鉴别困难的问题，是便于计量和监测监控的，这些因素是垃圾处理产业导入垃圾排放权交易体系的有利条件。中国在温室气体（CO_2、CH）、酸性气体（SO_2）和化学需氧量（COD）等指标的排放权交易正在由试点向全面铺开的阶段过渡。中国垃圾收费制度已基本建立，随着社会主义市场经济体制的逐步完善，垃圾排放权交易将会逐步取代垃圾收费制度成为主要的经济手段和垃圾处理的重要支撑力量。

（刊于《城市管理与科技》，2009 年 12 月 15 日，作者：熊孟清）

运用价格杠杆优化
垃圾处理资源配置

当前，我国一些二、三线城市，甚至一线城市如天津，陆续出现了垃圾焚烧处理厂"吃不饱"、垃圾填埋场又"吃不消"的现象。在一些地区，城市规划者和投资者往往青睐焚烧处理垃圾，但事与愿违。一边是垃圾填埋场"供不应求"，一边是垃圾焚烧处理厂"供过于求"，资源错配现象值得我们思考。

一、违背价格机制导致资源错配

笔者认为，发生这一资源错配现象并非偶然，而是城市管理者个体或集体意愿违背价格机制的必然结果。如西南某省会城市，5年内引资建成、投产5座日总处理能力达5300吨的垃圾焚烧处理厂，理论上解决了主城区每日5000吨清运垃圾的处理问题。待垃圾焚烧处理厂投产后，当地才发现大幅提高的垃圾处理服务费超出了财政承担能力一倍以上。于是，在当地财政不足以支付一半焚烧处理服务费而垃圾又必须及时处理的压力下，不得不借助于便宜的填埋方式处置。更严峻的形势是，维持垃圾焚烧处理厂运行必将大大压缩物资回收利用和填埋处置经费，导致当地物资回收利用和填埋处置能力日益不足，反过来迫使更多垃圾只能进行焚烧处理，从而引发垃圾处理价格变动与供求变动之间的恶性循环。

垃圾焚烧处理厂的运行费用高，加之建设投资大，即使建设投资全部采用社会资金，也会连本带息地以折旧费形式计入营运成本，从而进一步提高焚烧处理的服务费。现行定价方法之下，焚烧处理的服务费是填埋处置服务费的2~3倍。既然如此，垃圾处理需求者自然会选择更便宜的填埋处置服务，而非高价的焚烧处理服务。对此，地方政府不能违背垃圾处理价格机制，借助行政资源强力推动焚烧处理设施建设。

二、运用价格杠杆优化资源配置

如何进行合理的资源配置？笔者认为，地方政府可以更多、更好地运用价格杠杆来调整垃圾处理方式。价格是资源配置的敏感因素，价格变动会引起投资、垃圾处理方式和垃圾流向等的变动。如焚烧处理的高价格可刺激投资者的投资积极性，而物质回收利用和填埋处置的低价格会打压投资者的投资积极性。地方政府可利用价格与资源配置的制约关系，理顺供求关系，促进物质利用、能量利用（焚烧发电等）和填埋处置齐头并进。为此，需要解决三大问题：

一是取消以垃圾处理者为中心的实证成本导向定价法。以垃圾处理者为中心，而非以供求均衡为基础，势必迎合垃圾处理者的意愿。后果是忽视需求者的意愿，抬高处理服务费，激化供求矛盾，且对垃圾处理方式厚此薄彼，降低行业竞争性和垃圾处理效率。

二是计入生态环境恢复成本。现行定价法没有计入生态环境恢复成本，不能反映各种处理方式的真实成本，这也是填埋处置服务费远低于焚烧处理服务费的主要原因。英国从2004年开始征收垃圾填埋税，通过填埋税提高填埋处置的成本，理顺了填埋与其它处理方式的价格关系，减少了废塑料等再生资源的填埋处置量，增强了公众的环境意识。

三是实行合理的垃圾排放费征收办法。垃圾处理供求长期分离，导致垃圾排放费与垃圾处理服务费彼此似乎毫无关系，典型表象是排放费多采用（居民）定额计费而垃圾处理服务费则采用计量计费，供求严重失衡。垃圾处理服务费主要由财政支付，实际上是由社会平均分摊，不能体现污染者负责和消费者付费原则，会导致社会不公。

三、建立科学的垃圾处理行业定价法

为优化资源配置，提高垃圾处理效率，推动垃圾综合处理，体现垃圾处理的公益性和公平性，垃圾处理行业急需建立有利于强化资源配置市场机制、基于供求均衡的行业定价法，对垃圾处理链上各种处理方式进行科学定价。建议如下：

一是要遵循逐级利用、逐级减量原则，以供求均衡为标准，做好供求优化组合，发挥各种处理方式（供给方式）的作用，并结合其它公共服务定价法的优点，制定垃圾处理行业定价法，摆脱垃圾处理行业定价实际上受垃圾处理企业定价的错误引导，避免政府失灵。

二是要对不同类型垃圾的处理制定差异化价格，形成完善的价格体系。首先，促进再生资源回收利用，充分回收可以直接回收的物质。其次，促进生物转化，推动有机易腐垃圾的资源化利用，尽量减少焚烧与填埋垃圾的处理量，促进物尽其用。

三是要对填埋处置征收生态环境税（费），提高填埋处置的价格。一方面，控制填埋处置的垃圾量，促使垃圾进入填埋场前先进行资源化处理，从而提高垃圾的资源利用率和填埋场的使用寿命；另一方面，为填埋场的生态环境恢复积累资金，尽量降低填埋垃圾对生态环境的负面影响。

四是要在供求均衡的基础上制定垃圾排放费征收和财政补贴标准。本着促进源头减量和分类排放的目的，结合排放者的购买力和财政状况，制定合理的垃圾排放收费、垃圾处理财政补贴等经济政策，发挥垃圾排放费与财政补贴的调节作用。

（刊于《中国环境报》，2013年8月2日，作者：熊孟清）

应用经济手段解决城市垃圾处理处置问题

从源头上减少垃圾数量、建好管好处理处置设施等问题已成为城市环境和卫生管理部门优先考虑的课题。当前，广州综合运用行政、垃圾处理收费和教育等手段，虽然在解决这一课题方面取得了可喜的成绩，但仍有不尽人意的地方。笔者试图从经济手段角度，探讨解决源头垃圾减量和垃圾处理处置设施布局不合理等问题的途径。

一、当前广州市城市垃圾处理处置面临的两个突出问题

广州市中心城区占地近 1300 平方千米，常住人口（包括外来人口）约 620 万，2006 年年产生活垃圾 250 万吨，日产生活垃圾约 7000 吨，人均日产垃圾约 1.1 千克。其中，人均日产垃圾量已达到发达国家数量。

目前，广州中心城区正在营运的垃圾处理处置设施有兴丰生活垃圾填埋场和李坑生活垃圾焚烧发电厂，这两座处理处置场（厂）都坐落在白云区。兴丰垃圾填埋场的设计寿命为 22 年，设计日处理能力为 2200 吨，现每日接纳垃圾 6000 余吨，已填埋了近 50％的场地。李坑生活垃圾焚烧发电厂的设计日处理能力为 1000 吨，现日接纳垃圾也超过了 1100 吨，设备处于超负荷处理垃圾状态，甚至不能保证正常的检修和维修。

由此可见，当前广州市中心城区生活垃圾处理处置面临两个突出问题：一是垃圾产量增幅大，日均垃圾产量从 2002 年的 4000 余吨增加到 2006 年的 7000 余吨，人均日产量也由 2002 年的不足 0.7 千克增加到 2006 年的 1.1 千克。二是垃圾处理处置设施布局不太合理，两座处理处置场（厂），都坐落在白云区，垃圾运输距离长，致使运费和道路清洗费增高，沿途二次污染（臭气和垃圾渗滤液污染）面积增大。

造成中心城区垃圾产量剧增，固然有广州管理区域增大、城中村改制增加垃圾收集范围等的因素，但贡献持久、平稳的因素仍然是企事业单位和城市居民等垃圾生产当事人的"不当消费"。这些当事人，习惯上认为垃圾处理处置是城市外部的事情，即使自己生产的垃圾污染了环境，影响到了别人的健康，也不会认为是自身的责任，不会觉得是一件可耻的事情。当然，出于建设和谐社会的需要，同时本着循环渐进的原则，政府职能部门往往会通过教育来提高当事人的环境意识，而较少对当事人进行必要的处罚。垃圾生产主体的习惯和垃圾管理主体的"仁慈教育"这两方面的结合，客观上助长了不当消费，造成了垃圾产量的剧增。

实际上，垃圾处理处置设施布局不太合理和垃圾数量的增长，两个问题本质一致，表现为垃圾处理成本的增大，直接影响到源头垃圾减量和城市垃圾的资源化问题。

二、应用经济手段解决垃圾处理处置问题的原则与法律法规

（一）原则

经济合作和发展组织（OECD）环境委员会于 1972 年提出了污染者负担原则（即 PPP 原则），污染者必须承担消除污染所需要的费用，这种消除污染的措施由公共机构决定并能保证环境处于一种"可接受的状态"。为推广这一原则，经济合作与发展组织环境委员会于 1974 年制定了《污染者负担原则的贯彻实施》，要求经济合作和发展组织加盟国在制定环境保护对策时必须遵循污染者负担原则，并作为制定环境政策的指导原则。 1976 年该组织联合委员会又针对废弃物管理制定了《综合废弃物管理政策》，在第一条中明确指出：为达到环境保护目标，合理使用能源和资源，联合委员会建议考虑使用经济强制手段以保证这一目标的实现。污染者负担原则作为环境政策领域中的一个基本原则得到了世界各国的公认，并得到了普遍的应用。

（二）国外法规

各国在污染者负担原则指导下制定了相应的法令、规章或办法，为城市地方政府采取经济手段解决生活垃圾问题提供了法律保障，使生活垃圾收费或收税有法可依，从而保证了收费政策的顺利实施。在发达国家，很早就实行了不同方式的生活垃圾处理收费制度，并在几十年的实践中，逐步完善、拓展，最终通过制定相关法律、规章，建立健全了生活垃圾处理收费体制，保证了生活垃圾处理收费稳步推进，并成为社会团体、企事业单位和公民等必须遵守的制度。尤其是从 20 世纪 80 年代起，越来越多的发达国家和城市实行了生活垃圾处理收费制度，垃圾处理收费制度在发达国家日趋成熟。法律法规赋予政府征收为提供废弃物收集、运输、处理等服务所付出的部分或全部费用的权力。

德国在《避免废弃物产生及废弃物处理法》中规定了联邦政府可以颁布条例，按照具体情况确定生活垃圾收集运输服务的收费依据、收费标准和垫款的归还方式。法国在《环境污染法》中规定，对废弃物进行加工处理、回收和再利用等有利于环境保护的行为者，国家将给予各种经济补偿，加以鼓励，而对于在产品的制造和使用过程中造成污染的行为者，将使用经济手段予以惩处，以减少污染；在 1992 年修订的《废弃物去除法》中，还进一步明确可以征收废弃物填埋处理税。希腊在 1650 号法中明文确认，任何个人或公司对环境造成污染和破坏并造成严重后果的属犯罪行为，要负法律责任，并实行经济制裁；对一般的生产者和使用者，实行"污染小少负担，污染大多负担"的原则。日本《防止公害事业费事业者负担法》第二条第二款规定，事业者应负担为防止该事业活动所产生公害采取措施时所需要的部分或全部费用；《废弃物处理与清扫法》第二章第六条第六款中规定，市、镇、村地方政府可根据本市、镇、村所制定的条例中的规定，对其所进行的普通废弃物的收集、运输和处理作业收取必要的手续费。韩国《废弃物管理法》中制定了征收废弃物处理手续费的条款。马来西亚吉隆坡市的《垃圾收集、运除及处理规定》中赋予城市专员负责收集生活垃圾并收取费用的权利。泰国 1986 年修订的《公共卫生法》明确了生活垃圾处理收费的法律依据。

（三）国内法规

我国修订的《中华人民共和国固体废物污染环境防治法》确认了污染者负担原则，为在我国全面推进生活垃圾收费提供了法律保障。随着我国城市化进程的加快，生活垃圾迅速增加，推行和完善垃圾处理收费制度成为当务之急，解决城市生活垃圾问题已成为全社会关注的热点问题。为加快生活垃圾处理步伐，提高垃圾处理质量，改善城市生态环境，促进可持续发展，根据《中华人民共和国国民经济和社会发展第十个五年计划》《中华人民共和国固体废物污染环境防治法》的有关规定和党中央、国务院有关建立城市生活垃圾处理收费制度，实行垃圾处理产业化和市场化的决定。经国务院同意，国家发展计划委员会、财政部、建设部和国家环境保护总局于 2002 年 6 月联名下达了《城市生活垃圾处理收费制度，促进垃圾处理产业化的有关事项通知》（计价格〔2002〕872 号），要求所有产生生活垃圾的国家机关、企事业单位（包括交通运输工具）、个体经营者、社会团体、城市居民和城市暂住人口等，均应按规定缴纳生活垃圾处理费，以补偿垃圾处理设施投资和运营费用的不足，实现设施建设和运行的良性循环，确立"环境消费"意识，使企业、单位和广大居民对环境保护履行应尽的义务，有利于从源头减少污染的排放。该《通知》赋予城市人民政府价格主管部门会同建设（环境卫生）行政主管部门按照垃圾处理产业化的要求，制定垃圾处理费收费标准的权力，将生活垃圾处理费定性为经营服务性收费，要求城市人民政府创造条件，结合环卫体制改革，尽快向经营服务性收费转变。《城市市容和环境卫生管理条例》第二十九条、《广东省城市市容和环境卫生管理规定》第三十二条和《广州市城市市容和环境卫生管理规定》第三十二条也都明确规定：单位和住户，应按规定缴纳卫生清洁费、垃圾处理费。

由此可见，无论从国际法、国际惯例，还是国内法律法规环境，目前采用经济手段解决垃圾处理处置设施的建设与营运问题都是适宜的。

三、经济手段在解决广州市城市垃圾处理处置突出问题的具体应用

把经济手段提升到一种环境政策手段的高度，利用价格、税收、投资、微观刺激和宏观调控等经济杠杆，不仅适用于企事业单位和居民等垃圾的直接生产者或间接生产者，也适用于与垃圾处理处置有关的政府部门及处理处置设施的营运者等当事人。当前，要真正解决广州的垃圾处理处置问题，关键是要通过运用经济手段，影响和调整所有当事人的生产、分类、回收、处理垃圾行为，让这些行为的外部不经济性内部化，即垃圾生产者对环境和他人产生的不利影响进行补偿甚至赔偿。

（一）计量收费制度可以有效实现源头垃圾减量

广州市目前主要采用定额收费制。对城市居民按户收费，持 IC 卡的常住人员按人头收费，居民垃圾处理费的多少与生活垃圾的排出量无关。对企事业单位按垃圾容器收费，收费总额与垃圾量有关，但单价固定，实质上相关性受很大影响。这种定额收费的方法实施起来比较简单，管理难度也相对较小，对提高垃圾生产当事人的环境意识有一定作用，但对于源头生活垃圾的减量化和资源化没有太大效果，有必要进一步完善。

在这方面，我们不妨借鉴国外的成功做法。很多发达国家和城市对垃圾处理收费除采用定额收费制外，比较喜欢采用计量收费制。计量收费制的主要特征是：收费金额与生活垃圾的排出量有直接的关系，有利于提高垃圾生产当事人的源头垃圾减量化和资源化意识。计量收费制的具体做法很多，如按容积收费，按质量收费，按垃圾袋收费，使用生活垃圾处理券（不干胶标签）等等。这些方法操作起来比固定收费制繁琐，为解决操作繁琐的问题，日本等国家甚至采用了现代信息技术加以监督、监控。此外，实行计量收费制对政府管理部门也是一个挑战，所达到的减量化效果越好，收费就越少，收费额呈现动态变化，这种收入的变动性会给市政府的预决算带来一定困难。对此，美国西雅图市政府规定：每户每月运 4 桶生活垃圾，缴纳 13.25 美元，每增加一桶生活垃圾，加收 9 美元。日本的很多城市采用指定垃圾袋方式，即使用统一规格的垃圾收集袋，如滋贺县的守山市对可燃垃圾采用指定垃圾袋收费方式，并采用记名方法，每年每户家庭允许以低价位购买 110 个指定垃圾袋，每个大袋为 20 日元，小袋为 17 日元，购买数量超过 110 个时，每个垃圾袋的价格为 150 日元。韩国广泛采用计量制收费方式，并配备政府指定的垃圾袋，垃圾袋种类为 7 种：5 升、10 升、20 升、30 升、50 升、70 升、100 升，一般家庭采用透明垃圾袋，袋子上除标示容量、制造地点外，还有"若未使用政府规定垃圾袋，罚款 100 韩元"的警语。国外一些国家和城市的成功实践表明，实行计量收费制后，垃圾产量得到了大幅度降低，比如韩国实施垃圾袋收费两年来，生活垃圾量减少了 37％以上，同时资源回收量也增长了 40％。

因此，我们要正确认识垃圾处理收费的意义，收费不是最终目的，关键是为了提高垃圾生产当事人的环境意识。对于城市政府和管理部门而言，垃圾处理收费的主要目的是为了有效处理处置垃圾，以及从源头实现垃圾减量化和资源化，而源头垃圾减量化和资源化本身就是最好的垃圾处理方法。

（二）费税并行和扩大费税的征收对象

目前，广州市主要采用对垃圾直接生产者收取垃圾处理费的手段来解决垃圾增量和资源化问题。从 2002 年开始，每月每户缴垃圾处理费 5 元，机关、企事业和个体户每桶（0.3 立方米）5 元，已办 IC 卡的暂住人员每月每人 1 元，乐观估算广州市每年能征收垃圾处理费 1.38 亿元。而实际情况是，自垃圾处理收费以来，广州 2004 年收得 5838 万元，2005 年收得 6222 万元，收缴率均不到 50％。

广州市垃圾处理费的征收对象只涵盖了惯常理解的直接生产垃圾的企事业单位、城市居民和城市常住人员，这不仅限制了收费总额，也难以达到源头垃圾减量化和资源化的目的。其实，国外垃圾费税征收对象是指一切开发、利用环境资源的单位和个人，不仅包括垃圾直接生产者，也包括垃圾间接生产者，如企事业单位，还包括处理处置设施的经营者。对后两类当事人收费或收税更能起到垃圾减量效果。

意大利对不可降解塑料袋征税，挪威对不可回收的容器和含汞、镉的电池收费，瑞典也对电池实行收费，比利时对一次性剃须刀、一次性相机、电池、纸及所有饮料容器收产品税，爱尔兰对塑料袋和口香糖征税，瑞士对玻璃瓶征税，德国对包装物实行绿点标志，各生产厂家在缴纳绿点标志使用费并在包装上加贴绿点标志后，方可上市。捷克、丹麦、荷兰、德国、瑞典、法国、英国等征收生活垃圾填埋税，生活垃圾填埋税是向生活垃圾填埋场的经营者收取，而不是向生活垃圾生产者直接收取，但这部分费用会直接转嫁给生活垃圾生产者，这使得生活垃圾填埋税对填埋场的经营者和生活垃圾的排放者都有约束作用。实践证明，生活垃圾排放者和填埋场经营者都会致力于减少生活垃圾排放量，从而减少税费，最终目的是减少生活垃圾，延长填埋场的使用寿命。

国外很多城市乐于采用垃圾收费与收税并行的方法来解决生活垃圾处理处置过程中出现的问题。法国有30％的城市采用垃圾处理收费方式，70％的城市采用征收直接税（房地产税、个人所得税、法人税等）方式。美国有20％～30％的城市实行垃圾处理收费制度，其余城市靠收税解决。2000年日本全国3263个市、镇、村，有2535个（占78％）实行家庭生活垃圾处理收费制，其它的采用收税方式。采用多种费、税方式解决生活垃圾问题的国家还有奥地利、比利时、丹麦、意大利、荷兰、美国、瑞典、德国及挪威等。

为了增大垃圾处理收费总额，控制垃圾产量和延长垃圾处理处置设施的使用寿命，建议广州市人民政府采用垃圾处理收费与收税并行的方法。一方面稳定现有的垃圾收费改革成果，进一步提高收缴率；另一方面扩大费税征收对象，增加塑料袋、电池、易拉罐和玻璃瓶等税种，同时，将垃圾处理处置设施托管单位企业化，以便征收处理处置设施营运税。

（三）借鉴可上市交易的许可证做法，有助于解决处理处置设施布局不合理的问题

垃圾收费仅仅是解决垃圾问题的经济手段之一，国际上通常应用在环境领域的经济手段大致有以下四种：①环境收费与环境征税；②可上市交易的许可证；③抵押金制度；④补贴。这些经济手段在解决广州市垃圾处理处置问题时都可以借鉴，其实，除"可上市交易的许可证"手段没采用外，收费、补贴和抵押金在广州市都已试用，只是有待进一步制度化。可上市交易的许可证是解决区内垃圾总量控制和提高区建垃圾处理处置设施积极性的重要手段。

上市交易的许可证也称为排污权交易，是指由一个适当的权威机构最初分配的环境定额、配额或污染水平的最高限度。最高限额持有人可根据相关原则，相互进行许可证或排污权的交易。可交易的许可证应用到垃圾处理处置方面是一件新生事物，目前还只在美国、德国、英国、澳大利亚、加拿大、新加坡等少数国家被采用，但在美国已被大规模使用。英国政府2003年出台了实施生活垃圾填埋配额方案，允许各地生活垃圾管理当局进行填埋配额交易，地方管理局可按自己的填埋配额填埋可降解垃圾，也可将节余的配额卖出去，若自己的配额不够用，可向其它有富裕配额的管理局购买配额。该计划已从2004年开始实施。

广州市中心城区垃圾处理处置设施目前都由广州市市容环境卫生局统一管理，目前在用的两座处理处置场（厂）都分布在白云区，布局极不合理，居民不乐见在本区内建设垃圾处理处置设施。对于借鉴许可证制度的做法，市政府委托广州市市容环境卫生局制定垃圾接纳方案，确定正常接纳各区垃圾的最高限值，在最高限值内的垃圾按正常收费处理，超过最高限值的垃圾则加倍收费，同时也允许各区之间买卖最高限值配额。这种方案，一则鼓励各区减少垃圾产量，二则保证垃圾处理处置设施有计划的使用，延长设施的使用寿命，三则增加垃圾处理收费，最重要的是提高各区政府对垃圾处理处置的

再认识程度，各区将要为超过最高限制的垃圾支付大量的人民币，真正让全体居民认识到区内垃圾的处理处置是自己的大事，而非仅仅是市政府的事，以达到最终实现垃圾处理处置设施按区布建的目标。

四、结论与建议

污染者负担原则得到了世界各国普遍采用，在该原则下各国，尤其是发达国家，建立健全了垃圾处理费税征收制度；我国修订的《中华人民共和国固体废物污染环境防治法》确认了污染者负担原则，为在我国全面推进城市生活垃圾收费提供了法律保障。广州市实行垃圾处理收费已近五年，取得了一定经验，但收费制度需要进一步完善。为了解决征地难导致垃圾处理处置设施布局不合理等问题，有必要采用更多的经济手段，发挥经济手段的杠杆作用，提高居民和各区政府对垃圾处理处置重要性的再认识程度，实现源头垃圾减量化和资源化。具体建议如下：

（1）推行垃圾计量收费制，实现源头减量化和资源化；

（2）改单一垃圾处理收费为收费与收税并行，并向处理处置设施营运单位收税；

（3）借鉴"可上市交易的许可证"制，试行各区垃圾收运最高限值制度，鼓励各区建设垃圾处理处置设施。

（刊于《环境卫生工程》，2007 年 4 月 15 日，作者：熊孟清，林进略）

生活垃圾处理如何定价？

本文讨论基于供求平衡的垃圾处理服务定价和垃圾排放费定价。

生活垃圾处理定价是指回收高市场附加值的再生资源后的其他生活垃圾的处理定价，即所谓的"清运生活垃圾"处理的定价。整体而言，清运生活垃圾处理服务是无利的，且具有一定的公益性，需要政府实行价格管制。高市场附加值再生资源回收利用已实现市场化经营，不需要政府实行价格管制。

一、以处理者为中心的成本导向定价法的缺点

目前，我国采用以处理者为中心的生活垃圾处理服务成本导向实证定价法，实际上是对具体的处理者或企业定价，不是对垃圾处理方式定价，更不是对整个垃圾处理链定价。这种定价法不能反映垃圾处理的客观规律，顾此失彼，弊端太多。

一是没有平衡垃圾处理的供给与需求。以处理者为中心，不考虑排放者排放废弃物和享受良好环境的需求，不考虑消费者的经济与心理承受能力，割裂了垃圾处理的供求关系。

二是没有考虑供求过程的优化组合，没有系统考虑各种垃圾处理方式的作用及其耦合，甚至厚此薄彼，不能激励多措并举和综合处理；相反，还扭曲了各种处理方法的关系，如过分激励了焚烧处理，却冷待了再生资源回收利用和源头减量。

现有定价法给出了很高的焚烧处理价格，助长焚烧项目一窝蜂上马，一些三线城市，甚至县级市，不顾财政承担能力，争先恐后上马焚烧项目，其目的不是有效处理垃圾，而是套取焚烧处理的高价格。

有限资金用到了焚烧，却冷待了再生资源回收利用和源头减量，后果是，低市场附加值再生资源没人愿意回收，分类推动艰难，源头减量更是停留在口头。

三是政府定价受企业牵制，制定的价格受企业欢迎，却损失了消费者和全体纳税人的利益。企业掌握信息，政府掌握信息不完全和不对称，加上官商创租寻租等原因，此时，虽然政府通过一定程序和方法对处理企业提供的成本与收益进行验证，但未必能得到真实的企业成本与收益信息，即难以实证企业数据。

此外，即使企业成本与收益数据真实，也未必就是经济高效的数据，处理企业可能采用一些欺诈手段提高成本却不能提高处理效率，目的就是骗取较高的服务价格，赚取更多利润。

四是各种处理方式的价格不能反映处理方式的替代优势或短板。技术上可以互相替

代的处理方式，政府却罔顾价格优势，通过行政手段强制推行较高成本的处理方式，如强推能量利用，后果是顾此失彼，破坏了垃圾处理链和垃圾处理产业链，抑制了市场的自我调节作用，加深市场失灵。

五是没有考虑生态环境因素，价格没有真实反映处理方式的成本。占地大、环境污染潜在风险高、生态环境恢复时间长且费用高的填埋处置价格偏低，甚至一些无地可建填埋场的地区也存在这种怪象。

二、清运生活垃圾处理的供求过程优化组合

生活垃圾处理可归纳为物质利用、能量利用和填埋处置 3 类处理方式。其供求过程的优化组合如图 1 所示。物质利用包括低市场附加值再生资源回收利用和有机易腐垃圾通过生物反应转换成饲料蛋白、燃料等产品；能量利用主要是有机质通过焚烧等热转换方式回收热能发电、供热或热电联供等；不能物质利用和能量利用的无用垃圾则填埋处置。

垃圾处理体系应是上述 3 类处理方法的优化组合，体现出物尽其用，先物质利用，后能量利用，剩余的无用垃圾才填埋处置，充分发挥各种处理方式的作用，多措并举，综合处理，逐级利用，逐级减量。

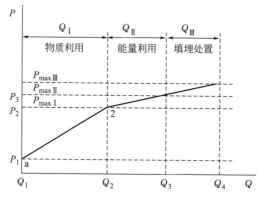

图 1　清运生活垃圾处理的供求过程优化组合

注：P 为价格，Q 为垃圾处理量。清运生活垃圾可供物质利用、能量利用和填埋处置的比例大致为 6：3：2。

长期以来，填埋处置是一种基本的清运生活垃圾处理方式，焚烧处理等能量利用是作为填埋处置的一种替代方式，物质利用则是作为能量利用的一种替代方式。鉴于垃圾分类的不彻底性，清运生活垃圾实际上是混合垃圾，加上没有出台低市场附加值资源物质利用的经济激励政策，物质利用一直未有效开展，清运生活垃圾或填埋或焚烧处理，换言之，焚烧、填埋用于处理一切种类的生活垃圾，甚至连不能焚烧的无机质也被扔进了焚烧炉。

这种现状为制定清运生活垃圾定价法提供了一个基点，即任何替代填埋或焚烧的处理方式的价格不能高于被替代处理方式的价格，亦即，物质利用的最高限价不能高于能量利用的最低限价，而能量利用的最高限价不能高于填埋的最低限价。物质利用、能量利用和填埋处置的替代关系决定了它们的价格存在级差关系。

三、垃圾处理服务定价

垃圾处理服务定价与各地物价及相关政策有关，各地应结合实际情况确定。

清运生活垃圾处理价格是指政府行政主管部门根据供求均衡需要所制定的用于购买处理企业开展分类收集、储存、交易、运输、处理和相关服务的服务价格，是处理单位质量垃圾所需的净成本与行业平均投资回报之和。净成本是建设营运成本（含税收）与经营收入之差，建设营运成本包括固定资产投资（折旧）、营运成本和税收，税收则由一般性税收和生态环境费（税）。

合理盈利是生活垃圾处置企业（单位）扩大再生产、促进城乡生活垃圾处置产业化发展的重要条件。广东省物价局和住房城乡建设厅出台的《关于规范城乡生活垃圾处理价格管理的指导意见》（粤价〔2013〕112号）对此给出了指导意见：原则上，生活垃圾清扫服务价格、生活垃圾收集服务价格、生活垃圾运输价格利润按成本利润率不超过5%确定。生活垃圾处置价格利润可按净资产利润率核定，净资产利润率按同期国内商业银行长期贷款利率加不超过3个百分点确定。垃圾处理行业投资回报率一般控制在5%～10%。

对于估算，我们可根据往年统计数据，先计算出资产折旧（包括银行利息）、营运费（包括利润）、运输费、生态环境费和经营收入，然后计算服务价格：

处理价格＝资产折旧＋营运费＋运输费＋生态环境费－经营收入。

生态环境费包括生态环境恢复费用和设施所在地发展机会损失2部分，主要发生在填埋处置，不发生在物质利用和能量利用。填埋场二次污染控制难度大、生态恢复时间长，土地长期被占用，设施所在地发展机会损失大，填埋处置成本必须考虑这些生态环境因素。生态环境费应由政府向处理企业征收，统筹划拨，专款专用。

物质利用和能量利用设施可能会对周边居民产生一定的心理负担，有时可能需要给予周边居民一定的经济补偿，这种经济补偿是一种设施运营的外在成本，可计入营运成本，不属于生态环境费。

物质利用、能量利用（焚烧发电）和填埋处置行业定价的参考值见表1。

表 1　各种清运生活垃圾处理方式的定价及其说明（单价单位：元/吨）

费用名称	填埋处置	能量利用	物质利用
资产折旧费	14（建设1吨/日的处置能力的投资为5万元，填埋场最低使用年限10年，一年365天运营）	111（建设1吨/日处理能力的投资为50万元，折旧期15年，一年300天运行）	10（建设1吨/日处理能力的投资为3万元、折旧期10年，一年300天运行）
营运费	32	148（含居民经济补偿）	60（含分类服务费）
运输费	81［运距30千米、运价2.7元/(吨·千米)］	81［运距30千米、运价2.7元/(吨·千米)］	54［运距20千米、运价2.7元/(吨·千米)］
生态环境费	128（政府征收）	D	D
经营收入	D	166（每焚烧1吨垃圾发电320度，80%并网，并网电价0.65元/度）	D

续表

费用名称	填埋处置	能量利用	物质利用
最低限价	255	174	124
最高限价	255	255	174
平均综合单价	255	214.5	149
二部定价公式	$\overline{p}_x = 255$	$\overline{p}_x = 174 + 405\xi$	$\overline{p}_x = 124 + 25\xi_x$

注：低市场附加值垃圾物资利用成本效益数据较少，资产折旧费和营运费为估算值。物质利用有一定的经营收入，但收入大小与回收物质的种类、质量等因素紧密相关，不好统计。为鼓励生活垃圾物质利用，建议物质利用定价时不计入经营收入。

四、生活垃圾排放费

假定清运生活垃圾中物质利用、能量利用和填埋处置的垃圾量比为 6∶3∶2，其平均综合单价（表 1）分别为 149 元/吨、214.5 元/吨和 255 元/吨，清运生活垃圾处理的平均综合单价为 186 元/吨。

由此可见，影响垃圾排放费的因素主要有三个：一是收费对象，这里指清运垃圾，二是处理方式及其所能处理的垃圾量份额，这里包含了物质利用、能量利用和填埋处置三种处理方式，它们所能处理的垃圾量的比例为 6∶3∶2，三是所涉及的处理方式的平均综合单价。

垃圾处理是一种经营性服务，谁排放谁付费，理论上讲，垃圾处理费应由垃圾排放者承担，即排放者支付的垃圾排放费等于垃圾处理费： 186 元/吨。如按户定额计费，假定每户 3.4 人、每人每天排放 1.1 千克、一月 30 天，则每户每月应缴纳垃圾排放费 21 元。

为了鼓励源头减量和分类排放与回收，结合财政承担能力和垃圾排放者的经济、心理承受能力，可出台相应的激励政策。常用的激励措施是制定较高的排放费标准，但免收分类排放的特种废弃物的排放费，如为了鼓励干湿分开，政府可免收厨余垃圾分类排放费，假定厨余垃圾占清运生活垃圾比例为 40%，则实际收缴的排放费为 111.6 元/吨。如居民住户将厨余垃圾分类排放，将可享受免交厨余垃圾排放费优惠，如采用按户定额收费方法，每户居民住户每月只需缴纳 12.5 元，每户每月可少交 8.5 元。

依据供求均衡征收垃圾排放费，垃圾排放费又反作用于垃圾处理价格，以致达到垃圾处理供求均衡价格，是社会公平的直接体现。但应该看到，垃圾处理供求长期分离，导致垃圾排放费与垃圾处理服务费彼此似乎毫无关系，典型表象是排放费多采用（居民）定额计费而垃圾处理服务费则采用计量计费，供求严重失衡。垃圾处理服务费主要由财政支付，实际上是由社会平均分摊，不能体现污染者负责和消费者付费原则，引致社会不公。改革排放费征收办法的关键是打破供求分离现状并用供求均衡定价法取代定额计费方法。

参考文献

熊孟清，隋军.固体废弃物治理理论与实践研究［M］.北京：中国轻工业出版社，2015.6.pp163-169.

（刊于《环卫科技网》，2020 年 4 月 1 日，作者：熊孟清）

垃圾排放宜从量计费

香港环境局近日宣布，7 个屋苑将参加由环保署推行的都市固体废物收费试点计划，总共涉及住户约 1 万户。试点将探索按量、按重、按户的垃圾收费模式，为日后固体废物收费进一步收集意见，积累经验。

自 1972 年联合国经济合作与发展组织（OECD）环境委员会提出污染者负担原则以来，尤其是 1987 年联合国世界环境与发展委员会明确提出可持续发展定义后，向排放者征收垃圾排放费被普遍接受，很多国家已用法律形式予以推行。研究证明，收费额每提高 1％，生活垃圾排放量可降低 0.15％左右。

征收排放费，让排放者为其排放行为付出一定的经济成本，并感知到排放成本的压力，能够促进垃圾源头减量，值得推广。但在笔者看来，在收取垃圾处理费的同时，更应重视征收排放费的方式。排放费对源头减量的促进强度多大、持续多久，与排放费的征收标准和收费计价方式有关。

目前，垃圾排放费是一种经营服务性费种，计费方式有定额计费和从量计费两种。定额计费为每个排放者每天缴纳固定的排放费，常采用按月按户的计费方式；从量计费则要求排放者根据排放的垃圾量缴纳排放费。

一方面，从量计费比定额计费更能持续促进垃圾源头减量。在定额计费的情形下，排放者缴纳的排放费金额与排放量无关，无论如何提高排放费征收标准，都只能在征收之初起到源头减量的促进作用，待排放者习惯这一征收标准并为此调整好消费支出计划后，便不再能刺激排放者源头减量。换言之，定额计费不能持续促进源头减量，如果要持续促进则需要不断提高排放费的征收标准。从量计费将排放费与排放量（质量或容积）直接挂钩，排放费与排放量正相关，排放量越多缴费越多，体现多排放多付费，有助于持续促进源头减量和增进公平，尤其是从量计价计费使得排放费随着排放量增大而非线性地增加，更有助于持续促进源头减量。

另一方面，从量计费比定额计费更为公平。定额计费无视排放量的差异，要求排放者缴纳相同金额的排放费，排放少者为排放多者承担部分处理费，这并不公平。考虑到一般情况下，越富有越消费，越消费越排放，使得富有者较贫穷者排放更多的废弃物，定额计费实际上在要求贫穷者为富有者超过平均水平的消费付费。征收标准越高，定额计费越不公平，贫穷消费者为富有消费者付费越多，将进一步加大定额计费的不公平性。

目前，美国、比利时、荷兰、瑞士、德国、芬兰、日本、韩国等国家实行垃圾从量计费制度，收到了较好的减量效果，比利时埃诺省实施从量计费第一年的生活垃圾填埋量减少了 65％，韩国实施生活垃圾按袋收费两年后生活垃圾量减少了 37％以上。

　　受我国垃圾处理的历史、社会经济发展水平和居民认识等因素制约，垃圾收费制度仍未全面实施，从量计费只是刚刚试点，实施城市的垃圾排放费收缴率普遍偏低，排放费征收标准偏低且与处理费脱钩。时至今日，垃圾收费制度仍未充分发挥作用，甚至致使部分人士怀疑收费制度的源头减量作用。

　　鉴于此，笔者认为，我国应尽快实施垃圾从量收费。在实施垃圾从量收费时，要制定合理的排放费征收标准。排放费金额过小以致不能影响到排放者心理和经济承受能力时，不能促进源头减量。只有当征收标准或单价足以影响排放者的消费支出计划时才能促进排放者源头减量。同时，要做好配套监管，防止实施从量计费可能导致的非法倾倒等问题。

（刊于《中国环境报》，2014 年 4 月 18 日，作者：熊孟清）

垃圾收费改革为何引发争议？

某市拟随水费征收垃圾排放费，并在网上征求公众意见，"一石激起千层浪。"

随水费或电费等载体征收垃圾费在国内外一些城市已经成功运转多年，较之人工征收，可降低征收成本和提高收缴率，是一种高效的征收方式，缘何这次引起如此大的争议呢？

笔者认为，问题关键在于某市的垃圾收费改革思路并没有及时、完整地传达给公众。网站《生活垃圾收费方式问卷调查》也只是征求改变收费方式的意见，给人印象仅是为收费而收费，容易误导公众。一些市民以为所谓垃圾收费改革只是将垃圾收费方式由"人工上门"收取调整为"随水费一并收取"，不仅不能促进垃圾源头减量、分类排放和垃圾处理产业化等，反而剥夺了属于物管费的清洁卫生费，打击了物管公司参与垃圾分类管理与服务的积极性。

此外，问卷调查的设计也存在不足，仅"是"与"否"两种选择，让不置可否的公众无从投票，导致投票总人数比例偏低。宣传没有讲清为什么要改、改什么、怎么改等核心问题，引导不到位的教训值得深刻反省。

其实，某市研究与实践垃圾费改革已多年，在此基础上制定了两步走方针。第一步实行统一随水费征收，再依用途划拨给相关的作业单位；重点是规范征收主体的行为和垃圾费管理体系，划清垃圾处理费和公共场所清扫保洁费界限，避免街道擅自提高收费标准和将垃圾处理费挪作清扫保洁等费用。主要目的是实现垃圾费统一征收、划拨和专款专用，提高垃圾收费的透明度，建立垃圾费管理平台，促进垃圾处理产业化。第二步是实行计量收费，对不同类别的分类垃圾和垃圾排放量采用不同的收费标准，甚至鼓励向排放者购买可回收物，促进源头减量和分类排放，提高物质回收利用比例。

反对者肯定有，因为收费改革限制了街道环卫所等既得利益者的权力。一些街道环卫所人工收费存在不透明、少报瞒报收费，专款挪用和擅自提高征收标准等问题。收费改革就是要消除这些问题，革除借垃圾收费之名行不当行为之实，让垃圾收费置于阳光之下。同时，明确区分垃圾处理费和物管的清扫保洁费，可以让垃圾费真正用于垃圾治理。

令人欣慰的是，质疑声集中在改革设计本身，没人质疑垃圾收费的正当性。质疑收费改革方案及其效果恰恰说明公众认为政府应解放思想，锐意改革，健全制度，稳步推进，发挥垃圾费对垃圾产生、排放和处理的引导与调节作用，促进垃圾处理行业改革，促进政府、垃圾排放者、垃圾处理者及利益相关者之间的良性互动，推动垃圾分类处

理，加速垃圾治理社会化和产业化。

获得公众支持的关键在于收费改革方案是否健全。依笔者所见，应在两步走方针指导下尽快出台改革方案。方案要体现"污染者付费、治理者受益"原则，明确垃圾费的性质是经营服务性费种，完善垃圾费征收、划拨与使用方法，健全垃圾费管理平台，做到专款专用，并与之前出台的低值可回收物回收利用补贴、垃圾终端处理阶梯式计费和区域生态补偿有机衔接，条件成熟时再予以整合并上升到法规层级，使之形成强有力的经济调节手段，广泛吸收社会公众参与，推动第三方治理，促进垃圾源头减量、分类排放和垃圾处理产业化。

同时，还要有助于促进政府职能转变，提高社会白治能力和自治水平，推动垃圾收费由政府操盘向处理企业（包括分类服务企业和收运企业）自主管理转变，推动垃圾处理由政府主导向市场主导转变，推动垃圾处理、管理向垃圾治理转变，加速实现垃圾治理体系和治理能力现代化。还要注重倾听并客观回应公众对收费改革提出的意见和建议，这样才能得到公众的支持和参与。

（刊于《中国环境报》，2015 年 4 月 24 日，作者：熊孟清）

固体废弃物治理生态补偿运行机制的探讨

生态环境补偿是固体废弃物治理成本的组成部分，也是内部化固体废弃物治理外部性的一种经济手段。固体废弃物治理生态环境补偿坚持受益者补偿和受损者受偿原则，让废弃物治理活动的受益者对受损者予以补偿，内部化废弃物治理活动的外部性，有助于理顺价格、抑制责任分散、搭便车和邻避效应、加强与废弃物治理活动相关的生态环境保护与恢复、促进受损地区的社会经济发展，也有助于推动废弃物处理跨域合作。北京、上海和广州等地进行了固体废弃物治理生态补偿实践。为有效推动固体废弃物治理生态补偿，必须设计好生态补偿的运行机制，保证利益补偿从受益者转移给受损者。固体废弃物治理生态补偿的运行机制必须考虑废弃物治理供求双方与政府之间的关系和当地经济发展水平，尤其要考虑废弃物处理的运行方式。本文结合固体废弃物治理的特点，从标准核算、运行方式和效益评价三方面探讨固体废弃物治理生态补偿的运行机制及其完善措施。

一、固体废弃物治理生态补偿标准的核算

（一）生态补偿标准的核算依据与核算方法

生态补偿标准的核算依据是受益者收益和受损者损失的度量，其核算实际上是量化评估生态环境活动的正、负效益。补偿标准的核算是一件棘手的事，虽然已有研究提出了一些核算方法，但不能满足准确计算需求。现有研究主要按生态系统服务的价值、生态环境保护者的直接投入和机会成本、生态破坏恢复或修复成本、支付意愿及受偿意愿及生态足迹五类核算依据提出补偿标准的核算方法，见表1。具体应用时，应结合生态环境活动的特征、服务功能及其对生态环境的影响，充分考虑受益者的支付意愿与受偿方的接受意愿，兼顾所处地区的财政承担能力，针对性地选择一种或多种核算方法。

表 1　生态补偿标准的确定依据与核算方法

补偿标准的确定依据	生态补偿的核算方法
生态环境系统的服务价值	主要计算方法有直接市场价格法、影子工程法、模拟实验法、炭税法、造林成本法等
生态环境保护者的直接投入和机会成本	主要根据生态恢复地区的产业产值、当地生产净收益率以及物价指数计算出损失收益

续表

补偿标准的确定依据	生态补偿的核算方法
生态环境治理与恢复成本	根据生态环境污染物的治理或恢复成本计算补偿费,一般需要采用实验方法确定污染物治理或恢复数据
支付意愿和受偿意愿	根据支付意愿和受偿意愿作为补偿标准,主要采用问卷调查统计法。可分为博弈法、选择法、优先评价法等几类
生态足迹	根据不同国家或区域之间消费的生态赤字/盈余计算模型确定

（二）核算流程

生态环境补偿标准的核算过程如图 1 所示。补偿标准的核算可分为两个阶段：首先，分析评估受损者、受益者和政府三方的相关因素，重点评估受损者的损失、生态环境破坏程度及其修复成本、各级政府的财政承担能力、受损者的受偿意愿和受益者的支付意愿，得出受偿区生态补偿的实际需要、补偿区的补偿可能（补偿区能够提供的最高补偿）和政府能够提供的扶持政策（包括财政补贴额度和优惠政策）；在分析评估基础上，生态补偿的供求双方进行协商博弈，政府则视情况判断是否需要介入其中，如果受益者能够同时满足受偿区生态补偿的实际需要和受偿意愿，则政府无需介入，否则，政府需要携扶持政策甚至财政补贴介入其中以促成供求双方达成协议。政府介入与否和政府介入的程度将决定生态补偿的运行方式。为保证分析评估的客观性，受损者与受益者因素分析评估宜由与受损者和受益者无利益关系的独立机构（第三方）承担。

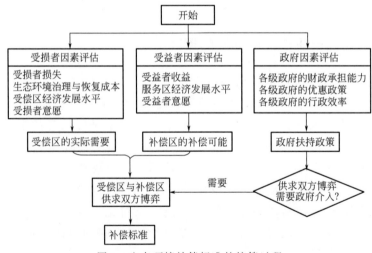

图 1　生态环境补偿标准的核算过程

（三）主要影响因素

就固体废弃物处理而言，其可能造成大气、水体、土壤和生态等方面的环境损失，减少农业收入，导致土地、房屋等不动产贬值，给居民带来心理影响和健康损害，减少处理设施所在地的发展机会等，其造成的主要损失是公众负面心理影响（尤其是邻避效应）、不动产贬值和处理设施所在地发展机会损失，核算固体废弃物处理的生态补偿时需要重点考虑这些。需要指出的是,处理设施建设营运过程中,因不达标排放引起的环境损失应由业主负责,不属于生态补偿范围。

心理影响的补偿标准宜按支付意愿和受偿意愿确定,不动产贬值的补偿标准宜采用市场价格法确定,处理设施所在地发展机会损失的补偿标准宜按直接投入和机会成本确定。需要指出的是,填埋处置的生态补偿填埋场土地的恢复与开发所需的资金,即堆填垃圾(矿化垃圾)处理所需的资金,是填埋处置补偿费的重要组成部分,约占填埋处置生态补偿标准的 50%(填埋处置只是将垃圾临时寄存在填埋场,对填埋场的大气、水体、土壤和生态都产生潜在污染风险,必须择机处理这些堆填垃圾)。

二、固体废弃物治理生态补偿的运行方式

固体废弃物处理具有市场型、政府购买与分配服务型和市场导向型(政府引导型)三种形式。相应地,固体废弃物治理生态补偿的运行方式也可分为这三种,见图 2。

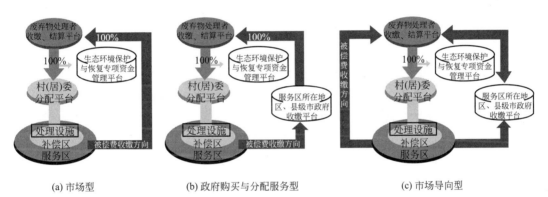

(a) 市场型   (b) 政府购买与分配服务型   (c) 市场导向型

图 2　固体废弃物治理生态环境补偿的运行方式

(一)市场型补偿

当固体废弃物处理服务的供求双方按市场规律直接交易时,生态补偿也可由供求双方按市场规律进行,运行方式如图 2(a)所示。

市场型生态补偿的补偿费收缴、结算平台设在固体废弃物处理者,受偿方直接补偿费分配平台设在受偿方所在地的村(居)委会,生态环境保护与恢复专项补偿费管理平台则设在相关主管部门。

处理设施服务的固体废弃物排放者是补偿主体,向固体废弃物处理者缴纳补偿费。处理者负责收缴与结算补偿费,并向处理设施周边补偿区(受偿方)所在地的村(居)委会划拨受偿方直接补偿费和向生态环境保护与恢复专项资金管理平台划拨生态环境保护与恢复资金。补偿区所在地村(居)委会根据受偿方直接补偿费使用办法分配相关费用。受偿方直接补偿费主要用于居民货币补偿、公共设施建设与维护、居民医疗保险与体检补贴及其他社会福利补贴。

实现市场型生态补偿的前提是固体废弃物处理是自由市场交易行为,排放者与处理者按市场规律自由交易,排放者直接向处理者支付废弃物处理费。此时,生态补偿费可

作为废弃物处理费的组成部分，纳入废弃物处理成本。实际上，生态补偿费本就是废弃物处理的一种成本。

高市场附加值废弃物处理的生态补偿宜采用市场型补偿方式。

（二）政府购买与分配服务型补偿

当固体废弃物处理由市级政府统筹、供求分离且市级政府购买废弃物处理服务时，生态补偿可采用图 2（b）所示的补偿方式。

政府购买与分配服务型补偿由政府直接购买与分配废弃物处理服务，收取补偿费，提供部分或全部补偿费，并通过政府的转移支付实施生态保护补偿。废弃物处理设施服务区所在地的区、县级市政府建立补偿费收缴平台，负责向处理设施服务区的受益者（废弃物排放者）收取补偿费，将其上缴给市级政府结算平台。此平台将受偿方直接补偿费划拨给处理设施周边补偿区所在地的村（居）委会和生态环境保护与恢复专项资金管理平台。村（居）委会根据受偿区直接补偿费使用办法分配相关费用。

市级政府结算平台也可能将受偿方直接补偿费划拨给废弃物处理者或补偿区所在地的地方政府，再由废弃物处理者或补偿区地方政府将相关费用划拨给补偿区所在地的村（居）委会。

政府购买与分配服务型补偿由市级政府和下一级区、县级市政府掌控，完全撇开废弃物处理者主体，淡化了对废弃物处理活动的生态环境影响进行补偿这一起因，不利于消除补偿区公众对废弃物处理的误解，且容易发生不尊重市场机制、补偿费挪用等现象，是一种应尽量避免采用的补偿方式（只有无用垃圾的处理，如生活垃圾填埋处置等不宜市场化的废弃物处理才不得不采用此方式，应尽可能引入竞争机制以提高补偿运行效率和生态环境效益）。

（三）市场导向型补偿（政府引导型补偿）

图 2（c）是市场导向型生态补偿的运行方式，主要在废弃物排放者与处理者之间进行，是在政府引导下，实现受益者与受损者之间在自愿协商基础上的补偿。废弃物处理者与排放者依据市场平等交易原则协商废弃物处理费和生态补偿费，废弃物排放者提供主要部分的补偿费，废弃物处理者负责补偿费的收缴与划拨，政府不参与补偿费和处理费的收缴、划拨和结算。政府尊重废弃物排放者与处理者的协商结果，引导、规范、监督补偿过程平稳运行，视情况给予二者适当补贴或提供部分补偿费。

市场导向型补偿尊重废弃物排放者与处理者的选择权和掌控权，实行属地管理，发挥处理设施服务区所在地基层政府的作用，避免政府的不当干预。

低市场附加值废弃物处理宜采用市场导向型生态补偿方式，避免采用政府购买与分配服务型生态补偿方式。

三、生态补偿效益的评价机制

建立生态补偿效益的评价机制，跟踪受损者、受益者与政府相关因素的变化，及时、准确评价补偿效益，判断生态补偿是否有效，对进一步完善生态补偿具有重要意义，也是实现生态补偿动态化的保证。生态补偿是否有效的检验标准是受损者、受益者与政府相关因素的变化要达到预期效果，尤其是一些主要因素及其主要方面的变化，如果没有达到预期，就要对补偿方式方法予以修正，对一些重要因素或其主要方面进行相应调整。补偿效益的评价主要采用对比分析法和调查研究法，为此，需要做好生态补偿实施前的本地调查和实施过程中的阶段性调查，并建立完整的调查分析资料档案。

四、完善固体废弃物治理生态补偿的措施

固体废弃物治理生态补偿应逐步实现生态补偿的多样化、动态化、规范化、标准化，为此，需要做好以下几个方面。

（一）探索多样化生态补偿模式

搭建固体废弃物治理服务供求双方交易平台，完善市场型和市场导向型废弃物处理的运行机制，引入市场调节作用，创新政府购买与分配服务型废弃物处理方式，为建立多样化生态补偿模式奠定基础。

创新利益补偿形式，逐步建立资金补偿与配套性公益服务、公共服务设施建设、经济发展替代项目对口支援、政策扶持等补偿形式相结合的多样化补偿形式。完善补偿费转移分配途径与方式方法，探讨废弃物排放权交易模式，充分发挥输血型补偿方法的作用。

拓宽造血型补偿方法的应用范围，创新其运行机制，逐步提高此方法的使用机会。市场有能力配置资源的高市场附加值废弃物处理坚决采用市场型生态补偿方式，低市场附加值废弃物处理尽量采用市场导向型补偿方式，其他废弃物的处理应尽可能发挥市场机制的调节作用。积极引导社会各方参与，拓宽生态补偿市场化、社会化运作渠道，形成补偿主体多元化、补偿形式多样化、运作方式市场化、监督管理法治化的生态补偿模式。

（二）完善生态补偿理论支撑体系

完善废弃物处理生态环境影响分析方法与计算模型，完善心理因素的经济影响评估方法，建立废弃物处理设施服务价值的分析评估方法，建立生态环境监测指标体系及绿色 GDP 核算体系。建立生态补偿的综合分析评估模型。

（三）拓宽补偿资金的筹措渠道

探索固体废弃物排放权交易机制，搭建补偿区与处理设施服务区交易平台，打通补偿主体与补偿对象之间的交易平台。探索生态补偿与城乡土地开发、城镇化建设等相结合的有效途径，在土地开发与城镇化建设中积累生态补偿资金。积极利用国债资金、开发性贷款及国际组织和外国政府的贷款或赠款。坚持投资者受益原则，探索利用生态补偿债券和基金的可行性，引导社会资金参与生态补偿。

（四）加强生态保护和生态补偿的立法工作

加强生态补偿立法工作，从法律上明确各方的责任和义务，为生态补偿的规范

化运作提供法律依据，完善生态环境保护与恢复的法律法规，促进生态补偿法治化。

参考文献

［1］ 杨丽韫，甄霖，吴松涛.我国生态补偿主客体界定与标准核算方法分析［J］.生态经济（学术版）， 2010（1）：298-302.

［2］ 熊孟清，尹自永，李廷贵.构建垃圾处理政府与社会共治模式［J］.城市管理与科技， 2012（6）：29-31.

［3］ 隋军，熊孟清，等.生活垃圾处理产业与产业化［M］.广州：广东科技出版社， 2010：42-45.

（刊于：《城市管理与科技》，2014 年 2 月 15 日，作者：危伟汉，熊孟清，雷华，等）

生态赔偿和生态补偿区别何在？

近日，中央印发了《生态环境损害赔偿制度改革试点方案》（以下简称《试点方案》）。为了建立健全生态环境损害赔偿制度，有必要厘清生态环境赔偿与补偿的区别。

生态赔偿是惩罚性机制。

生态赔偿是一个法律意义上的概念，这一点在《试点方案》中也有所体现。方案中多次出现侵权、担责、索赔等，这说明，生态赔偿强调的是法律上由于损害方的任何原因导致对他人环境权的一种侵害。

生态赔偿适用于无论在公法还是私法上都是一种明显的侵权行为，而且具有受损对象不具体、赔偿主体不明确等特点，与生态补偿区别明显。

同时，由于受损对象难以具体化，《试点方案》提出，由省级地方政府作为受偿主体。这样规定，也避免了受偿主体的随意性。

因此，生态赔偿具有强制性、契约性和惩罚性。由于受偿人是政府，生态赔偿的利益关系具有行政关系特征，赔偿权利人和赔偿义务人是不对等的行政管理关系。

从经济学上分析，生态补偿和生态赔偿概念均是基于外部性理论而产生的，但两者却反映了外部性的不同方面。

生态补偿可以看作是对受偿人的生态正外部性收益内部化手段，是生态受益人主动、有意识地承担生态补偿成本，达到生态环境的成本与收益均衡。

生态赔偿则不然，《试点方案》提出，由试点地方省级政府提出赔偿权利，其他公民、法人和其他组织也可举报要求赔偿。

可以看出，生态赔偿更倾向于对损害主体环境负外部性的一种事后矫正，是赔偿义务人的被动反应。

如果说生态补偿是一种激励性机制，而生态赔偿则是惩罚性机制。在赔偿款项上，不仅要包括功能恢复性价值，还应该包括损害行为惩罚性费用，增加其违法成本和损害成本。

从结果看，理论上，生态补偿可能会接近生态服务价值的上限，而生态赔偿则是趋向生态服务价值的下限。在这种意义上，有必要通过立法，对生态环境价值赔偿的技术鉴定和价值评价标准做出明确规定，避免逐底竞争式的审判案例发生。

从垃圾填埋场看两者区别。

首先，两者定义不同。

赔偿义务人是生态环境的直接破坏者，而补偿义务人是生态环境产品和服务的受益者。

垃圾填埋场造成生态环境破坏时，赔偿义务人是填埋场的营运者；正常营运时，填埋场生态环境补偿的义务人则是填埋场服务区域的垃圾排放者。此时，填埋场营运单位恰恰是生态环境的保护者。

这如同排污企业把污染物治理委托第三方营运，补偿义务人是排污企业，而发生生态环境破坏事件后，赔偿义务人却是治污的第三方。

同理，流域保护的补偿义务人是下游的受益者，但流域破坏的赔偿义务人是流域生态环境的破坏者，既非下游居民，也非流域保护者。

其次，两者针对的生态环境损害程度具有质的不同。

生态赔偿针对的生态环境损坏，是指达到了破坏生态环境以致生态系统功能退化的程度。换言之，生态环境出现或即将出现质的退化，必须加以修复才可能恢复，甚至采取修复措施也不能恢复至初。

而生态补偿针对的是造成生态环境轻微甚至潜在量变。这种变化虽然在标准允许的可控程度之内，但补偿权利人（受偿人）却因此在资产、发展机会、生活舒适性等方面遭受利益损失，需要利益补偿。

比如，垃圾填埋场堆体滑坡引起垃圾、渗滤液和填埋气大量外泄，造成土壤、水体和大气的大面积严重污染，致使生态环境面临严重威胁和实质性破坏。这种情形下，垃圾填埋场的营运单位就必须承担生态环境赔偿责任。

但如果填埋场营运单位按标准营运，因垃圾特性及技术限制等原因，不可避免地排放了环境容量许可的生态环境污染物，使填埋场周边居民的资产、发展机会遭受一定损失，生活受到一定影响。此时，填埋场营运单位不需要对这种损失予以赔偿，但填埋场的服务区域（受益方）却有责任对此予以补偿。

（刊于《中国环境报》，2015年12月25日，作者：杨雪锋，孙震，熊孟清）

垃圾处理引发财政支付困难？

据不完全统计，按照垃圾处理需要财政补贴，某市 1 吨垃圾从集中点到焚烧处理大约需要财政补贴 460 元（包括电力上网补贴约 60 元和生态补偿 75 元）。如果全部垃圾都焚烧处理，该市每年的垃圾处理财政补贴将高达 30 亿元。而这还不包括公共场所清扫保洁补贴、垃圾源头减量与排放控制补贴、税收优惠及相关监管人员的费用。

这就引出两个问题：焚烧处理是否会引发财政支付困难？能否降低垃圾处理财政补贴？答案都是肯定的。如果坚持全部垃圾都焚烧处理的路线，将极大地增加财政负担，甚至引发财政支付困难，这种局面已经在西南某省会城市发生，当引起决策层警觉。幸运的是，我们可以通过强化垃圾源头减量和物质利用降低财政补贴。比如，每回收利用 1 吨垃圾，财政补贴少于 100 元，远低于焚烧处理的补贴，而且还可节省长途转运补贴；每提高 10％ 回收利用率，某市一年至少可节省垃圾处理财政补贴 1.8 亿元，并培育出比垃圾焚烧处理市场价值更大的垃圾物质利用产业。

那么，如何撬动垃圾源头减量和物质利用？围绕法律手段、行政手段、经济手段和科技手段，我们可以列出很多撬动办法。无论采用什么办法，核心就是要发挥市场的资源配置作用，让市场决定企业、资金、土地、技术和垃圾原料等资源的流向，关键在于要更好地发挥财政补贴对资源配置和市场的导向作用，以便理顺垃圾处理价格、提高垃圾处理行业的竞争性、调动垃圾排放者的主动性和积极性。

当前，垃圾处理财政补贴主要是对垃圾处理者进行价格补贴，如对从事垃圾压缩、运输、生化处理、焚烧、填埋的企业进行价格补贴。这种与垃圾处理作业或处理方式直接挂钩的补贴方式能够快速、直接、显著地提高垃圾处理能力，扶持垃圾处理企业成长，且便于政府操作与控制，但极易对垃圾处理产生扭曲作业，甚至导致垃圾处理环节首尾脱节。如对焚烧处理的多重补贴激起了各地建设焚烧处理设施的热潮，虽然有助于化解垃圾处理压力，但也淡化了垃圾源头减量和物质利用的重要性，扭曲了垃圾分级处理与逐级利用链条，从市场价值看就好比抓住了小小的猪尾巴却忽视了大大的猪头猪身，对垃圾处理长期发展极为不利。

为此，笔者建议丰富财政补贴方式，增加垃圾排放券补贴方式，只对垃圾处理应急设施的建设营运和重点扶持的垃圾处理方式采用价格补贴。

从垃圾处理长期发展来看，需要建立与垃圾处理脱钩的财政补贴制度，即垃圾排放券制度，减少政府对市场的干预。政府直接向垃圾排放者发放有价垃圾排放券，垃圾排放者利用排放券直接向垃圾处理者购买服务。垃圾排放者为节省排放券和便捷排放，自然会多家比较，最后选择价廉物美的垃圾处理方式及处理者，从而调动垃圾排放者的主动性与积极性，发挥市场的资源配置作用，提高垃圾处理的选择性和竞争性，激励源头减量与排放控制。此外，如果允许垃圾排放券进行交易，将催生垃圾排放权交易，促进垃圾处理跨域合作。价格补贴属于黄箱政策，而排放券制度则属于绿箱政策。

推行垃圾排放券制度首先需要建立排放券制度，明确垃圾排放券的领取人是居（村）民还是其所在地的管理单位，确定垃圾排放量额度及排放券定价，规定垃圾排放券的流转、结算及交易办法、制定垃圾排放券制度执行及监督办法等。此外，还需要充分论证价格补贴与垃圾排放券补贴并存的必要性与可行性：一是考虑到价格补贴制度的惰性，应允许价格补贴与垃圾排放券补贴同时存在一个时期，或先在源头减量与排放控制、物质利用等未实施价格补贴政策的环节试行排放券制度，不宜一刀切，以免引起垃圾处理的短期混乱。二是对于填埋场等垃圾处理应急设施的建设营运和重点扶持的垃圾处理方式，宜发挥价格补贴快速直接的优点，合理运用价格补贴政策，保障应急供给，保障垃圾处理发展。

（刊于《中国环境报》，2014 年 8 月 13 日，作者：熊孟清）

行政手段

政府在垃圾处理产业的作用

政府（指环境卫生部门）是垃圾管理的责任主体，垃圾处理产业化不代表政府不管垃圾处理，而是要求政府更有效地干预以更好地发挥市场功能，从而提供更优质的公共服务和资源环境产品。政府应完善法制，制定中长期垃圾管理规划，建立生态补偿机制，承担起推动、规划规范、引导、监督和仲裁责任，实现垃圾管理法治化和最优化，同时，政府可以毫不避嫌地参与垃圾处理作业，满足社会需要政府提供优质服务的愿望。政府是垃圾管理法治化的重要主体，是经济激励机制和生态补偿机制的制定者和推动者，是垃圾处理作业体系构建的引导者，是垃圾处理作业的参与者。垃圾处理关系到社会经济的可持续发展，政府不可能也不应该成为垃圾处理产业的旁观者，不应存在甩包袱的任何幻想。目前有些地方政府以产业化为名，把产业化等同于市场化甚至私有化，行推卸责任之实，这将是环境卫生行业之大不幸，需要再三强调政府在垃圾处理产业中不可或缺的作用。

一、政府是立法者和执法者

政府有义务以法制形式明确垃圾处理原则和制度。中国已建立了清洁生产、循环利用和固废污染环境防治等方面的法律，有关部门颁布了配套的规章制度和技术标准，一些地方还出台了垃圾管理条例和管理办法。这些法律法规明确了垃圾管理四项原则和六条制度。垃圾管理的四项原则：统筹规划、统一监督管理原则，减量化、无害化、资源化和产业化原则，污染者依法负责原则和依法惩罚污染环境的犯罪行为、防止以罚代刑原则；六条制度是：公众参与制度、经营性服务许可证制度、环境影响评价和三同时制度、环境保护与环境卫生标准制度及行政强制与经济激励制度。

已颁布的法律法规对市场准入、主体行为规范、竞争秩序维护和宏观调控方法等方面给出了规定，但也应该看到，中国法律法规存在体系不完善、可操作性不强等问题，如环境权或环境容量这样的根本问题还无法可依；生态补偿的法律法规急需出台；垃圾排放权交易主体的法律定位及各方责任与义务也无法律基础；规定了准入门槛，却没有规定有序退去条款；即使分类收运与分类处理也无法规或标准可依；监督监测方面更是立法薄弱环节，一味强调产业化甚至市场化，却没有法规指导监管，后果自然是各行其是；又或是在具体项目的委托经营方面，投资者、经营者和管理者的权利、义务与责任也没有以法律形式确定，政府及其主管部门与投资者、经营者的法律关系也未明确。可见，综合法和专项法，甚至合同法都有待政府立法机关完善。

政府应依法行政。各级部门不仅要依照法定行为规则行政，还要依照法定职权和法定程序行政。一切违反和超越法律法规的行为，一切越位、错位和缺位的行为，一切独断专行和滥用权利的行为都要承担法律责任，体现了"权责对等"原则，便于推行问责制法制化，也有利于提高政府的责任心和危机意识。

目前，垃圾管理以行政强制为主，而疏忽了行政引导。采取强制性执法手段的同时，应重视行政引导的作用。环卫管理部门在其职能、职责或管辖事务范围内，根据法律法规精神与原则，制定周详的行政引导措施，形成执法事项提示、轻微问题警示、违法行为纠错和重大案件回访等制度，公告禁止性、处罚性和奖励性措施，并加强法律法规的宣传教育，引导公众积极参与垃圾管理法治化进程。有机结合强制和引导两种执法手段，有利于实现执法行为规范化、程序化和制度化。

此外，垃圾管理法治化的一个重要条件是降低法治成本。资源环境保护法律成为"软法"的根本原因在于依法行事的成本过高，无论公众法律意识多强，如果法治成本过高，法治化就难实现。垃圾管理者可以通过增加垃圾桶设置、提供经济适用的家用垃圾处理设备、设立社区废物回收站和发放环保袋等便民措施，降低法治成本，让公众体会到依法行事的便捷与实惠。只有将法治成本降低到公众可以接受的程度，才有可能实现垃圾管理法治化。

法律是解决社会活动中各种矛盾的首要渠道。以法律为准绳，把垃圾管理过程中出现的社会矛盾和经济矛盾纳入法律轨道，高效有序地处理处置垃圾，提高垃圾资源化利用程度，并防治垃圾及垃圾处理对环境的污染，建设可持续发展和人与自然和谐的社会。政府做为立法者和执法者负有重大责任。

二、政府是垃圾处理产业的导入者、规范者和参与者

政府是垃圾处理产业体系的导入者。政府是垃圾管理权掌握者，是垃圾管理的责任主体，加上垃圾处理产业主体，但垃圾处理招投标市场没有形成，欲推动垃圾处理产业化，唯有政府强力介入，导入垃圾处理产业体系，方可能形成满足社会经济发展需要的产业体系。如果政府仰望自由市场壮大产业主体和完善处理体系，那将是梦魇一场：技术研发搁置，产业链割断，城乡服务质量差别日益拉大，同城化遥遥无期。

政府是垃圾处理产业环境容量和处理服务产品的价格审定者和监管者。垃圾处理产业的物质资源产品的价格基本可由市场机制确定，但环境容量（包括垃圾排放配额）和处理服务两种产品的价格却不能完全由市场确定，往往需要政府限价。这两种产品的价格应由政府在充分考虑资源合理配置和保证社会公益的前提下，遵循市场规律，根据行业平均成本并兼顾企业合理利润而确定。

保障企业合理利润也是政府的重要职能。总体而言，垃圾处理行业是微利行业，虽然一些环节是有利的，可完全由市场机制调节，但有些环节甚至是无利的，需要政府财政干预。为了向社会提供优质服务，兼顾垃圾处理产业主体的合理利润尤其重要。政府应设计适宜财政补贴，或其他形式的补偿，以及提供补偿的最佳途径。

政府及其主管部门通过法定程序公开向社会招标以选择投资者和经营者。以特许经营为例，按《中华人民共和国招标投标法》，政府及其主管部门应首先向社会发布特许

经营项目的内容、时限、市场准入条件、招标程序与办法，在规定时间内接受申请；随后组织专家进行资格审查和严格评审，择优选择特许经营授予对象，并在规定时日内在新闻媒体上公示被授予对象，接受社会监督；公示期满后，由主管部门代表政府与被授予对象签订特许经营合同。虽然政府及其主管部门必须依法行政，但整过特许过程中，政府仍是主导者，特许权多大、特许时限多长、准入条件如何等皆由政府及其主管部门制定（这里不难看出，企业退去条件没有限制，万一市场失灵，而公益服务却仍需提供，这是值得重视的）。

政府可以直接参与垃圾处理作业，而且，发达国家的经验表明，政府以公私合营模式参与垃圾处理作业更有利于提供优质公益服务。垃圾处理作业从弱到强需要政府参与的顺序是：收集、转运、分类、物质回收、二次原料开发利用、能量回收与利用、堆肥、卫生填埋、排放权交易。从应急管理角度考虑，政府应参与填埋处置作业，以保证市场失灵或垃圾产量异常的情况下垃圾也能被妥善处置。垃圾排放权交易离不开政府规范和参与，排放总量控制和配额分配、配额价格审定和监管、二级交易市场限价、补贴与维护交易秩序等都需要政府主导与参与。

三、政府是垃圾处理的监管者

垃圾处理的监管包括政府监管、企业化监管、非政府组织监管和公众监管等多种途径和形式，但政府或政府委托的公共部门的监管是目前很重要的监管方式。

委托经营企业掌握着技术与运行数据等方面的信息，在"逐利"的市场经济行为驱使下，这种信息不对称将导致道德风险和逆向选择问题更加复杂，如经营企业可能选择较低性能的原料，或偷工减料，甚至修改数据或偷排有害物等，有必要加强监管。监管实际上是一个激励规制的问题，重点是设计出一套既能为经营企业提供适度激励，又能最大化实现社会公益的机制，规范经营企业的道德操守，消除信息不对称，并有机地融合政府与经营企业的目标，以提高经营效率和监管效率。

由此可见，政府是垃圾处理产业的推动者、引导者、规范者和监督者，同时也是垃圾处理作业的重要参与者，起着不可取代的作用。政府应承担起责任主体重任，确保垃圾处理产业协调有序发展。

（刊于《中国城市环境卫生》，2009 年，作者：熊孟清）

政府主导是生活垃圾治理成功的关键

我国生活垃圾日处理量目前已经超过 2 亿吨，预计到 2020 年将突破 3 亿吨。但生活垃圾处理普遍存在主体责任不清、处理方式单一、处理设施偏少且分布不合理、处理能力不足和处理费征收使用不科学等问题，导致生活垃圾处理效率与效益不高，有些地方出现垃圾围城困境，值得全社会高度重视，尤其要深思怎样进一步强化政府作用，保障生活垃圾治理可持续发展。

笔者认为，应从以下几点入手。

首先，要进一步强化政府的责任主体意识。生活垃圾治理是政府、社区、企业和居民等相关主体协同妥善处理生活垃圾并使其资源、环境、社会和经济等方面的综合效益极大化的活动，既有市场经济成分，又属于社会治理和公共服务范畴。生活垃圾一经排放，便从私有品转变成无主的且具有污染性的"公共资源"，如果处理不当，便会损害生态环境和人民健康。由此可见，生活垃圾治理具有公益性，政府必须承担起生活垃圾妥善处理的推动和监督管理责任。政府要做好生活垃圾治理的推动者、管理者、执法者和服务者角色，一要行使公共权力做好政府社会管理、垃圾处理监管和执法工作，推动生活垃圾源头减量和按政府规定排放，确保已排放生活垃圾得到妥善处理，提高公共服务水平，保障公共利益不受侵害；二要参与垃圾处理服务，不只提供指导、引导、规范、监督服务，更要直接参与甚至掌控焚烧处理、填埋处置和应急管理等公益性较强的垃圾处理服务，保障公共服务供给。

其次，要进一步完善政府发挥作用的方式方法，包括程序、途径、手段和程度。总体来看，政府参与生活垃圾治理的途径主要有 3 种：政府独立承担、政府与合作伙伴共同承担和市场自由处理。政策性较强或公益性较强的环节，如建章立制、执法等由政府独立完成；政策风险较小且市场化指数较大的环节，如资源回收利用、垃圾运输则可完全市场化；具有一定的政策风险或公益性的环节一般由政府与合作伙伴共同承担，既消除政策风险、保障公益性，又提高垃圾处理效率。应具体分析生活垃圾治理环节，能交给市场的，政府应尽量委托企业承担，专心做好规划、宏观调控和监管工作，并对综合应用政策支持、财政支持、人力支持和宣传教育等手段予以支持。目前，政府参与程序和程度方面有待进一步完善。程序方面既要体现自上而下的政府管理程序，也要体现公众参与的程序要求；程度方面要杜绝政府大包大揽、越位、缺位和不作为等现象。

然后，要进一步找准工作重点。当前，生活垃圾治理领域存在社会看客心态严重、规划编制与执行不力、垃圾处理体系不健全等短板，严重制约了生活垃圾治理水平的提高。要认真分析短板的成因，找准工作重点，有针对性的发力。尤其是对社会看客心态，需要政府立法，明确社会的公益责任与个人权利、多主体共存与互动机制等，并完善激励性机制和政策，树立起公益与权利相统一的利益观和价值观。

垃圾处理体系的完善相对简单，但需要政府克服短平快的政绩观、信息不完全与不对称等制约因素，发扬民主、包容、科学、创新，完善政策法规、标准和规划，因地制宜、因时制宜地推动生活垃圾源头减量与分类排放、物质回收利用、能量回收利用和填埋处置，实现垃圾综合治理。

最后，要加强生活垃圾治理基础研究，重点分析政府、社区、企业、居民之间的关系及其对市场和主体行为的影响。政府、社区、企业、居民4个主体之间的关系有几种形式：社区、企业、居民都只面向政府的单边关系，政府只面向社区而社区面向居民与企业的Y型关系，政府、社区、企业、居民形成的三角锥关系等。单边关系是一种政府垄断的关系，主要存在于计划经济时期；Y型关系发挥了社区自治作用，值得期待；三角锥关系是目前广泛存在的一种关系，但社区、居民、企业之间的关系明显弱于他们与政府之间的关系。不同的主体关系对治理体制及其运行机制、主体参与方式方法、垃圾治理的专业化、企业化、社会化、产业化以及行业监督规范等具有不同的影响，应开展比较研究，探索最有效的合作关系模式。

综合各地经验看，政府的主导作用是生活垃圾治理成功的关键，只有地方政府下定决心，各方面才会积极响应和配合到位，要充分发挥这个政治优势，推动生活垃圾治理步入健康轨道。

（刊于《中国建设报》，2016年8月26日，作者：熊孟清，罗岳平）

垃圾分类处理设施建设
考验政府行政能力

中央财经领导小组第十四次会议强调，要落实以人民为中心的发展思想，普遍推行垃圾分类制度，加快建立垃圾分类处理系统，努力提高分类制度的覆盖范围。推行垃圾分类制度、建立垃圾分类处理系统急需强化垃圾分类处理设施建设，不仅要像2016年度垃圾治理部级联席会议成员单位电视电话会议要求的那样，2017年底前所有城市和"十三五"期末所有县城、建制镇要建成满足需要的垃圾处理设施，而且建成投产要具备足够能力的垃圾分类处理设施，让分类垃圾得到分类处理，实现物尽其用。

垃圾处理设施建设一直备受重视。"十二五"期间，一些地方的垃圾处理设施建设取得显著成效。北京、上海、武汉等城市全面完成了垃圾处理设施建设规划，广东省69个"一县一场"建设任务也完成了63个。即使因邻避效应阻力影响，但焚烧厂也新增了100多座，处理能力达22.3万吨/日。北京、上海、武汉3市垃圾焚烧处理比例分别达68%、74.5%和75%。

但时至今日，仍有一些城市未实现100%无害化处理，有些城市处于垃圾围城困境，甚至还有一些县城没有垃圾集中处理设施。垃圾处理设施建设有其自身客观规律，不可能一蹴而就。因邻避效应、专业化水平不高和土地、资金供应困难等客观因素的制约，垃圾处理设施建设工期长，填埋场、焚烧厂建设短则两三年，长则四五年，如果遇到设施周边居民强烈反对或建设企业不力，建设工期甚至更长。

现在提出建立垃圾分类处理系统，这是一个更高的要求，将考验市、县、镇政府的行政能力。只有展示出强大的政府行政能力，才能克服垃圾处理设施建设的困难。那么，地方政府怎样才能够有效推进垃圾处理设施建设？笔者认为，只有引进多家企业同台建设，坚持规划引领，多部门协同推进，才能既加快建设速度又提升建设质量。

多家企业参与可以有效增强行业竞争，坚持规划引领可以有效避免折腾，加强协调可以有效减少内耗，这些是推进垃圾处理设施建设的正能量。尤其是多家企业参与，可保证多个项目同时推进。更重要的是引入和增强竞争，建立起设施建设的比较优势，有利于加快建设速度和提升建设质量。当然，不可否认，一家企业单打独斗也能胜任垃圾处理设施建设任务，但如果长期把所有项目都委托给一家企业经营，多半会让行业失去竞争。

目前，垃圾处理仍是政府主导，政府的行政能力起到决定性作用。企业参与并非完全由市场选择，而是政府决策的结果。垃圾处理设施建设规划的编制、实施和评估调整本身就由政府组织决策。垃圾处理设施建设的启动、征地、环评、审批和群众工作等环节都需要政府纵向横向协调。垃圾处理设施建设过程综合反映了政府的行政能力，包括行政意愿、意志、亲和力、掌控力和执行力等。

无论客观原因导致垃圾处理设施建设有多难，成功经验说明，强大的政府行政能力可以克服困难，为垃圾处理设施建设起到保驾护航作用和催化作用。当然，有效推动垃圾处理设施建设还需要资金、土地、企业和群众支持。政府行政时就是要结合当地资金、土地、企业等客观条件，确定建什么、建多大、怎么建、谁来建等，科学行政。有效推进垃圾处理设施建设需要强大的政府行政能力。

一些垃圾处理设施建设成效不彰的地方，必须有效提高政府行政能力。不要动辄归咎到群众不支持、土地供应紧张等客观方面。要借鉴成功地区在企业参与、规划实施和政府协调等方面的经验，结合实际高效行政，强化垃圾分类处理设施建设，加快建立垃圾分类处理系统。

（刊于《中国环境报》，2016 年 12 月 30 日，作者：熊孟清）

固废治理的市场失灵与政府管制

　　固体废弃物处理存在垄断或垄断竞争，废弃物排放存在外部不经济性，废弃物处理存在外部经济性，废弃物治理存在信息不对称，这些因素导致市场失灵，需要政府管制。

一、垄断

（一）形成垄断的原因

　　规模经济和政府特许是固体废弃物治理行业形成垄断的 2 个主要原因。生活垃圾、餐厨垃圾、大件垃圾、城镇污水处理厂污泥、绿化垃圾、粪污、动物尸骸、医疗垃圾、废弃车辆、危险工业固体废弃物及其他有害废弃物这些固体废弃物治理的细分市场具有废弃物产量有限、行业利润微薄和体制分割特点，处理企业生产的规模经济需要在一个较大的废弃物处理量范围和相应的较大的资本设备的生产运行水平上才能体现出来，对某一地区的固体废弃物细分市场而言，如果发挥规模经济的效果，仅需少数几家或一家大型企业便可处理某一细分市场的固体废弃物量，加上政府出于服务水平的考虑往往实行政府特许这种垄断政策，因而形成了固体废弃物处理行业的垄断竞争或自然垄断。

（二）垄断的低效率

　　垄断产生垄断价格，导致低效率，损失经济福利，而且，为获得与维持垄断地位，垄断企业将进行非法的"寻租"活动，导致经济福利进一步减小。

　　以图 1 给出的自然垄断情形为例，垄断状态为 a 点，帕累托最优状态为 d 点。垄断企业为了实现利润极大化，将把产量定位 Q_m，此时，边际成本曲线（MC）与边际收益曲线相交（MR）。在该产量下，垄断价格为 P_m，这个价格明显高于边际成本（MC），没有达到帕累托最优状态，是一种低效率状态，存在帕累托改进的余地。帕累托最优状态出现在需求曲线（D）与边际成本曲线（MC）的交点（d），此时，产量为 Q_c，价格为 P_c，达到帕累托效率，不再存在帕累托改进余地。

　　垄断状态下，消费者剩余为 aP_mf，垄断企业的经济利润即垄断利润为 abP_zP_m，经济福利（即企业的经济利润与消费者剩余之和）为 abP_zf。价格 P_z 为平均成本曲线（AC）与需求曲线（D）交点所决定的平均成本，此时，经济利润为 0，企业仅获得正常利润。帕累托最优状态下，消费者剩余为 dP_cf，企业的经济利润为 $-cdP_cP_z$，经济福利为 cP_zf。由此可见，垄断状态下，消费者剩余减少了（cdP_cP_z+abc），经

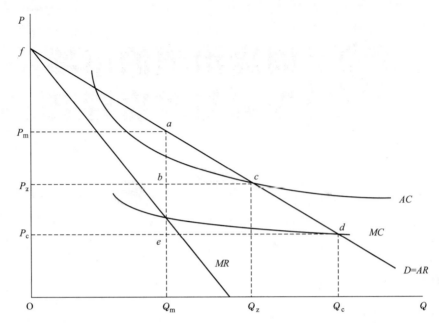

图 1　自然垄断的低效率和政府管理

横坐标 *Q*—产量；纵坐标 *P*—价格；*D*—需求曲线；*AR*—平均收益曲线；

MC—边际成本曲线；*AC*—平均成本曲线；*MR*—边际收益曲线

济福利减少了 *abc*，而且，经济福利的减少和企业的垄断利润都转嫁给了消费者，这就是垄断的低效率和不公平。

此外，垄断企业为了获得和维持垄断地位，将不惜牺牲部分甚至全部的垄断利润 abP_zP_m，进行非生产性的寻利活动，即所谓的"寻租"活动，从而导致较垄断价格引起的经济福利损失 *abc* 更大的经济损失。当整个市场上存在多个寻租者时，单个寻租者的经济损失较只有一个寻租者时更大，而且，随着寻租市场竞争程度的加剧而不断增大，总的寻租损失即所有寻租者的经济损失之和更是惊人。寻租导致经济福利的损失，更严重的是导致腐败，并进而恶化市场失灵。

（三）垄断的价格管制

从上述分析可知，垄断导致资源配置缺乏效率和社会不公，虽然垄断企业获得垄断利润，但消费者的利益与社会的经济福利都受到损失，这说明有必要对垄断进行政府管制。政府对垄断的管制主要是借助反垄断法和价格管制。这里仅介绍价格管制。

从图 1 可以看出，降低价格可以增大消费者剩余和经济福利，但现实中如何确定管制价格却是一件比较复杂的事。价格管制一般遵循"效率优先，兼顾公平"原则，尽量将价格确定在帕累托最优状态附近。常见的定价法有边际成本定价法、平均成本定价法、双重定价法和资本回报率定价法。

1. 边际成本定价法

边际成本定价法就是政府将价格定在边际成本曲线（*MC*）与需求曲线（*D*）的交点所确定的边际成本 P_c 的水平上，此时，价格管制的目的是提高效率。但我们看到，

当价格为 P_c 时，企业的经济利润为负，即企业的平均收益小于平均成本；为维护企业的利益，政府补贴企业的亏损。

2. 平均成本定价法

平均成本定价法就是政府将价格定在平均成本曲线（AC）与需求曲线（D）的交点所确定的平均成本 P_z 的水平上，此时，价格管制的目的是消除经济利润，企业获得正常利润。

3. 双重定价法

在实际管制过程中，为了减少财政补贴，同时尽可能兼顾消费者和企业的利益，可采用双重或多重定价法，即允许企业对部分消费者收取介于垄断价格（P_m）和平均成本（P_z）之间的较高的价格，从而获得一定的经济利润，同时，要求企业对购买能力较低的消费者按边际成本定价法收取较低的价格，制定价格计划的原则是企业的总的经济利润为 0，即企业从较高价格获取的利润补偿因较低价格所遭受的亏损。

4. 资本回报率定价法

资本回报率定价法是指政府也可以通过规定一个接近"竞争的"或"公正的"资本回报率来管制价格，成为资本回报率定价法。资本回报率相当于等量的资本在相似技术和相似风险条件下所能获得的平均时长报酬。

资本回报率定价法必须解决以下问题：①确定"公正的"资本回报率的客观标准，②消除企业的信息优势，③计算未折旧资本量，④尽量减小管制滞后的影响。

二、外部性

固体废弃物的排放存在外部不经济性，固体废弃物处理存在外部经济性。消费者排放固体废弃物，既减少了环境容量，又使社会付出废弃物处理成本。相反，废弃物处理者通过妥善处理废弃物，向社会提供了环境容量及其它服务，但因多种原因，消费者并未为其排放行为做出补偿，废弃物处理者也并未从其利人行为获得相应的报酬，从而产生废弃物排放的外部不经济性和废弃物处理的外部经济性。

（一）外部性的低效率

当产生废弃物排放的外部不经济性时，因排放者从废弃物排放或消费中获得利益却不为排放的废弃物处理买单，将纵容排放者消费并排放更多的废弃物。显然，排放者可以从收益中拿出一部分用于减小社会成本，即存在帕累托改进余地，换言之，当废弃物排放存在外部不经济性时的排放状态不是帕累托最优状态。

同样的，当废弃物处理存在外部经济性时，可以从社会所得到的收益中拿出一部分来补偿企业的损失，即存在帕累托改进余地，因此，废弃物处理存在外部经济性时的状态也不是帕累托最优状态。至于废弃物处理的外部经济性如何导致低效率，可从图 2 得出。当废弃物处理存在外部经济性时，企业的边际成本（MC）高于社会的边际成本（$MC+ME$），ME 即废弃物处理的外部经济。企业为追求利润极大化，按边际成本（MC）等于边际收益（MR）组织生产，产量为 Q_c，但社会利益极大化要求社会的边际成本（$MC+ME$）等于边际收益（MR），即产量应为 Q_e。显然，$Q_e > Q_c$，即废弃物处理的外部经济性将导致企业的投资趋于保守，其产量低于社会所要求的最优水平。

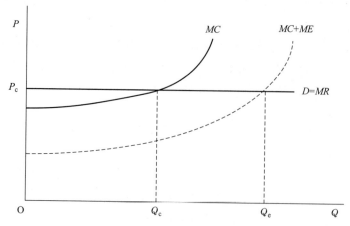

图 2　生产的外部经济性与低效率

MC—企业的边际成本；$MC+ME$—社会的边际成本

（二）外部性的管制政策

在废弃物排放与处理存在外部性条件下，依靠市场机制，不能实现帕累托改进。一是因为责任分散效应（旁观者效应），废弃物排放者会尽量推卸责任，很难在废弃物排放者与处理者之间，及在排放者内部，达至一致意见。二是因为搭便车效应，很难防止一些消费者不负担一揽子支付计划而享受低价格的好处。此外，固体废弃物治理还存在邻避效应和不值得定律。正是因为这些心理效应的存在，加上废弃物排放者与处理者对政府的依赖心理，同时，也为了降低交易成本，废弃物排放者与处理者都会选择不合作占优策略。为了纠正外部性引起的资源配置不当，政府必须采取适宜的管制政策。可能采用的管制政策有税收和津贴、产权的确认和可转让、主体整合。

1. 税收和津贴

对废弃物排放者收税或收费，其数额应该等于排放者给社会其他成员造成的损失。目前，要求排放者承担的费用主要有废弃物处理费和生态补偿费，这是污染者负责和受益者补偿原则在税收上的体现。固体废弃物处理费用于支付废弃物收集、运输、处理、处置等作业的费用。生态补偿费用于生态恢复和补偿因废弃物与废弃物处理引起的发展机会的流失所招致的损失。

对废弃物处理者给予津贴，补偿外部经济，使得企业收益与社会成本和社会收益相等，提高企业加大投资的积极性。

2. 产权的确认和交易

废弃物排放的外部不经济性很大原因在于废弃物"产权"不确定。如果明确废弃物排放前属于排放者的"私人物品"，即对"排放权"确权，则排放者必须为排放前废弃物的分流分类、储存、排放与付费负责，即可将废弃物排放的外部不经济部分内部化，同时，允许排放权交易，筑牢废弃物排放的经济门槛，又可进一步内部化废弃物排放的外部不经济性。废弃物产权（排放权）的确认和交易使排放者为其外部不经济影响支付了代价，从而减小了废弃物排放的外部不经济性。

废弃物处理的外部经济性也很大程度是因为"环境权"或"环境容量"产权的不确定。废弃物处理的"环境权"或"环境容量"可以通过处理者拥有的废弃物处理能力加以评估，一般而言，废弃物处理能力是较方便评估的。如果对"环境权"或"环境容量"进行了确权，并制定了计量计价标准，则可减小搭便车效应，减小废弃物处理的外部经济性。进一步，也允许"环境权"或"处理能力"交易，可进一步减小废弃物处理的外部经济性。"环境权"或"处理能力"产权的确认与交易使废弃物处理的受益者为其收益支付了代价，表现在图 2 上的 ME 减小，因而 MC 曲线与（$MC+ME$）曲线靠近，Q_e 与 Q_c 靠近。

3. 主体整合

通过整合外部不经济性的主体与外部经济性的主体，让外部性"内部化"。固体废弃物治理的主体整合的重点与难点是整合废弃物排放者与处理者。通过整合废弃物排放者和处理者，使之形成利益共同体，让废弃物排放的外部不经济消化废弃物处理的外部经济，即所谓的外部性"内部化"，可以消除废弃物治理的外部影响。主体整合的具体措施有"划片而治，属地负责"，允许废弃物处理者参与源头需求侧管理并将源头需求侧管理资本化，建设生态工业园，合并外部不经济性的生产企业与外部经济性的生产企业。

三、信息的不完全和不对称

信息的不完全，不仅指因信息传播途径受阻和人的人士能力限制引起的信息不完全，还包括市场经济本身不能够生产出足够的信息并有效地配置它们。信息不对称是指一个主体拥有比其他主体更多或更有价值的信息。

在信息不完全和不对称的情况下，废弃物处理者的投资带有一定的盲目性，废弃物排放者的消费可能出现"失误"，社会对废弃物治理的认识可能产生误解甚至严重阻碍废弃物治理规划和计划的实施，委托人对代理人的监督可能"失效"，等等，这些都将导致资源配置不当和市场失灵。

（刊于《环卫科技网》，2013 年 3 月 6 日，作者：熊孟清）

垃圾处理能靠政府包揽？

我国年产垃圾近 10 亿吨，存量垃圾高达 80 亿吨以上，很多城市面临垃圾围城难题，垃圾处理已不再是政府凭一己之力就能妥善处置之事。一些地方政府誓破垃圾围城，却调不动市场动力和社会活力，多年过去，仍然深陷垃圾围城困境。原因何在？在于没有打通垃圾处理的"两个一公里"。

垃圾处理的"最先一公里"就是正本清源。理清政府、社会公众和市场的关系，关键是要树立排放者付费和明确政府与社会公众的分工，途径是打通排放者与处理者直接交易的渠道。

垃圾本来是产生者的私有品，但在计划经济时代，政府大包大揽，这一制度惯性至今仍很强劲，于是，垃圾处理成为政府的事。而垃圾产生者和排放者成为看客，甚至抵制付费，并导致垃圾处理服务供求处于长期分离状态。

对此，必须正本清源，明确排放者负责原则。排放者负责的要义就是，垃圾排放者应负责妥善处理好自己排放的垃圾。排放者通常没有精力、没有处理设施来自己处理，可以委托有条件的处理者来处理。当然，得花钱购买处理者的服务。所以，排放者付费是排放者负责的基本。

一些地方的垃圾处理费由政府代收，甚至有些地方还在质疑垃圾处理费的经营服务性费种性质，给人以垃圾处理费是行政费种的印象；一些地方大搞垃圾处理行政许可，表面上垃圾处理已经企业化、市场化，实际上仍然由地方政府所属的企业垄断，是政府包揽的另一种形式。种种政府越俎代庖行为，加深了公众对垃圾处理是政府之事的认识，以至于"我已经付费，怎么处理就是你的事"之类的卸责理由甚嚣尘上。

当前，急需政府简政放权，制定相关规章，明确垃圾污染当事双方是排放者和受影响的公众，明确垃圾处理当事双方是排放者和处理者，明确排放者负责的原则，并明确政府护法、监管、用好经费和服务的职责，以打通阻碍垃圾妥善处理的"最先一公里"。

垃圾处理的"最后一公里"就是完善监管。推行排放者负责，就需要明确监管主体、客体和程序，明确奖惩办法，明确法办事项，以引导、指导、规范与监督产生者、排放者和处理者按规矩处理垃圾。不能随手一扔，更不能偷排偷运、违法处理垃圾，绝不允许损害公众环境权益现象的发生。

在信息对称、监管者秉公监管并拥有足够的监管工具和手段、责任人诚信守法和具有高度社会责任感时，监管本应不成问题。但因现阶段这些前提都不具备，加上行政体制割裂与交集、监督职责不清与分工不明等因素，致使现有监管体系存在灰色地带，为不好好监管甚至不管开着口子，甚至为内部人为控制和违法行为留有空间，导致在很多地方，连乱扔垃圾、偷排偷运等行为都管不住。

因此，有必要清晰界定各类监管主体的监督职责，明确监管程序，划定监管重点内容、环节和人群，突出政府积极作为和各级领导干部的责任感，强化守土有责、守土负责、守土尽责的责任担当和职业操守，坚持全程、综合和多元评价与监督，以实求细，以细求精，以精求好，在降低监管成本的同时提高监管效率，打通垃圾处理"最后一公里"，以激发市场动力、调动社会活力和鞭策政府积极作为。

（刊于《中国环境报》，2015 年 6 月 10 日，作者：熊孟清）

利用工业产能处理垃圾难在哪？

国家发改委等七部门日前联合发出《关于促进生产过程协同资源化处理城市及产业废弃物工作的意见》，要求各地统筹规划布局，利用现有工业产能处理垃圾。

在笔者看来，借助现有工业产能处理垃圾并实现垃圾的物质利用，具有市场化能力强、投资少、资源保护性强、经济效益好和见效快等特点，且具有推动垃圾分流分类及促进就业的作用，值得加倍重视。目前，虽然工业企业有参与的产能和积极性，垃圾产生者也有将垃圾处理业务外包给工业企业的愿望，但从现实情况看，利用工业产能处理垃圾的推动实施犹如羊触藩篱，进退两难。

笔者认为，阻碍工业产能处理垃圾的藩篱是长期以来我国实行的垃圾两分法。

垃圾两分法即将垃圾分为废品（再生资源）与无用垃圾。废品具有一定的经济价值，是企业争抢的资源，而无用垃圾的经济价值不足以平衡其处理成本，企业又不能借助垃圾处理整合利益链，找到其他的利润点，致使无用垃圾只得排放成为公共资源，这需要财政补贴才能吸引企业妥善处理。

目前废品回收由经贸部门如供销社负责，无用垃圾由环保部门和建设部门或城管部门、环卫部门负责，体制分割导致垃圾资源化处理的管理不到位。

此外，社会上还存在偏颇认识，认为无用垃圾处理方式就是焚烧与填埋，而垃圾资源化处理是赚钱的废品回收利用而不应给予财政补贴，这使垃圾资源化处理企业无所适从。

因此，将垃圾分为废品与无用垃圾的做法实质上分割了垃圾处理的利益与利润，使得废品处理与无用垃圾处理彼此割裂，且误导人们对垃圾处理的认识。这种体制割裂，是阻碍工业产能处理垃圾的藩篱。

为促进工业产能处理垃圾，笔者认为，必须破除垃圾两分法。

一要捆绑经营，破除垃圾两分法。捆绑废品处理与无用垃圾处理及相关业务，形成完整的垃圾处理的物质利用环节，整合垃圾处理业务链、交易链和利益链，完善垃圾处理产业链，促进垃圾处理产业健康发展。同时，鼓励参与垃圾处理的企业创新商业模式，与垃圾处理业务相关的主体形成生产相关、市场相关、因果相关、效益相关的共生关系，拓宽利润渠道，打造盈利的利益链，借助市场力量和利益驱动力促进垃圾处理行业和企业发展，形成类似美国再生银行回收利用模式的商业模式，提升企业竞争力。

二要分级处理，改变只回收利用高经济价值废品（再生资源）的传统观念。重视借助现有工业产能处理垃圾并实现垃圾的物质利用，把物质利用视作垃圾处理的方式与环节，强化垃圾的物质利用环节，形成先源头减量和排放控制、再物质利用（包括再生资源回收利用和有机易腐废弃物生物转换成高品质可利用物质）、后能量利用和最后填埋处置的垃圾分级处理全流程。保证每级适度处理，其处理量合适且处理标准适当，保证各级协调衔接和良好配合，既能充分发挥各自的作用，尽量减少流入下一级的废弃物数量，并尽力提高下一级的处理效率，又不抑制上下级处理充分发挥各自的作用，实现资源环境效益、经济效益和社会效益相统一。

三要财政扶持，避免财政政策顾此失彼。出台基于供求均衡的垃圾处理行业定价法，形成与垃圾分级处理相适应的价格级差，理顺垃圾分级处理价格体系，利用价格杠杆优化资源配置，发挥各种处理方式的作用，确保分级处理的协调性与经济性，降低垃圾处理的总成本。同时，出台财政补贴办法，平等对待各种垃圾处理方式，保证利用工业产能处理垃圾享受应得的财政补贴及相关优惠政策，保障企业的利益，调动工业产能协同处理垃圾的主动性与积极性。

四要深化改革，破除体制分割。由环保部门，或建设部门，或组建固体废弃物管理部门统筹垃圾处理工作，整合废品（再生资源）回收利用、工业固体废弃物处理、生活垃圾处理等管理资源，消除多部门分割管理藩篱，加强组织管理。同时，建立发改、财政、环保、建设、工业、能源、物价、科技等部门的协调机制，加强部门间分工协作，及时解决相关工作中出现的问题，提高行政效率，降低行政成本，减轻企业负担，提高企业参与垃圾处理的效率与效益，切实推动工业产能参与垃圾处理。

（刊于《中国环境报》，2014年6月18日，作者：熊孟清）

# 浅论固废治理的政府失灵

政府失灵是指政府管制不能够遏制市场失灵与社会失灵甚至使这些失灵更加严重,导致更高的社会成本。固体废弃物治理存在政府的内部性、外部性、政府特许经营、信息不完全和不对称、政府被企业俘获等政府失灵问题,致使政府决策失误、政府运转失灵、机构臃肿、社会参与权缺失、政府治理责任缺失等,甚至引发或加剧市场失灵与社会失灵,最终损失的是社会利益。遏制政府失灵必须坚持市场化、专业化、法治化,限制政府管制的权限:必须做到政府管制只发生在在市场失灵或社会失灵的领域或环节,而且,尽可能使用市场型经济工具。

一、政府失灵的形式

(一)政府内部性

政府由政治家和官吏组成,其成员具有个人的动机、目标与利益,也具有群体或集体的动机、目标与利益,同时,政府及政府成员所具有的强权或优势为其实现自身动机、目标与利益提供了可能并起到了推波助澜的作用,使得"政府内部性"成为政府的一个体制特征。所谓"政府内部性"就是指政府及其成员追求自身动机、目标与利益而非社会福利,是政府失灵的一种基本的或体制性的形式。

政府内部性因政府及其成员追求的动机、目标与利益的多样性而呈现出多种形式,但主要形式都是围绕金钱与权利的追求。主要形式有创租与抽租、政府扩张。

1. 创租与抽租

固体废弃物治理市场是一个具有自然垄断性质的非完全竞争市场,投资大,租金大,租金收益高,这给企业或利益集团寻租提供了机会与动力,同时也给政府创租与抽租提供了机会与动力,固体废弃物治理行业存在企业寻租和政府创租与抽租一体化现象。

政府及其成员以政府管制创造更高租金为诱饵,引诱企业或利益集团向他们进贡,这就是政府的创租行为。固体废弃物治理行业政府创租主要通过 4 种方法:法规标准、政府特许经营、产品定价与补贴。政府通过制定有利于企业或利益集团的法规标准,或行政特许经营形成的垄断价格,或抬高产品尤其是难以计量计价的环境容量和服务型产品的价格,甚至直接对企业或利益集团的产出给予经济补贴,为企业或利益集团创造更高的租金。

政府创租的安全阈值是既能提高企业或利益集团的租金又能不损失社会福利（正内部性）。企业或利益集团用来俘获政府及其成员的意愿是新创租金甚至全部租金；当政府及其成员腐败到全部租金都不足以满足其欲望时，企业或利益集团便会失去寻租的动力，甚至揭发政府及其成员的创租行为。当政府创租严重损失社会福利（负内部性）时，社会便会群起反对政府创租行为。除创租外，政府及其成员还可能以不利于企业或利益集团的管制为威胁，迫使企业或利益集团进贡，即从中抽租。抽租行为主要发生在低级别和低能力政府或政府成员层面，常用的方法有处罚、出台有损企业或利益集团的行政条例或规定。政府抽租意味着政府管制造成企业或利益集团利益的绝对损失，是一种低级、赤裸裸的寻利方法，存在极大的政治风险。

2. 政府扩张

政府扩张是政府及其成员追求权力因而追求更多金钱的结果，主要形式有政府规模扩张、财政扩张和权力扩张等。政府规模扩张主要表现为机构臃肿，带来的利益是官阶更高或权力更大，因而掌握的资源也就越多。

财政扩张意味着财政预算增大，即政府掌握的可供支出的资金越多，因而政府巧立名目的选择余地越大，创租总量与机会也就越大。权力扩张主要表现为权力越位与错位，导致部门扩权与争权。部门扩权意味着政府部门取得非政府职能，如将经营性服务收费纳入政府公共事业部门职能等，把政府之手错用在社会或市场，引发或加剧社会失灵或市场失灵。部门争权意味着政府部门取得非本部门职能，如部门立法权、建设营运权、监督权等，导致政府职能交叉重叠及多头管理，带来的利益是政府部门伸手范围更大，创租与抽租的机会就越多。固体废弃物治理行业管理部门强调本部门的重要性，依靠本部门的设计方案，扩大部门管制范围与权限，增加本部门资源，以便最终将社会福利转化为部门利益与个人利益。多头管理可能导致相互扯皮与责任分散，甚至导致政府及其成员集体冷漠，这是与政府扩张初衷相悖的结局。凡此种种，都将损失社会福利。

（二）政府行为的外部性

政府行为必须对政府干预对象产生外部影响，否则，政府行为便失去存在的合理性与必要性；政府行为需要财政支撑，即存在外在成本；而且，因政府是一个非市场机构，缺乏降低成本的动机，同时，因政府是一个强力部门，轻视社会监督，此外，因政府决策常用的多数规则本身就有外在成本，而泛滥的会议、上下级或部门争权与扯皮、繁琐的决策与执行程序必将消耗大量时间、精力与财力，政府行为不可避免地产生额外的外在成本；此外政府及其成员的能力局限也会导致政府行为产生额外的外在成本。政府行为的外部影响与外在成本就是政府行为的外部性。当政府干预对干预对象产生了正面影响即达到了干预目的，且这种正面影响的收益超出了政府行为的外在成本时，政府行为表现出正外部性或外部经济性。当政府干预对干预对象产生了负面影响即没有达到干预目的时，政府行为表现出负外部性或外部不经济性。

政府行为的负外部性是一种政府失灵，政府行为的正外部性也可能是一种政府失灵。政府行为的正外部性虽达到了政府干预目的，但未达到帕累托最优状态，甚至可能引发更多矛盾或利益冲头，从而导致更大的外在成本，损失更多社会福利，如环保搬迁是化解垃圾处理设的邻避效应的一种有效措施，但政府花费过量税收实施大范围居户高额搬迁，虽然也化解了邻避效应，促成了处理设施落地建设，从经济社会发展大局考量，可能具有正外部性，但却牺牲了全体纳税人过多的利益，仍然存在帕累托最优改进余地，是一种政府失灵。由此可见，政府行为的外部性导致的政府失灵存在 3 种可能：一是政府行为没有达到干预目的，二是政府行为虽然达到了干预目的，但因此产生的收益不足以弥补政府行为的外在成本，三是政府性政府行为达到了干预目的，因此产生的收益也足以弥补政府行为的外在成本，但却牺牲了其他人过多的利益，存在帕累托改进余地。

（三）政府特许经营

固体废弃物治理行业的生活垃圾治理、医疗废物治理及城镇污水处理厂污泥的治理等领域具有资源稀缺与自然垄断性质，而且，出于统筹考虑往往以统一的价格对不同地区的消费者提供普遍服务，政府往往采用政府特许经营模式，将部分细化市场的经营权授予一个或少数几个企业。

政府特许经营具有排他性与垄断性，弱化行业竞争，并给特许经营企业创造垄断利润。特许经营企业为获得牢固的特许经营地位或赚取更大的垄断利润，将以部分垄断利润为代价进行非生产性的寻租活动，甚至俘获政府及其成员，造成社会福利损失与政府失灵。

（四）信息不完全和不对称

政府对社会失灵与市场失灵进行干预时存在信息不完全和不对称困扰。一是政府较难掌握真实的社会需求与供给，二是干预活动本身存在信息不完全和不对称问题，包括信息量不足、信息质量差与信息传播渠道不畅等问题。信息不完全和不对称可能导致政府决策失误、执行不力与监管失当，典型情况是企业对政府的信息封锁迫使政府监管不到位。

（五）政府被企业俘获

只要市场存在垄断利润和额外租金，企业便有寻租的动力，不幸的是，固体废弃物治理行业恰恰存在自然垄断与政府特许经营创造的垄断利润，也存在政府有意或无意创造的额外租金。政府及其成员为了追求自身利益极大化会去主动创租，而且，政府的一些制度安排，如政府特许经营，即使政府及其成员事先并没有创租意愿，但却无意间创造了额外租金，这种创租是政府的无意创租。企业寻租的成功意味着政府及其成员的俘获，一旦政府及其成员被企业俘获，将为企业获取更多的额外租金提供工具，从而极大地损失社会福利。

二、政府失灵加剧社会失灵或市场失灵

市场失灵和社会失灵赋予政府以管制的职能，但政府体制与运行机制缺陷致使政府失灵，政府失灵反过来引发新的或加剧原有的社会失灵或市场失灵，造成更大的社会福利损失。"番禺风波"就是一个实证。

"番禺风波"系广州市番禺生活垃圾焚烧发电厂项目建设引发的政府与社会互相角力的事件。番禺风波大致经历了 3 个阶段：2009 年 2 月至 9 月公众表达关切阶段，

2009 年 9 月至 2010 年 3 月公众表达反对与抵制阶段，2010 年 3 月至 2012 年 10 月公众与政府互动阶段。关切阶段，番禺区大石街公众采用常规方式，收集相关信息，温和表达关切。反对与抵制阶段，公众以非组织形式集体表达反对与抵制项目选址在大石街，2009 年 11 月 22 日广州市政府就番禺生活垃圾焚烧发电厂举行新闻通报会，会上个别官员暗示将强制推动项目建设，激起公众强烈抵制情绪，之后，反对与抵制活动达到高潮。后经政府与社会各界努力，公众情绪回归理性，开启了与政府长时间互动阶段，最后以番禺生活垃圾焚烧发电厂改址画上句号。

番禺风波虽已平息，但其影响远未结束。正面意义是番禺风波开启了固体废弃物治理政府与社会互动的新纪元，负面影响是番禺风波严重阻滞了垃圾处理设施建设，致使番禺区生活垃圾长时间内得不到妥善处理。

"番禺风波"的发生固然有社会失灵之邻避效应的因素，但缺少信息透明与社会参与、政府决策与执行的外在成本过高等政府失灵因素应是基本因素。垃圾焚烧处理设施是典型的邻避设施，所在地的公众担心潜在的二次污染风险与发展机会的损失，因而反对设施建在本地，这也是人之常情。但政府管制不仅没有疏导公众的邻避情结，反倒加剧了公众反对与抵制情绪，究其原因，一是缺少信息透明度与公众参与，二是政府决策与执行的外在成本过高。项目酝酿阶段，政府暗箱操作，即不对外发布信息，也不吸收公众参与；番禺风波的前期，政府不做正面回应，还试图封锁消息，打压公众不满情绪的表达，公众知情权、表达权、掌控权受到严重剥夺。项目酝酿之规划阶段，信息公开与公众参与的有关法规尚未出台，番禺区政府不公开规划尚有借口，但在大石街房地产开发规划与建设阶段，番禺区政府还不公开焚烧项目建设规划，待多个大型社区建成，大批居民入住后，番禺区政府不思项目建设的外在成本，不改初衷，此二责难免。

番禺风波是一个固体废弃物治理失灵的典型案例，它说明政府失灵会引发与加剧社会失灵与市场失灵，同时也说明，固体废弃物治理一定要坚持居民满意度准则与法治化。

三、政府失灵的遏制办法

（一）政府干预必须基于社会失灵或市场失灵

固体废弃物治理中的政府干预必须严格基于社会失灵或市场失灵，换言之，只要不存在社会失灵或市场失灵，政府就不得干预，更不能企图替代社会或市场，而且，政府干预应尽量采用行政引导与市场型经济工具。

政府主要做好建章立制、规范监督和保障供给工作。就固体废弃物治理项目而言，政府干预主要发生在以下方面：①源头减量的价格机制与分流分类的经济激励机制；②需求侧与供给侧主体整合；③开发开放服务市场，创新投融资模式，吸收社会力量参与，提高行业竞争力；④参与填埋场与其它应急设施的建设营运；⑤加强行业监管，规范治理。

（二）政府干预必须是依法干预

法制不仅约束社会行为，也约束政府行为。固体废弃物治理必须法治化。实现固体

废弃物治理法治化有 2 个条件，首先要有一个好的法制，界定政府与社会的责权利，防止政府对治理活动的任意干预，同时，政府要践行依法行政，做好以下事项：①按法制要求设置政府职能和管制事项，尤其是行政审批事项；②按法制要求制定、执行政府管制方案，兼顾效率与公平；③以法规标准为依据，以治理活动符合法规标准要求为准绳，依法监督、规范治理；④依法建立健全社会参与制度和民主监督制度，实现政府管理民主化。

（三）提高政府行为的效率

降低政府行为的外在成本，提高政府行为的效率，是治理政府失灵的重点。一是在公共部门引入竞争机制，如国有企业与私有企业同台竞争，并公成本，可降低政府行为的外在成本；二是建立健全公共部门经济激励机制，如允许公共机构把其节省的成本以奖金的形式发给成员或用作预算外开支等；三是对政府预算和财政支出进行约束，限定政府的行为，控制政府预算增长，遏制财政超支，防止政府扩张。

市场失灵与社会失灵赋予政府以管制职能。政府管制因政府体制及其运行机制缺陷存在政府失灵。固体废弃物治理引入政府管制，原本寄望于遏制社会失灵与市场失灵，如果不仅不能达到此目的还因政府失灵加剧社会失灵或市场失灵，政府管制便失去其合理性与必要性。政府及其成员从干预之初便应思考政府失灵的防范与遏制对策。遏制政府失灵的根本方法是政府管制尊重市场规律和法治化。

参考文献

[1] 熊孟清，尹自永，李廷贵. 构建垃圾处理政府与社会共治模式 [J]. 城市管理与科技，2012 (6)：33-35.
[2] 张兴林，任学昌，马晓红. 我国社会源危险废物的管理目标和任务探析 [J]. 环境与可持续发展，2012，37 (5)：42-45.

（刊于《环境与可持续发展》，2013 年 6 月 15 日，作者：熊孟清，隋军，熊舟）

供给侧改革破解垃圾围城

　　一些城市预警垃圾围城十余载却仍深陷垃圾围城困境，原因究竟何在？在很多地方，面临的现实问题是，虽经百般努力，垃圾处理能力却仍无实质性提高。例如，某市倾全市之力加速推进垃圾处理设施建设，10 年间却只建成 1 座 2000 吨/日处理能力的焚烧发电厂，最后不得不投资逾 7 亿元在原垃圾填埋场挖潜以缓解围城困境。这足可见垃圾处理服务的供给出了问题。

　　垃圾处理服务供给包含两方面。一是已排放垃圾的处理服务供给。目前主要方式是政府主导，供给与需求被政府分离，政府决定垃圾怎么处理、服务怎么分配。二是商品供给。包括制造者、运输者、商家和快递等商品生产者把寄生在商品内的产品废弃物转嫁给消费者，甚至有不良商贩故意增多产品废弃物以获取更大利润，无视垃圾减量和回收利用责任。消费者在通过拥有物质产品而获得使用功能的同时，也背负了垃圾减量与分类回收的责任。实际上，这也是垃圾处理服务供给与需求相分离的一种表现形式。在垃圾处理服务供给与需求分离的情况下，资源配置效率差、行业竞争力低下，商品生产者、垃圾排放者、已排放垃圾处理服务者等相关主体责任流失，甚至导致腐败，最终体现就是垃圾处理体系不健全和垃圾处理能力不足。

　　笔者认为，破解垃圾围城需要进行供给侧改革。要将垃圾处理服务供给从政府主导型转变为政府引导市场导向型。部分处理服务环节可转变为市场型，均衡供给需求，落实垃圾排放者负责和生产者责任延伸制度，变政府主导垃圾处理为引导垃圾治理，完善垃圾处理体系，提高垃圾处理能力，促进垃圾处理可持续发展。

　　一要发挥市场在资源配置中的决定性作用，提高资源配置效率。建立垃圾处理服务供给与需求面对面选择与组合关系，增强垃圾处理服务相关主体的能动性。垃圾排放者自主自愿购买垃圾处理服务，垃圾处理服务供给者提供多种处理服务供垃圾排放者选择。这样可借市场的无形之手化解见风使舵、搭便车等负面社会心理效应。考虑到垃圾排放的分散性、个体性的特点，为避免排放者在相对集中的供给者面前成为弱势，垃圾排放者可委托小区、社区或街道代表自己利益，以俱乐部的形式选择合适的垃圾处理服务。考虑到垃圾处理服务的市场化能力尚有不足，存在市场失灵风险，为保障公共环境权益不受侵害，政府必须建设应急保障性填埋处置设施。

　　二要发挥商品生产者的主动性和积极性，促进垃圾减量和回收利用。要改进产品规划设计和生产工艺技术，减少寄生在商品内的产品废弃物。整合商品生产的正向物流与垃圾回收利用的逆向物流，鼓励商品生产者回收利用废弃产品和包装垃圾，促进更多垃圾成为再生资源和生产原料。鼓励生产者改变商业模式，从供给物质产品向供给使用功能和服务转变，类似出租车服务、集中供热供冷服务等商业模式，向消费者销售商品的使用价值和服务，并回收使用价值丧失的废弃物质产品，减少垃圾回收的不确定性，提高垃圾的回收利用率。

三要转变政府管理垃圾处理的职能为引导垃圾治理的职能，保障政府、企业、公众良性互动和共治。明确政府、企业与公众分工，确保企业和公众的权利，促使政府专注于建章立制、规范监督和保障供给，形成政府依法行政和社会自主自治的局面。当然，政府保障供给的作用主要是保障垃圾处理产业化和产业发展、保障垃圾处理的行业利润、参与应急保障等公益性较强的垃圾处理服务作业，而非包揽垃圾处理服务。

（刊于《中国环境报》，2016 年 1 月 29 日，作者：熊孟清）

突破垃圾围城路
有几条？

国务院日前发布《关于创新重点领域投融资机制鼓励社会投资的指导意见》（国发〔2014〕60号），要求垃圾处理行业创新投融资机制，吸引社会资本进入，促进垃圾处理主体多元化。在破解垃圾围城危局的同时，谋求垃圾处理可持续发展。

近年来，一些地方深入推进垃圾分类处理工作，力争打赢破解垃圾围城危局的攻坚战。同时，优化治理体系，构建可持续发展的垃圾处理体系。但现实情况却不容乐观。

以广东省广州市为例，一方面，破解垃圾围城危局仍是第一要务。目前，广州市生活垃圾日均清运量达1.4万吨，而日处理能力仅5000吨，总缺口高达9000吨。中心城区兴丰填埋场仅能维持到2015年底，番禺区填埋场库容基本用完，南沙、萝岗没有垃圾处理设施，花都、增城、从化填埋场库容将相继告罄。如不加速推进垃圾处理设施建设，"十二五"末期全市范围将面临垃圾围城危局。

另一方面，优化垃圾处理体系仍是第一目标。广州市垃圾处理体系不健全，忽视了垃圾全程、综合和多元治理。垃圾处理被分割成前端末端，片面强调焚烧填埋，设施建设模式僵化，投资主体单一，融资渠道狭窄，财政补贴不能合理分配到垃圾处理全过程。导致源头减量、垃圾分类、收运与末端处理不能均衡发展，设施建设速度缓慢，垃圾处理方式比例严重失调，生活垃圾的78％填埋，21％焚烧。

此外，建设模式已成为阻碍广州市垃圾处理增能强效的瓶颈问题。广州市垃圾处理建设模式僵化且单一，几年来坚持"政府征地—企业投融资、建设、运营及拥有（BOO）"的建设模式。建设投入仍以财政资金和银行贷款为主，投融资主体和建设主体单一，缺少竞争性。同时，这种模式加重了企业负担，致使设施建设推进缓慢。"十二五"期间广州市垃圾处理设施建设总投入高达87亿元，其中，破解垃圾围城危局需建设投入67亿元，2015年实现100％无害化处理需增加投入近20亿元，建设压力大。由于项目数量多、分布广，处理对象既有混合垃圾又有分类垃圾，所用技术工艺不尽相同，建设协调耗时耗力，时间紧，任务重，一家企业实难胜任。

鉴于此，笔者认为，要破解垃圾处理方面存在的问题，必须创新投融资模式，创新建设模式，开放市场，吸收社会力量参与，充分发挥社会力量的作用。

首先，要吸收社会力量参与生活垃圾处理。国务院最近批转的16部委关于进一步加强城市生活垃圾处理工作意见（国发〔2011〕9号）要求"采取有效的支持政策，引入市场机制，充分调动社会资金参与城市生活垃圾处理设施建设和运营的积极性。"国务院日前发布《关于创新重点领域投融资机制鼓励社会投资的指导意见》（国发

〔2014〕60号），更具体地要求垃圾处理行业从垃圾排放权、处理价格、投融资模式、财政补贴等方面创新投融资机制，吸引社会资本进入，促进垃圾处理主体多元化。

因此，应建立健全项目建设管理的市场化机制，形成设施建设的多元化投资主体，多座设施同时开工建设，多种技术互补并存，构建有效的竞争格局，加快推进设施建设，提高设施建设与运营水平。同时，加快形成垃圾处理骨干企业，促成"主体多元化，营运企业化，管理专业化"的格局，维持良好的垃圾处理秩序，提供广泛、公正、优质的垃圾处理服务。

其次，要创新建设模式。充分发挥社会力量作用，实现垃圾处理社会、环保和经济综合效益最大化。

创新建设模式可围绕土地利用和垃圾处理环节的市场化能力。以往建设模式大多建立在政府征地基础上，只权衡投资、建设营运与固定资产几方面的权属利弊，并没有考量垃圾处理各环节的市场化能力，建设模式不是政府投资建设企业管理就是政府征地BOT及其演变模式。现阶段，一些城市垃圾处理面临征地引起的公众抗争和社会化引起的公益私利保障两个课题。因此，选择建设模式时，应充分考虑土地利用和垃圾处理环节市场化能力两个因素。

填埋场建设应采用狭义公私合营（PPP）模式，政府全程参与建设与营运。填埋处置占地大，土地生态恢复周期长，宜政府征地；填埋处置市场化能力最弱，且填埋场是垃圾处理的应急设施，宜政府占主导地位，采用公私合营（PPP）模式经营，既可减轻财政投资压力，又可有效权衡公益与私利、公平与效益两对矛盾。

建议垃圾分类服务、收运、物质利用、能量利用采用土地租赁方、资金拥有方和技术拥有方合股经营模式，解除资金、技术、土地制约，化解公众抗争，加速推进设施建设进度，提高设施营运管理水平。这些环节市场化能力较好，土地生态恢复期较短，可采用完全市场化模式。从化解公众抗争角度考量，推荐土地租赁方与资金、技术拥有方合股经营，政府购买服务，加强准入退出许可和监督管理。

目前，社会存在大量闲散资金和一定量的闲置集体土地，一些有实力的企业也有意进入垃圾处理行业发展，应鼓励、引导这些社会力量积极推进，转化成实际能力，促成生活垃圾处理增能强效。

（刊于《中国环境报》，2015年1月23日，作者：熊孟清）

谁该对垃圾围城负责？

我国一些城市垃圾围城警报已拉响多年，仍不绝于耳。如某市主要媒体最近报道，此市破解垃圾围城需要等到2017年。焚烧处理厂建设滞后，填埋库容又告急，但每日需要处理处置的垃圾量逾万吨，形势严峻。其实，早在2008年，当地便发出了垃圾围城的警告。7年过去了，为什么垃圾围城风险还如此之大，而且还给人猝不及防的印象？

根据当地环境卫生总体规划、城市管理"十二五"规划纲要、垃圾处理相关实施方案和有关设施建设的环评公示，2015年前，当地应建成投产库容2620万立方米的填埋场和7座日处理能力8200吨的焚烧处理厂。如此看来，当地对垃圾围城是有所考虑的，仍然发生围城困境，笔者认为，需要从以下方面检讨：

第一，要检讨规划是否科学、是否得以贯彻执行。编制规划是垃圾治理的一项重要内容和先导性任务，规划的编制过程就是垃圾治理活动与进程的一次预演，借此辨明发展方向、激励发展动力、凝聚发展合力和优化发展方案。各级政府和垃圾产生单位都应重视垃圾治理规划的编制工作，尊重规划的权威性，以规划为引领，循序渐进地推进垃圾治理。既要大力建设处理设施以破解眼前垃圾围城之急，又要优化治理体系和提升治理能力以避免发生垃圾围城。可是，有些规划编制者唯领导是瞻，致使规划不科学；或者，有些领导擅自修改规划，甚至根本无视规划，这类现象的存在值得反思。

第二，要检讨投融资模式与建设模式是否有利于设施建设。垃圾处理设施建设有其特殊性，物质利用这类市场化能力较强的设施建设可完全市场化，应急类填埋处置设施建设宜由政府掌控，介于其中的焚烧处理设施则宜采用公私合营模式。一些地方为了迎合市场化趋势，出于掌控需要，采用行政特许方式将全市垃圾处理设施的建设经营特许给一家企业，造成垄断，降低了垃圾处理的效率与效益。鉴于此，颁发行政特许前有必要认真回答几个问题：特许企业是否具有足够的财力、物力和人力？全市垃圾处理大型设施交由一家企业建设经营是否安全稳妥？如何提高建设效率和效益，特许企业不能胜任时如何救场？

第三，要检讨行政监管是否到位。即使把处理设施建设经营特许给了企业，特许企业的主管部门及垃圾主管部门也不能忽视建设经营监管。有些问题必须要引起重视：为什么垃圾主管部门及其监督机构没有留意建设进度？为什么特许企业的主管部门没有督促特许企业加快设施建设？是没有监督，还是监督虚设，又或是监督人员与特许企业合

伙欺骗主管部门？无论监督处于哪种状况，后果都非常严重。

第四，要检讨政府部门是否称职。垃圾主管部门既要推动垃圾治理体系和治理能力的优化，又要储备足够的填埋库容以备应急，保证垃圾得到及时处理，维持垃圾处理秩序。主管部门应从决策、管理和执行落实层面检讨自己是否称职。不仅要清醒地认识到自己的职责，而且要能胜任自己的职责，这就要求主管部门加强队伍建设。垃圾主管部门是一个关系到人民日常生活和城市市容环境的业务性行政管理部门，既要做到执政为民、依法行政，也要掌握垃圾治理知识，科学行政，这是关系到能否称职的大问题。

（刊于《中国环境报》，2015 年 7 月 22 日，作者：熊孟清）

确保政府购买服务项目不走样

　　无论是在焚烧、填埋等垃圾处理设施建设营运领域，还是在垃圾分类、收运、监管、技术咨询等公共服务和公共管理等领域，政府购买服务项目已成当前热点。

　　政府购买服务是垃圾治理的重要手段和提升政府服务与管理水平的强力推手。那么，如何保障垃圾治理政府购买服务项目实施不走样，能够达到预期效果呢？笔者认为，应做到四个统一。

　　一要做到治理对象与形式统一，保障购买服务有序有度及相关方互惠互利。

　　根据治理对象的市场化能力，将治理对象划分成可完全市场化、需要政府引导的市场化、需要政府主导的市场化和不宜市场化等类别。结合现行法律法规制定相关程序、合作模式、利益分配和合同执行细则，并明确政府参与程序、方式和程度。最后应签订合同，通过合同明确项目承担主体、对象、形式、利益分配和保障措施等，确立项目的合法地位，保障公共利益不受侵犯。

　　比如，废弃物逆向物流、再生资源回收利用、技术服务、招投标管理等属于可完全市场化项目，可由企业独立自主经营。而企业源头减量与排放控制、餐厨垃圾资源化处理、高热值垃圾焚烧发电等项目具有较强的市场化能力，属于需要政府引导的市场化项目。再比如，家庭源头减量与排放控制、以处理垃圾为目的的焚烧处理、排放权/处理权交易等项目的市场化能力较弱，需要政府主导。值得注意的是，填埋处置承担着应急处置功能，市场化能力弱，宜在政府掌管下实行企业化运作。否则，一旦市场失灵，政府和公共利益将易被企业私益绑架。

　　二要做到服务项目过程与目的统一，保证服务项目为垃圾治理体系建设服务。

　　项目的实施不仅要如期完成项目任务，还要完善垃圾治理体系和提高治理能力。

　　项目的策划、执行与评价必须围绕资源配置优化展开。要尽量降低成本。在评价项目绩效的基础上，还应评估其对整个垃圾治理体系的影响，并据此对项目付费，实行合同管理。此外，还要注意的是政府购买服务需服从垃圾治理的整体目标。

　　三要做到竞争择优与适度竞争的统一，提高资源配置效率。

　　通过竞争性谈判、招标和拍卖等方式，营造公平竞争环境，竞争择优。凡是国有资金投资，或财政拨款或国有资金控股项目必须采用公开招标的方式。但公开招标是一种无限竞争性招标方式，程序复杂、费用大。为简化程序和降低费用，私人投资项目及一些行政主管部门批准的特殊项目可以选择有限竞争性的邀标方式或竞争性谈判。

　　竞争择优的前提是拥有可供选择的具有竞争能力的第三方。我国一些城市在没有企业能够胜任垃圾焚烧填埋处理设施建设营运的条件下，动用行政特许，焚烧填埋处理设施建设仓促营运，这不仅没有提高资源配置效率，反倒引发和加剧垄断，抬升垃圾处理的财政补贴，引发负面效应。

此外，建立战略联盟，如产销联盟和产学研联盟，不仅可以优化资源配置，形成长期、稳定和互惠互利的合作关系，还可以预防过度竞争。但同时也要防止战略联盟形成垄断地位。比如，意大利那不勒斯 2008 年和 2011 年不得不两度动用军队破解垃圾围城，就是垃圾治理被垄断性利益集团控制所致。

四要做到行政监管、社会监管和司法介入的统一，保障政府购买服务行业健康发展。

独立、高效、依法监管是政府购买服务健康发展的保障。项目监管包括程序、实体、绩效评价与结算等监管，重点是程序和绩效评价监管。为保证监管到位，需要加强行政监管、社会监管和司法监管的独立监管作用，强化第三方专业监管、行业自律、社会组织监管和社区组织监管等社会监管的作用。同时，又要强化行政监管、社会监管和司法监管的有机统一。

监管必须是依法监管，为此，必须完善法律法规和技术标准及规范。如法国政府购买服务项目的监管严格依据《公共工程合同法》和"萨潘法案"，政府购买服务项目可行性、合法性、招投标程序等需经议会和各级政府审议审查。如程序不符合规范，行政法院将介入。如受托企业管理不佳，地区审计法院便介入调查。需要强调的是，绩效评价与结算主要依据技术标准及规范，只有在技术标准及规范基础上才能建立绩效评价与结算体系，如果没有合适的技术标准及规范，则不应启动项目。否则，只会令项目深陷利益纠缠和寻租等乱象，导致项目失败。

（刊于《中国环境报》，2015 年 9 月 9 日，作者：熊孟清）

垃圾产业园是庇护所?

为妥善处理垃圾，节约集约利用土地资源，以垃圾综合处理的关联项目整合与延伸产业链，提高垃圾处理的效率与效益，多地正积极筹建垃圾综合处理产业园区。

但在产业园区规划、设计与建设当中，一些地区存在垃圾及处理方式简单集中、园区主业不分、特色模糊和区域布局不合理等问题，产业园区甚至成为投机取巧和躲避垃圾处理邻避效应的庇护所。

为扬正纠偏、保证垃圾综合处理、完善产业园区功能，提高产业园区的资源、环境、经济和社会综合效益，产业园区建设应恪守垃圾综合处理理念、坚持规划优化、加强规划设计和过程评价。

要恪守垃圾综合处理理念，坚持产业园区的处理对象为垃圾，处理方式为综合处理，组织方式是处理主体（企业）集聚，牢记园区建设目的是保障环境安全、节约资源、保护环境和实现垃圾集约化、企业化与专业化处理。

除遵循静脉产业类生态工业园区建设要求的循环经济理念、工业生态学原理和清洁生产等一般性要求外，垃圾综合处理产业园区建设特别强调垃圾的综合处理，优化组合多种处理方法，有机整合相关项目或企业，形成信息、技术、产品、市场、价值共生的关系，对废弃物分级进行源头减量与排放控制、物质利用、能量利用和填埋处置，实现固体废弃物妥善处理和专业化、集约化处理。

要按园区功能统筹布局，建设特色园区。规定选址机构的组成办法、选址程序和选址方法，健全选址机制，科学选址。

垃圾综合处理产业园区应以垃圾综合处理为主业，以1~2类垃圾的分类处理或以1~2种处理方法处理混合垃圾为核心项目，一个产业园区应有且只能有1~2个核心项目及相应的骨干企业。精心选择产业园区的核心项目及其承担的产业发展主攻方向，做到一园一核心、园区有特色。

除遵循分级处理原则外，还需要对项目进行细分，既明确垃圾处理方法及其共生组合关系，又明确项目内部各子项目或环节及其共生组合关系，优化建设方案。

如对于物质利用设施，要求合理布局回收站、分拣厂（拆解厂）、仓储、交易站点、资源利用厂等设施，制定相关设施的建设方案（包括建设营运模式），保证回收利用成本极小化;对于能量利用设施，要求给出垃圾及炉渣、飞灰、渗滤液、烟气、噪声等副产品的处理方法与处理规模，制定能量利用设施的建设营运模式、监管办法和惠民措施;对于填埋处置设施，除上述要求外，还需要提出土地复垦利

用方案。

　　要对园区规划进行规划实施影响评价，包括环境影响评价、风险评估和节能评估，并编制环境影响评价报告书、风险评估报告书和节能评估报告书。

　　根据《建设项目环境保护分类管理名录》要求，做好环境影响评价工作，尤其要严格对园区核心项目及经环境保护部门鉴定的重污染项目进行项目环境影响评价。

　　应对园区规划设计的实施情况进行全程评价，评价项目包括但不限于规划设计项目与措施是否按部就班地落实，规划设计实施的组织协调性，规划设计实施的资源效益、环境效益、社会效益和经济效益，规划设计实施过程中社会化、市场化、专业化情况，规划设计实施是否得到社会支持，尤其是否得到重点公众支持，及环保、安全、消防方面的"三同时"制度的落实情况。

（刊于《中国环境报》，2014 年 9 月 12 日，作者：熊孟清）

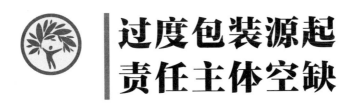

过度包装源起责任主体空缺

一、过度包装越行越盛

月饼过度包装成为中秋挥之不去的阴霾。又岂止一个月饼过度包装，化妆品、菜叶、电子产品等等何曾不存在过度包装？表面上只是企业的一个商业炒作，利用过度包装追求个性、便利性、趣味性和高利润；实质不然，过度包装越行越盛，它体现的是社会对企业利用人的虚荣心摄取额外利润的纵容，浪费的是大量资源，损害的是购买者的利益，侵蚀的是节约保护资源环境、维护正义的社会责任。

就月饼包装而言，早在 2005 年国家发改委等四部门就下发了《关于规范月饼价格、质量、包装及搭售等行为的公告》（国家发改委等 2005 年第 33 号公告），其后，国家质检总局和国家标准委又先后发布了《月饼》（GB 19855—2005）和《限制商品过度包装要求食品和化妆品》（GB 23350—2009）2 部强制性国家标准。我国《清洁生产促进法》《固体废物污染环境防治法》及《循环经济促进法》对包装及包装废弃物回收利用也做出了要求。

可是，若干年过去了，这些标准、法规并没有发挥出预想的作用，一方面，月饼过度包装仍愈演愈烈；另一方面，包装废弃物回收利用仍无人主责，月饼在豪华包装下滋生社会乱象，过度包装依旧越行越盛。

二、过度包装源起责任主体空缺

利润、虚荣、腐败，这些社会表象为过度包装起到了助推作用，但过度包装禁而不止的根本原因在于责任主体空缺。

抑制过度包装和回收利用包装废弃物的责任主体应是生产者（包括制造、运输、销售、进口者）。检视现有法律法规，忽视了主责制的建立，我国《清洁生产促进法》《固体废物污染环境防治法》及《循环经济促进法》都体现了污染者承担污染防治责任的原则，规定了生产者防治环境污染和资源浪费的责任，给出了落实生产者延伸责任的一些原则性规定，但总体而言，生产者责任延伸制度条文不够明确、细化、完善，缺乏普遍的刚性约束，导致生产者责任延伸制度不能有效贯彻落实。这种法制环境下，技术标准不可能起到抑制过度包装的作用，相反，不良商家还会合理利用标准的漏洞，为过度包装改头换面。有关月饼的取样检测表明，今年月饼的空隙率与包装层数都满足国标

要求，月饼包装似乎豪华而不过度。

在责任主体空缺下，购买者不仅要为企业消耗资源买单，还要为政府处理包装废弃物买单。从维护社会公益考虑，政府承担了包装废弃物的处理责任，但政府只能通过公共财政解决费用支出负担，导致"政府承担、社会分摊、生产者逃避责任"怪象。

三、让生产者承担应尽的责任

必须让生产者切实成为抑制过度包装和回收利用包装废弃物的责任主体，让生产者履行经济责任、信息责任、行为责任和赔偿责任，重视产品规划、设计、材料采购、制造及分配过程中资源环境的节约保护，自觉开发逆生产工艺技术，回收利用相关废弃物。

为此，有必要出台包装废弃物回收利用代理办法，允许生产者将包装废弃物回收利用，委托社会组织或回收利用企业管理，并细化废弃物回收利用的实体资格、程序、流程和费用机制，建立政府、消费者、生产者分工协作机制，既体现生产者的责任，又减轻生产者的负担。目前，有二种回收代理办法值得借鉴，一是吸收德国双元回收办法，由生产者联合组织做回收实体，负责城市固体废弃物的回收、分类、处理和循环利用，生产者作为联合组织成员缴纳一定费用，消费者配合生产者联合组织承担废弃物收集等政策法规所规定的责任；二是合同能源管理办法，推行合同城市固体废弃物管理模式，让有实力的转业公司与生产者签订城市固体废弃物管理合同，代表生产者履行责任，并从生产者那里收取服务费用。

谁过度包装谁主责，不仅要为过度包装承担相应的经济、信息、行为和赔偿责任，还要为包装废弃物回收利用承担责任，且得不偿失，只有这样，才能真正抑制住过度包装。

（刊于《环卫科技网》，2012 年 10 月 7 日，作者：熊孟清）

别让包装垃圾阻挡快递的脚步

"十二五"期间，电子商务与快递业快速崛起与发展。2015年上半年，广州市日均快递包裹数量高达447万，并以43％的速率递增。随之而来的问题是快递包装垃圾迅猛增加，快递包装垃圾成为生活垃圾增量的主要因素和生活垃圾的主要组成之一。

2015年上半年，广州市中心六区日均混入清运生活垃圾的快递包装垃圾重量高达1600余吨。快递包装垃圾占到清运生活垃圾的15％，增量占到清运生活垃圾增量的93％。相应地，清运生活垃圾的组成也发生较大变化，与2010年比较，广州市中心六区清运生活垃圾中塑胶占比从12％上升到21.11％，纸类占比从9％上升到14.54％。

据分析，快递包装垃圾中，大件包装纸箱和塑料泡沫已流入再生资源回收利用行业。而纸类和塑胶类则流入生活垃圾处理行业。由于数量较大，不仅造成资源浪费，且增大了生活垃圾处理负担。快递包装垃圾原本是容易分类回收与利用的废弃物，但因封口胶带的强黏性和过量使用，使得纸类和塑胶类分类回收变得异常困难，进而降低了快递包装垃圾回收利用的经济性，阻碍了快递包装垃圾的回收利用。

笔者认为，抑制快递包装垃圾产量和提高快递包装垃圾的回收利用率已是垃圾治理的当务之急。当前应重点做好以下几个方面工作。

一是出台快递包装标准，抑制快递包装垃圾产量，方便快递包装垃圾分类回收。开展包装材料强度、韧性、防震防水及其回收利用可行性等研究。推荐快递包装材料、防震方法和封口方法，引导快递业选用合适的包装方法、包装材质和包装材料用量。促进减少包装用料、方便包装垃圾的分类、回收与再利用。

二是建立电子商务与快递业包装垃圾回收利用协会（联盟），落实"生产者责任延伸制度"。电子商务与快递业是快递包装垃圾的责任主体，不仅要承担起包装信息告知责任和环境保护知识教育责任，更要承担起经济责任、物质回收利用责任和环境损害补偿与赔偿责任。电子商务与快递业可借鉴德国建立包装业协会的经验，组建快递包装垃圾回收利用协会或联盟。建立快递包装垃圾回收利用基金，鼓励绿色包装，创新快递包装技术和快递包装垃圾回收利用方式方法，打造快递包裹的运送、快递包装垃圾回收与利用产业链，促进快递包装垃圾回收利用与电子商务、快递业同步发展。

三是快递包裹落脚地建立快递包裹收取站（点），同时，承担快递包装垃圾收集的职能。电子商务与快递业应与社区居委会和小区物业管理公司建立契约关系，委托其建立快递包裹收取站（点），规范快递包裹的收取。同时，委托包裹收取站（点）开展快递包装垃圾的收集及相关的经费代收代管等业务，在快递包裹落脚地解决快递包装垃圾的集中收集困难。

四是政府出台相关规章政策，专项治理快递包装垃圾。国家在重视电子商务与快递业发展的同时，应同步关注快递包装垃圾的治理。要建章立制，明确相关主体及其责任。尤其要明确治理经费的来源、分配与使用办法。如规定每个快递包裹收取一定的垃圾回收利用费。一个快递包裹大约产生 0.4 千克快递包装垃圾，如按每吨快递包装垃圾的处理费用为 400 元计算，每个包裹需分摊 0.16 元。但开征快递包装垃圾处理费之前，还需厘清该费用与生活垃圾处理费、再生资源收购费等相关费用之间的关系，避免重复收费。

（刊于《中国环境报》，2016 年 1 月 12 日，作者：熊孟清）

杜绝固废偷排，
需司法强力介入

　　江苏某化工公司偷埋数百吨化工废料于车间地下，经群众举报被环保部门通报，但通报两年之久偷埋废料仍未获妥善处置。这家化工公司法人代表还振振有词："企业在组建过程中，初期你不要一棍子把我们打死，要允许我们犯点错误"。笔者认为，像这种对生态环境造成潜在、长期而严重的危害，对社会造成恶劣影响的现象，必须严惩，以起到有力的警示作用。

　　对于固体废弃物偷排现象，虽然政府加强了行政监管，社会公众也积极参与到社会监管之中，但固体废弃物偷排仍然普遍存在，危害严重的偷排仍时有发生。主要原因是有关部门查取不坚决、定罪不果断、量刑不够重，多数偷排一罚了之。要想杜绝固体废弃物偷排现象，必须要有司法的强力介入，做到行政监管、社会监管和司法监管三统一，既发挥行政监管、社会监管和司法介入各自的作用，又确保它们相互衔接与优势互补。

　　为保证行政监管、社会监管和司法介入有机统一，除完善相关法规外，必须做到以下两点：

　　一是明确监管职责界限。明确行政监管、社会监管和司法介入的履职依据和职责界限，保证履职依据清晰可分，监管职责彼此衔接，互为补充。行政监管侧重于主体、程序、资金的使用情况和绩效监管；第三方专业公司监管侧重于执行管理的监管；其它社会监管侧重于社会效益方面；司法介入侧重于公益诉讼、惩治违法经营、打击环境破坏行为，惩治与固体废弃物治理相关的失职、渎职和贪污腐败等行为，以及检察机关作为原告提起公益诉讼行为。司法介入以法律为依据，处理结果以国家强制力为后盾，确保固体废弃物治理有效果。

　　二是保证信息共享。建立信息共享平台，建立日常案件通报与协商制度，各方及时交换信息，统一立场和尺度，防止信息不对称和不完全引起的误诊、误判、误解等不恰当行为。

　　固体废弃物偷排事关资源环境保护，事关生产生活安全，必须坚决杜绝。全社会应统一行动，建立高效的行政监管、社会监管和司法监管平台，提高违法成本，消除偷排者的侥幸心理，坚决遏制偷排行为。

　　　　　　　　　　（刊于《中国环境报》，2014 年 2 月 21 日，作者：熊孟清）

管好建筑垃圾先要打破管理瓶颈

上海在建筑废物偷排到江苏省太湖、南通的事件曝光后，紧急叫停建筑废物外运处置，并要求加强建筑废物源头申报管理、建立中转分拣体系、加强收运监管、落实属地消纳选择、推广卸点付费机制和建立市级应急处置场所，可谓亡羊补牢未为晚也。

如果对建筑废物进行细分，可分为两类，一类是下挖泥，就目前国内大多数城市情况看，下挖泥已基本能够用于土地回用，因其约占建筑废物的 60%，因此，只要下挖泥全部回用就可以实现《"十二五"资源综合利用指导意见》提出的建筑废物综合利用率达 50% 的目标。另一类是拆建废物和营建废料，约占建筑废物的 40%，就是通常所说的建筑垃圾，是当前建筑废物处置问题所在。

目前，大部分建筑垃圾被偷运偷排到异地或荒郊野外随意处置，只有极少部分再生成建筑材料。为何产生如此现象？

客观上，需处理的建筑垃圾数量庞大而处理能力严重不足。上海建筑垃圾年处理量达 4500 万吨、北京 2300 万吨、广州 1500 万吨，全国建筑垃圾处理量达 14 亿吨以上。如果全部填埋处置，需要库容近 10 亿立方米。目前的现实是不仅综合利用能力不足处理量的 1/10，且没有几座城市拥有规范的填埋场。建设单位和施工单位只能自寻出路。

主观上，政府管控能力不足，相关主体存在投机、侥幸心理。建筑垃圾处理的主体包括污染者即建设单位或居民家庭、施工单位、废物运输、处理单位等。主体多，层层分包，衔接松散。缺乏相互监督，助长了一些处理主体的投机心理和侥幸心理。如建设单位为逃避污染者付费的责任，刻意压低建筑废物处理费，施工单位为了节省费用冒险偷运偷排。在政府管控能力不足的条件下，这类投机、侥幸心理一再得逞，让偷运偷排和随意处置等非法行为肆意猖獗。

虽然总体看来，建筑废物的综合利用率达标，且各地也在积极建章立制、探索归口管理、加速产业化和鼓励技术创新，积极推广建筑废物综合治理。但是，建筑垃圾的处置问题仍没有得到有效解决，急需尽快打破管理瓶颈。

要设置建筑废物治理前置审批。明确要求项目建议书、可行性研究报告、环境影响评价报告书编写建筑废物治理，尤其是拆建废物和营建废料治理专章，要求产生大量建筑废物的建设项目编制建筑废物治理报告书，明确建筑废物处理渠道、处理方法、运输方式、接纳方意见书、建设工地临时处理与堆置场地、经费预算和综合利用率等。建筑废物治理专章和报告书须报建筑废物管理部门审批。没有编写建筑废物治理专章或报告书的建设项目不得通过立项审批或核准。

要建设兜底性应急填埋场。各地应因地制宜建设一定库容的建筑废物填埋场，起到兜底性应急作用，确保已排放建筑废物妥善处置。兜底性应急填埋场的建设应列为各级政府绩效考核项目，确保土地、资金供应。此外，各地应加快评估社会提供的临时建筑废物消纳场，将符合土地政策、土地利用总体规划、城市发展总体规划、安全、无害化等要求的纳入政府监管之列，坚决关停不符合相关要求的临时建筑废物消纳场。

要完善治理机制。坚持"政府主导，社区自治，污染者负责，市场导向，企业经营"原则，逐步完善治理体制和机制，切实推进建筑废物综合治理，出台了建筑垃圾分类标准和分类办法，将竹木、包装物、金属等与石块、混凝土块、砖瓦等土石类废物分类排放，分类处理。制定建筑废物处理收费指导意见，明确装卸、运输、综合利用和填埋处置环节的收费标准，缩小周边区域建筑废物处理费（含运费）差异。大力推行绿色采购，规定建筑工程特别是市政工程推广使用一定比例的满足工程设计要求的建筑废物再生产品，并对建设工程使用再生产品情况实施监管。制定跨行政区划合作机制，打击投机，消除隔离，促进跨域合作。坚定走企业化、市场化道路，制定产业准入退出机制，建立企业信用体系和红榜黑榜公示制度，调动社会资金参与的积极性，调动企业经营的积极性，培育骨干企业，淘汰不胜任企业。

城市的快速发展必然会产生大量的建筑垃圾，在新建光鲜亮丽的建筑时，妥善处理建筑垃圾，也应成为城市管理者、建设者、居住者同样需要重视的问题。

（刊于《中国环境报》，2016 年 9 月 16 日，作者：熊孟清）

创新治理方式让"限塑令"落到实处

从 2008 年 6 月 1 日"限塑令"正式实施至今即将 10 年，但其实施效果并不理想。笔者认为，限制"限塑令"执行效果的原因大致包括以下几个方面。

一是"限塑令"制度设计上存在较大局限性。"限塑令"规定，所有超市、商场、集贸市场等商品零售场所一律不得免费提供塑料购物袋。但是，"限塑令"只规定了塑料购物袋不得免费提供，对塑料包装袋、快餐盒等其他类型的塑料包装用品是否可以免费提供并未做出规定，且其并未将饮食行业"打包"外卖及快递行业的货品包装行为涵盖在内，而这两个行业是塑料消耗的大户。

据相关数据显示，目前国内互联网订餐平台一天使用的塑料餐盒量约达 4000 万个，快递行业一年需要消耗 120 亿个塑料袋、247 亿米的封箱胶带。由于这两个行业的消费者目标人群都是对价格较为敏感的群体，因此很多商家基本上都以免费使用的形式提供塑料包装用品，客观上助推了塑料包装用品的大量使用。

二是经济利益驱使"限塑令"变"卖塑令"。"限塑令"规定塑料购物袋有偿使用的主要目的，是通过价格的杠杆调节机制来提高公众环境意识。然而由于其收费对象是前来购物的消费者，因此塑料袋使用量的多少，对于作为出售者的商家而言不但毫无"痛感"，反倒可以通过赚取差价来提高利润。

在不少大型超市，每年仅出售塑料袋就能赚上千万元，导致商家不但不控制塑料袋的终端销售量，反而积极引导、鼓励消费者大量使用塑料购物袋，间接鼓励了塑料袋的生产，使"限塑令"沦为了"卖塑令"。

三是成本因素使塑料包装用品的替代品难以推广。要从源头遏制塑料包装用品的使用及其造成的污染，关键还需要有合适的替代品。然而，目前已有的替代品如环保袋、无纺布袋等定价往往达到 3～5 元，是塑料购物袋的 10 倍，且其承重力、耐水、耐污等性能与塑料购物袋相比缺乏优势，因此消费者普遍不愿意使用替代品。而新开发的降解塑料制品成本也不具有优势，以最常用的"28cm×42cm 全生物降解袋"为例，每个袋子采购成本比普通塑料袋贵 0.5 元。假设以快递行业年消耗 120 亿个塑料袋的体量计算，一年就要增加 60 亿元成本。

由此可见，限制"限塑令"执行效果的原因涉及商品、供给与消费等多个市场构成要素，尤其涉及生产商、供应商和消费者等多个市场主体。市场是个有机体，这些原因相互之间也存在有机联系。

笔者认为，让"限塑令"落实到位，需要创新治理方式和治理手段，在进一步加强监管的基础上，运用综合手段推动"限塑令"的实施。

一是进一步完善"限塑令"。将饮食行业及快递行业，以及这两个行业商家使用的塑料包装袋、封箱胶带、快餐盒等塑料包装用品纳入"限塑令"的规制范围。

二是建议开征"塑料袋税"。可按照商家每年使用的塑料包装用品的重量及数量，以累进税制征收"塑料袋税"，促使商家从塑料包装用品的积极提供者变身为积极控制者。

三是推行税收抵扣制度，鼓励消费者减少塑料包装用品的购买消费。规定顾客在大型超市等购物时没有购买塑料包装袋的，年底可以凭购物单据，一次性抵扣部分个人所得税或获得消费退税。

四是推行押金制度，鼓励消费者支持塑料包装用品回收。对快餐盒等一次性塑料包装用品的附带销售实行押金制度，在回收过程中予以返还，从而督促快递行业和餐饮行业的消费群体积极参与回收一次性塑料包装用品。

五是加大塑料包装用品替代品的研发和推广力度。组织科研力量对相关领域进行专题研究，对类似企业或给予技术扶持，或给予研发奖励，或给予销售补贴，帮助科研企业拿出更多更好的科研成果，满足市场需求。

"限塑令"的实施是一个长期过程，不可能一蹴而就，希望能通过综合治理，尤其是通过润物无声的经济手段，将"限塑令"从政令变为民众习惯，从而真正落到实处。

（刊于《中国环境报》，2018 年 1 月 31 日，作者：符立宇，熊孟清）

根治地沟油需打组合拳

公安部近日破获一起利用地沟油制售食用油的特大案件，早前曾有研究地沟油方面的学者表示我国每年返回餐桌的地沟油高达百万吨。这证实了"地沟油流向餐桌"不是一个传说，而且，流向餐桌地沟油的数量高达万吨级甚至百万吨级，地沟油黑色产业链正在侵蚀人民的身体健康和经济秩序。可怕的是目前还没有地沟油的检测标准，人民仍无法鉴别地沟油，迫切需要根治地沟油。为此，国务院办公厅专门出台《关于加强地沟油整治和餐厨废弃物管理的意见》，国务院食品安全办、公安部近日会同有关部门联合召开电视电话会议，在全国部署开展严厉打击地沟油违法犯罪专项行动，国家食品药品监督管理局出台了《餐饮服务食品安全操作规范》，动用法律、行政、经济和技术等手段管理好餐厨垃圾。根治地沟油需从源头、收运、处理环节打组合拳。

一、加强源头管理，不让废油流入地沟

加强餐厨垃圾源头管理，管好餐厨垃圾的收集、储存与流向，不让废油流入地沟，是根治地沟油的根本之道。

餐饮服务项目不仅应在环评报告书（表）中编写餐厨垃圾的环境影响评估内容，也应编制餐厨垃圾管理办法。管理办法应明确餐厨垃圾产量抑制、分类截留、分类储存、分类收运及处置台账等方案，送相关管理部门审批，并作为将来餐厨垃圾的管理依据。

餐饮服务提供者有义务加强源头管理。餐厨垃圾排放前是服务提供者的私有品，理当自己管理，如同私有衣服废弃前由自己管理的道理一样，不能指望别人无偿服务或政府提供公共管理服务。餐厨垃圾排放后成为公共物品，政府统筹管理，纳税人全体买单，正因如此，排放者应按政府出台的办法分类排放。

政府应出台法规约束餐厨垃圾源头管理，并从技术角度指导餐饮服务提供者开展固液分离与油水分离，截留残渣剩饭和废油。日本的经验值得学习。日本建立了一套完善的垃圾管理办法，无论大中型，还是小型餐馆和食堂，都不得将废油排入地沟，《废弃物处理法》规定废弃物应进行分类收运，《食品再利用法》规定了废油的回收利用；技术上采取措施将残渣剩饭、黏稠油脂和轻质油脂分开，确保废油不流入地沟。

二、杜绝私自收运，不让废油进入地沟油炼制黑色工厂

当前，餐饮业餐厨垃圾的收运多处于私下、无政府管治状态，并存在利益交换乱

象。这样一种收运模式下，餐厨垃圾的流向无从跟踪，政府无从有效管理。打破现有收运模式，建立正规的收运体系，不让废油进入地沟油炼制黑色工厂，是实现餐厨垃圾长效管理秩序和资源化利用的关键。

建立正规的餐厨垃圾收运体系，除需要建设收与运的硬件外，更大困难在于如何打破现有的利益链和改变垃圾排放者的行为心理。既要有政策法规约束，也需要采取经济手段引导。

餐厨垃圾私自收运之所以旺盛，是因为餐厨垃圾的不正当利用产生可观的利润，部分利润直接或间接地转交给了餐饮服务提供者，促成供需两方形成一种利益攸关体。建立正规收运体系，不仅要打击收运方的行为，更要攻破餐饮服务提供者的利益至上心理。

在现有收运模式下，餐饮服务者获取的利益是不正当的，一则因为该利益从不正当利益中分配得到，二则因为餐饮服务提供者不仅不该从餐厨垃圾排放中得利，还应该为餐厨垃圾排放付费（税）。有一种观点认为政府应加大对餐饮服务提供者的经济扶持，这是不对的。餐厨垃圾排放前是私有品，而且，餐饮服务提供者只是纳税人的个体，公共财政没理由用于扶持个体私事的处理。公共财政只能扶持排放后的餐厨垃圾的处理。政府可以鼓励餐饮服务提供者参与餐厨垃圾的资源化处理，从中获得一定利益，从而支持重建餐厨垃圾收运体系。

三、吸收社会力量，加速推进餐厨垃圾资源利用设施建设

餐饮业餐厨垃圾资源利用是有一定利润的，可以吸引社会力量参与。作为政府，应从过去大包大揽或家长式管理角色转变成治理角色，坚持"政府主导，社会参与"原则，在加大公共财政支撑力度的同时，吸收社会力量参与餐厨垃圾处理设施建设。

当前，餐厨垃圾处理设施严重不足，融资渠道狭窄，需要投资主体多元化。政府加强社会力量进入许可管理，权衡公平与效率，权衡公益与私利，鼓励竞争，保障良好秩序和优质服务，鼓励餐饮服务提供者、土地租赁方、技术拥有方和资金拥有方合股经营，解除资金、技术、土地和原料供应制约，化解公众抗争，加速推进餐厨垃圾处理设施建设进度，提高垃圾处理设施营运管理水平，保障餐厨垃圾的正当处理。

只要餐饮服务提供者管好自己的事，政府当好治理者角色，社会力量积极参与竞争，在法律、行政、经济和技术手段支撑下，根治地沟油就指日可待。

（刊于《环境与卫生》，2011；《广州民盟》，2011 年，作者：熊孟清，隋军）

建立清单制度推进第三方治理

国务院办公厅近日下发《国务院办公厅关于推行环境污染第三方治理的意见》（以下简称《意见》），要求排污者把环境污染的治理业务及相关责任外包给第三方，强化和推广环境污染第三方专业化治理。这是一种多赢方案，排污者可利用第三方资源来优化资源配置，治污者借此开拓与扩大治污市场，政府则可以专注于规范管理，更重要的是公众得以享受良好的环境。第三方治理有利于规模运营、降低治理成本、提升治理水平、完善治理体系，有利于提升行业竞争力和向公众提供良好的环境。

我国在城镇污水和垃圾处理等方面已经普遍采用第三方模式，起到了较好的增能强效作用。但污水和垃圾的源头治理、企业及分散性污染源的污染治理仍主要由排污者自营，致使治污设施非正常运行，甚至滋生偷排现象，损害了公共环境权益。甚至在引入第三方治理的领域也存在暗箱操作等弊端，滋生垄断和腐败，阻碍了第三方治理的发展，以致社会上出现了"第三方治理能走多远"的疑问。

为贯彻落实《意见》提出的目标，持续、有序地推进环境污染第三方治理，需要结合实际建立清单制度，从第三方参与、权责分配、市场开放和目标优化等方面细化与规范第三方治理。

要健全第三方参与制度，规范竞争，保证环境污染治理由最合适的第三方承接。建立第三方清单（信息库），依据资质、人才储备、财务状况、同类业绩和信用等资源筛选企业入库并分类管理，保障足够数量和质量的企业参与公开招标或竞争性谈判。建立第三方参与程序和进出门槛清单，让第三方能够清楚参与的何种竞争，并自行决定是否参与，以营造公平竞争环境。建立政府审批清单，改进审批方式，提高审批效率，推进审批便利化，有条件的地区建立联合审查制度，在政府统一的政务审批平台上实行并联审批。

要健全分工合作制度，正本清源，保证相关方良性互动。建立权责清单，明确排污者和公众是环境污染治理的当事双方；明确排污者要承担治理的主体责任，必须为污染治理付费，承担环境污染的法律责任；明确公众拥有享受良好环境的权责；明确排污者必须按约履行治理权责；明确政府负有规范当事双方妥善治理的管理责任。根据产权、权属、公益性、收益潜力等众多因素计算治理领域或项目的市场化能力，以此为准绳确认排污者、第三方、公众和政府的分工与责任，选择适宜的合作模式，增进合作。

市场化能力高的领域或项目，如垃圾的分类服务、收运和物质利用等，可采用完全市场化的合同业务管理模式，排污者向第三方购买服务，第三方承担全部或大部分投资风险和业务管理工作；对市场化能力一般的领域或项目，如垃圾的能量利用，可采用承包、租赁、特许管理和 BOT（建设—营运—移交）特许管理等委托模式，以及排污者将业务连带完成业务所需要的设施委托给第三方经营的方式，在政府引导下进行市场化运作；市场化能力低的领域或项目，如垃圾填埋处置、应急项目、排污权交易等，则应由政府主导，通过公私合营（PPP）方式进行企业化运作。

要扩大市场，防止市场失灵，保障第三方合理收益。建立市场开放清单，引导排污者将治污作业及相关服务（包括流程管理、技术开发与咨询、监督监测、宣传教育等）独立或捆绑式外包给第三方，鼓励在生态环境恢复、第三方交易平台、宣传教育等项目上采用捆绑方式划片区域性整体治理，明确限期治理项目，鼓励第三方围绕环境污染治理业务开拓相关市场或与相关企业结成联盟，扩大市场规模，增加利润点，整合利益链。建立市场负面清单，围绕打破垄断、管制外部性、消除信息不对称和不完全等方面健全市场，消除投资的盲目性，避免资源配置失当，避免监管失效，防止市场失灵。建立治理目标清单，做好治理前的本底调查，合理确定治理要素及其子项的治理目标。如合理确定垃圾治理的无害化、资源化、减量化、社会化、居民满意度、经济效益、分流分类、物质利用、能量利用、填埋处置等指标，保证目标具体、可衡量、可达，与其他目标或事件相关和具有明确的实现期限，科学考核考评第三方治理绩效，保障第三方的合理权益。

要推进全程综合评价监督，强化监督，严格执法，切实保障公共环境权益。加大对企业环境污染的监督与执法力度，倒逼排污者向第三方开放治理市场。开展决策、规划、设计和运营方案及其实施影响的综合评价，将负面影响消除于萌芽状态。充分利用第三方清单，建立第三方诚信档案和信用累积制度，建立评价监督信息共享与公开平台，定期发布黑名单，强化招投标和治理过程中程序、绩效、市场负面清单、法律法规标准执行情况、国有资产使用状况等主要内容的监督。推进综合执法，强化司法介入，防止相关方相互勾结、非法产污排污和中饱私囊行为，维持市场秩序、效率、正义与公平，提高环境污染第三方治理的资源环境、社会和经济绩效。

（刊于《中国环境报》，2015 年 2 月 4 日，作者：熊孟清）

垃圾治理还需依法而行

为贯彻落实全面依法治国，促进垃圾治理体系和治理能力现代化，多地正在紧锣密鼓地完善垃圾治理法律法规体系。如广州市正在修订《广州市垃圾分类管理办法》，广东省拟出台《广东省城乡生活垃圾管理条例》，等。

但就目前垃圾治理法规征求意见稿及目前施行的法律法规而言，主要存在 3 个普遍问题：一是偏爱管理而忽视治理，规范性文件尤其突出；二是侧重实体而忽视程序，关注重点仍是目标、分工和要求，鲜有明确维持秩序所必须的程序和途径等；三是重视中后端处理而轻视源头减量与排放控制，重视焚烧填埋而忽视物质回收利用，不能体现垃圾全程、综合治理的发展趋势。

针对以上普遍存在的问题，笔者认为，具体问题具体分析，完善垃圾治理法律法规需要从以下几个方面着手。

要从管理转变为治理，重视垃圾治理社会化问题，建议修订"垃圾管理条例（办法）"为"垃圾治理条例（办法）"。无论是源头减量与排放控制环节，还是传统的收运、处理处置环节，都需要社会广泛、深入和有效地参与。相关法律法规不仅要重视社会参与意识、水平不断提高的现实，而且要兼顾效率与公平，引导、指导、规范社会合适参与。明确社会参与范围和形式，规范社会参与程序，畅通社会参与渠道和途径，提高社会参与效率与水平，维持垃圾治理秩序。起草者不应以管理者身份强调政府的管理权力，而应该统筹政府的管理权力和社会公众的参与权利，保障垃圾治理的效率与效益，保障社会参与的责任与公平。

要实体规范与程序规范并重，明确实现目标的程序和途径，维持良好的治理秩序。目前施行的垃圾治理法律法规多侧重目标、责任分工和要求，普遍忽视程序和途径，规范了做什么、谁来做和做到什么程度，却没有规范怎么做。换言之，重视了资源配置相关的效率问题，却忽视了资源配置的秩序问题，不能满足日益社会化的垃圾治理的实践需要。垃圾焚烧处理设施的选址风波不断，恰恰说明了立法规范设施选址程序和社会参与程序的重要性。建议完善垃圾治理法律法规时，强化规范规划编制程序、社会参与程序、设施选址程序、计量与统计程序、跨域合作程序和监管程序等，用科学便捷的程序维持垃圾治理秩序，保障治理目标得以实现。

要坚持先进性原则，规范垃圾全程、综合治理，建议着重规范源头减量与排放控制、物质回收利用、计量与统计。既要坚持从垃圾产生到处置的全程治理，把源头减量与分类排放、收运、物质利用、能量利用和填埋处置 5 个治理环节放在同等重要的地位加以规范；又要坚持多措并举的垃圾综合治理，发挥市场的资源配置作用，均衡发展垃圾逆向物流、物质利用、能量利用和填埋处置，推动垃圾分级处理，实现级间规模匹配和技术、产品、市场、价值共生。同时，还要规范必不可少的收费、分流分类、回收、压缩、计量、统计、计价、监督监测及宣传教育等辅助性环节，规范政府行政管理、垃圾治理规划、设施建设与营运，社会参与和第三方治理等，保障垃圾治理秩序和效率，保障公共环境权益，推进垃圾依法治理。

（刊于《中国环境报》，2015 年 3 月 27 日，作者：熊孟清）

固废治理急需
完善法制

　　随着经济社会高速发展，固废治理问题日趋严重。偷排偷倒、违规进口、不当处置、二次污染等，都是近些年的热点问题，有些问题甚至严重威胁到人民的生产生活安全及社会稳定。十八届四中全会提出全面推进依法治国，固废治理工作也要先从完善法制做起。

　　近年来，我国借鉴发达国家经验，加速了固废治理立法工作，并配套出台了多项技术标准和规范，初步形成了固废治理的法制体系。但是，这仍不能满足快速发展的固废治理工作的需要，主要表现在以下几个方面：

　　第一，我国原来的固废处理重点强调末端处理，忽视源头减量与排放控制、转运和物质利用的重要性，甚至很少提及全过程管理和全过程综合处理。这种现实做法体现在当时出台的固废法及相关法规标准中，反过来又会阻碍固废的全过程综合处理。

　　第二，现行法律强调固废的污染性、资源性及政府主管部门的作用，忽视了固废的社会性，缺少对公众责任与公众参与行为规范的规定；忽视了多元治理的重要性，不能满足公众参与固废治理的需要。

　　第三，固废治理相关法律规定相互矛盾，缺少系统性。政府体制分割导致部门之间规章制度相互矛盾，给法制宣贯实施造成困扰。此外，源头减量与排放控制、包装管理等相关规定分散且缺乏系统性，给应用带来不便。

　　要解决上述问题，必须制定综合性的固废治理法律法规，特别要明确以下一些问题：

　　一是明确政府及其公共事业机构、社群或社区、社会组织、个体（包括个人、企事业单位及其联合体）在固废处理产业中的主体地位及其权利与责任，规范主体行为。

　　二是界定固废排放权与处理权，明确固废治理服务的分配方式。同时，明确利益分配（均衡）办法，要求根据供求均衡原则进行行业定价，明确固废排放的收费办法，制定固废处理的财政补贴与经济激励办法，制定生态环境补偿办法，用经济手段推动固废治理。

　　三是明确固废处理规范、生产标准和服务标准，促进固废源头减量和分类处理，提高处理服务水平。明确市场开放、竞争与管理办法，明确投融资管理办法，明确市场准入和退出标准，鼓励协同生产，增强行业竞争性，维护社会秩序、效率、正义与公平。

四是明确社会参与办法，包括参与形式、程序、渠道及保障办法，鼓励与规范社会参与。制定监督监测机制，包括奖惩条例，倡导分工协作与分级制裁，确保相关事务公开、公平、公正与高效实施。制定政府、社会及相关利益者之间的互动办法，规范互动主体、对象、目的、手段和构成，倡导多元治理。健全公众诉求协调机制，妥善处理公众诉求。

（刊于《中国环境报》，2014 年 11 月 7 日，作者：熊孟清）

重视监管，挖掘环卫行业发展潜能

随着垃圾处理产业化的不断深入，近年来，垃圾治理逐步从末端处理处置的管理拓宽到全过程管理，垃圾治理日益受到公众和政府的重视。

目前，有关垃圾治理的关注焦点是：垃圾处理方式、垃圾处理设施的落地实施、垃圾治理如何与生态环境保护和人民健康保护相协调，可见，垃圾治理不再是一个简单的垃圾清运与处理处置工程问题，而是一个关系到资源节约型、环境友好型和生活幸福型社会建设的社会系统工程问题。

随着垃圾治理备受关注，垃圾治理行业监管就越要得到加强和完善。

所谓行业监管就是在公开、公平、公正原则下，通过督查、检查、抽查、巡查和审核审计等方法，从实体和程序两方面对进入行业的运作实体和事件进行监督管理。因此，有必要先明确垃圾治理行业管理的目标，从而明确行业监管的内容与目的。垃圾治理行业管理的主要目的：一是明确界定垃圾的属性，并据此确定垃圾排放总量控制目标和垃圾分类排放办法、垃圾收费（税）对象和收费（税）标准、垃圾处理产业产品的供给模式等；二是协调政府及其公共部门、非政府组织、公众的活动，明确界定产业价值链，制定补偿机制，规定垃圾处理事业体的进入和退去门槛，促进垃圾处理产业有组织的协同生产；三是确定垃圾处理的生产标准、服务标准和分配方式；四是制定监督监测机制，包括奖惩条例。

但市容环卫行业管理和监管未能同步跟进。垃圾处理服务仍旧以日产日清、消纳处置最低要求为标准，行政强制仍旧得不到有效执行，行政指导仍旧停留在口头宣传，政府和公众参与的垃圾处理产业化仍旧处于导入阶段。

笔者以为，结合垃圾处理产业化现状，有必要明确当前垃圾治理行业监管的重点。当前行业监管的重点在于准入退出机制监管，其功能监管的重点在于无害化处理设施功能实现，工期监管的重点在于确保设施准时建成投产。淘汰没有竞争力的运营实体，挖掘行业自身发展潜能。

垃圾处理设施的建设与运营需要功能监管。垃圾处理设施必须以垃圾处理和提供公益服务为首要任务，不能出现借垃圾处理之名行赚取优惠政策之实，不能出现公益和私利倒挂现象。垃圾处理的不同环节其公益性、效益性和公众参与程度等各不相同。垃圾分类、转运与物质回收利用环节具有公益性。监管部门和垃圾处理事业体必须了然于胸，以便权衡公益与私利、公平与效益等矛盾，促进设施合理建设及最大可能发挥设施的设计功能。

（刊于《中国建设报》，2010 年 10 月 15 日，作者：熊孟清，尹自永）

加强和完善垃圾治理行业监管

目前，垃圾处理方式、垃圾处理设施的落地实施及垃圾治理如何与生态环境保护和人民健康保护相协调等问题已成为公众关注的焦点，垃圾治理已成为一项社会系统工程，关系到资源节约型、环境友好型和生活幸福型社会建设。垃圾处理产业化与产业发展越迅速，垃圾治理越受公众关注，垃圾治理行业监管就越要加强和完善。垃圾治理行业监管成为亟需研究探讨的课题。

一、垃圾治理行业监管及其主要任务

所谓行业监管就是法律授权的监管机构在公开、公平、公正的原则下，通过督查、检查、抽查、巡查和审核审计等方法，从实体和程序两方面对进入行业的事业体和事件进行监督管理，以保证行业管理目标得以实现。行业监管以法律法规和制度进行规范和约束，其主要任务取决于行业管理的目标。

依据垃圾治理法制体系，垃圾治理行业管理的主要目标是：①明确界定垃圾的属性，并据此确定垃圾排放总量控制目标和垃圾分类排放办法、垃圾收费（税）对象和收费（税）标准、垃圾处理产业产品的供给模式等；②协调政府及其公共部门、非政府组织、公众的活动，明确界定产业价值链，制定补偿机制，规定垃圾处理事业体的进入和退去门槛，促进垃圾处理产业有组织的协同生产；③确定垃圾处理的生产标准、服务标准和分配方式；④制定监督监测机制，包括奖惩条例。

与行业管理目标相对应，垃圾治理行业监管的主要任务有：①垃圾排放监管，包括排放总量、排放方法、收费等监管；②垃圾处理事业体和事件监管，包括事业体准入和退出监管、垃圾处理作业监管、经济补偿监管、设施建设监管；③垃圾处理服务分配监管。垃圾治理行业监管的主要目的是保证垃圾处理实现减量化、资源化、无害化和产业化，保证垃圾处理行业向社会提供广泛、公正和优质的垃圾处理服务。

二、垃圾治理行业监管体系的基本框架

垃圾治理行业监管与相关部门的市场监管、安全监管和建设监管组成了一套完整体系。就垃圾治理行业监管的主要任务而言，垃圾治理行业监管体系的基本框架大致包括四个子系统，即法律规范系统、执法监管系统、科技支撑系统和服务保障系统。

（一）法律规范系统

法律规范系统是垃圾治理行业监管的前提和保障。行业监管应以法律法规、行业规章制度和相关技术标准为依托，监管机构也需要法律授权方可开展监管活动，垃圾治理行业监管离不开法律规范。没有完备的法律规范系统就不可能有完善的监管体系。垃圾治理行业监管的法律规范系统应与行政许可法、环境保护法、固废法、生活垃圾管理办法、垃圾处理技术标准及相关法律规范相一致。目前，国内尚无完善的垃圾治理行业监管规范或办法，亟需制定与完善。

（二）执法监管系统

执法监管系统是行业监管的核心。职责健全和专业设置得当的执法监管机构、高素质和专业化的执法监管队伍、完善和高效的执法监管机制是行业监管到位的基本保证；分工协同、专业监管是垃圾治理执法监管的核心；垃圾排放执法监管、垃圾处理作业执法监管、环境保护执法监管和垃圾处理服务分配执法监管是垃圾治理执法监管的重点。

（三）科技支撑系统

科技支撑系统为行业监管提供政策和技术支持，包括监管政策研究机构、监管设施研发机构、信息管理与信息公开机构、业务培训机构及其相关机制。

（四）服务保障系统

服务保障系统为行业监管的其它系统提供制度支持和服务保障，并协调处置突发和应急事件。

三、当前垃圾治理行业监管的重点

当前，垃圾处理产业化处于导入阶段。新思维、新流程、新工艺、新技术和事业体不断导入，使得事业体准入和退出监管、设施功能监管和建设工期监管成为行业监管当前的重点。

依据行政许可法和垃圾治理法制，欢迎一切有污染物控制设施经营资质、垃圾处理服务资质和有实力的事业体进入垃圾治理行业，淘汰那些没有竞争力的事业体，增强行业的自身发展能力；同时，控制进入事业体的总规模，避免恶性竞争和垄断经营；此外还必须拒绝恶性退出，避免行业发展受损和中断，以致不能提供基本的垃圾处理服务。一些城市存在政府授权委托以致垄断经营状况，这不利于形成竞争力和提供优质、广泛、公平的垃圾处理服务产品。准入和退出监管就是通过审核资质、控制进入资金的总额、监督许可事后效果等，控制进入事业体的数量与质量。

垃圾处理设施的建设与营运需要功能监管。垃圾处理设施必须以垃圾处理和提供公益服务为首要任务，不能出现借垃圾处理之名行赚取优惠政策之实，不能出现公益和私利倒挂现象。垃圾处理的不同环节其公益性、效益性和公众参与程度等各不相同。垃圾焚烧和填埋的公益性较强，即使私有，也是私有公益性；垃圾分类、转运与物质回收利用环节具有公益性，但市场化能力较强，可采用公有私益或私有私益模式，监管部门和垃圾处理事业体必须了然于胸，以便权衡公益与私利、公平与效益等矛盾，促进设施合理建设及最大可能发挥设施的设计功能。此外，在建管分开的情形下，督促建设管理部门按期建成投产对于确保设施建设速度满足垃圾处理需要也是很重要的。

垃圾治理是公共事务治理的重要内容，既不能成为"决堤的洪水"，也不能成为"围堤的死水"，监管这道堤就是要确保建好、管好、用好垃圾治理设施，使之既服务于社会经济发展又促进社会经济发展。

（刊于《环境与卫生》，2010 年，作者：熊孟清，尹自永）

生活垃圾管理法治化的内涵

生活垃圾管理包含 3 个方面：一是科学处理处置生活垃圾，二是实现垃圾减量和资源化利用，三是防治垃圾及其处理过程中污染环境。垃圾管理法治化就是要建立完善的垃圾管理法律法规并依法规范垃圾管理全过程，达到垃圾减量、高效处理、资源化利用和防治垃圾污染环境的目的。

一、生活垃圾管理法治化的基本原则

（1）我国采用宪法、基本法、综合法和专项法法律层次结构，宪法是根本大法，基本法统率综合法和专项法。对生活垃圾管理而言，基本法是《中华人民共和国环境保护法》，综合法是《中华人民共和国固体废物污染环境防治法》《中华人民共和国清洁生产促进法》和《中华人民共和国可再生能源法》和《中华人民共和国循环经济促进法》，专项法有《中华人民共和国环境影响评价法》《中华人民共和国水污染防治法》《中华人民共和国大气污染防治法》《中华人民共和国环境噪声污染防治法》《中华人民共和国水土保持法》等。为保证法律有效执行，有关部门颁布了配套的规章制度和技术标准，如《城市市容和环境卫生管理条例》《城市生活垃圾管理办法》及一些环境质量标准和污染物排放标准。

（2）法治主体即依法管理生活垃圾。环境资源是全体公民的共享资源，公民具有支配环境和享受良好环境的权利，享有过上健康、安全与舒适生活的权利；为了有效维护自己的权利，公民委托国家管理环境资源，因此，全体公民、国家及其行政主管部门都是垃圾管理法治化的主体，而且生活垃圾具有"产之于民"的鲜明特点，更需要全体公民共同努力，改变不良消费习惯、节约资源、少产垃圾，协助垃圾主管部门依法管理。城市政府及其行政主管部门通过公民授权管理生活垃圾，不是垃圾管理的唯一主体。政府与公民是从属关系，政府必须接受公民监督。公民是垃圾管理的最大主体，是起着关键作用的主体。法治主体，无论是政府及其行政主管部门、机关团体、企事业单位，还是广大公民，都必须依照宪法、法律及相关规定，通过合法途径和方式参与生活垃圾管理。

（3）法治化与权利保障尊重和保障公民权利是立法和执法的侧重点。政府及其行政主管部门公正执法，尊重民意，保障公民的合法权利，弘扬"执政为民"的宗旨。当然，公民享有权利的基本原则是权利与义务相统一，垃圾管理法治化的目的是保障公民分享环境资源、享受物质文明成果的权利，但同时也要求公民尽到保护环境资源、减少浪费和回收资源等义务。垃圾管理法治化就是要规范法治主体的行为，确保垃圾管理实现减量化、资源化和无害化，根本目的就是保障全体公民都有享受健康、安全与舒适生活的权利。

二、生活垃圾管理法治化必须遵循的原则

生活垃圾及其处理过程中的产物都可能污染环境，在垃圾管理全过程中必须坚持环境法的基本原则，如预防为主、防治结合、综合处理原则等。此外，生活垃圾管理有其特殊性，还需要坚持生活垃圾管理法律法规中明确的原则与制度。

（一）统筹规划、统一监督管理原则

鉴于生活垃圾管理在社会、经济发展和环境资源保护等方面的重要性与特殊性，2004 年实行的《中华人民共和国固体废物污染环境防治法》第 4 条确立了统筹规划原则，即"县级以上人民政府应当将固体废物污染环境防治工作纳入国民经济和社会发展计划，并采取有利于固体废物污染环境防治的经济、技术政策和措施。国务院有关部门、县级以上地方人民政府及其有关部门组织编制城乡建设、土地利用、区域开发、产业发展等规划，应当统筹考虑减少固体废物的产生量和危害性、促进固体废物的综合利用和无害化处置。"《中华人民共和国固体废物污染环境防治法》第 10 条规定"国务院环境保护行政主管部门对全国固体废物污染环境的防治工作实施统一监督管理"。"县级以上地方人民政府环境保护行政主管部门对本行政区域内固体废物污染环境的防治工作实施统一监督管理"。"国务院建设行政主管部门和县级以上地方人民政府环境卫生行政主管部门负责生活垃圾清扫、收集、贮存、运输和处置的监督管理工作。"

（二）减量化、资源化、无害化和产业化原则

2004 年实行的《中华人民共和国固体废物污染环境防治法》第 3 条规定"国家对固体废物污染环境的防治，实行减少固体废物的产生量和危害性、充分合理利用固体废物和无害化处置固体废物的原则，促进清洁生产和循环经济发展。国家采取有利于固体废物综合利用活动的经济、技术政策和措施，对固体废物实行充分回收和合理利用。国家鼓励、支持采取有利于保护环境的集中处置固体废物的措施，促进固体废物污染环境防治产业发展。"

（三）污染者依法负责原则

2004 年实行的《中华人民共和国固体废物污染环境防治法》第 5 条规定"国家对固体废物污染环境防治实行污染者依法负责的原则"，污染者必须承担消除污染所需费用及污染损害引起的民事和刑事责任。

（四）依法惩罚污染环境的犯罪行为、防止以罚代刑原则

《关于环境保护行政主管部门移送涉嫌环境犯罪案件的若干规定》明确规定了应移送涉嫌环境犯罪案件的种类（重大环境污染事故罪、滥用职权罪、玩忽职守罪等）、移送程序及相关要求，并强调"依法惩罚污染环境的犯罪行为，防止以罚代刑原则。"

三、生活垃圾管理法治化必须坚持的制度

（一）公众参与制度

我国宪法赋予公民参与环境资源保护的权利。以宪法为基础，在环境法和固体废物污染环境防治法中都明确了公众参与制度。公众有保护环境的义务，并有权对污染和破坏环境的单位和个人进行检举和控告。公众参与实行公开、平等、广泛和便利的原则。有关公众参与的规章制度也相继推出或在完善当中，如《环境影响评价公众参与暂行办法》已于 2006 年 3 月 18 日开始施行，《环境信息公开办法（试行）》也将于 2008 年 5 月 1 日起施行。

为了有效落实公众参与制度，法律法规对保障公众的知情权和加强公民诉讼给予了高度重视。 2007 年通过的《环境信息公开办法（试行）》要求：①政府发布环境信息；②企业公布环境信息；③建立健全环境信息公开制度（第 6 条）；④保证公众获取环境信息的渠道畅通。 2004 年实行的《中华人民共和国固体废物污染环境防治法》规定了当事人可以请求环境保护行政主管部门或者其他固体废物污染环境防治工作的监督管理部门调解处理，或直接向公民法院提起诉讼，而且国家鼓励法律服务机构对固体废物污染环境诉讼中的受害人提供法律援助。

（二）经营性服务许可证制度

2007 年实行的《城市生活垃圾管理办法》明确了生活垃圾经营性服务许可证制度。垃圾清扫、收集、转运、处理处置经营都实行许可证制度，建设环境卫生主管部门通过招投标等公平竞争的方式作出许可决定，并向中标人颁发经营性服务许可证。从事垃圾清扫、收集的企业注册资本不少于人民币 100 万元，从事垃圾运输的企业注册资本不少于人民币 300 万元，从事规模小于 100 吨/天的卫生填埋场和堆肥厂的企业注册资本不少于人民币 500 万元，从事规模大于 100 吨/天的卫生填埋场和堆肥厂的企业注册资本不少于人民币 5000 万元，从事焚烧厂的企业注册资本不少于人民币 1 亿元。

（三）环境影响评价和"三同时"制度

生活垃圾收集、转运、处理处置设施的建设必须遵守环境影响评价和"三同时"制度。国家实行建设项目环境影响评价制度，而且要求环境影响评价文件明确的环境污染防治设施必须与主体工程同时设计、同时施工、同时投产使用，并且只有在环境污染防治设施经原审批环境影响评价文件的环境保护行政主管部门验收合格后，建设项目方可投入生产或者使用。

依据环境影响评价制度，在生活垃圾处理设施的建设、改造和营运过程中，需要注意下列 4 点：①环境影响评价先行，在项目可行性研究阶段报批环境影响评价文件，对项目实施后可能造成的环境影响进行分析、预测和评估，提出预防或者减轻不良环境影响的对策和措施；②填埋场、焚烧厂等对环境有重大影响的项目实施后，应及时组织环境影响的跟踪评价，并将评价结果报告审批机关；发现有明显不良环境影响的应及时提出改进措施；③项目的性质、规模、地点、生产工艺发生重大变化时，建设单位应重新报批建设项目环境影响评价文件；建设项目环境影响评价文件自批准之日起满 5 年，建设项目方开工建设的，其环境影响评价文件应报原审批机关重新审核；④应就环境影响评价报告征求建设项目所在地有关单位和居民的意见。

（四）环境保护和环境卫生标准制度

2004 年实行的《中华人民共和国固体废物污染环境防治法》第 44 条要求，生活垃圾处理处置设施和场所必须符合环境保护和环境卫生标准，包括环境质量标准、污染物排放标准、卫生标准、环境保护和环境卫生仪器设备标准以及有关的方法、标准样品和基础等标准，其中环境质量标准、污染物排放标准和卫生标准是 3 类最重要的标准。

（五）行政强制与经济激励制度

行政强制就是行政主管部门通过现场检查、调查、监测、取证、索取文件、下达守法令和处以罚款等行政执法行为，向违法者下达非正式警告、行政守法令和行政罚款等行政命令，强制要求违法者遵守法律并依法承担行政法律责任以减少污染。行政强制是我国环境保护的主要方式，但其过多的硬性规定可能会导致环境政策成本过高，正是在这种背景下，环境法提出了经济激励机制。

经济激励机制是一种间接调控手段，通过环境收费与环境征税、许可交易、抵押金和补贴等经济手段，鼓励那些创造最大社会福利的环境行为，从而在环境保护和社会、经济发展之间找到最佳平衡点，具有成本经济性、灵活性和鼓励先进技术的运用等优点。

我国在环境资源保护，特别是资源循环利用方面，制定了财经政策、贷款和税收等一些经济鼓励政策。2002 年实行的《中华人民共和国清洁生产促进法》、2005 年实行的《中华人民共和国可再生能源法》及国务院有关部门的行政法规和部门规章规定，对利用废物生产的产品和从废物中回收的原料可以减税或免税；废物综合利用产品的盈利在投产 3 年内经同级财政部门审查批准可以留给企业继续用于"三废"治理；综合利用项目的折旧基金全部留给企业，专项用于综合利用设施的更新改造；对微利和生产国家急需原料的综合利用项目，各专业银行应当积极给予贷款扶持，还贷期限可以适当延长，等等。

四、实现生活垃圾法治化管理急需加强执法队伍建设

经过多年实践，垃圾管理在环境影响评价、信息公开、资源化利用和环境保护等方面都取得了可喜成就，但也还存在一些问题需要解决，有些牵涉到环境权，有些牵涉到清洁生产和资源循环利用等观念更新，但目前急需解决的是执法队伍建设问题。

（一）提高执法水平

首先需要进一步明确执法机构，主要是明确环境卫生部门与环境保护部门的执法权限。垃圾管理包括垃圾处理、资源化利用和污染防治 3 大内容，一般以为环境卫生部门负责垃圾处理和资源化利用，环境保护部门负责污染防治，包括垃圾本身的污染和垃圾处理过程中的二次污染，这种分工削弱了环境卫生部门在环境保护方面的执法能力，导致垃圾主管部门在整治市容、防治污染等方面缺少执法手段。

其次，需要强化和完善执法手段和执法措施。采取行政强制和司法强制执法手段的

同时，应重视行政引导在生活垃圾管理全过程中的作用，并制订周详的行政引导措施，加强法律法规的宣传教育，公告禁止性、处罚性和奖励性措施，引导公众积极参与垃圾法治化管理。

（二）降低法治成本

无论公众法律意识多强，如果法治成本过高，公众也未必做到依法行事。如增加垃圾桶设置、提供科学经济的家用垃圾处理设备，设立小区废物回收站，发放环保袋等，通过这些便民措施，让公众体会到依法行事的便捷与实惠。只有将法治成本降低到公众可以接受的程度，才有可能实现垃圾管理法治化。

（三）完善法律体系

《中华人民共和国环境保护法》《中华人民共和国固体废物污染环境防治法》《中华人民共和国清洁生产促进法》和《中华人民共和国可再生能源法》等一系列法律充实了生活垃圾管理的法律体系，但其中有些条文的规定还不是很清楚，如对污染、破坏环境的行为是否采用无过失责任原则未作明确规定，降低了法律的可操作性，在法律体系方面也尚需完善。

垃圾管理法律的基本法中缺少循环经济法。垃圾资源化利用在建设"资源节约型、环境友好型社会"过程中扮演着重要角色，也是垃圾管理的重要内容，在垃圾管理基本法中加入循环经济法，将大力促进垃圾的循环利用。

生活垃圾管理法治化是依法治市的重要方面。只有以法律为准绳，把垃圾管理过程中出现的各种矛盾纳入法律轨道，高效有序地处理处置垃圾，才能提高垃圾资源化利用程度，并防治垃圾及垃圾处理对环境的污染，建设可持续发展和人与自然和谐的社会。

（刊于《环境卫生工程》，2007 年，作者：熊孟清，范寿礼，徐建韵，等）

互动共治

垃圾处理应推行政府与社会共治模式

　　我国许多城市的垃圾处理形势异常严峻。垃圾产量逐年增大，而垃圾处理设施建设处处受阻，以资源回收利用为核心的垃圾分类处理体系难以形成，政府与社会两股推力难以形成合力，垃圾与垃圾处理的邻避效应日益凸显，垃圾处理长期成为社会关注的焦点，甚至引发群体性事件，威胁城市安全运行。破解垃圾处理困局成为城市管理迫切而棘手的任务，垃圾处理亟需增强能效。

　　制度不健全且缺少效力和政府掌控的资源不足导致政府管控模式失效，从而导致垃圾处理困局。

　　垃圾处理困局的成因大多被归纳为资金与土地等资源不足、制度不健全、邻避效应、政府决策失误、权力寻租、宣传教育不够、公众素质低等 7 个方面。表面上看，这些不足确实对垃圾处理行业发展产生了阻碍作用，而且，也确实是我国垃圾处理行业存在的严重问题，但并不是导致垃圾处理困局的根本原因。

　　根本原因还在于垃圾处理行业长期采用的政府管控模式的失效。2000 年前垃圾处理由行政主管部门管控，政府大包大揽；2000 年后，尤其是 2002 年后，开始推进社会化，但因过于重视政府作用和垃圾及时消纳，再加上制度不健全，即使政府有意吸收社会力量参与，但不能正确引导和有效发挥社会力量的作用，结果也是只在垃圾收集、末端处理处置等环节实现了较低程度的社会化，只有原政府公共部门转职后组建的企业和个别社会企业参与了社会化进程，垃圾处理实际上仍处于政府管控状态。因缺少社会参与，政府管控模式易出现决策失误、权力寻租与公众不配合等弊病，在制度不健全且缺少效力和政府掌控的资源不足的条件下，管控模式的优势难以抵消决策失误等弊病产生的负面后果，这正是许多城市相继发生的垃圾处理状况。

　　吸收社会力量参与，变政府管控模式为政府与社会共治模式，是破解垃圾处理困局的钥匙。

　　破解垃圾处理困局要从消除根本原因着手，变政府管控模式为政府与社会共治模式。共治是互动的，政府应树立"社会本位，服务至上"的观念，搭建政府服务与社会参与交互平台，将社会"接得住、管得好"的事逐步地交给社会，把工作重点放在倡导、规划、指导、协调、调节、监督、采购分配服务和参与应急设施与战略设施的管理上；同时，社会应顾全大局、因地制宜、集体选择和自主组织，做到"接得住、管得好"，充分体现公开、公平和公正。政府与社会共治可充分发挥统筹协调、资源共享、优势互补、互相监督的作用，有助于实现互利双赢，增进社会和谐，是破解垃圾处理困局的钥匙。

社会应真正参与，不仅应成为垃圾处理的作业主体，还应遵守、监督与完善垃圾处理支撑体系，包括法治、监督监测、技术服务和宣传教育等体系，同时，社区组织和企业还应成为垃圾减量、分类回收与资源利用等作业的组织者。当前，垃圾分类、资源回收利用和监督监测是社会参与的 3 个重要方面，推动社区按有关规定排放垃圾并实现垃圾分类社区自治是政府与社会共治的紧迫任务。

为了有效发挥社会力量的作用，当前亟需创新社会参与模式和完善经济调节平台。

创新社会参与模式，明晰社会参与途径，让社会力量自由组合，是发挥社会力量作用的基本条件。创新社会参与模式时应重点考量垃圾处理各环节的市场化能力和企业服务成本回收机制 2 个因素，构建企业（B）与垃圾排放者（P）、政府（垃圾处理服务购买者，G）之间的合作关系，如在政府直接向垃圾排放者收取基本的垃圾处理费、动用财政补贴并采购服务的企业服务成本回收机制下，垃圾分类回收、转运、资源利用和填埋处置可分别采用 P—B—G、 B—G、 B—B—G 和 B—G 等社会参与模式，而企业参与的投融资模式（项目建设模式）可以是完全市场化、政府征地企业建设营运移交（BOT）、公司合营（PPP）等，对于应急设施或战略设施，因政府必须掌握主导权，宜采用政府投资建设企业营运或 PPP 模式。

此外，完善垃圾处理经济调节平台，让社会力量参与获得的回报变得可预见、稳定且强度足够，是发挥社会力量作用的动力。一是完善企业服务成本回收机制，二是建立并完善垃圾排放权和垃圾处理能力交易机制，三是完善生态补偿机制。只有建立了完善的经济调节平台，才能抑制垃圾排放，构建灵活高效的社会参与模式，提高垃圾处理的经济效率，调动社会力量参与的积极性。

破解垃圾处理困局是政府与社会的共同愿望，达至所愿必须进行机制创新，变政府管控模式为政府与社会共治模式，从而抑制和克服资源不足、制度不健全、邻避效应、政府决策失误、权利寻租、宣传教育不到位、公众素质低等问题，加速垃圾处理增能强效。

（刊于《环境与卫生》，2012 年；《齐鲁环卫》，2012 年，作者：熊孟清）

一字之差差什么?

垃圾是生产生活的副产品,也是生产生活中不可回避且必须妥善处置的东西。长期以来,我们习惯了政府主导的垃圾处理模式,一味追求垃圾消纳。随着垃圾成分日益复杂、垃圾产量增大和公众参与意识的增强,垃圾问题逐渐成为城市管理的重点和难点,重消纳处理、轻管理的弊端日益彰显,政府亟待从垃圾处理主体转换成垃圾管理主体。

但是,垃圾具有典型的社会属性,从垃圾生产、处理到处置的全过程都需要全社会参与和监督,传统意义上的长者式行政强制管理极易造成社会抵触,这就需要政府从垃圾管理思维转换成垃圾治理思维,使垃圾治理为资源环境保护、经济社会发展与和谐社会建设服务,真正成为社会治理不可分割的组成部分。

垃圾治理的研究对象是政府、社会及社会利益相关方之间互动的方式方法,侧重于垃圾社会化处理,包括政府、社会及社会利益相关方之间,及其与科学技术、市场等之间的复杂关系,其目标是均衡消费者利益与社会成本、效率与公平,遏制政府失灵、社会失灵和市场失灵,促进垃圾处理产业化发展。垃圾治理理念尤其关注 4 个方面:治理体制及其运行机制,政府与社会公众的合适参与,专业化、企业化、社会化与产业化,行业监督规范。垃圾治理讲究政府引导,广泛吸收社会公众参与,强调政府、社会及社会各利益相关方之间的互相依赖性和互动性,依赖社会自主自治网络体系,一切从群众利益出发,群策群力,综合治理。垃圾治理不仅要评估经济学领域的经济、效率、效益与公平原则,还要评估治理意义下的参与、公开、公平、责任与民主等要求。

垃圾处理和垃圾管理的理念却与之不同。垃圾处理的研究对象是垃圾处理的工艺技术与处理方式,研究内容侧重于垃圾的无害化、资源化和减量化处理方面,属于工程技术领域,目的是提高处理效率与效益、提供社会经济发展所需要的产品和妥善处理废弃物。垃圾管理的研究对象是垃圾治理的行业管理和作业管理,重点研究政府对垃圾治理行业的管理,研究内容侧重于政府干预的方式方法和各种工具与手段,属于管理学范畴,目的是保证垃圾处理行业与作业高效有序发展。由此可见,垃圾治理与垃圾处理、垃圾管理的区别是显著的。

从处理、管理到治理,一字之差,相隔甚遥,难就难在需要政府克服自利膨胀,需要公众回归公共理性,需要企业承担社会责任。如果不解决政府失灵、社会失灵和市场失灵,垃圾问题永远是阻碍经济社会发展的大问题。

(刊于《中国环境报》,2014 年 8 月 20 日,作者:熊孟清)

垃圾治理谨防看客心态

　　看客心态普遍存在于垃圾处理行业，且更具破坏性，它已成为一种社会病态，却未受到足够重视。

　　看客心态在垃圾处理行业主要有两个突出表现：

　　一是垃圾分类叫好不叫座。近期调查结果显示，广州市垃圾分类公众知晓率高达90％以上，但公众参与率不足30％，公众分类投放率仅10％左右。公众不是不知道分类，也不是不赞成分类，但大部分人就是不付诸行动，且理由还很多，如垃圾桶分类标志不清晰、无奖惩措施、前分后混分类也没用等。即使部分公众付诸行动，多数也仅停留在被动响应和避重就轻的应付程度，敷衍了事，致使分类准确率低。

　　二是多数人在垃圾处理设施选址过程中集体失声。近年来，围绕垃圾处理设施选址的群体事件接连不断，事件参与者多是设施周边居民和极个别幕后推手。数量占优的众多受益居民选择缺位和失声，任由事件发展，不仅不站出来维护自身利益和社会公益，还幸灾乐祸，庆幸垃圾处理设施没有选址在自己周边。

　　类似这种现象还可以举出很多。尽管人人都产生和排放垃圾，人人都从垃圾处理中受益，但人人都试图与他人和社会分割，不仅不合作，反而回避、推卸并自我解脱责任，导致垃圾处理行业形成集体冷漠的局面。这正是导致垃圾处理困局的社会原因。在这种集体冷漠的局面下，失去社会合适参与，连垃圾处理和管理都不可能做好，又何谈实现从垃圾处理、管理到垃圾治理的转型，更谈何实现垃圾治理体系和治理能力的现代化。因此，垃圾处理必须消除集体冷漠局面，而这有赖于先治好看客心态。

　　不同场合下形成的看客心态的主要成因不同，其消除措施的重点也应有所不同。针对上述两种情况，现象一的主要成因是旁观者效应和分类处理设施不配套，消除措施应重点放在明确各主体责任义务、建立激励机制和加速建设分类处理设施等方面；现象二的主要成因是对惹祸上身的担心，消除措施应重点放在变祸为福上。不管具体措施有何不同，其核心和目标都是共同治理，关键是满足公众参与权不断提高的要求，提供平等参与的机会，让公众享受参与的快乐。

　　　　　　　　　　（刊于《中国环境报》，2014年10月17日，作者：熊孟清）

构建垃圾处理政府与社会共治模式

我国许多城市的垃圾处理形势均异常严峻。垃圾产量与存量逐年增大，而垃圾处理设施建设处处受阻，以资源回收利用为核心的垃圾分类处理体系难以形成，政府与社会两股推力难以形成合力，垃圾与垃圾处理的邻避效应日益凸显，垃圾处理长期成为社会关注的焦点，不仅需要解决每日产生的大量垃圾的消纳难题，还需要解决被堆积如山的存量垃圾占用的土地恢复与开发利用难题。广州市 2011 年产垃圾 468 万吨，存量垃圾约 3400 万吨，占地 1700 亩，全国年产垃圾更是接近 2 亿吨，存量垃圾高达 60 亿吨，占地多达 30 余万亩，垃圾处理成为社会管理的主要内容，备受政府关注。当前，重中之重是要以垃圾处理设施建设为抓手，解决垃圾围城困局，同时，也要着手优化垃圾处理体系，变垃圾处理的邻避效应为迎臂效应。解决垃圾处理的可持续发展问题，关键是协调解决好政府与社会的关系问题，本文就此提出一些看法。

一、问题：垃圾处理过程中政府与社会的矛盾

在自上而下的政府统筹安排下，垃圾处理服务产品的生产、分配、消费相分离，垃圾处理企业只生产垃圾处理的作业服务，政府负责购买、分配垃圾处理的作业服务并提供指导、宣传教育和处理公众诉求等服务，公众在享受垃圾处理服务的同时却无节制地排放垃圾，企业和公众都只面向政府，这种行政安排的直接后果是企业与公众分裂，而且，因企业的私益诉求与公众的公益诉求存在矛盾，导致政府与社会的矛盾。

政府与社会的矛盾被不健全的经济制度进一步激化，甚至演变成政府与社会的对立，使垃圾处理从一个社会参与的作业管理问题上升为一个管理社会参与的社会管理问题。激化矛盾的经济制度主要有：政府直接向公众收取垃圾费，不明晰的服务成本回收机制和生态补偿机制。政府收取垃圾费使公众误认为政府乱立名目收取行政事业费而推卸向公众提供公益性服务的责任；不明晰的服务成本回收机制让企业不能预见收益，心生疑虑；不明晰的生态补偿机制让垃圾处理设施所在地产生自己是政策受害者的悲情，这些因素都会在政府不能提供广泛、公正、优质的垃圾处理服务时激化政府与社会的矛盾。

政府与社会的矛盾源于政府介入过度、企业自利倾向膨胀和社会自治能力羸弱。政府介入是把双刃剑，一方面需要政府动用行政、经济和科技手段，引导和主导垃

圾处理产业化和产业发展，另一方面政府介入又可能阻碍政府与社会的良性互动，因此，政府介入应把握好"度"，过度介入会产生政府决策失误、权力寻租、社会自治能力下降等弊端，破坏业已存在且运行正常的社会关系而不能提供替代品，导致社会乱象。面向政府的企业在政府要求满足公众的公益诉求压力下，选择优先满足自利，如：在清扫保洁市场，企业降低劳动定额标准：克扣工人工资，减少工人数量；在垃圾处理设施建设市场，企业降低建设标准或消极怠工，看钱办事，等等，这些敷衍、自保行为在监管缺失的环境下肆意放纵，极大地损害了企业的诚信，也连带损害了政府的诚信。公众在社会自治组织与集体契约不健全的条件下，自治能力羸弱，一是公众的配合程度低，这一点突出表现在缴纳垃圾费和开展垃圾分类等源头预处理等方面（垃圾费和垃圾分类等预处理长期被忽视，近年来政府才强力介入），二是公众难以找到自身利益的代言人，其诉求甚至被少数精英利用，成为引发社会矛盾的导火索，导致社会分化，这一点突出表现在垃圾处理设施建设与营运方面。如此种种，久而久之，势必导致参与垃圾处理的政府、企业、公众之间彼此失去信任，导致政府与社会之间产生矛盾。

当前，垃圾处理产业化尚处于新思维、新技术、新产品和实业体的导入阶段，需要政府介入，构建新的垃圾治理模式。那么，需要思考的是，在"强政府，弱社会"的现实环境下，政府应构建怎样的垃圾治理模式及采取什么方式、路线与措施介入垃圾处理推行机制，以化解政府与社会的矛盾，实现垃圾处理可持续发展？

二、方向：垃圾处理政府与社会共治模式

构建垃圾处理模式的方向是政府与社会共治模式（需要说明的是，政府应扶持垃圾分类等预处理实现社区自治，但这种自治也是在政府统筹安排下的有限自治，需要政府统筹协调，以保证服务均等化）。共治是互动的，政府与社会合理分工和良性互动，既发挥政府强大的宏观调节能力，又充分发挥社会自治能力，做到统筹协调、资源共享、优势互补、互相监督、互利双赢，增进社会和谐，保证垃圾处理在法治化、社会化、产业化状态下可持续发展。

政府应树立"社会本位，服务至上"的观念，搭建政府服务与社会参与交互平台，将社会"接得住、管得好"的事逐步地交给社会，把工作重点放在倡导、规划、指导、协调、调节、监督、采购分配服务和参与应急设施与战略设施的管理上。

同时，社会应顾全大局、因地制宜、集体选择和自主组织，做到"接得住、管得好"，充分体现公开、公平和公正。社会应真正参与，不仅是成为垃圾处理的作业主体，还要自觉遵守、监督与完善垃圾处理的法治、监督监测、技术服务和宣传教育等支撑体系，同时社会组织和企业（尤其是社区组织、非营利性社会企业）还应成为垃圾减量、分类回收、资源利用及技术服务等作业的组织者。

法治是政府与社会共治的保障，政府、社会组织和公众需要（包括自然人和法人）遵守法制、集体契约和个人操守三个层面的约束，按章办事，体现统筹规划、统一监督管理原则，减量化、无害化、资源化和产业化原则，污染者依法负责原则和依法惩罚污染环境的犯罪行为、防止以罚代刑原则，落实公众参与制度、经营性

服务许可证制度、环境影响评价和"三同时"制度、资源环境保护与环境卫生标准制度及行政强制与经济激励制度，才能协调解决公益与私益、公正与效率、发展与保护等矛盾。

社会化要求垃圾处理尊重与回归"社会本位"，一是体现垃圾处理必须服务于社会发展，二是通过企业化、市场化、专业化等途径发挥社会力量的作用，将垃圾处理由政府统管的公益事业转变成社会生产过程，并成为具备专业化社会分工的产业。垃圾处理社会化（过程）涉及城市建设、资源环境、政府体制改革和市场经济等诸多方面，包括政府与社会在资源环境开发利用方面的权利与义务，政府与社会对城市公益事业的责任与义务，政府、社会组织与公众的产业化职责职能，垃圾处理及垃圾处理上游与下游产业之间及各产业内部责、权、利的分配，产业化投融资与经营管理利益分配的界定等等，此类问题都需要在实践中妥善解决。

产业化就是要求垃圾处理成为一个可持续发展的产业，它以市场为导向，找到一种有效方案，聚合相关主体，发展垃圾处理的战略、核心竞争力、产业链与产业组织方式，生产或提供物质资源、能量资源、环境容量及垃圾处理服务等产品，创造与分享利润。产业化尊重市场导向，重视市场的调节作用，也重视政府、社会组织的调节作用，充分发挥私有企业、国有企业及非营利性社会企业的作用，促进政府、社会组织和公众的多元融合，共同开展垃圾源头减量、分类收集与运输、利用和处置活动，促进垃圾处理装备与技术进步，完善垃圾处理服务，实现法治化基础上的垃圾处理"投融资主体多元化，建设营运企业化，管理专业化"。

三、路线：培育社会自治能力

基于"强政府，弱社会"还将延续一段时期的认识前提，为达至政府与社会共治模式，必由之路是垃圾处理行业应在政府主导下逐步提升社会自治能力，从而促进垃圾处理法治化、社会化、产业化。行政主导下社会自治能力增强的过程是一个政府与社会相互作用的动态过程，伴随社会自治能力的不断提升，垃圾处理法治化、社会化、产业化程度会不断提高，这不仅会对社会自治能力提出更高要求，也会对政府的行政能力提出更高要求，促使政府做出相应的动态调整，以保证政府介入与社会发展协同推进，形成政府与社会相互作用的良性循环，如此反复，政府行政能力和社会自治能力才能不断提升直至匹配，形成政府与社会共治态势。

提升社会自治能力的途径如下：

上级政府应做好顶层设计，制定完善的各级政府之间及政府与社会之间协同参与的推行机制，推动下级政府、基层组织和公众乐于增强社会自治能力。因历史原因，垃圾处理多由市级统筹协调，无论排放多少垃圾，市级政府都要及时处理，区级以下政府和基层组织没有推动垃圾处理工作的压力和激励，这是顶层设计必须打破的惯例，让下级政府和基层组织直接参与垃圾管理，一是进一步明确垃圾处理"属地管理，区级负责，市级统筹"原则，要求产地有地出地，无地出钱，自己解决自己排放垃圾的出路问题，报市级政府审批。二是完善经济调节平台，尤其应出台惩罚性区域垃圾收费政策，调动产地建设垃圾处理设施的积极性，调动公众参与垃圾减量和分类回收的积极性，推动垃圾处理跨域合作。三是完善考核考评体系，出台以垃圾处理综合服务效果为考评指标的考评体系，把物质回收、能量回收、垃圾处理作业服务、公众公益诉求处理服务、技术服务、宣传教育（绩效）等纳入考评体系，强化下级政府增强社会自治能力的激励。

各级政府要为社会组织发展提供平台和空间。一是推动培育社会组织发展，鼓励社会组织承担部分垃圾处理引导、指导、监督、技术服务、宣传教育等任务，让社会组织成为政府与公众之间沟通的桥梁；二是鼓励社会组织创建非营利性社会企业参与公益性较强的垃圾处理环节，起到力量补充作用。

开发和开放垃圾处理服务市场，推行垃圾处理综合服务模式，以服务效果为交付标的物，通过招投标等公平竞争方式吸收社会力量进入垃圾处理服务市场，形成多元主体参与的垃圾处理体系。

四、措施：提高社会参与度

（一）开发和开放垃圾处理服务市场，理清政府和社会的关系

开发和开放面向生活垃圾排放者的生活垃圾分类收集企业——废弃物排放者服务市场，让分类收集企业承担垃圾分类收集的作业（包括清扫保洁、收集、回收、一次转运）、垃圾分类指导与监督、垃圾费收缴等任务，改变目前由小区物管负责组织的分类收集队伍小而管理不规范的局面，由社区居委（村委）组织管理全社区垃圾分类收集的社会企业，政府督促居委（村委），居委（村委）督促物管与企业，物管督促居民按有关规定做好垃圾分类收集与垃圾费收缴等工作。

将目前面向政府的生活垃圾焚烧发电与填埋处置市场改造成面向企业的企业——企业服务市场，将货币性财政补贴由目前的直接向生活垃圾焚烧、填埋等末端处理环节注入前移至在压缩站（或中转站）向运输企业注入，增加运输企业视垃圾质量决定垃圾流向并收取或支付垃圾处理费的业务，让运输企业直接与上游的分类收集企业及下游的处理处置企业建立业务往来，政府制定经济标准（包括企业对企业的垃圾费的允许波动范围）、核算经济补贴金额及监督市场秩序。

（二）允许多种投融资模式竞争共存，向社会提供垃圾处理综合服务

改变目前单一的以及时清运、消纳生活垃圾为目的的生活垃圾处理服务模式，建立起融源头管理、收运、资源回收利用和生活垃圾处置于一体的、向社会提供物质资源、能量资源、环境容量和垃圾处理作业服务、公众诉求处理服务及技术服务等综合产品的垃圾处理综合服务模式。

以服务效果为交付标的物，通过招投标等公平竞争方式吸收社会力量参与垃圾处理，逐步形成政府投资企业营运模式、政府征地 BOT 模式、公私合营（PPP）模式和企业自筹土地、资金、技术等生产要素的完全市场化模式竞争共存的局面。

（三）完善经济调节平台

完善企业服务成本回收机制，建立并完善垃圾极其衍生品（包括再生资源、垃圾排放权和垃圾处理能力等）的资源交易机制，完善生态补偿机制，让社会力量参与获得的

回报变得可预见、稳定且强度足够。当务之急是，结合目前在执行的公众垃圾费缴纳标准和垃圾处理投资与回报，尽快制定一揽子货币性财政补贴核算办法。

（四）落实惠民措施

做足做好公众工作，提高公众认识，让设施周边居民享受一些免费服务和经济补偿；同时，提高设施的建设营运标准，把设施建设成社区开放中心，真正做到社会效益、环境效益、经济效益三统一。

只要政府因应社会发展，不断调整优化社会参与的措施，不断提升社会自治能力，垃圾处理就能实现政府与社会共治模式，既发挥政府强大的宏观调节能力，又充分发挥社会自治能力，实现垃圾处理法治化、社会化、产业化，实现垃圾处理可持续发展。

（刊于《城市管理与科技》，2012 年 12 月 15 日，作者：熊孟清，尹自永，李廷贵）

垃圾治理需明确分工

推行垃圾治理的社会公众自主自治和创新驱动，笔者认为，需要树立排放者负责原则和完善监督规范体系，即需要打通垃圾治理的"两个一公里"，关键是要理清政府与社会公众的分工。政府不能越俎代庖，公众不能做看客。那么要如何理清政府与社会公众的分工呢？

首先，依据垃圾治理具有公益性，政府应起到决策、引导、指导、规范监督等作用；依据垃圾治理的社会性，社会公众应承担执行政府决策的责任与义务，同时承担起决策执行的监督任务。政府与社会公众各司其职、各负其责和分工协作，确保治理活动的决策、决策执行及监管相对独立与相互促进。

其次，依据权属管理原则，"谁拥有，谁管理，谁负责"，确认管理责任主体。对于已排放的垃圾，政府是其管理的责任主体，有责任为其找到消纳出路。未排放的垃圾，属于排放者的私人物品，排放者是其管理的责任主体，应遵守污染者负责原则、受益者补偿原则和生产者责任延伸制度，负有按相关约定和规定进行源头减量、分流分类、回收与付费的责任，包括产品生产者负有落实生产者责任延伸制度、减小资源消耗和垃圾产量与回收利用产品垃圾的责任。

最后，根据产权、权属、公益性、市场化指数、收益潜力等众多因素，确认政府与社会公众及社会各相关方在垃圾治理具体项目上的分工与责任。

政府主要承担垃圾处理产业支撑体系、排放权或处理权交易体系、服务型产品分配和应急管理等项目的管理责任。这些项目政策性强、惠及面广，对产业化和产业发展影响深远，但同时，其产权难界定、公益性强而市场化指数低，需要政府统筹协调，调用公共资源，发挥政府的宏观调节或调控作用，以引导、指导、监督、维持垃圾治理秩序。但是，政府是这些项目的组织者、管理者，但不一定是（唯一的）作业者和作业管理者。政府可通过公私合作方式，将社会能承接的具体业务委托给社会，让社会承担作业主体，政府参与其中，如将检测、技术服务、宣传教育、垃圾处理作业等任务委托给社会。但对于一些公益性较强的垃圾处理环节，如有害垃圾的收运与处理、应急性填埋场等，政府应起到主导作用，甚至直接主导这些处理环节的作业。

社会公众是垃圾治理的主要作业主体和作业管理主体，承担源头需求侧管理、垃圾收集、储存、运输、物质利用、能量利用和填埋处置等处理作业及其组织管理，并参与监督检测、技术服务、宣传教育服务和法制体系建设。垃圾处理产业的不同环节要求有不同的组织者，垃圾处理产业将形成国有企业、集体企业（社区企业）、私有企业、非

营利性社会企业或政府、社区与私人两两联合或三者联合经营并存的局面。无论主体是谁，都应创新制度和商业模式，进行企业化运作。

社区组织作为社区利益的代表者，在垃圾治理中起着关键作用。社区组织只有体现民意，才能发动与组织公众投入到源头作业中来。社区组织掌握垃圾来源，不仅可以采取入股方式加入垃圾处理企业，甚至还可以独立建设与营运垃圾处理设施。社区组织应发挥政府、社区和企业之间的纽带作用，在垃圾处理产业中扮演好组织者的角色，助推垃圾治理的社区自治。

垃圾治理需要政府引导，广泛吸收各利益相关方参与，强化政府、社会公众及社会各利益相关方之间的依赖性和互动性，需要政府与社会公众共治，共同维护与完善垃圾治理的市场机制。

（刊于《中国环境报》，2015 年 7 月 3 日，作者：熊孟清）

政府与社会在固废治理的互动与分工

"一个活泼和人道的社会，需要人们对他人展现尊敬和关怀，为自己和他人担负责任。"

——德国总理默克尔

固废治理需要政府与社会及社会各利益相关方之间的良性互动，政府与社会及社会各利益相关方之间成为伙伴关系，分工协作，实现社会自我管理。在强政府弱社会的条件下，政府通过开发与开放废弃物处理市场，出台扶持政策，引导、激励社会参与，提高社会自治能力，逐步实现政府与社会良性互动，构建固废处理政府与社会共治模式，均衡消费者利益与社会成本、效率与公平，最终达至善治。

一、固废治理需要政府管制

固废治理的许多因素，如垄断、固废排放与处理的外部性、环境容量与服务性产品的"公共物品"属性及其需求与供给的不确定性等，决定固废治理需要政府管制。

（一）源头需求侧是一个利益矛盾体

产品生产者、废弃物排放者和处理者组成的源头需求侧既是一个利益共同体，也是一个利益矛盾体。产品生产者因多生产产品因而多产生废弃物而获得更大收益，废弃物排放者因消费更多产品因而多排放废弃物而获得更多享受（收益），废弃物处理者因处理更多废弃物也获得更多收益，从收益这点看，他们是一个利益共同体；此外，从社会整体来看，废弃物自己产生，理当由自己处理，他们也当结成一个利益共同体；但是，因他们各自的相对身份不同，各自的权利有所不同，当他们获得自己想要的收益时却不可避免地损伤了他人的权利，固废排放具有外部不经济性，固废处理具有外部经济性。首先，产品生产者和废弃物排放者与废弃物处理者之间存在权利掣肘，产品生产者和废弃物排放者排放的废弃物越多，造成的环境压力就越大，废弃物处理的外部成本或社会成本也越大，必然会损失其他人享受好环境的权利和经济利益，尤其是，废弃物增多将导致处理设施的邻避效应越大，对设施周边居民的身心损害也就越大；其次，产品生产者与废弃物排放者之间也存在权利掣肘，产品生产者生产的产品越多，通过产品转移给消费者（排放者）的产品废弃物也越多，排放者（消费者）的权利与利益也就损失越大，可见，源头需求侧内部存在权利矛盾，源头需求侧是一个利益矛盾体，人们总是喜欢收益而厌恶损失，导致产品生产者、废弃物排放者与处理者不约而同地选择不合作策略。需要政府统筹协调和监督指导各方的利益，引导人们正确认识固废产生与治理带来的收益与损失及其平衡。

（二）固废治理的需求与供给存在不确定性

固废治理存在垄断、外部影响、公共物品、信息不对称及责任分散效应、搭便车效应、邻避效应、不值得定律等心理障碍，这些因素将导致市场失灵。一方面，差异的单个废弃物排放者的消费习惯、消费者不清楚环境容量与服务性产品的需求价格及责任分散效应、搭便车效应和消费者隐埋消费偏好等心理因素导致需求不易确定或严重偏离真实需求，另一方面，投资期限较长及垄断、搭便车效应、邻避效应、环境容量难以计量计价、寻租活动的经济损失难以准确预算、信息不对称及不可抗力因素等导致投资成本与收益难以准确测算，而且，废弃物处理的外部经济性导致处理者的收益小于成本，使得废弃物处理者的投资偏于保守，导致供给不可确定和不足。需求与供给的不确定性将导致固废处理能力不足或过剩，即市场失灵。结果是固废不能妥善处理。需要政府调节或调控固废治理的需求与供给。

二、固废治理需要政府与社会共治

（一）政府与社会互动的 4 种形态

依据政府权力大小和社会自治能力强弱，政府与社会的互动形态或政府与社会的关系可归纳为 4 种情形，它们是：①弱政府，强社会；②弱政府，弱社会；③强政府，弱社会；④强政府，强社会。

弱政府弱社会是最差情形，社会处于无政府、无组织状态，缺少秩序，一盘散沙。弱政府强社会情形下，政府受制于民意，频繁更迭，导致政局不稳、政策缺少连续性，黑社会等犯罪团伙猖獗，甚至出现无政府状态。强政府弱社会情形下，社会"被管理"，政府投入大量资源，甚至依赖暴力机器对社会的方方面面进行严格的管制，导致政府官僚机构权力膨胀和寻租，腐败、分配不公等乱象丛生，社会与政府的相互信任尽失。强政府强社会情形是社会管理的一种理想形态，社会高度自治，政府与社会形成伙伴关系。

政府与社会良性互动需要政府与社会形成强强互动形态。政府权力与社会自治能力不匹配导致政府与社会不能良性互动。弱社会的乱象是社会一盘散沙，不仅不能管理社会自身事务，也很难监督政府维护公共利益，不利于政府管制能力的提高；弱政府的乱象是政策缺少连续性，不仅不能维护公共利益和国家利益，也不能扩大公众参与，导致强势团体丛生，不利于社会自治能力提高，因此，政府与社会的强弱互动形态，无论是强政府弱社会，还是弱政府强社会，都很难保证政府与社会良性互动以至对社会事务共治，至于政府与社会的弱弱互动形态更是一种最不理想的原始状态，社会处于无秩序、无组织、无政府状态，私人利益、公共利益和国家利益都得不到发展与保护。只有政府与社会形成强强互动形态，相互制约，相互促进，整个社会处于动态平衡与发展状态，私人利益、公共利益和国家利益才能得到发展与保护，服务均等化才能实现，公共利益才能极大化，国家利益才能有保障。

（二）固废治理需要政府与社会共治

固废治理需要政府参与，需要政府与社会形成伙伴关系，强强互动，共同治理，而且，因固废治理事关公众日常生活，事关经济社会可持续发展，事关社会福祉和公共利益，危险废物的跨境转移和处理甚至事关国家兴亡，需要政府与社会善治。第一玉律是满足公众参与权不断提高的要求，不断完善固废治理模式，扩大公众参与，实行社会自我管理，提高治理水平；第一戒律是避免议而不定，致使废弃物得不到妥善处理，甚至出现垃圾围城困局，前者要求不断提高社会自治能力，后者要求提高政府行政能力。固废治理要求政府与社会良性互动，共同治理固废，尤其在落实污染者责任制度、生产者责任延伸制度、废物分流分类、危险废物转移与处理、应急设施建设等事关公共利益和国家命运时，社会应促成政府适时决策并将决策变成行动。

国内外实践表明，政府与社会的强弱互动形态和弱弱互动形态都不能妥善解决固废治理问题。公共物品的供给一直是一个困惑政府与市场的难题。公共物品的非排他性和非竞争性诱发消费者"搭便车"的心理转变成行动，造成市场失灵。如果依赖政府大包大揽，因"自利性动机"得不到有效抑制，会造成预算增大和社会资源的浪费，导致政府失灵。如果过分依赖私人和民间组织供给，将出现契约失灵、志愿失灵等问题。如何约束政府、民间组织（包括非营利组织）、私有企业和个人在公共物品供给中的作用以达到最佳供给效率便成为破解公共物品供给难题的核心议题。

中国城市建成区的生活垃圾处理长期处于强政府弱社会的互动形态，政府管制垃圾处理的方方面面，大包大揽，动用大部分资源用于建设垃圾处理设施，忽视了创新垃圾处理模式，忽视了社会力量参与，导致社会成为垃圾处理的旁观者，后果是，随着垃圾产量不断增大和垃圾中有机易腐成分不断增多，而政府可调动的资源相对有限，设施处理能力日益不足，处理方式日益不适，处理设施的邻避效应日益凸显，垃圾处理成为社会焦点、热点，乃至出现了垃圾围城、番禺风波等热点词汇。

中国农村地区的乡镇农村垃圾处理长期处于弱政府弱社会互动形态，政府管制较弱，社会自治能力低下，农村垃圾处理基本处于无序状态，"屋前屋后垃圾场"和"垃圾靠风吹"现象比比皆是，垃圾随意丢弃和简易堆置对环境的破坏触目惊心，即使像广州市这样的一线城市，2011年，含乡镇农村垃圾的7个区（县级市）垃圾无害化处理率也仅50.8%，镇农村垃圾无害化处理率甚至低至24.1%，乡镇农村垃圾处理水平亟需提高。

三、固废治理需要厘清政府与社会的分工

为实现政府与社会共治，需要厘清政府与社会的责权利。虽然参与固废治理的政府与社会各利益相关方之间，及各利益相关方之间，结成伙伴关系，互相依赖性，良性互动，其身份与作用的界限也具有一定的交集与模糊性，但各自仍具有明确的分工与利益，需要清晰界定，以便于政府依法管理和社会自主自治。

（一）政府与社会的身份

固废治理有2个鲜明特点，一是固废治理的受益者同时是固废的生产者和排放者，

二是固废治理具有公益性。前者意味着固废治理的产品生产者、固废排放者和处理者的身份只是相对的，无论他们以何种身份出现，他们都同时是固废的生产者和排放者，同时也是固废治理成果的受益者，即使是政府，因可以直接参与固废处理的一些环节，也是固废的处理者，此外，由"人"组成的政府必然也是固废的排放者，后者意味着政府必须承担起固废治理的管理责任，是固废治理的责任主体。

（二）政府与社会的关系

政府与社会及社会各利益相关方两两相关。产品生产者向固废排放者转移并回收产品废弃物，向固废处理者排放产业废弃物并购买再生资源，向政府索要节能减排政策并监督政府行政。固废排放者向处理者排放废弃物并购买再生资源和再生产品，向产品生产者反馈产品相关信息，向政府索要废弃物排放权并监督政府行政。固废处理者向产品生产者和固废排放者提供废弃物处理产品，向政府索要废弃物处理政策并监督政府行政。政府牵头制定相关法制、政策和标准，鼓励社会各利益相关方积极参与，并与社会各方形成固废治理伙伴关系，采购与分配固废处理的服务性产品，引导、指导、监督管理固废治理秩序。

固废治理的相关方身份交集、两两关系紧密，其分工与作用的界限具有一定的模糊性，需要各方协作协同，而且，固废治理服务的提供（生产）、享受与采购、分配相分离，更需要相关方协商协调与通力合作——这是固废治理的一大特征。

（三）政府与社会的分工

首先，根据权属管理原则，"谁拥有，谁管理，谁负责"，确认管理责任主体。对于已排放的废弃物，已成为"公共资源"，政府是其管理的责任主体，负有及时、妥善处理的责任。对于未排放的废弃物，属于排放者的私有物品，排放者是其管理的责任主体，应遵守污染者负责原则、受益者补偿原则和生产者责任延伸制度，负有按社会约定并经政府颁布的规定进行源头减量、分流分类储存、回收、排放与付费的责任。

其次，根据权属、产权、公益性、投资效益等众多因素，确认政府与社会，及社会各相关方在固废治理的具体项目的分工与责任。表1给出了政府与社会在固废治理项目的分工及其主要职责。组织者承担项目管理责任，参与者承担作业管理责任及项目管理连带责任。

政府主要承担固废处理产业支撑体系、排放权较易体系、服务型产品分配和应急管理等项目的管理责任。这些项目政策性强、惠及面广、对产业化和产业发展影响深远、产权难界定、公益性强而市场化指数低，需要政府统筹协调，调用公共资源，发挥政府的宏观调节或调控作用，以引导、指导、监督、维持固废治理秩序。需要指出的是，政府是这些项目的组织者、管理者，但不一定是（唯一的）作业者和作业管理者。政府应将社会能承接的具体业务委托给社会，让社会承担作业主体，政府参与其中，如将检测、技术服务、宣传教育、废弃物处理作业等任务委托给社会。此外，对于一些公益性较强的废弃物处理环节，如有害废弃物的收运与处理、应急性填埋场等，政府应起到主导作用，甚至以伙伴身份，直接与社会一起参与这些处理环节的作业。

表1 政府与社会在固废治理项目的分工及其主要职责

组织者	项目与主要分工		主要职责	参与者及其主要职责
政府及其公共事业机构	产业支撑体系	组织机构	构建支撑体系、负责产业发展决策、规划、协调统筹、宣传教育、处理上访与投诉、引导、指导、监管、维持固废治理秩序	政府、社会。参与体系建设、监督监测、服务咨询
		法制体系		
		监督监测体系		
		技术服务体系		
		宣传教育体系		
		上访投诉处理服务		
	排放权交易	排放总量控制	构建排放权交易体系、管理排放权、参与排放权交易、监督监测排放权执行情况	政府、社区组织、产品生产者、固废排放者和处理者。参与排放权交易、监督排放权执行情况
		配额分配		
		发放许可证		
		市场交易		
		监督监测		
	服务性产品的分配		采购、分配治理服务	政府、社区组织。
	应急管理		应急预案、指挥、协调，建设营运应急设施	政府、社会。参与应急体系建设
	公益性较强环节的废弃物处理作业		参与处理作业管理，起到调节、丰富市场竞争的作用	政府、国有企业。建设营运处理设施
社区组织、产品生产者、固废排放者	源头需求侧管理	减少资源消耗和废弃物产量	动员社区、单位、家庭和个人开展源头减量与排放控制作业、组建源头处理组织或企业、监督源头作业效果	政府、社区组织、产品生产者、固废排放者和处理者。实施、监督源头需求侧管理
		分流分类、储存		
		保洁、收集、回收		
		源头预处理		
固废处理者	固废运输		负责固废转运	政府、社会。作业与监督
	物质回收	再生资源回收利用	建设营运处理设施、环境监测、配合相关部门监督检测、克服邻避效应、垃圾处理与环保宣传教育	企业、社区组织、政府。参与设施建设营运与监督检测作业，政府负责监督监测
		生物转换		
	能量回收（热转换）			
	填埋处置			

社会是固废治理的主要作业主体和作业管理主体，承担源头需求侧管理、废弃物收集、运输、物质回收利用、生物转换、热转换和填埋处置等处理作业及其组织管理，并参与监督检测、技术服务、宣传教育服务和法制体系建设。企业是固废处理的基本单位，从培育、发展废弃物处理产业的事业体角度衡量，固废处理产业化可理解为固废处理的企业化，产业化的目的之一就是要让固废处理按企业模式组织与运作，有用垃圾回收利用如此，无用垃圾填埋作业如此，排放权交易中心如此，即使源头分散作业也最好以虚拟处理厂的组织形式进行企业化管理。固废处理产业的不同环节要求不同的组织者，固废处理产业将形成国有企业、集体企业（社区企业）、私有企业、非营利性社会

企业或政府、社区与私人两两联合或三者联合经营并存的局面。

　　社区组织作为社区利益的代表者，在废弃物治理中起着关键作用。社区组织的作用甚至强于企业财团的作用。任何环节社区组织都是参与者，在源头需求侧管理环节，只有能够体现民意的社区组织才能发动广大公众自发地投入到源头作业中来，积极开展源头减量、分流分类、回收等活动；即使在具有一定利润的中处理环节，因社区组织掌握废弃物来源，不仅可以采取入股方式加入废弃物处理企业，甚至还可以独立建设与营运废弃物处理设施。社区组织应发挥政府、社区和企业财团三者间的纽带作用，在固废处理产业中扮演好组织者角色；如果扮演得好，实现固废治理的社区自治，政府将只需要面对社区组织，无需面对众多企业、家庭和个人，有利于理顺管理关系，这是构建固废处理产业体系的追求目标之一。

　　固废治理需要政府主导，广泛吸收自然人、法人、机关团体和社会组织等各利益相关方参与，强化政府与社会及社会各利益相关方之间的互相依赖性和互动性。重点有三：一是要求社会自我管理、自主自治，二是要求政府与社会成为伙伴关系，三是要求法治化。只有社会具有强烈的社会意识，只有政府与社会共治，只有法治化，固废治理才能高效有序发展。

（刊于《环卫科技网》，2013 年 3 月 5 日，作者：熊孟清）

固体废弃物社会自治

社会是固体废弃物的产生者与排放者，也是固体废弃物治理的受益者，理当承担起固体废弃物治理重任，实现固体废弃物社会自治。而且，物以类聚，人以群分，固体废弃物的成分与特性具有鲜明的地域性和行业特性，理当实行区域自治（地区自治）和行业自治。社会自治有助于整合固体废弃物排放者与处理者，即让废弃物处理者与排放者直接交易或二者融合，让固体废弃物排放的外部不经济性与固体废弃物处理的外部经济性"内部化"，从而优化资源配置。

一、固体废弃物社会自治的形式

社会自治指社会以社会组织为管理主体，依法自主管理公共事务的活动总和。根据生产生活活动表现为社区相似、行业相似和地域相近的特点，固体废弃物治理的社会自治主要表现为区域自治和行业自治两种形式。

一个地域具有相近的经济、文化和生活特性，其产生的固体废弃物成分与特性相似，而且，经济、文化和生活特性相近的区域往往隶属于一个行政区，区域自治有其物质基础、社会基础和政治基础。固体废弃物管理一般实行"属地管理"，地方政府承担管理主体责任，对行政区域内固体废弃物自主自治。为了提高行政效率，上一级地方政府通常要求下一级地方政府自主自治，形成省、市、区（县级市）三级地方自治局面。但任何政府都存在政府失灵，而且，固体废弃物治理必须得到源头需求侧的主动配合才能取得满意的效果，地方政府应鼓励区域自治，并鼓励划片而治，将较大区域划分成具有类似偏好的较小区域或社区，实行社区自治。社区自治是固体废弃物治理社会自治的主要表现形式，也是区域自治的基本形式，它以社区居委会（村委会）为管理主体，对社区内固体废弃物进行管理，主要内容是源头需求侧管理，具体内容有社区保洁、减少资源消耗和废弃物产量、废弃物分流分类与储存、回收、收集、转运和宣传教育等。

一个行业生产同类产品或替代品，其产生的固体废弃物的成分与特性相似，而且，根据生产者责任延伸制度，生产者有义务实行源头减量和回收利用产业废弃物（尤其是诸如包装废物一类的产品废物），行业自治也是理所当然的。行业自治是产业废弃物社会自治的主要表现形式，它以行业协会或其他行业组织为管理主体，主要内容是落实生产者责任延伸制度，实施源头需求侧管理和产业废弃物回收利用管理。冶金矿产、石油化工、机械机电、建筑建材、餐饮服务、轻工食品、包装用品、服装纺织、玩具礼品、交通运输、医药卫生、电子电工、家居用品、农林牧渔等行业应发挥行业协会的组织协调作用，实行行业自治，重点控制尾矿、化工废料、建筑废弃物、餐饮垃圾、过期食品、包装废物、旧衣服、旧玩具、旧轮胎、医疗废物、大件家具家电等固体废弃物的产量和排放量。

二、固体废弃物社会自治的特征

社会自治的基础是社会成员形成集体选择，而集体选择符合国家和地方政策法规与标准，社会自治的手段是征集民意、集体抉择、管理和监督，社会自治的出发点是社情民意，其目的是维持社会民主生活、正常社会秩序，向社会提供广泛、公正和优质的服务。社会自治具有以下特征。

（一）社会组织

社会自治首先要有一个权威性的社会组织承担管理主体责任，在没有权威和代表社会利益的社会组织的条件下，社会自治只能是一种奢望。社会组织对外代表自治社会的形象和利益，反映、落实社会呼声，对内维护社会团结，落实"管理、服务、教育" 3个社会自治功能。对于社区自治，因历史原因，政府扶持的社区居委会（村委会）扮演了社区组织角色，实施人事、财务、服务、管理、教育社区自治功能。

（二）集体选择

社会自治的基础是社会成员形成集体选择。所谓集体选择就是所有参与者依据一定的规则通过相互协商或讨价还价确定集体行动方案的过程。集体选择代表社会多数成员的利益，并照顾到弱势群体的利益。只有在社情民意通过民主程序形成了集体选择，而政府尊重这种集体选择后，集体选择才能得以实施。

（三）有效监督

确保社会自治事务公开、公平、公正实施，必须建立有效的监督机制。社会自治事务是公共事务，极易发生责任分散效应、搭便车效应、邻避效应，如没有有效监督机制，很难从一而终。为了实现有效监督，必须建立分级制裁机制，明晰管理、作业、监督等责任主体，分工协作，分级制裁，确保社会自治事务逐级落实。

（四）冲突协调

社会成员组成复杂，矛盾甚至冲突难免，需要建立低成本冲突协调机制，这不仅要平息矛盾与冲突，而且要做到低成本。人海战术的成本与强制解决的后续负面影响都太大，关键还得建立一个集体选择的冲突协调机制。

社会公共事务须在一定原则指导下，制定符合社会实际的制度与程序，确保社情民意反映渠道通畅，社情民意通过民主程序形成集体选择，社会各组织与成员自我规范与协同活动，体现公开、公平、公正原则，权衡公益与私利、效率与公平，社会自治方可充满活力。

三、社会自治案例——德国销售包装物双元回收系统

德国销售包装物双元回收系统（DSD）是行业自治的成功典例，也是生产者采用委托方式落实"生产者责任延伸制度"的成功典例。德国对包装废弃物的处理与利用颁布了严格法规，要求产品生产者减少包装废弃物的产生且必须回收利用包装废弃物。为执行法规，德国包装废弃物回收利用行业成立了多家回收企业，如回收工业和企业塑料包

装的 RIGK、回收建材包装和聚氨酯发泡塑料包装的 POR、回收销售包装物的 DSD 等企业，其中，DSD 回收的销售包装物占包装废弃物的比例最大（约 48%），DSD 的回收成绩最为显著。

德国 DSD 系统是一个企业发起和创建的销售包装物回收系统，享受政府的免税政策。1990 年底，为了履行政府日益严格的包装法规义务，95 家产品生产厂家、包装物生产厂家、商业企业、运输企业以及再生加工企业自发组建了 DSD 企业联合组织并创建了德国双元系统，其任务是对包装废弃物组织回收、分类、处理、循环使用。目前，已有 1.6 万个公司加入，占包装企业的 90%。DSD 企业成员按照规定向 DSD 组织支付一定费用后，就可取得"绿点"包装回收标志的使用权。"绿点"标志表明该商品包装的生产企业参与了"商品再循环计划"，并为处理自己产品的废弃包装交了费。DSD 组织则利用成员交纳的费用，负责收集包装废弃物并进行清理、分拣及回收利用。DSD 的收费标准根据回收包装物的不同类型，分别按重量、体积或面积进行计算。DSD 的主要运作方式是：标有绿点的包装物从 DSD 成员生产企业流出，经消费者排放后再由 DSD 组织认可的收运人（包括 DSD 成员收运单位和消费者）将其送至 DSD 成员回收企业进行回收利用。资金流则从生产企业流到 DSD 组织，再随包装物流向收运人和回收企业。对于政府下达的回收指标，DSD 组织每年都会进行全国范围的统计，将经核实后的数据报告提交给国家环境部门，完成了回收指标的工商企业即可按规定获得免税。

DSD 组织是一个非营利性社会组织（社会企业），由董事会、监督机构和顾问委员会组成。董事会由三人组成，负责 DSD 具体运行；监督机构由产品生产厂家、包装物生产厂家、运输企业、商业企业以及废弃物管理部门各出三名代表组成，拥有最高权力，负责 DSD 的监督管理；顾问委员会由政界、工商界、科研单位与消费者组织的代表组成，作为 DSD 与各类社会团体的媒介，协助、协调 DSD 的工作。DSD 的活动经费来源于"绿点"标志发放许可的收费，平均每名德国人每年为"绿点"标志支付约 20 欧元。DSD 作为一个公益性社会组织（社会企业），以依法收费经营的方式，明晰各方责权利，平衡政府、包装企业、回收公司与居民等各方的利益，自主自治，在销售包装物回收利用方面取得了巨大成功。

DSD 的成功说明，公共事务社会自治必须具备 4 个要素：

（1）具有权威的社会组织承担管理责任；

（2）民主通过且获政府认可的集体选择；

（3）利益协调与监督机制；

（4）法规保障。

固体废弃物治理是政府主导下充分发挥市场导向作用的社会自我管理与自主自治。政府出台相关法制并依法行政，引导社会自我管理与自主自治。社会通过自主组织和集体选择，建立利益与矛盾协调机制，发挥政府、社会与市场的作用，确保"政府主导，全民参与"有序而高效，抑制市场失灵、社会失灵与政府失灵，向社会提供公开、公平、公正、优质的综合服务。

（刊于《环卫科技网》，2013 年 4 月 3 日，作者：熊孟清）

固体废弃物的
划片而治

划片而治是促进区域自治和社区自治的有效工具。将较大区域划分成较小区域，缩小治理范围与规模，可有效抑制责任分散效应、搭便车效应和邻避效应，调动社会参与的积极性，减轻政府的社会管理负担，降低政府的行政成本，同时也有利于提高固体废弃物治理的效益与效率。

一、划片而治适用于固体废弃物治理

（一）人以群分

固废治理不仅与劳动、资本、土地、企业家才能等生产要素有关，还与受到影响的人群与人数有关。固体废弃物治理宜以具有类似偏好的人群为具体对象，且人数宜少。人的思想观念不相同，人数越多，责任分散就越严重，搭便车现象就越普遍，邻避效应就越难克服；相反，在较小区域内，因人数较少，便于人与人面对面地讨论各自的偏好与约束，接受特定偏好与约束的人留了下来，不接受这些偏好与约束的人"用脚投票"，从而形成具有区域特征的偏好与集体契约，产生"人以群分"即偏好类似的人倾向于聚居在一起的社会现象，有利于集体选择形成抉择。即使存在一些不同偏好，较小区域内居民偏好的类似程度也高于较大区域内居民偏好的类似程度，有利于降低集体选择形成抉择的难度。区域特征不仅体现在思维方式方面，还体现在生活方式方面，区域内类似的生活方式形成固体废弃物的地域特性。划片治理正是基于"人以群分"的社会现象，充分发挥较小区域人群拥有类似偏好与容易形成反映个人偏好的集体抉择的优势，激发域内人群自主自治的积极性，促成区域自治。

（二）固体废弃物及其处理服务具有"俱乐部"性质

不同于大气有害物和污水随气流和水流跨区域扩散传播和污染，固体废弃物是占据一定空间的有形之物，在没有人为的向区域外偷排时，固体废弃物的影响主要局限在源头所在的区域内，影响的人数可能是多人，但充其量也只可能是域内人群的有限人数，可见，固体废弃物这种"公共资源"具有俱乐部性质。类似地，区域内固体废弃物的处理换来的环境容量或排放权仅仅由区域内全体成员共同受益或消费，也具有俱乐部性质。既然固体废弃物的产生、影响和受益都局限在区域内，区域就理当自主自治。

（三）区域内固体废弃物的治理可由域内人群自己完成

固废区域自治有利于照顾区域内人群的个人偏好，而且，区域内固体废弃物的治理可由域内人群自己完成。一是固体废弃物不会跨区域排放和污染，区域内人群只需治理本区域产生与排放的固体废弃物，且无需域外人群的配合，即不需要大范围人力与财力投入，便可维持良好的固体废弃物治理秩序。二是源头减量、排放控制和资源回收的成效主要取决于习惯和毅力，不需资金大量投入，只要"用心"便可做好。固体废弃物的末端处理需要较大资金的投入，但该投入应在消费者收入允许范围内，否则，消费者便会抑制消费并因此抑制固体废弃物的产量与排放量。三是区域内人群具有维持域内良好环境秩序的愿望。

二、划片而治提高服务质量与服务水平

（一）照顾个人偏好

划片而治有利于区域选择照顾个人偏好的一揽子服务，确保个人表达其偏好和忧虑，如果必要的话，还可移居到满足其意愿的区域，划片而治将"被代表""被服务"等不和谐的被动降到最低。

（二）降低外在成本

一是固废区域自治只需照顾区域内人群的个人偏好，无需促成具有不同偏好的域外人群妥协以达至普遍服务，既降低了集体选择的直接成本，也降低了弥补妥协的外在成本。二是区域自治可有效整合源头需求侧与治理服务的供给侧，使受益者承担成本，内部化固体废弃物治理的外在成本。此外，区域自治有利于平衡财政分配，减少政府干预，提高行政效率，这些都将降低外在成本。

（三）提高竞争力

一是划片而治增大区域之间的竞争。划片而治正视区域之间的差异，提倡区域根据自身情况因地制宜以提供满足自身需求的服务，鼓励域内人群通过观察其他区域的治理方法与绩效，完善本区域的治理，提高服务质量与服务水平。二是划片而治增大废弃物处理者之间的竞争。划片而治便于区域通过公平竞争方式选择固体废弃物处理者并与之签约，从而激励废弃物处理者提高生产效率，公开经营服务信息，寻求与区域合作，力争得到区域内人群配合，以提升服务质量与服务水平，降低服务成本，获得区域废弃物处理合同，并争取其他区域的服务合同，以便在接近最优的生产规模上经营，进一步降低服务成本，提升自身的竞争力。

（刊于《360doc 个人图书馆》，2013 年 4 月 8 日，作者：熊孟清）

民资和企业为何对垃圾治理张望不前？

2002年《关于实行城市生活垃圾处理收费制度，促进垃圾处理产业化的通知》（计价格〔2002〕872号）开启了垃圾处理的产业化进程；2013年党的十八届三中全会决定允许民资参与城市基础设施的建设营运；近期出台的《中华人民共和国国民经济和社会发展第十三个五年规划纲要》要求激发民间资本活力和潜能，使其更好地发挥社会投资主力军作用，加大对公共产品和公共服务的投资力度。由此可见，引进民资和企业参与垃圾治理的政策环境已经具备，许多地区打算积极推广政府和社会资本合作模式，但大多民资和企业却张望不前。

导致民资和企业张望不前的原因有政府方面的，也有民资和企业方面的。政府方面，主要是政府把引进民资视作一种减轻财政负担的融资，而不是为了提高垃圾治理水平，具体表现为：开放项目集中在投资较大的垃圾处理设施的建设营运上，且多被国资背景企业掌控，而适宜于中小企业参与的分类服务、分类回收、收运、监管等投资较小的项目则迟迟不予开放，甚至连参与机制和投资回报机制等政策都没有制定。民资和企业方面的原因，主要是对垃圾治理缺乏系统认识。政府与民资的合作一般都是中远期合作，甚至是20年以上的长远期合作，要求民资和企业掌握垃圾治理的中远期和长远期规划，这对民资和企业是一个挑战。也正因为民资和企业很难掌握相关规划，不了解现状和发展趋势，难以预判投资收益，不敢贸然参与。

关于开放垃圾治理项目，笔者建议做到四个统一：治理对象与形式统一、过程与目的统一、竞争择优与适度竞争的统一和行政监管、社会监管与司法介入的统一，这四个统一是确保政府购买服务项目不走样的基本要求。除此之外，针对目前民资和企业张望不前的状况，还应采取以下策略：

一要从提高垃圾治理水平出发，全面、真心开放垃圾治理项目。一方面，要全面开放源头减量、收运、能量回收利用和填埋处置等环节的项目，让民资和企业方便且多选择地"进门"，并鼓励民资和企业参与全过程，鼓励前端、末端和收运捆绑经营，尤其要鼓励投资收益有保障的末端焚烧、填埋企业参与前端分类服务、收运和物质回收利用，均衡发展垃圾治理各环节，切实提高垃圾治理的社会化水平。另一方面，要真心开放垃圾治理项目，出台参与机制和投资回报机制，消除"玻璃门""弹簧门""旋转门"等现象，鼓励企业做大做强，不断提高垃圾治理水平和公共服务水平。

二要完善垃圾治理中远期和长远期规划，并及时公开相关信息。大多地区都制定了垃圾处理或环境卫生五年规划，一些地区制定了十年规划，只有很少地区制定了长远期战略规划。因此，当前急需补上长远期战略规划，并将处理规划上升为治理规划，明确发展思路，强化主体多元化、工具民主化和利益人民化。同时，及时向社会公开相关规划信息，方便民资和企业查阅与评估，以便减少投资和参与的主观性和随意性，控制投资风险。

三要民资和企业树立长线投资理念，扎扎实实提供公共服务。垃圾治理不是概念股和政策红利股，不可能有短期高利；垃圾治理是一项长期事业，要求企业必须树立微利、公益和长线投资理念，弄清行业现状和发展趋势，掌握相关政策和社会需求，制定长期经营指南和企业标准，与政府共同提供人民满意的服务。

（刊于《中国城市报》，2017 年 1 月 2 日，作者：熊孟清）

垃圾治理靠什么吸引投资？

国务院日前发布了《关于创新重点领域投融资机制鼓励社会投资的指导意见》，要求垃圾治理行业从垃圾排放权、处理价格、投融资模式、财政补贴等方面创新投融资机制，吸引社会资本进入，促进垃圾处理主体多元化。

垃圾处理行业吸纳社会资本，看似是一个伪命题。垃圾是社会活动的副产品，人人产生垃圾，社会各方理应担负垃圾治理的责任，包括垃圾治理的费用。这本来就是垃圾治理的一项基本原则。我国《中华人民共和国环境保护法》《中华人民共和国固体废物污染环境防治法》和《城市生活垃圾管理办法》等法律法规都明确了污染者负责原则，规定垃圾产生者负责垃圾治理。其中，《城市生活垃圾管理办法》第四条更是具体要求垃圾产生者缴纳垃圾处理费。

然而，由于垃圾处理的公益性、政府包揽垃圾治理的历史惯性及相关制度惰性，垃圾产生者负责原则长期被忽视，致使社会普遍认为垃圾处理是政府的事情，垃圾处理费应由财政承担。实际上财政支付就等同于全社会平均分摊，这就形成了社会不公等问题，导致垃圾处理供求分离和供求失衡，加大财政负担，助长责任分散效应（旁观者效应）、搭便车效应和邻避效应，降低了治理效率与效益，不利于垃圾源头减量和妥善处理。

解决上述问题，要正本清源，真正落实谁产生谁负责原则。垃圾产生者不仅应承担垃圾治理的相关费用，还应承担垃圾源头减量与排放控制、垃圾处理与监督等责任。

一是建立市场导向型的垃圾处理服务供求双方直接交易关系，实现垃圾处理服务供给量与需求量均衡。目前，垃圾处理服务由政府组织、采购和分配，处理设施建设规划由政府制定，垃圾处理服务需求者（垃圾产生者）与垃圾处理服务者完全分离，政府行政干预过多且难免失当，致使多地陷入垃圾治理经费不足和垃圾围城的困境。因此，要打破供求分离现状，建立市场导向型供求双方直接交易关系，让垃圾产生者自主选择垃圾处理服务者，让垃圾处理服务者自主规范、监督垃圾排放与收费，提高资源配置效率和行业竞争性。这是吸引社会资本和推动垃圾社会自治的关键和当务之急。

二是依据垃圾处理服务费确定垃圾排放费标准，实现垃圾处理服务供给价格与需求价格均衡。目前，排放费与处理费标准由政府主管部门独立确定，垃圾排放费虽然名义上叫垃圾处理费，实则与垃圾处理费并不相关。不仅两者的金额相差悬殊，而且，排放费不能随处理成本浮动，掩盖了排放费的真实用途，增大了财政负担。污染者负责的主要内容之一就是垃圾产生者对垃圾处理服务付费，这就是国际社会普遍认可的污染者付费原则。原则上，排放费应等同于处理服务费，排放费定价应等同于处理费定价。因此，我国急需打破排放费与处理费脱节的现象，要求缴纳排放费时同步支付处理服务费，实现专款专用和供求均衡。

三是建立基于供求过程优化组合的垃圾处理服务定价法，保障供求均衡和处理者的合理盈利。要整体考虑供给与需求，整体考虑垃圾处理链，综合考虑各种处理方式的作用，对供求过程组合进行优化分析，在优化组合基础上对处理链上各种处理方式合理定价。既保证满足社会需求，妥善处理垃圾，又充分发挥各种处理方式的作用；既不压制任何一种处理方式的作用，也不以损失任何一种方式的收益为代价去增大另一种方式的收益，真正发挥价格杠杆作用，增强行业竞争性，降低处理服务费用，增大社会福利。

四是结合实际制定财政补贴标准。在测定垃圾处理服务价格的基础上，结合当地社会经济发展状况，充分考虑排放者的经济承受能力，兼顾排放者的支付意愿，确定排放费的征收标准和财政补贴标准。财政补贴的主要作用是保障垃圾治理的公益性，确保排放费征收标准不超出排放者的承受能力，照顾特殊群体的基本利益。需要指出的是，政府动用财政补贴时，必须充分考虑财政承担能力，量力而行，不能过分增大社会平均负担。同时，还必须考虑财政补贴的公平性，避免导致社会不公。

（刊于《中国环境报》，2015 年 1 月 21 日，作者：熊孟清）

居住隔离视角下的垃圾治理

在最新一期《城市研究（Urban Studies）》上，来自复旦大学和同济大学的学者研究发现上海的居住隔离状态较明显且呈现扩大趋势。在以往的城郊差异基础上，出现了"高档小区""白领公寓""高等学历聚居区"和"外来人口聚居地"等特征明显的居住隔离区。这种居住隔离现象或重或轻地存在于各大小城市，造成社会经济隔离和空间性社会不平等，给垃圾治理提出了更高要求。

一方面，要利用居住隔离现象促进垃圾治理。妥善解决垃圾问题，不仅仅是个工程和管理问题，更应上升到垃圾治理和社会治理高度，兼顾效率与公平。妥善利用居住隔离区的类聚群分特性，达成垃圾治理共识，既照顾个人偏好，又将个人行为统一到社会行为，避免我行我素、责任分散和"被代表""被服务"等现象，有助于促进区域内包括垃圾分类在内的更广泛的垃圾治理，同时，有助于提高区域之间协作，提高行业竞争力。

当前，推行垃圾分类变成社会热点、焦点和难点，成功关键在于能否形成社会互动共治范式。居住隔离区可作为突破口，利用其集体契约精神，将推行垃圾分类变成区域的集体选择和行动，甚至变成一种自觉、自治行为，把居住隔离区建设成标杆区。

需要指出的是，助推垃圾治理的是集体契约精神，而不是居住隔离。居住隔离导致隔离区之间相互撕扯，增大社会内耗，是需要抑制的不良现象。所以，不能为了推动垃圾分类乃至其他社会治理而去制造居住隔离；相反，要通过垃圾治理抑制居住隔离，这是居住隔离视角下对垃圾治理提出的另一方面要求。

如何通过垃圾"计量收费从量定价"等经济手段加重居住隔离区的经济负担，达到抑制隔离区生长和增进社会公平的目的。不同的隔离区有不同的垃圾排放规律，最明显的是不同隔离区的人均垃圾排放量便不同，如一般情况下，"高档小区""白领公寓"排放的垃圾更多，于是便可采用垃圾计量收费从量定价手段，不仅将垃圾排放费总金额与垃圾排放量挂钩，而且，将征收单价也与垃圾排放量挂钩，双重地增大"高档小区""白领公寓"的垃圾缴费负担，并让该负担超出部分人的承担能力，吓退其进驻这类隔离区，从而抑制隔离区生长。

只要掌握了居住隔离区的垃圾排放规律，便可设计出有助于抑制隔离区生长的垃圾治理方案。当然，涉及具体的奖惩措施时，需要掌握好"度"，如垃圾计量收费从量定价措施应符合垃圾治理规律，不能为了抑制隔离区生长而危害垃圾治理的区域自治，造成治理失灵。

上述垃圾分类和垃圾收费的 2 个例子说明：如果居住隔离对区域行为的影响与垃圾治理对区域行为的要求一致，便可用来提高垃圾治理效率；如果垃圾治理的方式方法增大区域负担，则可用来抑制居住隔离区生长。因此，只要掌握居住隔离与垃圾治理对区域行为的影响，居住隔离状态下垃圾治理可兼得垃圾治理水平的提高和居住隔离区生长受到抑制 2 种效果。

由此可见，没必要避谈居住隔离现象，相反，应正视居住隔离现象，认真研究其对垃圾治理乃至其他社会治理的影响，在此基础上设计出适宜的治理方案，既提高垃圾治理水平，又抑制隔离区生长。

（刊于《环卫科技网》，2019 年 9 月 16 日，作者：熊孟清）

公众参与如何影响
政府决策

时下，"公众参与"步入了公众、集体与政府都纠结的迷茫。个别菁英以"公众代表"自居，实则只发出了代表个人利益的呼声，既得不到集体响应，又难起到改善政府决策的作用。集体缄口不言，或无原则地哼唧了事。政府试图听取公众意见，从"管理者"转变成"治理者之一"，在"集体选择"基础上做出满足大多数公众利益的决策，同时照顾少数人利益，但因菁英声音嘈杂，集体选择无果，不知如何有效落实公众参与。结果是公众和政府都失去了公信力，集体力量却了无踪影。此种形势下，明确公共事务"公众参与，集体选择，政府决策"的商议路线尤为重要。

一、公众是个集合概念，公众参与须体现集体利益

公众是居民、家庭、企事业单位、小区、非政府组织组成的集合，代表了一定社区的经济和政治利益，其社会行动的典型做法是以集体选择形式对关乎自身利益的公共事务形成集体决议，并通过所在集体向政府表达并监督集体选择的落实。

这就是说，公众参与必须遵守其所在集体的集体利益，不得以个人私心绑架集体选择，而这恰恰是当前所谓"菁英"的做法。这样做，似乎个别菁英传达了集体呼声，实则，这些菁英并未掌握广大公众的心声，后果是，诉求在时间的消磨中变得软弱无力。这种以个人意志强替集体选择的后果必然导致集体、政府采取断然措施，实施保障大多数公众利益的决策。

二、公众参与是一种有计划、有企图的集体行动

公众参与积极与否的评判标准在于公众参与是否有利于公共事务治理有条不紊地进行，既维持良好的社会秩序，又向社会提供广泛、公正、优质的服务。公众参与是一种有计划、有企图的集体行动，必须告诉所在集体和政府"有所为、有所不为"，凝聚社会共识，达致"天下大治"的治理境界。

从根本利益上讲，集体和政府是公众选出的利益代表者，没有根本利益冲突，希望的是公众在理性判断基础上，做出符合集体选择的判断，同时，从立法、实操、监督等环节全过程参与，确保集体选择和政府决策符合大多数公众利益，并保障少数公众的合理权益。

公众参与不能成为个人畅所欲言而毫无建树的借口。"你一言，我一语，"自以为

体现了公众权利，反映了社会诉求，不愿妥协，形不成集体选择，致使社会秩序紊乱，关乎公众切身利益的公共事务得不到有效治理，最后牺牲的还是公众利益。

以垃圾处理为例，几年下来，只听公众反对焚烧，倡导分类，却对当前垃圾处理的险峻局面拿不出治理路线图。作为政府，自然要考虑个别小区之利益，但更要考虑区域、城市和整个辖区的社会经济可持续发展，正视历史欠账，着眼长远发展，提出"科学规划，化解危局，优化体系"的垃圾治理路线图，欢迎公众参与这个路线图的实施，实现垃圾处理可持续发展，这正是人民政府之当为和敢为。

三、集体须担当起维护公众利益的重任

奇怪的是，在公众参与过程中，很少听到业主委员会、物业管理公司、居委会的声音。这些公众选出的代表，在关键时刻，却没有发出代表公众的声音，确实让人困惑。希望这些代表公众利益的集体向政府传达公众的真正声音，帮助政府提高行政效率。

落实集体选择，公众首先要选出代表自身利益的集体。如果物业管理公司、业主委员会和居委会各执一词，集体的利益诉求如何反馈到政府层面？公众如果想让公众参与取得积极成果，必须先形成集体权威，统一集体认识，做出集体选择，只有这样，政府才能听到合理的集体利益诉求，才会不为社会秩序担忧，也只有这样，方不会发生所谓公众被政府"各个击破"以致公众参与不了了之的传言，公众参与才会成就政府与公众的良性互动。

四、政府应在集体选择基础上做出决策

让人痛心的是，这几年"公信力丧失"成了一切让公众失望的常见解释。其实，这种解释，不仅对政府，对公众也是，彼此公信力的丧失造成了公众与政府间的互不信任，遗毒无穷。一则，政府过于看重少数菁英的观点，二则少数菁英太过高估自身力量。

政府和公众现在要弥补的是强调"集体选择"的重要性。终究，集体不是几个菁英的集体，政府也不是几个菁英的政府，反过来，几个菁英也不能代表一个集体或一个政府。集体和政府要做的是在维持良好的社会秩序下向社会，包括菁英、大多数公众、弱势群体和持不同政见者，提供广泛、公正、优质的服务。

只有在公众参与形成集体选择、政府决策尊重集体选择、而集体选择成为良好社会秩序和提供广泛、公正、优质社会服务的保障基础上，政府抉择和公众参与才能转化成利益一致、决策正确和执行高效的社会行动。

（刊于《环卫科技网》，2011 年 4 月 18 日，作者：熊孟清）

政府与公众良性互动是推行城市精细化管理的基础和愿景

　　城市精细化管理就是政府通过与公众的良性互动，协调政府、市场和社会力量，确保各项公共事务有序进行，向公众提供广泛、优质、公正的公共服务。政府与公众的良性互动是推行城市精细化管理的基础，也是推行城市精细化管理的目的或愿景。但政府与公众如何互动以及怎样的互动才算良性互动却是时下亟需探讨的课题。

　　政府和公众是一张脸上的两只眼睛，有文如此形容称：只有双眼光明，才能准确定位，才会看到一个准确、立体和丰富的世界，政府和公众应如同人的双眼，做最好的彼此，光明互映，影像成辉，朝着同一个方向，和谐与共。我们时常听到公众因诸如垃圾收费、灯光污染或年轻人公交车上不让座之类的事情埋怨，也时常听到公务员因花费大量时间和精力回复公众诉求却得不到预想效果而哀叹，这就是双眼只看到了各自的图像，而未合成定位，在大脑形成判断和决定的情形。双眼都有各自看世界的自由，但如果这种自由形不成一体映像，那将会迷失判断，迷失方向，迷失未来。

　　现代社会是个高度自我的社会，我们在追求自我的同时，也应把自己置于大同社会之中。所谓"皮之不存，毛将焉附"，这个自然道理同样适于人类社会。既然如此，我们把社会缩小到一个城市社会，那就更应该懂得政府与公众良性互动的重要性。在这个高度自我、利益高度分化的社会，自我实现的途径和自我利益的表达方式都呈现出多样性，随机的或随意的表达，甚至带着"为了反对而反对"的情绪恶意煽动，其后果可能就是一发不可收拾。正因如此，现代社会呼唤政府与公众的良性互动。政府是代表公众利益的政府，政府应听取公众意见，从"管理者"转变成"治理者"，在"集体选择"基础上做出满足大多数公众利益的决策，同时照顾少数人利益；公众利益的实现是政府职能的所在，但公众利益要通过公众形成的集体来表达，不能个别绑架集体；以事论事，寻求具体事务的理性和人性化解决，政府与公众互动不能广泛政治化；唯有如此，政府与公众才能命运与共，良性互动。

　　公众是个集合概念，公众参与须体现集体利益。公众是居民、家庭、企事业单位、小区、非政府组织组成的集合，代表了一定社区的经济和政治利益，其社会行动的典型做法是以集体选择形式对关乎自身利益的公共事务形成集体决议，并通过所在集体向政府表达并监督集体选择的落实。这就是说，公众参与必须遵守其所在集体的集体利益，不得以个人私心绑架集体选择。以个人意志强替集体选择的后果必然导致集体、政府采取断然措施，实施保障大多数公众利益的决策。

　　公众参与积极与否的评判标准在于公众参与是否有利于公共事务治理有条不紊地

进行，既维持良好的社会秩序，又向社会提供广泛、公正、优质的服务。公众参与是一种有计划、有企图的集体行动，必须起到凝聚社会共识、达致"天下大治"的治理效果。

集体须担当起维护公众利益的重任。公众参与欲取得积极成果，必须形成集体权威，统一集体认识，做出集体选择，确保集体选择代表公众利益诉求，并通过代表自身利益的组织或人大、政协代表按程序表达，只有这样，社会秩序才有保证，公众诉求才能集中，政府才有处理公众诉求的方向标和紧迫感。迄今为止，公众选出的代表和组织，在关键时刻，却没有发出代表公众的声音，确实让人困惑。这些代表公众利益的集体应向政府传达公众的真正声音，帮助政府提高行政效率。

政府和公众现在要弥补的是强调"集体选择"的重要性。只有在公众参与形成集体选择、政府决策尊重集体选择、而集体选择成为良好社会秩序和提供广泛、公正、优质社会服务的保障基础上，政府抉择和公众参与才能转化成利益一致、决策正确和执行高效的社会行动，这就是政府与公众的良性互动。期待这种良性互动根植于中华大地。

（刊于《360 doc 个人图书馆》，2011 年 6 月 24 日，作者：熊思沅，熊孟清）

第二篇

农村人居环境整治

农村人居环境整治
存在的困难与对策

随着经济社会发展水平不断提高，举国上下认识到必须实施乡村振兴战略，第一步，也是最重要、最迫切的一步，便是要加快农村人居环境整治，既要适应时代发展要求，又要保护传承乡村文化，探索农村人居环境整治机制，切实回应农民群众对良好生活条件的诉求和期盼，不断改善农村人居环境，让乡村聚敛人气，提高农民群众的生产生活质量与幸福指数，增进社会和谐。

一、党和国家高度重视农村人居环境整治

2016 年以来，中央一号文件连续加大了对农村人居环境整治的力度。党的十九大提出实施乡村振兴战略，确定了包括"生态宜居"在内的总要求，强调开展农村人居环境整治行动。2018 年的中央一号文件再次聚焦乡村振兴战略，提出实施农村人居环境整治三年行动计划。十九届中央全面深化改革领导小组第一次会议，审议通过了《农村人居环境整治三年行动方案》。《农村人居环境整治三年行动方案》紧随一号文件发布，进一步说明了解决这一问题的重要性和紧迫性。

浙江省自 2003 年实施"千村示范、万村整治"工程，有力提升了浙江的乡村面貌、经济活力和农民生活水平，为我国开展农村人居环境整治、建设美丽中国、实施乡村振兴战略提供了实践经验。近日，总书记专门批复了浙江"千村示范、万村整治"工程，强调要因地制宜，精准施策，结合实施农村人居环境整治三年行动计划和乡村振兴战略，始终把全面推进农村人居环境整治放在实施乡村振兴战略、建设美丽乡村的突出位置，建设好生态宜居的美丽乡村，让广大农民在乡村振兴中有更多获得感、幸福感。

二、农村人居环境整治存在的困难

虽然改善农村人居环境的呼声时来已久，但各地取得的成效仍不尽人意，有些地区甚至尚未真正推动，与全面建成小康社会的要求和农民群众的期盼还有较大差距，仍然是经济社会发展的突出短板。农村生活污水处理又是农村人居环境整治的薄弱环节，据住房和城乡建设部的城乡建设统计公报，到 2016 年末，我国行政村生活污水处理率仅为 20%；尽管现在还没有到 2017 年末的准确数据，估计行政村生活污水处理率不会超过 30%。这与《全国农村环境综合整治"十三五"规划》提出的 2020 年农村生活污水处理率≥60% 的目标尚有较大差距。

当前，农村人居环境整治主要遇到四方面困难。

一是普遍存在的搭便车、邻避和破窗心理，甚至成为一种社会心理，但各地程度不一。环境改善具有正外部性，不论是否出力，人人都能够享受环境改善的溢出收益，导致人们存在搭便车的心理，只想获取环境收益却不愿为环境改善付出努力。环境治理设施建设存在邻避效应。农村污水垃圾处理是农村人居环境整治的重要内容，但污水垃圾处理设施是典型的邻避设施，谁都不愿意此类设施建在自家附近。此外，一些农民习惯了污秽的环境，见怪不怪，甚至更不珍惜环境，破罐子破摔，养成了破窗心理。

二是地理历史造成各地经济社会发展不平衡，各地各村情况千差万别。我国自然村多达200多万个，数量庞大且分散，地区差异大，各地人口、气候、地貌、习俗、传统、文化、心理、经济状况等千差万别。

三是村落空心化、老弱化和村集体经济弱化。许多农村人口外出打工，村中留住人口不到户籍人口的50%，一些经济欠发达村落的留守人口比例甚至低到20%左右，空心化现象严重，且留守人员多为老弱病残者，在改善人居环境方面心有余而力不足。此外，一些村集体经济日渐萎缩，有的村甚至完全没有集体收入，严重制约了公共基础设施建设和环境治理。

四是一些公共政策设计不接地气，让农村地区望而却步。农村污水垃圾治理是农村人居环境整治的重要且紧迫内容，但在政策设计时没有遵循因地制宜原则，基本上把城市政策移植到农村，使问题复杂化，不易被农民甚至当地政府接受，如农村垃圾治理提倡"村收镇运县处理"，尤其提倡规模化集中焚烧处理，放大了垃圾处理设施建设运行的邻避效应，增大了建设运维成本和社会成本，导致设施建设严重滞后，一些地区中心城区的垃圾处理能力严重不足，无力顾及农村垃圾处理事宜；又如农村污水处理提倡打包PPP，增大了管网建设费用，甚至管网建设费用大大高于污水处理设施建设费用，一些地区农村污水处理及配套管网建设成本飙升到人均1200多元，超出了农村的承担能力。凡此种种公共政策设计，不仅增大了处理设施的建设运维成本，还让人觉得污染物处理设施大可建在别的地方，在一定程度上使农村人居环境整治进程滞后。

上述四个方面既是农村人居环境整治滞后的原因，也是推动农村人居环境整治需要因地制宜、精准施策的原因。即要改变农村人居环境整治滞后现象，推动农村人居环境改善，需因村施策，对症下药，采取切实举措。

三、加速推动农村人居环境整治的对策

第一，要发挥政府部门的主导作用。地方政府部门要提高认识，坚决打好农村环境整治攻坚战，不断提高农村人居环境建设水平，切实回应农民群众对美好生活的诉求和期盼，避免等靠要、搭便车心理和按兵不动等情况的产生。要采取切实举措，鼓励乡村自治、因地制宜、因村施策、分类治理和逐步改善，不搞一个标准一刀切，坚决去"城市化"，既要尽力而为，又要量力而行，防止治理设施"中看不中用"，避免出现"千村一面"的现象。政府部门要出台"以奖代补"的政策，减轻村集体经济负担，支持农村人居环境整治行动。

第二，要以综合治理破解邻避效应。以净化、绿化、美化、文化的人居环境综合治

理替代单一的污染物治理，融污染物治理与休闲景观建设、社区建设于一体。例如，广东省普宁市综合考虑农村生活污水处理与水塘整治、村道建设、旧厕改造、绿化、村容村貌改善，小卖部、文化娱乐设施建设及景观建设等，把生活污水处理设施建设成多位一体的人工湿地公园和社区活动中心，融合了净化、绿化、美化和文化功能，取得了较好的整体效果，增加了环境治理的正收益，成功破解了环境治理设施的邻避效应。

第三，要群策群力解决治理资金难题。要加强宣传，树立农村人居环境整治理念，强化村民之间的良性互动，有钱出钱，有力出力，形成共同治理环境、珍惜环境的良好氛围。要发挥乡贤的作用，鼓励乡贤出谋献策，参与到农村人居环境整治过程中来。乡镇村一级还可出台措施，激励社会组织参与农村人居环境整治。政府部门除出台强制措施和奖励措施外，还要派专业人员指导农村人居环境整治工作的开展，解决乡镇村缺乏整治人才的实际困难，要防止盲目治理和治理设施不适用等情况出现。

第四，最重要的是务必做到复杂问题简单化、深奥理论浅显化，用农民熟悉能懂的语言表达，如用农民熟悉的化粪池代替农民听不懂的沉淀/厌氧消化池，而且，在规划设计阶段就必须采用与农民和农村地区的建设管理水平相当的方案，树立农民自建自管会建会管的信心。切勿把简单问题复杂化，讲一大堆农民听不懂的概念术语和标准数值，把农民搞得云里雾里，失去听的兴趣，选择靠边站，甚至失去对政策技术及其执行者的信任；这正是导致农村生活污水处理难推动的主要原因，有关农村生活污水处理的文件中充斥着打包PPP和一堆城镇生活污水处理工艺技术术语，让农民和基层干部不知所云和不明所以。

总之，农村人居环境整治要以村自治为主，同时又需要村、社会和政府良性互动、共同治理，提高各级政府、村委、村民等主体的主动性、积极性和协调性，采用农村方式，包括适合农村的基本原则、工作路径、融资建设与技术模式等，因地制宜，因村施策，既尽力而为又量力而行，不搞一刀切，一步一个脚印地出实效，久久为功，让乡村净化、绿化、美化和文化起来，达至美丽乡村建设目标。

四、普宁推动农村人居环境整治的实践经验

2017年以来，普宁市以妥善处理农村生活污水为基本任务，因村施策，建设示范项目，推动农村污水处理及人居环境综合整治，取得了群众满意的效果，走出了一条"政府支持，乡村自治，因村施策，综合治理"的普宁道路。目前已完成10余个农村污水处理及人居环境整治项目，多个项目在建设或筹建中。

政府支持。整合农办、污水办、住建、城管等政府职能部门力量，强化人居环境综合治理声势。出台以奖代补政策予以财力支持，更是动用各方力量予以智力支持，尽可能减轻村委和农民的负担。

乡村自治。政府应改变以往那种从上至下、政府包揽建设的支持方式，调动村委的主动性和掌控性，放手让村委根据实际情况因地制宜，自建自管。

为此，一要建立绩效奖励制度，以奖代拨，以奖代补，以奖代建，给予验收达标的设施建设从优奖励，省掉立项报批及招投标等环节，减少建设投资、缩短建设工期，强化村自治。

二要发挥政府部门的主导作用，避免等靠要、搭便车心理和按兵不动等情况的产生。

因村施策。采取切实举措，鼓励因地制宜、因村施策、分类治理和逐步改善，不搞一个标准一刀切，坚决去"城市化"，既要尽力而为，又要量力而行，防止治理设施"中看不中用"，避免出现"千村一面"的现象。

普宁市在调查掌握人口密度、人口总数（户籍、常住人口）、人均污水排放量、污水水质、环境水质要求、经济社会发展水平（个人承担能力）等因素的基础上，权衡污水处理设施及其配套管网的建设、运行、维护费用和农民的经济、心理承担能力，提出了适合普宁农村生活污水处理及人居环境治理的工作路径、技术路线、建设运营模式和政府支持方式。

需要指出的是不搞一个标准不等于不要标准。推动村自建自管和因村施策，绕不过的门槛就是验收标准。就农村生活污水处理而言，一个棘手问题恰恰是目前没有国家层面的排放标准或指导意见，及没有国家层面的农村污水处理设施的设计、施工、评价、验收技术规范。这是一个大问题。

综合治理。以农村生活污水处理为基本任务，综合考虑水塘整治、村道建设、旧厕改造、文化娱乐设施建设、景观建设等，建设净化、绿化、美化、文化的人工湿地公园和社区活动中心，增加环境治理的正收益，破解环境治理设施的邻避效应。

特别注意以下几点：

分类处理。技术路线和工艺技术不搞一刀切。普宁人口分布和人均污水排放量极不平均，中心城区、平原农村地区和山区农村地区人口密度分别为 8695 人/（千米）^{2}、3015 人/（千米）^{2} 和 386 人/（千米）^{2}，其人均污水排放量分别为 0.15 米^3/人以上、0.1 米^3/人左右和 0.08 米^3/人以下，再考虑到城乡经济收入差距较大，村集体经济薄弱等因素，普宁市把农村地区分成中心城区农村、中心城区周边已经城镇化的农村和中心镇区、纯农农村和敏感农村 4 类，原则上分别采用城市污水处理厂集中处理、管网收集连片处理、分散式处理和一体化污水处理装置处理（个别自然村例外）。

建设运营模式及财政支持方式不搞一刀切。中心城区的污水处理厂采用 PPP 模式建设运营，中心城区周边已经城镇化的农村、中心镇区和敏感农村的污水处理采用打包 PPP 模式建设运营，纯农农村的分散式处理设施由村委建设运营；财政支持方式亦根据建设运营模式做相应调整。

建设内容不搞一刀切。普宁市列出的人居环境整治内容清单包括污水垃圾处理、村道建设、民居穿衣戴帽、人畜分离、乡村文化建设等 10 余项，作为突破口，目前把农村污水处理设施建设当成一项基本任务和突破口，必须达标建设外，其余人居环境整治内容则根据村经济水平、村容村貌现状、地理条件、乡风民俗、农民愿望等实际情况由各村取舍，保障了既体现出人居环境整治的整体效果，又体现出群众当家做主的权力，提升了群众的满意度、获得感和幸福感。

（刊于《360 doc 个人图书馆》，2018 年 9 月 2 日，作者：熊孟清）

农村自治是农村人居环境治理可持续的保障

农村人居环境是居民休养生息、个人价值延伸的自然空间和人文氛围的总和，理应由村自治，即由居民及其所在的村委会自治。只有实现村自治，才能保障农村人居环境治理可持续发展。

农村人居环境治理，包括农村人居环境的日常维护保养和提质整治两方面内容。在农村人居环境日常维护保养方面，只有依靠村自治方可持久；尽管在农村人居环境提质整治方面，村外力量可以起到助推作用，仍然替代不了村自治。

人居环境改善具有正外部性，而像污水垃圾等污染物处理设施的建设具有负外部性，且这种外部性是与生俱来的，极易让人产生搭便车与邻避心理。加上农村空心化和村集体经济拮据等现实困难，驱使居民及村委会在人居环境整治上甘做看客甚至反对。正因此，农村人居环境整治需要政府支持。

政府支持的常见方式是通过财政拨款或补贴，强制上马整治项目，代村整治，也就是政府包揽方式。但因政府人员的能力、信息量、不接地气和个人意愿等因素限制，难免做出不妥甚至事与愿违的支持方式方法。想创新政府支持方式，就必须了解农村现状，包括农村常住人口数量、用水量、用水时间、排水方式等。就全国第一人口大县（248万户籍人口）和工业百强县（排名第82位）普宁市而言，千余个自然村留驻人口比例不足50%，只早晚用水，人均日排放污水量不到50升，甚至个别自然村完全没有污水排放（全部挑至农田施肥灌溉），亦没有建立污水处理付费制度等长效机制，这种状况下采用管网收集连片治理显然是不合适的。这就需要因村施策、因地制宜，政府支持也需要适应此原则，确保各村污水达标排放。

显然，以往那种从上至下、政府包揽建设的支持方式是难适应因村施策要求的。政府应调动乡镇村的主动性，放手乡镇村根据实际情况因地制宜，不求高大上，但求真实解决污水直排困境；建立绩效奖励制度，以奖代建，以奖代拨，以奖代补，给予验收达标的设施建设从优奖励，激发村自治。如此，可解决村集体经济不足的困境，放手让熟谙村情况的村委会因地制宜，省掉立项报批及招投标等费时缛节，减少建设投资，缩短建设工期，强化村自治。同时，避免政府人员决策失误造成损失，避免政绩工程出现，克服中看不中用和千村一面等弊端。

除采用绩效奖励予以经济支持外，政府还应给予乡镇村智力支持。目前，县级政府和乡镇村普遍存在人才荒，如政府不解决智力支持问题，乡镇村断不知从何着手。遗憾的是，以往请人才积聚的大城市校院所及企业承担规划设计咨询或项目公司的实践，因外来人才无暇详细调查研究，导致其成果或多或少不接地气，结果不甚理想。县级政府甚至乡镇政府有必要启用技术类公务员招录制度，留住技术人才，使其成为本土专家型领导，指导乡镇村污水处理等基础设施建设。

总之，政府应创新经济与智力支持方式，激发村自治，因村施策，因地制宜，方能打赢农村人居环境整治攻坚战，推动农村人居环境治理可持续发展。

（刊于《中国城市报》，2018 年 4 月 9 日，作者：熊孟清）

农村人居环境整治要因村施策

近日，习近平总书记就建设好生态宜居的美丽乡村做出重要指示，强调要因地制宜，精准施策，始终把全面推进农村人居环境整治放在实施乡村振兴战略、建设美丽乡村的突出位置，努力建设好生态宜居的美丽乡村，让广大农民在乡村振兴中有更多获得感、幸福感。

"因地制宜、精准施策"，既是乡村振兴战略实施中需要把握的准则，也是推进农村人居环境整治中需要坚持的原则。2017年以来，广东省普宁市在推动农村污水处理及人居环境综合整治过程中因村施策，取得了令广大群众满意的效果。总结普宁做法，以下经验值得借鉴。

一是技术路线不搞一刀切。普宁中心城区、平原农村地区和山区农村地区人口密度差异很大，人均污水排放量极不平均。再考虑到城乡经济收入差距较大、村集体经济薄弱等因素，普宁市把农村地区分成中心城区农村、中心城区周边已经城镇化的农村和中心镇区、纯农农村和敏感农村4类，原则上分别采用城市污水处理厂集中处理、管网收集连片处理、分散式处理和一体化污水处理装置处理。在采取分散式处理技术时，结合各村地理地形、处理能力要求、经济发展水平等因素，综合考虑建设、运行、维护及更新提质费用与处理效果的关系，选择较高性价比的技术，确保村民能够承担相关费用。普宁农村污水污染程度较低，多数村庄都有水塘和排洪沟渠，可结合各自地理条件合理组织物理（沉淀、过滤）、生物和生态处理单元，就地取材，建设几乎没有运行费用的物理、生物、生态处理系统，并以此为基本功能，建设湿地公园或社区活动中心。

二是建设运营模式及财政支持方式不搞一刀切。中心城区的污水处理厂采用PPP模式建设运营，中心城区周边已经城镇化的农村、中心镇区和敏感农村的污水处理采用打包PPP模式建设运营，纯农农村的分散式处理设施由村委建设运营。财政支持方式亦根据建设运营模式做相应调整，尤其是采用以奖代拨的方式支持村委自己建设运营分散式处理设施，极大地提高了村委的自主性和积极性，保障了农村群众的切身利益，增强了农村活力，消除了因收缴运营费引起的社会矛盾，以及设施建成后"晒太阳"的现象。

三是建设内容不搞一刀切。普宁市列出的人居环境整治内容清单包括污水垃圾处理、村道建设、民居穿衣戴帽、人畜分离、乡村文化建设等10余项。目前除了把农村污水处理设施建设当成一项基本任务和突破口，必须达标建设外，其余人居环境整治内容则根据村经济水平、村容村貌现状、地理条件、农民愿望等实际情况由各村取舍，提升了群众的满意度、获得感和幸福感。

总之，农村人居环境整治不能搞一刀切，必须因村施策，才能调动村委、村民的主动性和积极性，才能有效推进农村人居环境整治，一步一个脚印，建成美丽乡村。

（刊于《中国环境报》，2018年5月28日，作者：熊思沅，熊孟清）

农村人居环境整治需有长久之计

　　《农村人居环境整治三年行动方案》发布以来，各地努力找准农村人居环境整治的切入点和突破口，因地制宜，因村施策，取得了一定成效。

　　生态恢复超出预期。通过退耕还林、轮作休耕、水土保持、污染防治等手段，水资源、土地资源、生物资源等得到休养生息，很多乡村呈现出花红柳绿、鱼鸟成群的优美景象。

　　农村环境明显改善。通过农村污水垃圾治理、高标准农田建设和打击城市污染物向农村偷运偷排违法行为等，尤其是通过大力整治农村厕所粪污、畜禽养殖废弃物污染，农村生态环境污染得到了有效控制，基本消除了污水横流、黑水直排和垃圾满地等现象，农村环境明显好转。

　　改善村容村貌与乡风乡俗日益受到重视。伴随农村生态环境的改善，农村人居环境整治日益向深层次的改善农村风貌方向发展。很多乡村开始整治村容村貌与乡风乡俗，一些村在有计划地改造村落整体布局和民居结构，营造节能减排、宜居宜业、新风新貌与和谐开放的农村中心社区。

　　整体来看，农村生态环境和精神风貌得到了很大改善。但也要看到，一些影响农村人居环境的不良现象仍然存在，农村垃圾、脏乱沟塘和村民的一些不良习惯等仍然需要大力整治。

　　"行百里者半九十"，农村人居环境整治目前只是取得了初步成效，离整治目标还有一定距离，需要一鼓作气。笔者认为，接下来需要重视这几个方面：

　　一是农村垃圾出路。农村垃圾的出路问题是当前农村污染治理的重要问题。一些县级垃圾集中处理设施没有能力接受农村垃圾，乡镇又没有自己的处理设施，导致村收集的垃圾没有出路。可以引导农村将易腐有机垃圾就地就近处理，但也需要给包装垃圾之类不宜就地就近处理的垃圾找到出路。这类垃圾短时间内储存起来还可以，但并不是长久之计。

　　二是农村污水的生态处理。农村污水包括农村面源污水（农业污水、涝水等）和家庭生活污水（家庭化粪池的排水、冲凉水、拖地水等）。农村快速恢复的生态环境为处理这些农村污水提供了另一种途径，即生态处理。建议利用植物、动物、微生物来处理农村污水。为此，可以进一步完善农村家庭化粪池建设，以处理好厕所粪污，因地制宜建设人工湿地、生态沟塘和植被过滤带等生态处理设施。还可以通过种养结合，在动植物间形成良性循环和生态平衡。

　　三是农村人居环境整治与产业兴旺的结合。这两者是相辅相成的，农村人居环境整治为农村产业兴旺奠定生态、环境和人文基础，农村产业兴旺保障农村人居环境整治的可持续发展。农村产业兴旺是实施乡村振兴战略乃至全部农村工作的突破口，需要增强意识，把产业兴旺贯穿农村人居环境整治全过程。比如，通过农村人居环境整治，建设宜居宜农宜游的特色农业产业园等。

　　（刊于《中国环境报》，2019年5月9日，作者：周敬，熊孟清）

强化乡村空间的生物安全防护功能

　　乡村空间具有层次分明的生活、生产和生态涵养区，其容量保障了乡村人口密度较低和乡村生活自给自足率较高等，而且，其村落（自然村）的农林生产区是第一道卫生安全防护区，住房庭院是第二道卫生安全防护区，降低了人类免受危险生物直接侵害的风险，大大降低了致病和病毒传播的风险，是防控乡村疫情发生和传播的天然长城。

　　这座天然长城是乡村较城市的突出优势。然而，乡村住房"城市化"，无序建房、城镇化和工业化等，这类削弱乡村空间的功能、破坏乡村风貌的自毁长城的事却屡屡发生。

　　先看乡村住房建设"城市化"。乡村住房模仿城市住宅楼或公寓楼样式，沿路而建，抛弃传统庭院房的结构和风格，既失去了修身养性的庭院空间，也失去了生物安全防护功能。

　　再看村落建设混乱无章。乡村住房建设见缝插针，建筑奇形异状、参差不齐和横不成行竖不成列。生活区自然扩展，肆意蔓延，甚至占用生产用地和生态涵养地。更有一些生活区空心化和生产区荒芜化。混乱无章建设和生产区荒芜化破坏了缓冲空间，从而削弱了生物安全防护功能。

　　最大破坏是乡村空间遭遇无序的城镇化和工业化。城镇化和农村工业产业园建设挤占乡村聚落的生态区和生产区，破坏乡村聚落的布局和生态廊道，削弱乡村聚落乃至更大的乡村空间的生物安全防护功能，甚至导致乡村聚落和乡村空间的功能退化——部分或全部失去了其生活、生产、安全防护、生态涵养等主要功能。

　　功能退化让乡村不再朴野、安全、舒适、悠然，让乡村不再乡村，对乡村聚落的打击是巨大的，尤其是安全防护功能的失去将置人类零距离接触危险生物，对乡村聚落的打击可能是毁灭性的。

　　加强乡村空间管理，强化乡村空间的生物安全防护功能，筑牢防控乡村疫情的天然长城，刻不容缓。

　　倡导乡村住房采用庭院房结构，筑牢第二道防线。制定乡村住房（建筑、庭院等）的样式、功能、大小等标准，提高土地使用率，提高乡村住房的美观、舒适和功能性。

　　倡导乡村聚落回归传统，以居民起居区域为据点，由内至外、由近至远，依次形成生活区、生产与安全防护区、生态区，分别承担起生活、生产、安全防护、生态涵养等主要功能，研究制定各功能区的空间标准，确保各区胜任各自的主要功能，同时也可能兼任其他功能，如生活区兼任公共服务、生产与安全防护区兼任生态涵养功能、生态区兼任林业生产和动物养殖功能等。

统筹乡村空间的规划，实现乡村住房、乡村聚落和农村产业园合理布局和建设标准化，确保生产与安全防护区、生态廊道的完整性和有效性，因地制宜打造乡村风貌，建设安全、美丽、和谐的乡城。

严格规范监督乡村空间的规划、建设、使用等方面，遏制城镇化和工业化无节制地吞噬乡村空间，遏制乡村聚落混乱无章的建设，遏制乡村住房建设见缝插针和一味"城市化"。

（刊于《360doc 个人图书馆》，2020 年 4 月 28 日，作者：熊孟清）

加快解决农村污水直排问题

技术路线和工艺技术要因地制宜，不搞"一刀切"。正视各地气候、地貌等差异，总结农村生活污水连片治理等实践经验，区分不同类型，采取相应的处理模式。

近日，由生态环境部、住建部联合组成的城市黑臭水体整治环境保护专项行动督查组进驻安徽省芜湖市，督查黑臭水体问题。芜湖市政府对督查组发现并交办的群众举报的"弋江区南区工业区污水污染漳河水系"相关问题进行了回应，给出了黑臭水体产生原因的初步调查结果：农民养殖及农业生产面源污染和周边农村居民集聚区生活污水直排；农村水系多年未开展清淤工作，老塘淤泥较多，冲击堆积在闸门附近，水系流通不畅等。

笔者认为，就农村黑臭水体的产生而言，根本原因是农村生活污水直排，主要包括冲厕水、洗浴洗涤水、厨房排水、家庭农副产品及畜禽散养排水等。农村生活污水直排不仅直接产生黑臭水体，而且，久而久之会形成黑淤泥。在污水直排的情况下，要想治理，只能通过雨水或其他水源冲走污水，于是黑臭水体自然而然就产生了。

农村生活污水直排是一个较为普遍的问题。2016年，我国农村生活污水处理率仅为22％，农村生活污水直排已成为农村河流和湖泊等环境污染的主要原因之一，整治农村黑臭水体，首先要解决的就是污水直排问题。《全国农村环境综合整治"十三五"规划》中也对此提出了要求，即到2020年末，农村生活污水处理率≥60％。

面对这项艰巨的任务，笔者认为，要做好以下几方面工作。

要激发村委主动性和掌控性。地方政府应改变以往从上至下、地方政府包揽建设的支持方式，调动村委的主动性，提出具体目标后，放手让村委根据实际情况因地制宜。为此，要建立绩效奖励制度，以奖代拨、以奖代补、以奖代建，对验收达标的设施建设给予奖励，省掉立项报批及招投标等环节，减少建设投资、缩短建设工期，强化村自治。

技术路线和工艺技术要因地制宜，不搞"一刀切"。正视各地气候、地貌、习俗、传统、文化、心理、经济状况等差异，总结农村生活污水连片治理、PPP项目打包模式及所采用的技术路线、工艺技术等实践经验。把农村地区分成中心城区农村、中心城区周边已经城镇化的农村和中心镇区、纯农农村和敏感农村等类型，分别采用城市污水处理厂集中处理、管网收集连片处理、分散式处理和一体化污水处理装置处理（个别自然村例外）。结合各村条件，选择较高性价比的技术，确保当地村民能够承担相关费用。重中之重是要权衡污水处理设施及配套管网的建设运营成本，分出建设项目的轻重缓急，确保建设运维费用不超出农民的经济及心理承受能力。

要提出切实可行的验收标准。推动村自建自管和因村施策，绕不过的门槛就是验收标准。现在有的地方照搬城市标准，走"城市化"路子，导致出现成本高、无法正常运行等问题；有的地方套用农田灌溉水质标准，无视排放水体的用途和受纳水体环境功能不同的现状，过于宽松。建议尽快出台农村生活污水处理的排放标准或指导意见，以及农村污水处理设施的设计、施工、评价、验收技术规范，推动农村黑臭水体的治理。

（刊于《中国环境报》，2018 年 7 月 18 日，作者：熊孟清、黄佳楠）

农村生活污水处理应因地制宜因村施策

　　农村生活污水处理是农村人居环境整治的薄弱环节。有数据显示，到 2016 年末，我国行政村生活污水处理率仅为 20%，要达到《全国农村环境综合整治"十三五"规划》提出的 2020 年农村生活污水处理率最低为 60% 的目标要求，仍有很多工作要做。

　　从全国范围看，农村生活污水处理率确实低，但从局部来看，一些地方农村生活污水处理率在 2016 年便超过了 80%。这说明，虽然推动农村生活污水处理是一件难事，但并非就不能做好，关键在于是否采用了适合农村的污水处理方式。根据笔者经验，适合农村的污水处理方式应包括以下几方面：

　　第一，推动农村污水处理，务必做到复杂问题简单化、深奥理论浅显化，让农民真正能明白。如在规划设计阶段，就应采用与农民和农村地区的建设管理水平相适应的方案，树立农民自建自管会建会管的信心。切勿把简单问题复杂化，讲一大堆农民听不懂的概念术语，让农民失去听下去的兴趣，甚至失去对政策技术及其执行者的信任，这正是导致农村生活污水处理难推动的一个重要原因。目前，有关农村生活污水处理的文件中充斥着打包 PPP 和一堆城镇生活污水处理工艺技术术语，让农民和基层干部不知所云、不明所以。

　　第二，务必减轻农民土地和经济负担。要优先使用边角地、荒地等，尽可能避免征用农民承包土地，因地设计建设生活污水处理设施，减轻土地供应困难，确保设施容易落地。广东省普宁市纯农业村在建设生活污水处理设施时遵循的一个原则，就是确保不占用农民承包地。此外，还必须权衡建设运行投资带给农民的经济负担。有些山区以行政村为基本单元，但因自然村分布分散，污水收集管网建设投资大，导致生活污水处理设施及配套管网的人均建设投资高达 1200 元以上（不含征地补偿费），高于城镇生活污水处理设施人均建设投资，折算到人均月付设施折旧费为 5 元以上（不含运行管理费），超出了农民的付费意愿。

　　减轻农民经济负担很重要，因为很多农村经济条件较差，才忽视了生活污水处理及人居环境整治。从这个意义上讲，农村生活污水处理更应该当作公益事业去做，而不应看做是一块有利可图的"蛋糕"。

　　在笔者看来，减轻农民经济负担的主要途径有 3 个：一是权衡处理设施的建设投资与管网的建设投资，当管网建设投资高出处理设施建设投资数倍时（这常发生在山区等人口密度较小的地区），应缩小基本单元即减少污水收集范围（管网覆盖范围）。二是根据处理规模合理选择工艺技术以降低生活污水处理设施建设投资，当规模太小时可选择一体化处理装置，中小规模时可采用预处理加人工湿地处理工艺，规模达每日成千上万吨时可采用城镇生活污水处理场（站）工艺等。三是根据不同地区常住人口数量、人口密度和环境特性，尤其是农村生活污水对环境污染的贡献等选择合适的污水处理排放标准，可有效降低建设投资，如在人口密度为每平方千米仅百余人的山区便可采用较每平方千米千余人的平原地区更低的排放标准，可减轻农民的经济负担。

第三，农村污水处理应与农村环境综合整治结合起来进行。实践表明，建设农村生活污水处理设施时，可同时开展水塘整治、旧厕改造、村道建设、文化娱乐设施建设等项目，这种"净化、绿化、美化、文化"的综合治理方式较之单一的农村生活污水处理更省钱省力，且改善村貌，消除污染物处理设施的邻避效应，更受到农民欢迎。

总之，只要采用适合农村特点的污水处理方式，包括适合农村的基本原则、工作路径、融资建设与技术模式等，因地制宜，因村施策，既尽力而为又量力而行，不搞一刀切，农村生活污水处理及人居环境整治就能快速推进。

（刊于《中国环境报》，2018年9月13日，作者：熊思沅，熊孟清）

应用生态沟渠治理
农村面源污染

随着印染工业废水、规模养殖废水和城市生活污水污染等点源污染得到有效治理，练江水质目前有了显著改善。练江干流普宁市与汕头市交界的青洋山桥断面的化学需氧量、氨氮、总磷浓度分别下降到了 40 毫克/升、6 毫克/升、0.5 毫克/升以内。当市中心城区、镇区和其周边农村生活污水处理设施满负荷投产后，青洋山桥断面的水质有望达到 V 类地表水标准（2020 年治理目标）。

但要进一步提升练江水质，需要加大农村面源污染治理。就普宁市而言，农村面源污染主要来自纯农业村生活污水、山地农田排水、水塘水沟的底泥和蔬果树花种植使用的农药化肥等，这些面源污染物汇聚到水沟水渠，最终流入练江干支流，将成为练江化学需氧量、氨氮和总磷的主要来源。

农村面源污染的治理比点源污染的治理更加棘手。一是污染物无组织排放，没有固定的排污口，区域广大和具有不确定性；二是农民对农村面源污染的认识不足，农村面源污染的基础研究和治理技术开发也远远不足，尤其缺少基于流域尺度的面源污染防治理论与技术，缺乏实用的政策措施和工程技术。农村面源污染治理将面临一个困难期，短期内实现有效治理和生态恢复存在较大难度。

尽管存在许多困难，农村面源污染治理必须立即行动，尽力而为。将星罗棋布、源远流长的水沟水渠改造成生态沟渠，在保护沟渠和不影响排涝的前提下，既治理农村面源污染，又绿化美化沟渠环境，一举多得，不会产生不可逆转的负面作用。

生态沟渠是去除氮磷的有效途径之一。通过在现有沟渠中填充过滤沙土、种植水生植物、养殖水生动物，并适当设置节制闸坝、拦水坎、集泥井、透水坝等设施，对氮、磷等养分进行有效拦截，加速底泥降解，减少水体污染，重建和恢复沟渠生态系统，将改善沟渠生态环境和农村生态环境。

现有沟渠的护砌形式多以混凝土、石块等刚性侧壁为主，部分沟渠底部也采用石块或混凝土硬化，过分强调了排涝、防渗、稳定耐用和易于维护等性能，忽视了生态环境和人居环境的要求，尤其是混凝土增大水体碱性，不利于水生动植物生存，急需改造成生态沟渠。

沟渠改造时，首先要满足排涝、沟渠堤岸的安全稳定等基本功能，此外，要强调以下功能。

第一，加强生态环境保护功能。提倡采用生态护砌形式，如采用松木、水杉、多孔混凝土等具有生态效应的材料进行护砌，畅通土壤与水体间的物质交换，促进沟渠边人工湿地和沟渠两岸护坡植物的生长，保护沟渠内水生动植物正常生长，维护生物链与生态平衡，增强水体的自净能力和生态修复能力。

沟渠两岸护坡上生长的绿色植物对水体净化起到直接与间接作用，改善周围大气环境，又产生良好的景观效应，最终起到保护、绿化美化沟渠的作用，应提倡种植，切勿一味清除，更不可用除草剂清除。

第二，加强人居环境改善功能。提倡水岸同治，优化沟渠结构与绿化、美化的同时，加强沟渠两边的整治，如改造边坡、村道、歇凉点、娱乐场所等，使沟渠与周边环境相协调，改善人居环境。

第三，权衡沟渠排涝功能、生态功能、景观效益、建设运行的资金与技术要求等因素。用乡村方式改造黑水沟渠，使之成为农民自建自管、会建会管和喜闻乐见的生态沟渠。

现存多而长的沟渠为采用生态沟渠治理农村面源污染提供了客观有利条件，而且生态沟渠建设运行对资金与技术的要求较低，适合农村自建自管，有望推广。

（刊于《中国环境报》，2018年11月29日，作者：熊孟清）

什么是解决农村垃圾问题的关键？

　　乡镇农村垃圾治理正日益受到政府与社会重视，许多省市先后出台了城乡垃圾处理服务一体化的工作意见和实施方案，冀图通过"村收、镇运、县处理"模式的推广应用和"一镇一站，一村一点"布局的垃圾收集转运站点建设，实现城乡垃圾处理服务一体化。但是，随着时间推移，广大农村地区，即使是垃圾收集转运站点建成投产地区，仍然普遍存在"屋前屋后垃圾场""垃圾靠风吹"和"垃圾靠水冲"现象。

　　综观各地乡镇农村垃圾治理的现状，纵观一些先行地区农村垃圾治理经验的演变，笔者认为，阻碍乡镇农村垃圾治理持续发展的关键问题是治理要素资源短缺，具体表现是责任主体缺位、处理模式僵化和经费紧张。

　　责任主体缺位。在很多地区，广大村民，甚至村委会，没有自主自治概念，较为依赖政府提供收集容器、转运工具和处理设施，并承担相关费用，甚至承担村社保洁的相关费用。他们普遍认为政府应该是农村垃圾治理的第一责任主体，似乎垃圾治理就是政府的事。

　　处理模式僵化。地方政府僵化理解"村收、镇运、县处理"模式，似乎什么垃圾都要运到县级市来集中处理。但是，因集中处理设施少且设施布局不合理，并且村庄小而分散，导致农村垃圾尤其是偏远农村的垃圾运输费用高。再加上集中处理设施的处理能力不足，难以消纳全部的农村垃圾。这些实情，无疑增大了地方政府解决农村垃圾治理问题的顾虑。

　　经费筹措渠道有限。目前，农村地区暂时还没有征收垃圾排放费，引进社会资金也较困难，经费来源渠道少，垃圾处理经费紧张。当地政府承担了全部垃圾收运、处理费用，并承担了部分保洁员的工资。不解决经费来源问题，无法保证垃圾处理的持续发展。

　　此外，农村垃圾治理中还存在管理机构不健全、经济政策不健全、收运处理设施不配套、村民生活习惯不环保等问题。这些问题制约了农村垃圾治理的推进。

　　农村垃圾治理是乡镇清洁工程的重要内容，也是城镇化建设的重要内容，事关资源节约型、环境友好型社会建设，必须持续推进。持续推进乡镇农村垃圾治理，关键是完善治理要素，整合要素资源。

　　一是要明确农村垃圾治理的责任主体。应明确村民是农村垃圾分类储存、分类排放的第一责任主体。村民在享受垃圾处理服务的同时，应按有关规定分类储存、分类排放垃圾并交纳垃圾排放费，改变随意倾倒垃圾的习惯。明确村委会是农村垃圾分类排放、

414

分类收集、排放费收缴和村内转运与就地处理的管理主体。明确乡镇政府是属地农村垃圾收集、运输、乡镇一级就地处理与财政补贴的管理主体。明确县级市是有害垃圾、县级市垃圾统筹处理与财政补贴的管理主体。

二是要建立符合实情的垃圾处理模式。结合县级市垃圾集中处理设施的处理能力和分布状况，权衡就地处理与运至县级市集中处理设施处理的服务费（包括运输费）高低，制定适合各乡镇、各村的农村垃圾治理的处理方案，建立村、乡镇和县级市多级处理、逐级减量的处理模式。如村分拣回收、乡镇处理有机易腐垃圾、县级市处理无用垃圾和有害垃圾模式。

三是要建立处理服务费的市、乡镇、村三级共同承担机制。县级市政府将乡镇、村就地处理所减少的县级市集中处理费用（包括运输费）划拨给乡镇、村。确定县级市集中处理服务费的市、乡镇、村三级共同承担原则和分配比例。出台鼓励政策，吸收社会资金参与。

此外，通过建设乡镇农村垃圾治理试点，寻求创新突破。建设乡镇农村垃圾治理试点工程，探索垃圾处理各环节及其组合方式的优化，引入市场机制，引进社会资金，引进先进管理和技术，开发与开放乡镇农村垃圾处理服务市场，创新垃圾处理服务模式，积累产业化经验。由试点晋级示范，再到推广，发挥榜样的带动作用，形成一户带一村、一村带一乡镇、一乡镇带一片的良好局面。

（刊于《中国环境报》，2014 年 1 月 17 日，作者：熊孟清）

建章立制，推动乡镇垃圾治理稳步发展

乡镇垃圾治理是新农村建设"村容整洁"工作的重要内容，是关系到生活生产习俗、人居生态环境和经济社会发展的系统工程，受到全社会高度重视。近年来，全国各地积极开展乡镇垃圾治理实践，建立示范村，树立典型榜样，总结出了具有示范作用的乡镇垃圾治理模式，如适合经济社会较发达乡镇的"户分，村收，乡（镇）运，市（县）处理"垃圾治理模式和适合经济社会欠发达乡镇的"3＋5模式"等，为全面推动乡镇垃圾治理工作奠定了基础。

但是，应该看到，我国90％以上乡镇缺少生态环境保护意识，没有独立的管理机构和管理体制，没有专项垃圾治理资金，其垃圾治理仍停留在自发的粗放式处理水平，"屋前屋后垃圾场"和"垃圾靠风刮"现象仍普遍存在，导致土地污染和生态环境恶化的危险局面。化解这种危局的关键是统一认识，因地制宜，建章立制，推动乡镇垃圾治理稳步发展。

一、统一认识，全面推进乡镇垃圾治理工作

国家有关部门应着手制定《关于全面推进乡镇垃圾治理工作的意见》，统一认识。明确乡镇垃圾治理是新农村建设"村容整洁"工作的重要内容，将列入各级政府和村委会考核内容。要求成立乡镇垃圾治理专门机构，制定乡镇垃圾管理体制及其运行机制，明确各级政府、村委会和居民的责权利及其联动办法。尊重居民的生活习俗、生产方式和集体选择，明确乡镇垃圾治理主体，制定乡镇垃圾处理的技术路线，推荐乡镇垃圾治理采用多主体多种技术路线并存的垃圾治理模式，政府主导，充分调动居民和村委会，统筹规划，因地制宜，就地处理，以垃圾分类为突破口，协调推动乡镇垃圾减量、物质回收、能量回收和填埋处置等工作。明确垃圾处理设施是乡镇生态环境保护设施和新农村建设的基础设施，应与新农村建设的主要项目同时规划、同时建设和同时维护。制定市（县）级乡镇垃圾治理调控核算平台，保证乡镇垃圾处理资金，实现村级和镇级垃圾处理合作。

二、因地制宜，实施乡镇清洁工程

建议在全国实施乡镇清洁工程，提出规划、设施建设与改造、垃圾分类、垃圾收运、末端处理处置目标和措施。规划方面，应提出近期、远期和远景规划及管理目标落

地实施的保障措施。设施建设与改造方面，应本着由户及村，由村及乡（镇），由乡（镇）及市（县），由垃圾分类、回收及末端处理处置，建设一批示范乡镇、示范村和示范户，发挥榜样的带头作用，逐步覆盖全部乡镇和完善垃圾处理体系。政府必须强力推进乡镇垃圾分类，从开始便形成家庭干湿粗分、村委会组织干垃圾细分的垃圾分类模式。垃圾收运方面，调动人力和机力，逐级转运，逐级减量。末端处理处置方面，市（县）或乡（镇）政府建设运营处理处置设施，或填埋，或焚烧加填埋。

实现乡镇清洁工程的关键是政府主导，村委会组织，发动居民实质参与，因地制宜，就地处理。结合具体地形地貌、生产方式和经济社会发展水平，建立适合经济社会欠发达乡镇的"物质回收和生化处理为主"或适合经济社会较发达乡镇的"物质回收和热处理为主"的垃圾处理体系，实现技术上"可靠性、先进性和可持续性三统一"和效益上达成"社会效益、经济效益和生态环境效益三统一"。

三、建章立制，促进乡镇垃圾治理法治化

完善乡镇垃圾管理体制及其运行机制，畅顺市（县）、乡（镇）、村委会和居民联动机制，建立垃圾处理服务购买与分配机制，建立垃圾处理设施建设与营运考评机制，建立垃圾处理设施监管机制，建立经济激励机制和生态补偿机制。

编制乡镇垃圾管理办法、乡镇保洁与垃圾处理收费办法、设施建设与营运需求执行办法、设施建设与营运监管办法、垃圾计量管理办法、垃圾处理服务购买与分配办法等，促进乡镇垃圾治理法治化，推动乡镇垃圾治理稳步发展。

四、案例

（一）长沙市乡镇垃圾治理模式

长沙市在有条件的农村地区，推广"户分类、村收集、镇中转、县处理"的垃圾清运处理模式，在偏远山区、经济实力差的乡村，实行分类收集、就地填埋模式。要求农村做到"三有"：户有垃圾存放桶、村有垃圾收集池、乡（镇）有垃圾中转站；做到"三无"：无暴露垃圾、无卫生死角、无乱堆乱放。为了强化乡镇、村干部治理农村环境卫生的责任意识，长沙市决定每半年组织评出"十佳乡镇十佳村"和"十差乡镇十差村"，评比结果通过新闻媒体向社会公开，同时纳入对各级政府的绩效考核。不讲卫生的乡镇，在评选中将被"一票否决"。

（二）江西省"3＋5模式"

江西省在52153个自然村、564个集镇启动农村清洁工程试点，成功创造了破解农村垃圾分类和无害化处理难题的"3＋5模式"，并初见成效。"3＋5模式"是一种多主体参与、多种技术路线并存的适合乡镇特点的因地制宜、就地处理的模式。"3"指3个主体：农户（分类主体）、保洁员（回收处理主体）、理事会（管理主体）；"5"指5种垃圾的5种处理方法：湿垃圾沤肥处理、干垃圾回收处理、有毒有害垃圾封存或焚烧处理、建筑垃圾铺路处理、其他垃圾入灶焚烧处理。

（刊于《环境与卫生》，2011年，作者：熊孟清）

应结合实际推进乡镇农村垃圾综合治理

乡镇农村垃圾治理已引起各级政府高度重视。但乡镇农村垃圾治理存在管理机构不健全、经济政策不健全、较难吸引社会资金投入、设施处理能力不足、村庄小而分散及村民环保意识不强等问题，致使乡镇农村垃圾无害化处理率偏低，甚至有些农村垃圾还是无组织排放，普遍存在"屋前屋后垃圾场""垃圾靠风吹"现象。即使像广州市这样的一线城市，垃圾随意堆放或就地简易处置也触目惊心，含乡镇农村垃圾的7个区（县级市）垃圾无害化处理率仅50.8%，乡镇农村垃圾无害化处理率更是低至24.1%。亟需出台乡镇农村垃圾治理方案，提高乡镇农村垃圾处理服务水平，当前，应重点做好以下事宜。

一、多措并举，推进乡镇农村垃圾综合治理

乡镇农村垃圾治理从一开始便应推进综合治理，既重视垃圾处理作业，也重视垃圾管理，重视政府与社会的良性互动；既重视末端处理，也重视垃圾处理各个环节的均衡发展；不仅重视焚烧、填埋等硬方法，也重视生产者责任延伸制度、科技手段和经济手段等软方法，坚持无害化、资源化、节约资金、节约土地、居民满意和减量化6项治理准则，善用经济手段和科技手段，优先推进垃圾分流分类，因地制宜地推进物质回收利用、生物转换、热转换和填埋处置，概括讲，即善用经济手段和科技手段，先分流分类，再物质回收利用、生物转换、热转换和填埋处置，多措并举，推进乡镇农村垃圾综合治理。

经济手段和科技手段是最为优先选用的治理方法。物质回收利用、生物转换、热转换和填埋处置，从处理效果分析，不存在谁先谁后或谁好谁差的选择问题，只要能落地，这4种方法的任何一种或几种都可选用。生产者责任延伸制度和分流分类应优先于物质回收利用、生物转换、热转换和填埋处置4种硬方法。

二、环环相扣，理顺乡镇农村垃圾治理流程

乡镇农村垃圾治理应在综合治理方案的基础上，理顺治理流程，一是明确垃圾治理的各个环节及其衔接关系，二是明确各环节的主要内容，三是明确各环节的责任主体和作业主体，四是明确资金流等方面的信息。

乡镇农村垃圾治理流程涵盖源头减量与排放控制、垃圾收集与转运、物质回收利用

与生物转换、能量回收与填埋处置 4 个环节及多达 18 种可能的物流方式，涉及政府、企事业单位、村民和社会组织。源头减量、排放控制和垃圾收集属于前处理，由村委会负责管理；物质回收利用与生物转换属于中处理，由乡（镇）政府负责管理；热转换与填埋属于末端处理，应由区（县级市）政府统筹管理。

乡镇农村垃圾治理应厘清责任主体与作业主体的权责。政府是垃圾治理的责任主体，同时也可参与物质回收利用、生物转换、热转换和填埋等垃圾处理作业。企事业单位、村民和社会组织是垃圾处理的主要的作业主体，垃圾处理，包括垃圾收运、应专业化和产业化。

三、因地制宜，推动乡镇农村垃圾治理方案具体化

一是建立农资垃圾收运队伍。供销社下属农资公司专营农资，拥有收运农资垃圾的优势。农村地区应引导供销社回收利用农资垃圾，鼓励供销社回收利用农产品垃圾，建立稳定的垃圾收运队伍，落实生产者责任延伸制度。

二是因地制宜选择生物转换方法。可供选择的生物转换方法有饲料化、特种酶制取工业乙醇、蚯蚓（蟑螂）堆肥、堆肥和厌氧发酵制沼气，这些方法各具优缺点，各地可根据有机垃圾的产量、性质、土地及资金等情况，选择适宜的生物转换方法，对于人口较多的自然村或行政村或更大服务区域，可采用厌氧发酵制沼气，对于人口稀少或偏远乡村，可采用沤肥或蚯蚓堆肥等适合于小规模处理的生物转换方法。

三是区（县级市）合理规划乡镇农村垃圾处理设施的建设，物质回收利用与生物转换设施宜以自然村或行政村为服务区域，热转换（能量回收）与填埋设施宜以一个或几个乡（镇）为服务区域。乡（镇）政府应保证适当处理能力的物质回收利用与生物转换设施正常营运，区（县级市）政府应保证适当处理能力的热转换与填埋设施正常营运。

四是建立与治理流程的物流相适应的资金流，吸收社会资金参与，控制资金投入，确保资金链环环相扣。

（一）创新突破，建设乡镇农村垃圾治理试点

建设乡镇农村垃圾治理试点工程，探索垃圾处理各环节及其组合方式的优化，引入市场机制，引进社会资金，引进先进管理和技术，开发与开放乡镇农村垃圾处理服务市场，创新垃圾处理服务模式，积累产业化经验。发挥榜样的带动作用，形成以点带面、环环相扣的良好局面。

（二）建章立制，促进乡镇垃圾治理法治化

建立健全乡镇农村垃圾管理机构，编制乡镇农村垃圾治理规划和管理办法、乡村保洁与垃圾处理经费管理办法、垃圾处理服务购买与分配办法、垃圾处理监管及考核办法等，完善乡镇垃圾管理体制及其运行机制，建立垃圾处理服务购买与分配机制，建立农村垃圾处理行业准入与退出机制，建立垃圾处理考核机制，建立垃圾处理监管机制，建立经济激励机制和生态补偿机制，促进乡镇垃圾治理法治化，推动乡镇农村垃圾治理可持续发展。

（刊于《广州城市管理》，2013 年，作者：熊孟清）

乡镇农村垃圾治理方案浅议

乡镇农村垃圾治理是乡镇清洁工程的重要内容，也是城乡服务均等化的重要内容，事关环境友好型和资源节约型社会建设。但乡镇农村垃圾治理长期被忽视，存在管理机构不健全、经济政策不健全、较难吸引社会资金投入、设施处理能力不足、村庄小而分散及村民环保意识不强等问题，致使乡镇农村垃圾无害化处理率较低，甚至有些乡镇农村垃圾还是无组织排放，存在"屋前屋后垃圾场""垃圾靠风吹"等现象。

一、乡镇农村垃圾的综合治理路线

乡镇农村垃圾治理方法包括传统意义上的处理方法及维持治理意义上政府与社会良性互动的政策、措施和程序，可分为软、硬两类方法。软方法主要指经济手段、科技手段和生产者责任延伸制度。治理除包含垃圾处理外，还包括垃圾管理及政府与社会互动等层面对垃圾处理的作用，软方法虽然不能引起量变，但对后续回收、生物转换、热转换和填埋都会产生较大影响，应列入垃圾治理方法之一；硬方法主要指垃圾分流分类、物质回收利用、生物转换、热转换和填埋处置。传统上，垃圾处理方法主要指生物转换、热转换和填埋处置三类，没有包括分流分类与物质回收利用，前者在以消纳垃圾为首要目的时代没有受到足够重视，后者因物质回收利用权属经贸部门而未被垃圾处理管理部门纳入垃圾处理范畴。由此可见，目前应综合评估的垃圾治理方法有经济手段、科技手段、生产者责任延伸制度、垃圾分流分类、物质回收利用、生物转换、热转换、填埋处置八种。

当前经济社会发展形势下，乡镇农村垃圾治理的主要准则依先后顺序为无害化、资源化、节约资金、节约土地、居民满意和减量化六项。环境友好型和资源节约型社会建设要求无害化和资源化，尤以无害化处理最为重要；提高农村垃圾无害化处理率及解决垃圾处理资金短缺需要节约资金；资源节约与保护及经济与城乡可持续发展要求节约土地；和谐社会建设要求居民满意；循环型社会系统建设要求资源化和减量化。在此先后顺序条件下，利用层次分析法，可以得到经济手段、科技手段、生产者责任延伸制度、垃圾分流分类、物质回收利用、生物转换、热转换、填埋处置八种治理方法的权重，并由此得出以下结论：

（1）物质回收利用、生物转换、热转换和填埋处置四种硬方法的权重相当，不存在谁先谁后或谁好谁差的选择问题，只要能落地，其中任何一种或几种都可选用。

（2）生产者责任延伸制度和分流分类应优先于物质回收利用、生物转换、热转换和填埋处置。考虑到全面落实生产者责任延伸制需要举国机制及配套政策，非一座城市更非一个乡镇可以独立推动，当地政府仅能选择性地落实此制度。因此，当地政府的重点是因地制宜地推动垃圾分流分类，为提高物质回收利用、生物转换、热转换和填埋处置的效率效益创造有利条件。

（3）经济手段和科技手段是最为优先选用的治理方法，当地政府应高度重视，出台垃圾收费、奖励与惩罚等经济措施，出台政策鼓励垃圾治理科技创新与进步。

综上所述，乡镇农村垃圾治理应大力善用经济手段和科技手段，优先推进垃圾分流分类，因地制宜地推进物质回收利用、生物转换、热转换和填埋处置。

二、乡镇农村垃圾的综合治理

流程垃圾治理过程包含物流、资金流、信息流，有流动就有方向，有必要理顺流程。尽管从处理效果来看，一些治理方法不存在谁先谁后的选择问题，但从物流角度来看，还是存在排序问题的。根据上述综合治理方案，可给出乡镇农村垃圾的综合治理流程。该治理流程包含三方面信息：一是明确垃圾治理的各个环节及其衔接关系，二是明确各环节的主要内容，三是明确各环节的责任主体和作业主体，没有给出资金等方面的信息。

垃圾治理流程涉及政府、企事业单位、村民和社会组织。政府是垃圾治理的责任主体，同时也可参与物质回收利用、生物转换、热转换和填埋处置等垃圾处理作业。企事业单位、村民和社会组织是垃圾治理的主要作业主体，应专业化、社会化和产业化。

乡镇农村垃圾治理涵盖源头减量与排放控制、垃圾收集与转运、物质回收利用与生物转换、能量回收与填埋处置五个环节，可能的物流共十八种方式（表1）。

表1　垃圾治理的物流

序号	物　流
1	排放者→生产者或生产者委托的收运单位→交货点→物质回收利用→热转换→填埋
2	排放者→生产者或生产者委托的收运单位→交货点→物质回收利用→生物转换→热转换→填埋
3	排放者→生产者或生产者委托的收运单位→交货点→物质回收利用→生物转换→填埋
4	排放者→生产者或生产者委托的收运单位→交货点→生物转换→物质回收利用→热转换→填埋
5	排放者→生产者或生产者委托的收运单位→交货点→生物转换→热转换→填埋
6	排放者→生产者或生产者委托的收运单位→交货点→生物转换→填埋
7	排放者→垃圾处理企业指定的收运单位→交货点→物质回收利用→热转换→填埋
8	排放者→垃圾处理企业指定的收运单位→交货点→物质回收利用→生物转换→热转换→填埋
9	排放者→垃圾处理企业指定的收运单位→交货点→物质回收利用→生物转换→填埋
10	排放者→垃圾处理企业指定的收运单位→交货点→生物转换→物质回收利用→热转换→填埋
11	排放者→垃圾处理企业指定的收运单位→交货点→生物转换→热转换→填埋
12	排放者→垃圾处理企业指定的收运单位→交货点→生物转换→填埋

续表

序号	物流
13	排放者→政府指定的收运单位→交货点→物质回收利用→热转换→填埋
14	排放者→政府指定的收运单位→交货点→物质回收利用→生物转换→热转换→填埋
15	排放者→政府指定的收运单位→交货点→物质回收利用→生物转换→填埋
16	排放者→政府指定的收运单位→交货点→生物转换→物质回收利用→热转换→填埋
17	排放者→政府指定的收运单位→交货点→生物转换→热转换→填埋
18	排放者→政府指定的收运单位→交货点→生物转换→填埋

乡镇农村垃圾治理应建立专门的收运队伍，定时定点收运，大件垃圾及有毒、有害、危险废弃物也可采用电话预约的收运方式。垃圾收运由生产者或生产者委托的收运单位、垃圾处理企业指定的收运单位和政府授权委托的收运单位三类承担。生产者或生产者委托的收运单位主要承担农资垃圾包装物和失效农资产品的收运；垃圾处理企业指定的收运单位主要承担无毒无害的一般废弃物的收运（有些地区由事业单位承担）；政府授权委托的收运单位主要承担农药瓶等有毒、有害、危险废弃物及家具、家电等大件垃圾的收运（有些地区由事业单位承担）。

区（县级市）应合理规划乡镇农村垃圾处理设施的建设，物质回收利用与生物转换设施宜以自然村或行政村为服务区域，宜以中、小规模为主。热转换（能量回收）与填埋设施宜以一个或几个镇为服务区域，宜以大、中规模为主。乡（镇）政府应保证适当处理能力的物质回收利用与生物转换设施正常营运，区（县级市）政府应保证适当处理能力的热转换与填埋设施正常营运。填埋作为一种应急措施，应具备一定的填埋库容。

三、落实乡镇农村垃圾综合治理方案的重点工作

（一）建章立制，促进乡镇垃圾治理法治化

编制乡镇农村垃圾治理规划、管理办法、清扫保洁与垃圾处理经费管理办法和考核办法，完善乡镇农村垃圾管理机构，配齐清扫保洁、垃圾收运队伍，落实垃圾治理经费，畅顺乡镇垃圾治理的运行机制和监管机制，尤其要理顺区（县级市）、乡（镇）、村委会和居民联动机制，逐步推行乡镇农村垃圾清扫保洁、垃圾收运及后续处理第三方服务，建立经济激励机制和生态补偿机制，促进乡镇垃圾治理法治化，推动乡镇垃圾治理稳步发展。

（二）因地制宜，推动乡镇农村垃圾治理方案具体化

一是建立农资垃圾收运队伍。供销社下属农资公司专营农资，有能力承担农资垃圾的收运，这是农村地区落实生产者责任延伸制度的有利条件。农村地区应理顺城市管理（环卫）部门与经贸部门（供销社）之间的关系，充分利用供销社的优势，引导供销社代表农资生产者回收利用农资垃圾，鼓励供销社代表村民回收利用农产品垃圾。

二是因地制宜选择生物转换方法。可供选择的生物转换方法有饲料化、特种酶制取工业乙醇、蚯蚓（蟑螂）堆肥、堆肥和厌氧发酵制沼气。餐厨垃圾饲料化处理的技术较

成熟，机械化程度高，占地较小，资源化利用程度高，具有技术优势与经济优势，但生态风险难以预测。特种酶制取工业乙醇目前仍停留在实验室研究阶段，有待对原料成分、操作参数等进行系统研究，商业化用于餐厨垃圾处理还有待时日。蚯蚓堆肥投资少，简单易行，但土地利用效率低，一般只适用于餐厨垃圾分散处理，1 亩地每年只能处理 100 吨有机垃圾，生产 2~4 吨蚯蚓和 37 吨高级蚯蚓粪，蟑螂堆肥也具有类似特点。好氧堆肥技术简单、成熟，广泛用于园林绿化垃圾、秸秆等农林垃圾的处理，但占地大、周期长、臭气难以控制、产品销路不畅，宜控制在中小规模，缺氧堆肥（沤肥）也具有类似特点。厌氧发酵制沼气占地小，资源化与减量化效果好，臭气易控制，具有推广前途。各地可根据有机垃圾的产量、性质、土地及资金等情况，选择适宜的生物转换方法，对于人口较多的自然村、行政村或更大服务区域，可采用厌氧发酵制沼气，对于人口稀少或偏远乡村，可采用沤肥或蚯蚓堆肥等适合于小规模处理的方法。

三是建立与治理流程相适应的资金流，吸收社会资金参与，控制资金投入，确保资金链环环相扣。

（三）创新突破，建设乡镇农村垃圾治理试点

建设乡镇农村垃圾治理试点工程，探索垃圾处理各环节及其组合方式的优化，引入市场机制，引进社会资金及先进管理经验和技术，开发与开放乡镇农村垃圾处理服务市场，创新垃圾处理服务模式，积累产业化经验。由试点晋级示范，再到推广，发挥榜样的带动作用，形成一户带一村、一村带一乡（镇）、一乡（镇）带一片的良好局面。

四、乡镇农村垃圾治理案例

（一）长沙市乡镇垃圾治理模式

长沙市在有条件的农村地区，推广"户分类、村收集、镇中转、县处理"的垃圾清运处理模式，在偏远山区、经济实力差的乡村，实行分类收集、就地填埋模式。要求农村做到"三有"：户有垃圾存放桶、村有垃圾收集池、乡（镇）有垃圾中转站；做到"三无"：无暴露垃圾、无卫生死角、无乱堆乱放。为了强化乡镇干部及村干部治理农村环境卫生的责任意识，长沙市决定每半年组织评出"十佳乡镇十佳村"和"十差乡镇十差村"，评比结果通过新闻媒体向社会公开，同时纳入对各级政府的绩效考核。不讲卫生的乡镇，在评选中将被"一票否决"。

（二）江西省"3+5模式"

江西省在 52153 个自然村、564 个集镇启动农村清洁工程试点，成功创造了破解农村垃圾分类和无害化处理难题的"3+5"模式，并初见成效。这是一种多主体参与、多种技术路线并存的适合乡镇特点的就地处理模式。"3"指 3 个主体：农户（分类主体）、保洁员（回收处理主体）、理事会（管理主体）；"5"指 5 种垃圾的处理方法：湿垃圾沤肥处理、干垃圾回收处理、有毒有害垃圾封存或焚烧处理、建筑垃圾铺路处理、其他垃圾入灶焚烧处理。

（刊于《城市管理与科技》，2013 年 10 月 15 日，作者：熊孟清，熊舟）

第三篇

环境治理

环境治理需社会参与

为了更好地凝聚全社会加强环境保护、建设生态文明的强大力量，环境保护部日前下发了《关于加强面向社会环保宣传工作的意见》，为政府和环保部门更好地引导公众参与环境保护提供了政策上的支持和指导。

环境治理是政府与社会公众共同处理环境事务的方式、方法与行动的总和，需要政府与社会分工协作、良性互动和共同治理。因此，环境治理需要广泛调动社会公众参与。

社会公众拥有享受良好环境的权利，也有参与环境治理的义务。实际上，无论是政府购买服务，还是社会组织主导下的社会自治，都离不开社会公众的自觉自愿行动，离不开企业参与和社会组织的大力配合。居（村）委会作为社区组织，更负有发动、组织社区内公众参与环境治理活动的责任与义务。行业协会作为政府、企业之间，商品生产者和经营者之间的社会中介组织，负有发动、组织行业内相关单位参与环境治理活动的责任与义务。

环境治理应满足公众参与权不断拓展的要求，不断完善环境治理模式，丰富公众参与形式，简化参与程序，拓宽参与渠道，扩大参与范围，提高参与效率，将公众参与提升为社会自我管理和自主自治，实现政府与社会共治，从而提高治理水平。

相反，环境治理应避免议而不定，致使污染物不能得到妥善处理。尤其在落实污染者责任制度、生产者责任延伸制度、应急设施建设、危险废物转移与处理等重大事项方面，社会应与政府一道果断决策并高效执行。

环境治理事关经济社会的可持续发展，事关民生福祉，需要政府发挥宏观调控作用。政府出台相关法律法规并依法执行，引导社会公众科学参与，并妥善处理环境事务。可是，在实际情况中，环境治理不仅存在市场失灵与社会失灵，因政府体制及其运行机制的缺陷，也存在政府行为的负内部性、负外部性、信息不完全与不对称、政府被企业俘获等政府失灵的问题。这就需要社会的监督，以避免政府失灵。

笔者认为，为引导社会公众科学参与，需要坚持以下3个原则：

一是政府引导，市场导向。发挥政府的宏观调控作用，发挥政府的服务职能及其对市场、社会的引导作用，维持治理行业适度竞争和企业化运作，统筹各地区、各阶层、各行业之间的利益，兼顾效率与公平。同时，尊重市场规律，坚持市场的资源配置作用，增强行业的竞争性，提高环境治理的效率，实现政府引导和市场导向下的社会自治，促进公共利益和社会福利最大化。

二是因地制宜，多措并举。结合本地区的资源、环境、经济和社会等实际情况，分解目标，整合资源，扬长避短，因地制宜，提出实现治理目标的治理方法与执行措施，保证治理方法和执行措施能够落地实施。

三是社会自治，注重绩效。发挥社会的自我管理能力，建立健全环境治理绩效的考核体系，权衡经济效益、生态环境效益和社会效益，划片治理，因地制宜，促进环境治理的综合效益增值，实现政府引导、市场导向和注重绩效下的社会自治，确保环境治理可持续发展。

（刊于《中国环境报》，2014 年 4 月 2 日，作者：熊孟清）

积极推动社会协同治理

　　环保督察渐成制度，且力度不断加大；污染企业无处遁形，关停限改在所难免。重拳之下，多数地方政府和企业主动适应，积极整改环境问题，但也有少数抵制、应付或选择性整改，社会上甚至出现了借民生绑架舆论的杂音，产生了"环保力度是否过大"的质疑。

　　一些地方政府和企业罔顾环境问题，宁愿把资金用于发展经济和扩大生产，这是错误的"发展—污染—治理"观念在作祟；一些地方政府和企业难舍眼前利益，相互照应，应付整改；一些地方心存侥幸，或寄望于躲过督察，或寄望于蒙混过关……凡此种种，这些不计环境资源成本的生产行为必将害人害己。实践表明，环境资源就是生产资料，保护环境就是保护生产力，改善环境就是发展生产力。

　　为此，地方政府更应加强环境保护工作，面对部分人的抵触与反对，要敢于维护绝大多数群众的根本利益，加强反思、判断、行动，妥善运用规划、引导等手段，完善督察、整改、执法的方式方法，化解社会不良心理和行为，把社会力量统一到环保行动上。笔者认为，当前，环境保护已经进入攻坚期和深水区，需要放大招推动社会自治。

　　首先，要明确环境问题的本质是因环境资源人人所有产生的生产关系问题，从调整、完善生产关系角度寻找环境问题的解决方案。明确环境资源占有与使用的合法性，做到合适人以合适程序取得环境资源的占有与使用权利。明确环境资源占有与使用的适度性，提倡生产生活过程适度排污，提倡环境资源适度使用与保护，提倡环境治理与经济社会发展相适应。明确环境资源占有与使用的社会性，抑制环境资源占有与使用的负外部性，放大环境资源占有与使用的公益性，促进全社会的环境自觉。

　　其次，要严格依法行政。公示并解释环保关停限改的法律依据和受控制污染物的目录，做好信息公开工作。尽量减少环境保护标准及其利益的不确定性，完善建设时未违建而现在属违建但未及时处罚的项目，或企业的处理办法及利益补偿标准，限制法律条款的人为可操作性和执法人员的自由裁量权等。加强行政机构、队伍建设，防止依法行政过程中出现认识偏差和行为偏差。

　　最后，要推动社会自治。发动群众寻找、揭发、监督污染源，这是台北成功实行去垃圾桶和垃圾分类排放的主要经验之一。既要动用科技、经济、行政手段从工程角度治理污染源，更要大力倡导社会的环境自觉，鼓励全社会保护与治理环境。同时，要促进环境经济社会融合发展，建设融合发展示范区，提高社会参与环境保护的意愿。

　　（刊于《中国环境报》，2017 年 9 月 8 日，作者：熊孟清，熊舟）

将公众参与纳入环保项目建设

　　《环境保护公众参与办法》（以下简称《办法》）于 9 月 1 日起正式实施，其中规定了公众参与的主体、客体和参与方式。《办法》与《中华人民共和国环境影响评价法》《环境信息公开办法（试行）》《环境影响评价公众参与暂行办法》《关于推进环境保护公众参与的指导意见》等一起，为公众参与环境保护提供了制度保障。

　　公众参与并不是一个新议题，但在社会治理出现新目标、新结构、新挑战的形势下，尤其当社会自治成为社会发展新动力时，公众的参与权不仅涉及浅层次的知情权和表达权，还包括高层次的监督权和掌控权，这使公众有效参与成为一个新课题。

　　公众包括公民和法人组织，理论上，公众有权对环保项目进行全过程、全方位、多层次、多角度、多渠道的参与。但实际上，这样做会消耗巨大资源，而且很容易陷入无目的、无组织的状态，降低公众的参与效率，甚至导致参与项目悬而不决。《办法》从参与主体、客体、程序和方式等方面规范了公众有序、有限参与，有助于提高公众参与的组织性，提高参与项目的推进效率。

　　为了更好地贯彻落实《办法》，进一步提高公众参与的组织性和针对性，环境保护项目建设单位应把公众参与纳入环境保护项目建设之中，制定公众参与的规划和平台。

　　一是把公众参与纳入项目建设内容。环保项目的根本目的是保障公众的环境权益，从决策到建设营运全过程都会受到公众关注，项目是否上马、项目实施过程及实施效果都需要公众评价。为此，可将公众参与视为项目建设内容的组成部分，变被动为主动。建议在制定公众参与制度时，可要求项目在决策阶段必须论证公众参与风险及其规避办法，并在项目建议书中编写公众参与篇章。

　　二是建立健全公众参与的规划。公众参与规划是公众有效参与的蓝图，明确公众参与的目的、范围等，以及公众代表的地域和数量分布情况、选取方式、拟征求意见的事项及其确定依据等。鉴于环境保护项目涉及范围较广，为了提高公众参与效率，可成立公众参与委员会，定期召开座谈会与论证会。成立公众参与委员会时，应明确设置委员会的有关事项或参与计划，包括委员会的人员组成、任务、活动方针、活动办法、信息公开方法、与专家等的协商方法和与一般居民的互动方法等。同时，还要明确委员会向上级部门建议的权限、内容、建议内容的实施方法及与有关单位的协调办法等。

　　三是充分利用网络信息化平台。保障公众有效参与的重要条件之一是消除信息的不完全和不对称。在项目规划、设计阶段，应充分考虑避免信息不完全和不对称的方式、方法与途径，及时总结与发布信息，完善信息传播渠道，增大信息透明度，建立信息共享制度。要充分利用网络信息化平台，建设"互联网＋"公众参与体系。

　　（刊于《中国环境报》，2015 年 10 月 30 日，作者：熊孟清）

企业关停依法不依大小

在中央环保督察和强化督查过程中，一些违法企业被责令关停限改。这些企业主要包括两类。一类是违反《中华人民共和国城乡规划法》和《建设项目环境保护管理条例》等相关行政法规的违建企业，尤其是违反《建设项目环境保护管理条例》规定的建设项目环境影响评价制度和建设项目中污染防治设施"三同时"制度的企业；另一类是违反《中华人民共和国环境保护法》《中华人民共和国水污染防治法》《中华人民共和国大气污染防治法》等环境保护法律及相关行政法规的违法企业，重点是那些偷排、超排污染物的企业。

由此可见，环保关停限改是以相关法律法规为依据。无论企业大小，只要违建或违反环保法律法规，便难逃关停限改的命运。其目的是维护社会公平正义、维持良好的经济社会秩序、保护公共资源（包括环境资源）、保护人民群众生命财产安全，实现环境、经济、社会和谐发展。

目前，很多中小企业需要被关停限改，其绝对数量远大于需要被关停限改的大型企业数量，只能说明违建或违反环保法律法规的中小企业众多，并不代表环保关停限改重点针对中小企业而放松大企业，更不能因此断定环保关停限改是根据企业大小来确定的。

为了消除这种误解，顺畅、高效落实环保关停限改措施，需要向社会尤其是中小企业详细公示并解释环保关停限改的法律依据和受控制污染物的目录，做好信息公开工作，并严格依法行政。

同时，需要完善法律法规，如完善建设时未违建而现在属违建以及违建但未及时处罚的项目或企业的处理办法及利益补偿标准，尽可能对诸如"情节严重的"等法律条文进行详细界定，限制法律条款的人为可操作性和执法人员的自由裁量权等。探讨排污权交易制度和企业间协调机制，利用市场机制和经济手段控制重点污染物排放总量和环保成本，化解大中小企业之间的矛盾。

此外，还需要加强队伍建设，防止依法行政过程中出现认识偏差、行为偏差和督察偏差，以公平正义的环保关停限改举措，赢得包括中小企业在内的社会点赞。

（刊于《中国环境报》，2017 年 8 月 29 日，作者：熊孟清）

"散乱污"企业不具有先进性

当前，各地正在积极治理"散乱污"企业，同时通过限产能、企业进园、产业转型升级等措施控制污染物排放，使环境污染问题得到有效控制。重拳之下，一些与企业有经济关联的人满腹牢骚。为正视听，有必要深层次探讨环境问题。

环境问题，包括环境污染和环境治理两个方面，究竟是生产力问题还是生产关系问题，值得深究。通常认为，环境污染是技术不过关、管理不严等生产力因素所致，环境治理也必须借助技术更新、加强管理等手段。这样看来，环境污染和环境治理似乎都是生产力问题，必须从生产力的角度来解决。其实不然，生产力只是环境问题的外部原因与解决方法，环境问题的本质是生产关系问题。

导致环境污染的根源在于环境资源的所有制问题。环境作为一种生产资料，长期被视作一种廉价、随取随用的公共资源。人们在尽情享受甚至掠夺环境红利的同时，推卸保护环境、治理环境的义务，造成人与环境乃至人与人、人与社会的对立，加剧生态环境危机。

笔者认为，环境治理就是一个调整、完善生产关系的过程。环境治理的任务是要理顺人与环境、人与人以及人与社会的关系，完善生产关系；途径是视环境治理为生产过程，确认环境治理产品（环境容量及其他治理产品）的稀缺性，完善环境资源所有制和环境治理产品分配方式，调动环境治理各类主体的能动作用，并健全相应的政治、社会与经济制度；目的是以环境治理促进经济社会发展，以经济社会发展提升环境治理质量，推动形成环境与经济社会融合发展。

所以，从生产关系角度寻找环境问题的解决方案时，要重点抓好3件事：合法性、适度性和社会性。

一是环境资源的占有与使用要确保合法性。任何人都必须依法依规占有、使用环境资源，以合适程序取得环境资源的占有与使用权利，并在合适的地方与合适的时间以合适的方式占有与使用环境资源。

二是环境资源的占有与使用要确保适度性。包括提倡生产生活过程适度排污，提倡环境资源适度使用与保护，提倡环境治理与经济社会发展相适应。制止掠夺、污染和免费消耗环境等行为，制止闲置环境资源，禁止以环境保护与环境治理为名扰乱政府战略发展规划。

三是环境资源的占有与使用要确保社会性。环境资源具有公共资源属性，并非取之不尽、用之不竭。必须兼顾环境资源占有与使用的利他性、协作性、依赖性等社会性，抑制环境资源占有与使用的负外部性，增大环境资源占有与使用的正外部性，放大环境资源占有与使用的公益性，促进全社会的生态文明自觉。

以此标准判断，"散乱污"企业既无合法性，也无适度性，而且给社会造成很大的负外部性，理应坚决取缔。再者，根据马克思主义政治经济学原理，生产力决定生产关系，生产关系对生产力具有反作用，"散乱污"企业的生产力不可能具有先进性，也当列入淘汰之列。

（刊于《中国环境报》，2017年6月28日，作者：熊孟清，熊舟）

要落实好事先承诺制

　　让企业、监管者等当事人能够事先准确评估承诺风险，能够事中评估不兑现事先承诺的代价，最终做出双赢选择。

　　环境守法是企业的责任，而"装、树、联"是促使企业环境守法的有效措施，企业应该乐于去做，但现实并非如此。长期以来，由于守法成本远高于违法成本，加上环境确权不普遍、监管执法不严和企业社会责任感欠缺等原因，抬升了企业冒险环境违法的意愿。笔者认为，可以从以下几个方面着手，进一步提高企业环境守法的意愿与诚信。

　　一是要设计运用好事先承诺制，实现企业与社会双赢。事先承诺制通过企业、监管者等当事人的事先承诺，尤其是企业对自身的风险控制水平向监管者做出的事先承诺，对其选择加以约束，重点是设计运用好既能为企业提供适度激励、又能最大化实现社会公益的机制，以此规范企业的道德操守，消除信息的不对称和不完全现象，兼顾效率、效益、公平与公正，有机地融合企业与社会的目标。为此，让企业、监管者等当事人能够事先准确评估承诺风险，事中评估不兑现事先承诺的代价，最终做出双赢的选择。

　　二是要采取硬措施，确保营运数据的真实性和准确性。以垃圾焚烧处理设施为例，可通过在项目设计阶段，选择标准化、系列化、通用化的垃圾处理设备装置，以及固化的信号转换变送器等监控设备，将那些不易造假或造假成本较高的指标作为考核指标，科学确定瞬时变量均值的时间间隔，明确垃圾处理费的支付依据与办法，并推行只要环境失信就否决企业诚信的"一票否决"制，提高垃圾处理效率，防止数据造假。鼓励企业对环境污染进行治理，防止企业采取更冒险的手段换取高收益以弥补惩罚的行为。

　　三是要加强监管者自身建设。采用事先承诺制，对监管者的素质也提出了更高的要求，以垃圾焚烧处理为例，监管者不仅需要具有较强的专业知识，还需要有较强的行政管理、企业管理和社会管理的知识。垃圾治理还涉及不同的利益群体，还要协调好部门之间、企业与社会之间、政府与社会之间的关系。因此，监管者必须加强自身能力建设，不但要采用先进的监管技术手段实现实时监控，而且要吸收专业人才充实监管队伍，提升监管水平。

　　（刊于《中国环境报》，2017年7月19日，作者：熊孟清，熊舟）

澄清错误认识 积极整改

面对环保督察和强化督查，有的企业和政府部门对整改存在怨言，甚至消极整改。有的当耳边风，我行我素，致使问题依旧；有的应付了事，督察组在场时积极整改，督察组一走便恢复原形，致使整改无效；有的选择性整改，做些表面功夫，致使整改不到位。

分析原因，有的地方政府和企业可能因资金安排困难而消极整改。在这种情况下，把有限的资金用于经济发展和扩大生产，看似合情合理，但其实是错误的"发展—污染—治理"发展观和绩效观在作祟。因此，必须牢固树立保护生态环境就是保护生产力、改善生态环境就是发展生产力的理念。在有限的资金约束下坚决转型调结构，走生态环境导向发展的道路。维持一定的经济发展活力，但决不用生态环境赤字为代价换取经济发展。

广东普宁市铁腕治理练江流域印染污染的经验值得借鉴。普宁市树立环境与经济融合的发展理念，拿出壮士断腕的勇气，全面落实印染企业按量达标排放核查。通过综合治理，练江水质持续改善，基本消除了黑臭现象。

还有一些地方政府和企业因难舍眼前利益而消极整改。一些污染大户可能是地方的支柱企业，为了照顾眼前利益，地方政府和企业相互照应，抵制、应付或选择性整改。在流域治理方面，上、下游地区相互观望，甚至寄希望于对方加大治理力度而自己搭便车，这种现象也存在于污染企业之间。殊不知环境具有连通性，为了一己私利，罔顾环境保护，必将害人害己。对此，应加强合同契约、个人信用记录、监督执法和司法介入。同时，建立健全道德文化层面的行为规范，促成社会普遍信任。

此外，一些地方政府和企业也许还存在侥幸心理而消极整改。或寄望于躲过督察，或寄望于蒙混过关。还有的地方政府和企业自我蒙蔽，寻找诸如整改要求不接地气、措施过头等借口，试图推卸环境治理与保护责任。当下环境治理与保护已经是一项政治任务，这些地方政府和企业应当认清形势，做到"党政同责""一岗双责"。

综上所述，消极整改的根本原因在于割裂地看待环境保护与经济发展，问题出在认识上。应坚持"两山"理论，倡导天人合一、德人合一，补齐环境保护短板，着力构建环境、经济、社会融合发展的长效机制，加速推动"五位一体"建设。

（刊于《中国环境报》，2017年8月18日，作者：熊孟清）

应重视生态环境的互联互通

俄罗斯国家航天集团近日发布新闻公报说，科研人员在国际空间站舱体外表面的沉积物中发现了 6 种微生物，并推测部分生物可能来自地球。也许这一次不再只是科幻故事，生物入侵不仅发生在地球表面范围，甚至可以延伸到距地表 400 千米之远的太空轨道，简直就是国际空间站版的《异形》。生物以出乎预料的方式扩散，也以超乎想象的方式影响人类的生存环境。这些生物是如何逃逸到地球空间，又将如何影响国际空间站乃至人类生存呢？

当下，随着互联互通和技术的飞速发展，上天入地已经不是一种幻想，环球旅行甚至太空旅行日益成为现实，"一带一路"发展战略牵手沿线 60 余国，经济圈、港湾区、城市群等一体化或同城化区域已经实现一小时即到概念，带来了交通便捷、市场活跃和经济繁荣。与此同时，我们也应高度重视生态环境的互联互通问题，重视生物与生态环境污染物的扩散及其对生态环境的影响问题，既要知道人类能对互联互通的生态环境保护做些什么，也要知道生态环境的互联互通会对人类做些什么，尽可能减少互联互通项目的随意性和盲目性。

但我们应该看到，互联互通项目在生态环境保护方面存在一些不确定性。现有研究偏重回答"我们能对互联互通的生态环境保护做些什么"，而较少涉及"生态环境的互联互通将会对我们做些什么"，现有规划给出的多是生态走廊、污水处理设施、生态环境保护信息交流平台等保护性设施，而较少涉及生态文明自觉、生态平衡及生物多样性保护等；而且，相关项目建设规划多强调设施建设的生态环境影响及其保护措施，弱于区域生态环境保护能力的共建共享。

再者，有关生态环境保护的要求常常散见于互联互通项目和相关行政区的经济社会发展规划及有关专项规划中，碎片化现象较严重。

此外，各行政区偏重落实区内规划，画地为牢，各行其是，导致互联互通生态环境保护设施规划的落实不到位，如一地建设森林公园保护区，另一地却在周边大建产业园区承接转移产业，硬生生地撕断规划建设的生态环境缓冲带。

鉴于此，首先，要进一步加强生态环境扩散、累积、变异及其对人类影响的专题研究。重点加强地上地下水路通道、气路通道及人流物流通道等对生物及生态环境污染物传播的影响。同时，要重点加强生物及生态环境污染物传播影响的特性研究，研究生态环境对人类社会心理、行为与生态环境文化的影响，帮助树立互联互通区域生态环境文化连通理念，并在此基础上完善互联互通生态环境保护规划，既回答了我们能做什么的问题，也回答了我们如何面对生态环境互联互通对我们做些什么的问题。

其次，要加强互联互通区域生态环境保护能力的共建共享。树立生态环境连通理念，不仅要共建生态环境保护设施，更要加强生态环境保护设施与信息的共享，推动气、液、固污染物联防联治，建设区域性生态环境保护与应急设施、基地和缓冲带，加强生物及生态环境污染物传播监测，加强检验检疫工作，打造互联互通区域命运共同体。

最后，要加强互联互通生态环境保护的协调。树立生态环境保护政策连通理念，完善生态环境保护管理体系，建立互联互通区域联席会议制度，协调互联互通项目的领导、指挥和行动，以区域性互联互通生态环境保护规划为引领，实现区域生态环境保护文化、政策、资源、行动、安康的互联互通。

（刊于《中国城市报》，2017 年 6 月 26 日，作者：熊孟清）

特色产业区环境
急需提质再造

在企业独自开展环境治理的基础上，建设特色产业区（镇）污染物集中深度治理设施，变企业独立排污为特色产业区（镇）集中排污，以便于污染物排放监测监督，降低行政管理部门的监管成本。

产业集群发展至今，很多地方都形成了一些特色产业区甚至特色产业镇，取得了令人瞩目的成效。以广东省为例，仅省级特色产业镇就多达413个，其中规模以上的企业数达3.03万家，生产总值占全省GDP的38％。

然而，由于人们的认识、经济及技术水平等受时代局限，一些特色产业区（镇）的建设与营运管理标准低于最新标准，尤其是区域内中小企业的工艺技术、生产管理与在线监测监督水平明显偏低，导致一些特色产业区（镇）的生产效率、节能与环境保护水平普遍偏低，急需提质再造。

笔者认为，特色产业区（镇）环境提质再造主要有以下途径：

一是通过企业升级改造，提升企业的工艺技术、节能环保技术、生产管理和监测监督水平，逐渐提高企业的环境保护水平。企业的工艺技术、节能及环境保护措施、生产管理水平是环境污染物排放总量及浓度的决定因素之一，企业提质升级自然是提高环境保护水平与环境效益的重要途径，也是提高生产效率、经济效益与可持续发展的关键。企业应强化环境自觉，将环境保护内化于企业文化，自觉遵守环境保护政策法规与标准，主动提升生产技术与管理水平，开展节能环保改造，高标准建设污染物排放监测监督装置，融环境保护于企业发展之中。行政管理部门应将企业环境保护信息纳入公共信用体系项目，并建立企业环保红黑名单。

二是通过特色产业区（镇）的生态工业园化再造，整体提升区域的环境保护水平。行政管理部门应将特色产业区（镇）作为一个有机整体，发挥商会的行业管理作用，推动特色产业区（镇）整体进行生态工业园化再造，减少特色产业区（镇）的总污染排放量。

要以规模以上企业为骨干，通过企业关停并转，再造产业链和污染物处理的"食物链"，借此提高产业集聚度，突破关键工艺技术，促使企业转型升级，优化上下游产业链，建立污染物处理的"食物链"。

要在企业独自开展环境治理的基础上，建设特色产业区（镇）污染物集中深度治理设施，变企业独立排污为特色产业区（镇）集中排污，以便于污染物排放监测监督，降低行政管理部门的监管成本。

借鉴美国大气污染物控制的"泡泡政策"，推行特色产业区（镇）污染物总量控制办法，允许特色产业区（镇）根据区域内企业的实际情况，兼顾企业污染物控制成本和产业持续发展，在企业内部及企业之间调剂污染物排放种类与数量。

三是新建高标准的产业园，将特色产业区（镇）内的企业迁入园区。这项措施的优点是高标准另起炉灶，有利于园区经济效益、社会效益和环境效益极大化，而劣势是园区建设所需时间长、成本高昂，在人多地少的地区推行难度较大。特色产业区（镇）提质再造是摆在政府面前的一项艰巨任务，事关经济社会发展与环境治理的融合，应稳妥推进。对于土地供应紧张地区，可优先考虑对业已形成的特色产业区（镇）进行生态工业园化再造，适时督促企业升级改造，既稳住企业、产业与经济发展，又促进企业、特色产业区（镇）与环境提质再造。对于土地供应有保障的地区，可以考虑将特色产业区（镇）企业迁入新建产业园，同时要衡量新建园区的时间与成本。

（刊于《中国环境报》，2017 年 5 月 19 日，作者：熊孟清）

散煤管理要
摸清底数

　　据了解，我国的用煤结构中，约一半燃煤用作发电，另一半则用作工业和生活散烧煤。散烧煤污染存在分散性、不确定性和弱排放控制等特点，导致散烧煤污染的防治难度较大。

　　防治散烧煤污染，首先要对散烧煤污染源进行全面摸查，分门别类地建立散烧煤用户数据库，条件许可时最好利用网络信息技术平台进行管理。要求全面掌握住散烧煤的用户、用途及污染物排放特点等第一手材料，并对用户、用途和污染物排放特点进行细分。如将用户分为工业用户和生活用户，再将工业用户细分为中小生产规模企业、小微企业和私人作坊，将生活用户分为较集中生活用户和散居用户等。根据污染物排放特点，分为有组织排放和无组织排放，将有组织排放再分为达标排放和不达标排放等。

　　其次，因"类"制宜，制定散烧煤污染防治方案。应根据散烧煤污染源的类属，从污染防治技术和资金保障等方面提出针对性防治方案。

　　具体而言，对于具备一定经济实力的中小规模工业用户，可要求其提高燃料标准、工业炉燃烧效率、热效率和污染治理水平，严格执行污染物排放标准；对于相对集中的生活用户，可考虑向其提供替代品，如用集中供热替代散烧煤取暖；对于小微企业和散居生活用户，可提供污染防治补贴以鼓励其采用清洁燃烧炉具和替代燃料；对于黑作坊则坚决取缔。对不同类别用户可采用不同防治方案，以减少推行阻力和监管难度，争取少烧煤、烧好煤和使用替代洁净燃料，最大限度地减少污染物排放。

　　最后，要加强散烧煤全过程监管。不仅要在末端加强对散烧煤用户的监管，还要在中间环节加强对散烧煤销售和运输的监管，同时在源头加强对散烧煤生产的监管。在末端，要重点监管燃料、炉具及其环境保护措施是否符合要求。在中间环节，重点监管散烧煤售运程序和流向。在源头，则要重点监管出厂煤的质量。监管方法上，应打出抽查、巡查和督察组合拳，并发挥司法介入的作用。监管技术上，可建立"互联网＋"监管体系，做到信息公开，激发公众参与监督的积极性。

（刊于《中国环境报》，2016 年 1 月 6 日，作者：熊孟清）

推动水乡环境与经济融合发展

当前，一些水乡的经济社会发展面临环境承载压力。当地政府既要完成环境治理目标，又要推动经济社会可持续发展，急需代价小、见效快、可持续的环境治理方法，走环境治理与经济社会建设融合发展之道，因地制宜推进当地的环境治理和综合开发。对此，笔者认为应从以下几方面着手。

首先，要具体化治理目的、任务和途径。水乡环境治理的总目的是水质达标和达到使用功能要求。在力求水质不降级的前提下，争取水质逐年改善，最终实现水质达标和达到使用功能要求。应设置若干监测断面（点），适时公布超标、降级的河段或断面名称、监测因子。

要推进源头污染物减量与排放控制、存量污染物处理和河流功能恢复。采取污染物源头减量、截污治污、清淤疏浚及补水中和的治理途径，减少污染物种类与产量，优化调配水资源，修复水生态，恢复河流的自我净化功能，实现水质达标和达到使用功能要求。

其次，要建立流域、河段、单元管理体系。水乡环境治理应树立流域概念，按流域所覆盖范围联合治理（流域覆盖区域可能跨行政区划）。流域覆盖区域应统筹规划建设管理，沿流实行河长制，持续推进流域上下游与两岸的环境联合治理，稳定和改善流域生态环境质量。

将治理要求高、治理难度大、生态环境脆弱或严重影响流域环境治理效果的片区，如流域发源地、饮用水水源保护区、污染严重区、特色产业区等，确定为环境治理的控制单元，并因地因时制定各控制单元的超标因子清单、治理目的目标、容量分配（产能分配）、技术经济投入、配套设施、规章制度和注意事项等，实行控制单元专人负责制（片长制），重点治理。

然后，要重点治理废水污染和垃圾污染。应切实推进工业废水污染和生活污水污染的治理，推进垃圾综合治理，重点加强控制单元的环境治理。要集中开展"散乱污"企业专项整治。对"散乱污"企业要严查严管，坚决取缔一批，改造一批，引导转移一批，严格监管一批。全面取缔不符合产业政策、不符合布局规划、违法用地、违法建设、违法排污、存在安全隐患的"散乱污"企业；治理改造不符合取缔条件且具备升级改造条件的"散乱污"企业。

开展农村环境卫生专项治理。以"洁净、绿化、美观、有序"环境建设为主要内容，开展洁净提升行动、绿化提升行动、景观提升行动和秩序提升行动，整治脏、乱、差、杂行为，重点做好中心集镇、村庄环境卫生管理和辖区道路沿线、河道沿岸积存垃圾清理。建立镇乡农村垃圾收运处理体系，推动农业垃圾与生活垃圾分流处理，建设一批干垃圾热处理设施和易腐有机垃圾生物处理设施，推动干、湿垃圾就地就近分类处理。

最后，要推动环境治理与经济社会建设融合发展。以推进环境治理为契机，化解资源环境承载压力，发挥环境治理对经济社会发展的能动引领作用，统筹经济、社会、环境和政策 4 个维度，以综合开发为手段，以生态导向发展为方向，开展景观式河道、景观式道路、花园式工厂、庭院式社区、景点式机关等创建活动。建设生态休闲、安全健康的滨水岸线、人工湿地、生态公园等，持续推进社区营造。培育与生态文明建设相适应的产业体系，建设文旅、度假、商贸、地产、种养殖相结合的临山滨水田园综合体和生态增值产业生态圈，打造人与人、人与历史文化、人与科技产业、人与自然相融共亲的生态社区，促进环境治理与经济社会建设融合发展，提升水乡价值。

（刊于《中国环境报》，2017 年 5 月 24 日，作者：熊孟清，熊舟）

海洋生态环境保护需追根溯源

　　客鸟尾海岸石笋景区石笋冲天，怪石峥嵘，极具观赏性，也是研究海蚀地貌、开展海洋生态环境教育的旅游胜地。如此一处美景，却被垃圾污染，着实令人倒胃。这仅是海洋污染的冰山一角，据全国人大常委会执法检查组《关于检查海洋环境保护法实施情况的报告》（2018 年 12 月 24 日），我国约十分之一的海湾受到严重污染，大陆自然岸线保有率不足 40%，约 42% 的海岸带区域资源环境超载，近岸局部海域污染较为严重，部分地区红树林、珊瑚礁、滨海湿地等生态系统破坏退化问题较为严重，海洋生态环境形势依然严峻。

一、灾害频发，垃圾、富营养化和溢油污染是海洋污染的主要形式

　　我国海洋生态环境保护的严峻性主要表现为近岸垃圾未得到有效处理、富营养化生态灾害（包括赤潮、绿潮等现象）频发、溢油与危化品泄漏等环境风险持续加大等。据不完全统计，我国沿海自 1980 年以来共发生赤潮、绿潮 300 多次，平均 4～5 天边发生一起船舶溢油事故。其中，1989 年渤海赤潮持续达 72 天、污染面积达 1300 平方千米，2007 年以来青岛绿潮年年发生，黄海绿潮最大分布面积达 52700 平方千米、最大覆盖面积达 594 平方千米，2011 年蓬莱 19-3 油田溢油事件造成 5500 平方千米海水受到污染，2013 年黄岛 11·22 青岛输油管道爆炸事件导致约 1 万平方米海域被原油污染。

　　此外，热电厂、石化厂等工矿企业直接向海洋排放废热导致的海洋热污染也是值得重视的一种海洋污染形式。热污染提升水温，降低溶解氧，影响海洋生物与环境之间的代谢，甚至改变生物群落状态，导致生态关系断裂，不容轻视。

二、治陆净海，陆地污染物对海洋生态环境的负面影响最为严重

　　追根溯源，海洋污染源无非是陆源、海源和空源。陆源是海洋的主要污染源，空源污染物主要也来自陆地，部分随海流漂流至异地的海源污染物也是来自陆源，可以讲，陆地污染物对海洋生态环境的负面影响最为严重，因此，净海的关键在于治陆，必须坚持"治陆净海"思路。

　　陆源污染是指河流、地表径流和入海排污口将陆地污染物带进海洋所造成的海洋污染，80% 以上进入海洋的污染物来自陆源。我国沿海地区城市密集，工矿企业众多，主

要污染源多，2017 年统计的污水（废水）离岸排污口便多达 89 个，致使陆源污染物种类最多、数量最大，对海洋生态环境影响最严重，对像渤海这样水交换条件较差的半封闭海区的负面影响尤为严重，其中的工业废水、生活污水和农业废水是赤潮与绿潮的罪魁，垃圾则是近岸污染的祸首。

海源污染主要指海上活动产生的污染物引起的海洋污染。常见的海上活动如海上交通运输、海洋油气开采、海上种养殖、海上捕鱼、海上巡逻、海上演习等，这些活动在正常开展是会产生生活性与生产性污染物，在舰船触礁、沉没、碰撞等非正常事故状态下可能会导致灾害性海洋污染突发事件，如 2012 年 3 月 15 日，新加坡籍"巴莱里"集装箱船在福建省兴化湾外触礁搁浅，导致局部海域石油类和农药污染；2013 年 3 月 19 日，一艘英籍集装箱船与一艘巴拿马籍散货船在长江口发生碰撞，导致 0.3 平方千米海域受石油类污染。

就某地海域而言，海源污染还可包括随海洋潮汐、洋流等流动海水一起迁移的海洋污染物所引起的污染，如塑料垃圾随洋流迁移引起的异地污染，最恐怖的例子是位于加利福尼亚州与夏威夷间海域的"太平洋垃圾岛"，竟有 160 多万平方千米之大，可谓"第八大陆"。太平洋垃圾岛的垃圾总量高达 600 多万吨，99％以上是塑料垃圾，其中，50％以上来自陆地，46％以上来自海上渔业，这些垃圾都是从异地漂流而来，被海洋环流吸引而形成垃圾岛。据测算，每年有超过 800 万吨塑料进入海洋，占年增海洋垃圾的 80％，其中 30％以上有可能随海流远距离漂流。

空源污染指大气含带的污染物传递到海洋而引起的海洋污染，最显见的方式是降水将大气中的颗粒与废气等污染物带进海洋而造成的海洋污染。据统计，每年约有 $(0.5 \sim 5) \times 10^5$ 吨石油由大气输入海洋，大气中的这些石油类污染物主要来自石油工业、使用石油烃的其他工业和机动车尾气。大气中的污染物来自陆地与海上的人类活动，但主要还是来自陆地。

三、治根净海，人类社会的不当行为是海洋污染的罪魁祸首

探究海洋污染的根本缘由，无论是陆源还是海源或空源，也无论是日常性海洋污染还是突发性海洋污染事件（或因自然原因或因人为因素所致），都源自人类社会不当的生产生活行为。无节制地追求经济快速增长和无节制地追求物化生活方式，导致"大量生产—大量消费—大量废弃—大量污染"怪圈的形成，正如马克思指出的那样，正是资本主义大工业和大农业生产阻断了人类社会与自然界之间正常的代谢关系，从而产生了一系列生态环境问题，甚至可能导致人类社会与自然界的代谢断层。从人类生产生活视角审视，人类社会的不当行为才是海洋污染的罪魁祸首，因此，最根本的净海方法是"治根净海"，即树立尊重自然、顺应自然、保护自然的生态文明理念，推进绿色生产和绿色消费。

太平洋垃圾岛赖以形成与扩大的塑料垃圾正是源自人类社会不当的生产生活行为。这些塑料垃圾主要源自日常生产生活需求，截至 2018 年底，累计塑料垃圾产量高达 80 亿吨以上（累计塑料产量高达 95 亿吨以上），其中，9％得到回收利用，12％被焚烧，余下的被填埋或随意丢弃到自然环境，保守估计，每年有超过 800 万吨塑料垃圾进入海

洋。此外，突发事件也会加速太平洋垃圾岛的突然扩大，2011 年日本海啸把 450 万吨废墟卷入海中，其中 140 万吨塑料垃圾有可能漂流到大太平洋垃圾岛。

值得指出的是，太平洋垃圾岛的塑料垃圾中含有质量占比约 8%、个数占比高达 94% 的微塑料（塑料微粒），它们有的是化妆品中的塑料微珠，有的是大块塑料垃圾分解出的小碎片，尺寸小于 5mm，易于远距离漂流。这些微塑料（塑料微粒）本身可能含带有毒有害物质，其表面滋生微生物且吸附重金属等有毒有害物质，在漂流过程中不仅传播污染，更危险的是它们很容易被浮游生物和海鸟摄入，再通过食物链传递进入其他生物，最终进入食物链顶端的生物，包括人类，对海洋、生物和人类可能产生意想不到的危害。

鉴此，2017 年 2 月，联合国环境署呼吁全球减少塑料的生产和过度使用，并计划在 2022 年前消除海洋塑料垃圾的主要来源：化妆品中的塑料微珠成分以及一次性塑料制品的过量使用。

四、统筹净海，海洋是人类社会的生存空间和生存资源

从海洋污染源和人类社会的不当行为来看，防治海洋污染需要坚持治陆净海和治根净海。回到海洋本身来看海洋污染，所谓的海洋污染就是因为海洋不能再消纳进入海洋的污染物，即新进入污染物后海洋的污染物总量超出了海洋的储污能力与净污能力之和，因此，防治海洋污染就是要将进入海洋的污染物量控制在海洋消纳能力所允许的合理水平上，这里，海洋消纳能力是海洋的净污能力与储污能力之和扣除海洋的累计污染物量。

从海洋本身来看，海洋污染防治需要坚持统筹净海，在准确掌握进入污染物量、海洋消纳能力的基础上统筹考虑海洋保护与利用，关键是要根据海洋消纳能力控制进入海洋的污染物量，只要进入海洋的污染物量超出海洋消纳能力，就需要削减；同时要尽量发挥海洋的储污与净污能力，允许进入一定的污染物，只要控制在合理水平上即可。

海洋是人类社会的生存空间和生存资源，不容污染。当前应把海洋生态环境保护作为加强生态文明建设、打好污染防治攻坚战的重要内容，坚持依法、科学地治陆净海、治根净海和统筹净海，不断改善海水水质、海洋生态系统和人类社会与海洋环境之间的代谢关系。

（刊于《中国环境报》，2019 年 6 月 13 日，作者：熊孟清）

第四篇

城乡发展

用差异化方式方法实现城乡公共服务一致化

城乡公共服务发展极度不均衡，导致服务体系、行政管理（包括规范监督）体制、机制、执行方式方法和行政管理人员的责任、义务甚至价值观差异化，形成了公共服务体制机制上的城乡壁垒；这反过来导致城乡公共服务发展更加不均衡，需要扭转，直至服务体系和行政管理办法等一致化。

消除城乡公共服务发展不均衡需要对症下药，即需要采用差异化的服务体系和行政管理办法，且需要富有个性的人员去执行这些体系和办法。一方面，要消除城乡公共服务发展不均衡，包括消除服务体系和行政管理办法等方面的差异化，另一方面，却要采用差异化的方式方法来实现城乡公共服务的一致化，这是一对矛盾。化解这一矛盾，大体可从三方面着手：

首先，在城市和乡村同步实行简政，提高政府工作效率。梳理城市和乡村的公共服务的体制机制，减少条例、规范标准和管理办法，去掉一些没必要和人为制造壁垒的限制，让规制部门瘦身，减少规制条目。讨论最多的就是如何消除城乡二元结构问题，目前，消除城乡户籍制度、统一城乡社会保障体制和完善农村经营性建设用地入市制度等方面有望实现。减少规制，就是减少城乡壁垒和提高城乡服务一致化程度，同时也减轻了一致化的困难。

其次，放权精兵，提高基层政府的工作效率，更好更快地发展乡村经济社会，加速提高乡村公共服务的总体水平。把更大权力下放给基层政府，建设精炼的行政管理队伍，改善基层行政管理人员的待遇，提高基层政府的决策力、执行力和亲和力，鼓励基层政府因地施策、灵活施策和特事特办，完善行政管理人员的绩效评估，同时，借助电子政务进一步规范基层政府和村委的工作程序和行为，提高政府工作效率；此外，吸收城乡居民、私有部门和社会组织参与公共服务，促成基层政府和社会以更强的能力提供更优的公共服务。只有基层政府最熟悉基层情况，基层群众反映问题和建议的最方便对象也是基层政府，充分发挥基层政府的管理作用，是促进当地经济社会更好更快发展的有效途径。

最后，在简政、放权、精兵的基础上，实现乡村重点突破，弯道赶超，逐步缩小城乡公共服务差距。坚持化难为易和重点突破原则，有目的地逐次减少城乡之间的差异性和城乡壁垒，促进人才、土地、资金、产业、信息等要素在城乡间良性流动，不求最优但须次优，甚至在乡村公共服务的某些方面实现弯道超车。完善农村公共服务基础设施的建设与管理，重点围绕事关农产品生产销售、农村人居环境整

446

治（尤其农村垃圾处理）和农民救济、休闲娱乐、文化教育等方面，确保基础设施建好、管好、用好。

消除城乡公共服务发展不平衡的关键是发挥农民的主体作用。尊重农民意愿，保护农民权益，让农民享受到实实在在的发展成果，提升农民的获得感、幸福感和安全感，从而提振农民信心，增强乡村凝聚力，获得农民信任，吸引农民主动积极参与进来并成为乡村发展的主力军。

（刊于《中国城市报》，2019 年 5 月 13 日，作者：熊孟清）

把经济发展不平衡转化为高质量发展的动力

　　广东省生产总值（GDP）从 1989 年以来连续 30 年稳居国内生产总值榜首，2019 年上半年 5.05 万亿元，全年有望突破 10 万亿元，已达到中等偏上发达国家水平。 令人高兴的是广东仍是我国第一经济大省，令人担忧的是广东省发展极度不平衡，珠三角富可敌国，其中，深圳、广州、珠海及与其分别相邻的东莞、佛山和中山成为省域正、副领头羊地市，但珠三角的江门、肇庆 2 地市和粤东西北的 12 地市的人均 GDP 都低于全国平均水平。 "全国最富的地方在广东，最穷的地方也在广东"是广东发展极度不平衡的写照，且这种不平衡存在扩大趋势，值得高度重视。 消除经济发展不平衡的办法是将这种不平衡转化为高质量发展的动力。

一、广东省经济发展不平衡的特点与成因

　　广东省经济发展不平衡是多层次的，有省域层面、区域间层面和区域内层面的不平衡，也有地市与市县层面的不平衡。

　　首先是省域层面的不平衡，即珠三角与粤东西北广大区域之间的不平衡，珠三角强劲发展，而粤东西北发展缓慢，被珠三角远远甩在尾后。 2018 年，珠三角 GDP 占全省 GDP 的 80％余，占全省比例较上年提高，珠三角地区生产总值增速快于粤东西北，2/3 地市的人均 GDP 低于全国平均水平，且 2/3 地市的一般公共预算财政收入不到 200 亿元，有些市县的财力勉强够保工资、保运转、保基本民生，甚至个别市县连这"三保"也出现一些困难。

　　其次是区域间层面的不平衡，不仅珠三角区域与粤东、粤西、粤北几个区域间的发展不平衡，粤东、粤西与粤北 3 个区域间也存在发展不平衡，粤北地区发展最为落后。 2018 年，珠三角、粤东、粤西、粤北区域 GDP 占全省比例分别为 80.2％、6.6％、7.4％和 5.8％，其 GDP 增速分别为 6.9％、6.3％、5.4％和 4.1％，粤东西北 3 区域领头羊地市汕头、阳江和韶关的人均 GDP 均低于全国平均水平，分别为 44672 元/人、52969 元/人和 44971 元/人，只有珠三角领头羊深圳市人均 GDP 的 23.6％、27.9％和 23.7％，全省垫底的梅州市人均 GDP 甚至只有 25367 元/人，只为深圳市的 13.4％。

　　最后是区域内层面的不平衡，以人均 GDP 为例，珠三角内发展最不平衡，其次是粤北地区。 珠三角、粤东、粤西、粤北垫底地市与领头羊地市人均 GDP 比值分别为 28.1％、79.2％、77.6％和 56.4％。 此外，地市与市县层面也存在发展不平衡问题。

珠三角虽然一枝独秀，但其内部发展极不平衡，深圳、广州和珠海成为 3 个省域领头羊城市，与其分别相邻的东莞、佛山和中山成为省域副领头羊地市，这 6 个地市高度且强劲发展，而江门、肇庆 2 市的人均 GDP 甚至还低于全国平均水平，珠三角垫底的肇庆市人均 GDP 仅有 53267 元/人，只为领头羊深圳市的 28.1%。

广东经济发展极度不平衡是由梯度发展战略的失控所致，主要原因是任由产业向珠三角之深圳、广州、佛山、中山和东莞集聚，使之对人才、资金、外部市场等的吸附力日益强大，削弱了周边区域的吸引力，直至产生马太效应，强者更强，弱者更弱。 这些地市有着良好的地理条件和改革开放政策优势，尤其紧邻香港、澳门、台湾，便于开放和优先发展，成功承接了香港等地的产业转移，并形成了完整的产业链。

当然，地理、政策上的优势未必换来发展上的优势，同为沿海地市的汕头与湛江，一个是首批四大经济特区城市之一，一个是首批 14 个沿海开放城市之一，有地理优势，也有改革开放政策优势，但因对待发展的心态扭曲，改革开放之初走了弯路，影响了这些地方经济的发展，2018 年汕头人均 GDP 仅有 44672 元/人，湛江人均 GDP 也仅有 41107 元/人，都低于全国平均水平。 此外，地理条件较差也不能成为发展缓慢的主因，与梅州相邻的福建省龙岩市的人均 GDP 高达 90655 元/人、同样属于山区，其人均 GDP 却是梅州的 3.57 倍。

二、重新划分区域版图，发挥领头羊地市的作用

围绕深圳、广州、珠海这 3 个省域领头羊城市和东莞、佛山、中山 3 个省域副领头羊地市，将广东省划分为东部、中部和西部 3 个区域，改原来的 4 分区域为 3 分区域。

东部区域含 9 个地市，它们是深圳、东莞＋惠州、河源、潮汕 4 市（汕头、潮州、揭阳、汕尾）、梅州。 中部区域含 5 个地市，它们是广州、佛山＋肇庆、清远、韶关。西部区域含 7 个地市，它们是珠海、中山＋江门、云浮、粤西 3 市（阳江、湛江、茂名）。 有些地市可以合并或重组，如潮汕 4 市可以合并为一个地市。

采用东西部和中部区域划分，可以更好地实施陆海统筹、城乡融合和区域协调。东、西、中部 3 分法不仅把珠三角融化到珠三角以外的广大区域之中，打通陆海，打通平原山区，抹平区域间的发展不平衡，更大意义在于发挥 6 大领头羊地市的作用，同时，领头羊地市也获得更大的发展空间。

让领头羊地市专注创新驱动和辐射带动，让区域内其他地市承接产业转移、发挥产业基地作用和更好地服务于所在区域的发展，将加快区域内主要地市一体化进程，助推各区域均衡发展，也有助于借托大湾区发展带动区域间协调发展，从而推动省域平衡发展。

三、完善梯度发展战略，把经济发展不平衡转化为高质量发展的动力

消除发展不平衡本身就是发展的内在过程，不平衡本身就是发展的内在动力。 应视区域发展不平衡为发展梯度，为一种发展动力，顺势实施梯度发展战略，变劣势为

优势。

在每个区域内，从沿海的领头羊地市到山区地市，依次划分为高梯度、中等梯度和低梯度 3 类地区，形成"前店中厂后花园"发展格局。高梯度地区着重创新驱动和转型升级，聚焦前沿市场，集聚高端要素，发展现代服务业，引领发展新风尚和起到辐射带动"店"作用。中等梯度地区着重发展产业基地，注重产业结构调整，完善产业链，承担为"前店"生产供应的"中厂"作用，同时，中等梯度地区要把乡村振兴战略贯穿于区域发展之中，做好城乡融合发展这篇文章，重点做好农村产业园规划，大幅提高农民的工资性收入。低梯度地区更多地注重生态环境保护，加强农业产业园建设，加强基础设施建设，蓄势发展，起到区域"后花园"作用。

统筹协调，强化产业转移的作用。2008 年来，广东推出产业、劳动力"双转移战略"，促进了承接地的高速发展，但 2015 年后，转移疲劳开始显现，加上一些超大型基础设施等超大投资落户珠三角，粤东西北的 GDP 增速、财政收入又落后于珠三角了。除了依靠市场配置资源外，还得发挥政府宏观调控的作用，发挥政府集中力量办大事的能力，抽调精兵强将管理好产业转移和产业园建设运营，切实把经济发展不平衡转化为高质量发展的动力，把解决发展不平衡问题看成是提高发展质量的过程，积极主动地消除发展不平衡问题。

四、找准区域发展主方向，推动区域间协调发展

结合领头羊地市的特点，分析区域的优劣势，找准区域发展主方向。深圳是个创新型城市，广州是个开放交流型城市，珠海是个海洋型城市。据此建议，东部区域以创新为发展主方向，建设综合性国家科学中心，大力发展文化创意产业和高新技术产业，强化产学研深度融合的创新优势；中部以开放交流为发展主方向，大力发展商贸、文旅等产业，强化文化、商贸、旅游的深度融合，发挥广东联系海内外的桥梁纽带作用；西部以海洋利用为发展主方向，大力发展海洋工程装备制造、海洋医药、海洋旅游等产业，推动海洋经济高质量发展。

秉持和而不同发展观。各区域坚持自己的发展主方向，发展出区域特色，避免区域间恶性竞争；同时，区域间加强协同，实现发展信息互通有无、交通设施互联互通、市政基础设施衔接共享和生态环境共同维育，推动省域协调发展；尤其是 6 个领头羊地市都位于环珠江口湾区，要紧密协作，把环珠江口湾区建设成高质量发展示范区，使之成为大湾区、广东省乃至全国发展的领头羊。

（刊于《360doc 个人图书馆》，2019 年 11 月 6 日，作者：熊孟清）

社会治理要把好人才关

在全国科技创新大会、中国科学院第十八次院士大会和中国工程院第十三次院士大会、中国科学技术学会第九次全国代表大会召开之际，习近平总书记号召，"要大兴识才、爱才、敬才、用才之风……聚天下英才而用之，让更多千里马竞相奔腾"。党的十八大以来，倡导体制机制创新，完善"政府主导、社会协同"的社会治理体制机制，实现从社会管理向社会治理的转变，力争"十三五"期间完善社会治理体系，以制度保障经济社会的可持续发展。而创新社会治理体系、体制机制，都离不开人才，人才是创新的关键，这就提出了选人用人问题。

无论是政府层面，还是社会层面，选人用人无疑会对完善社会治理体系和体制机制起到重大作用。选人用人是政府与社会进行联系的一条便捷通道，通过选人用人，各级政府和各层面社会管理组织可以广泛吸纳社会人才，使之融入到社会治理的进程之中，这本身也是社会治理的重要内容。当然，在选人用人过程中，要非常注重人才的"质量"。如果选不对人才，往往会适得其反。因此，创新社会治理体系、体制机制，需要把好选人用人关。

自秦汉以来，从选官制、察举制、科举制到今日之高考和公务员考试，我国不断发展完善以举荐、考试和考核为重要环节的选人用人制度和与所处时代相适应的选人用人标准。这既改善了政治生态，拉近了政府与社会的距离，又促进了经济社会的发展。党的十八大以来，选人用人标准和原则逐步完善。习近平总书记先后提出"信念坚定、为民服务、勤政务实、敢于担当、清正廉洁""严以修身、严以用权、严以律己，谋事要实、创业要实、做人要实"等好干部标准。2014年1月新版《党政领导干部选拔任用工作条例》第二条规定，选拔任用党政领导干部，必须坚持党管干部原则、五湖四海任人唯贤原则、德才兼备以德为先原则、注重实绩群众公认原则、民主公开竞争择优原则、民主集中制原则和依法办事原则。标准和原则的明晰，将进一步规范选人用人，为经济社会发展选送合格人才。

需要强调的是，完善社会治理体系和体制机制，不仅需要完善政府选人用人制度和标准，亦需要完善各层面社会管理组织选人用人制度和标准，借此建立和谐互助的社会关系，促进社会自治。与政府选人用人制度和标准一样，社会管理组织选人用人制度和标准亦需要与时代相适应。当今时代，只有分工不同，没有身份的贵贱之分，各条战线和各个岗位都是人才辈出之地，工人、农民、知识分子、商贩和自由从业者都可能成为政府和社会的栋梁之材，而且选人用人途径日益多样化和复合化，这些都为人才的涌现

提供了一个非常美好的时代条件。

　　然而，应该看到，道德丧失、正义丧失、人品丧失、信念丧失、追求丧失等现象比比皆是，与人为壑、欺世盗名、贪污腐败、弄虚作假甚至买官卖官等不良风气屡禁不止。在这种现实条件下，为了不拘一格选中人才、用好人才，需要建立具有时代特色的人才要求清单，并以此为基础，建立健全法人、自然人和社会组织的信用信息，建立"黑名单"制度，严格实行政府与社会选人用人失信否决制。通过严格执行这些制度，把那些溜须拍马、贪污腐败、无才无德之辈拒之门外，警示人们守住诚信做人的"底线"，这既是对失信的惩戒，也是对诚信的一种间接激励。

（刊于《中国城市报》，2016 年 6 月 6 日，作者：熊孟清）

改进城市管理工作
提升城市发展质量

随着城镇化的快速发展，马路拉链、垃圾围城、交通拥堵、管理粗放、应急迟缓等"城市病"日益严重，给百姓的工作、生活造成诸多不便，降低了百姓的幸福感。

中央和国家层面对此高度重视，在中央城市工作会议等会议上号召以新的发展理念提升城市发展质量，根治"城市病"。特别是中共中央、国务院印发的《关于深入推进城市执法体制改革改进城市管理工作的指导意见》，将改进城市管理工作上升到落实"四个全面"战略布局、提高政府治理能力、增进民生福祉、促进城市发展转型的政治高度，并提出了深入而具体的要求。

改进城市管理工作，要树立"城市管理＋"的城市发展理念，推动城市管理融入和助力城市发展。城市管理的目的是要提升城市发展质量，必须有助于提高城市人口质量、经济发展质量、居民生活质量和城市环境质量等。因此，城市管理体系建设的逻辑起点就是提升城市发展质量。城市管理的一切工作，包括内涵外延设置、职能机构设置、工作人事安排及主次矛盾处理等，都必须以提升城市发展质量为出发点和落脚点，融入和服务于城市发展质量的提升。

当前改进城市管理工作的首要任务是理顺城市管理职能。长期以来，城市管理被社会误读为"违建、流动商贩管理"和"城管执法"；城市管理职能碎片化且管理与执法分裂；城管执法属于规划等七部门的委托执法，承担着棘手、难啃、急茬和临时性执法的任务。这种状况不改变，难以显著提升城市管理质量和改变城市管理形象。因此，急需整合相关职能，改进城市管理职能设置，提升城市管理的法律地位。

理顺城市管理职能，应遵循中央城市工作会议提出的"一个尊重五个统筹"的要求，理顺影响城市管理质量的各种关系，尤其要界定政府、企业、市民的分工，加快推进政府管理方式和工作方式转型，形成政府、企业、市民共治关系，因地制宜地推动城市健康持续发展。然而，理顺城市管理职能不可能一蹴而就，要正视我国城市管理的发展历史，循序渐进，避免引发体制性混乱。为此，按照意见提出的要求，整合市政公用、市容环卫、园林绿化、城市管理执法等城市管理相关职能，实现管理执法机构综合设置。遵循城市运行规律，建立健全以城市良性运行为核心，地上地下设施建设运行统筹协调的城市管理体制机制。有条件的市和县应当建立规划、建设、管理一体化的行政管理体制，强化城市管理和执法工作。

改进城市管理工作，要找准突破口和着力点，敢于实践创新。以理顺管理与执法关系、市与区街镇社区的关系以及综合执法与公安巡查、司法介入的关系为抓手，推进城市管理协同化；以推广垃圾分类第三方服务、环卫保洁等公共服务公私合营、"互联网＋"监督等为抓手，调动企业、居民参与城市治理的积极性，推进城市管理社会化；以公共服务、公共秩序、公共环境事项纳入网格化管理为抓手，推进城市管理网格化；以开发完善城市管理应急信息平台的预判预警预报功能为抓手，整合城市管理信息资源，推进城市管理智能化；以建立健全城市管理应急管理体制、工作机制和信息平台为抓手，推进城市管理应急工作机制化；以完善城市管理法规制度和标准体系建设、依法行政为抓手，推进城市管理法治化。

改进城市管理工作，要以提高业务能力为重点，加强城市管理队伍建设。制定城市管理人才队伍发展战略，坚持德才双馨的选拔原则，持之以恒地做好选人、用人、育人、留人工作，推动城市管理实践、理论研究和人才培育有机对接。要打造能文能武、能治理和实行治理的城市管理队伍，尤其要重视干部队伍的建设，打造能决策和实施决策的干部队伍，建设讲政治、懂规律、讲规矩、厚人德、有信用的城市管理部门，扭转"管理粗放"的城管形象，促进城市管理向城市治理转变，从根本上保障城市管理可持续发展。

（刊于《中国建设报》，2016 年 2 月 18 日，作者：熊孟清）

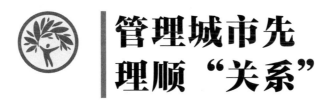

管理城市先理顺"关系"

随着我国经济社会的高速发展和城镇化的快速发展，城市规模不断扩大，建设水平逐步提高，管理任务日益繁重，城市管理的地位和作用日益突出，进一步加强与改善城市管理工作的需求日益突出。为此，中共中央、国务院要求深入推进城市执法体制改革，改进城市管理工作和进一步加强城市规划、建设、管理工作，理顺城市管理体制机制，解决城市管理面临的突出矛盾和问题，消除城市管理工作中的短板，进一步提高城市管理和公共服务水平。在笔者看来，提高城市管理和公共服务的水平，一定要理顺四个关系。

一要理顺城市管理与经济发展、社会发展和资源环境保护的关系。城市管理的任务和目的是对城市经济发展、社会发展和资源环境保护的发展设置可为与不可为边界，使城市经济发展、社会发展和资源环境保护三者的交集最大化，使之围绕城市发展方向和目标最大化发展，打造洁雅宜居的城市环境、平安有序的社会秩序、和谐互助的社会氛围和包容永续的城市发展。

二要理顺城市管理与城市规划、建设的关系。当前一段时期内，城市管理应从公共设施建设质量、公共服务质量、公共环境质量和公共秩序质量四个方面，坚持规划先行和建管并重，坚持创新、传承和保护相结合，坚持城市软实力发展和城市硬实力发展相匹配，提出约束性和预期性指标，理顺部门间横向督政、部门内横向督导和纵向督办关系，加强市政公用设施、市容景观、环境卫生和园林绿化的规划、建设与运行管理的统筹协调，把城市规划好、建设好、管理好。

三要理顺城市管理与执法、服务的关系。城市管理部门需要理顺管理、执法和服务之间的关系，让城市管理成为行政管理、行政执法和公共服务的统称，克服职责边界不清、管理方式简单、执法行为粗放和服务意识淡薄等问题，杜绝相互扯皮、乱作为、胡作为和不作为乱象。城市管理部门要通过法律和行政制度，对相关领域和专业行使好行政管理权和执法权，同时也要为社会生产、生活等活动提供参与、设施、质量、秩序、安全保障等公共服务产品，在管理、执法过程中体现服务，在服务过程中体现出管理、执法的价值，激发社会活力，增加社会和谐互助的正能量。

四要理顺城市管理与城市治理的关系。推进依法治理城市、改革城市管理体制、完善城市治理机制、推进城市智慧管理和提高市民文明素质，促进城市管理走向城市治理，从自上而下的管理转变为政府与社会公众之间的双向互动。除进一步完善国家和政府的管理、发挥政府的主导作用外，还要强调引入社会力量，加强法治建设、道德建设、信用体系建设、信息化管理等，实现公共利益最大化，即要求治理主体多元化、工具民主化和利益人民化。

提高城市管理水平，要理顺城市管理各部门和社会各利益群体的管理服务责任及其相互关系，权衡城市发展活力、资源环境容量、机会可得性、公平性、秩序、维稳和维权等因素，维持城市高效运行和包容发展，让城市成为人民心中美好生活的符号。

（刊于《中国城市报》，2016 年 5 月 9 日，作者：熊孟清）

加快建立市容环卫长效管理机制

广州市创卫过程，在舆论宣传、城中村环卫设施建设、农贸市场和餐饮业规范管理、废物回收利用和垃圾处理设施监管等专项整治方面取得了一定成效，并成功通过了创卫检查。为了巩固创卫成果，应加快建立市容环境卫生长效管理机制，这也是创卫活动的重要内容。

一、加快市容环境卫生管理法治化进程

首先要求管理者树立代民管理思想，尊重民意，正确理解法律法规精神，坚持原则与制度，公正执法，维护公民的合法权利，包括公民参与市容环境卫生管理的权利，确保公民享有健康、安全与舒适生活的权利，但同时也要求公民尽到保护资源环境、减少浪费和回收资源等义务。同时要求做到执法过程中将强制与引导两种执法手段有机结合起来，重点加强行政引导和降低法治成本，实现执法行为人性化、规范化、程序化和制度化。制定周详的行政引导措施，公告禁止性、处罚性和奖励性措施，并加强法律法规的宣传教育，引导公众积极参与市容环境卫生管理法治化进程，确保公众成为市容环境卫生管理的积极力量。

市容环境卫生管理法治化的关键在于建立一支高素质的执法队伍。要求执法人员正确领会法律法规精神，坚持用制度去管理。为此，要求把好执法人员录用关，健全执法人员考核制度，并推行末位淘汰制，录用政治文化素质高的年轻人员充实执法队伍，坚决淘汰不称职的执法人员。

二、加强宣传教育，提高市民的市容环境卫生意识

提高市民的市容环境卫生意识是建立和推行市容环境卫生长效管理机制的基础和保证。广州市城市化速度快，流动人口多，市民素质参差不齐，需要针对这些特点制定宣传教育计划，把市容环境卫生管理的各项内容传播到男女老幼、每家每户、各行各业和村村社社。

为了提高宣传教育效率，应把宣传教育提升到社会技术高度。只有宣传教育者和被宣传教育者自觉地把宣传教育看成是一门社会技术，并自觉践行，才能真正实现市容环境卫生长效管理。提到技术，人们想到的可能是"科学技术"，其实，市容环境卫生管理不仅包括科学技术，可能现阶段更需要的、更关键的技术是"社会技术"。社会技术

就是构成社会的"个体"对"他人"跨界反应的响应方式、方法与途径的总称，研究对象是"反应"与"响应"。反应和响应的常见表现手段有竞争、合作、顺从、关心、漠视、支配等，有效应用这些手段协调反应与响应就是社会技术。管理者必须对影响市容环境卫生的各个环节的反应与响应对象进行仔细分析，找出他们的行为方式，制定合理的行为规范，并将一些根本性的规范上升到法律法规高度。只有这样，才能提高市民的市容环境卫生意识和政府的调控力，最终实现管理人性化、规范化、程序化和制度化。

三、善用经济手段，加速推动垃圾处理产业化

建议实行按类计量收费（税），推动垃圾分类收集与分类处理。按类计量收费（税）就是根据不同类别的废物分别计量并按不同的收费（税）标准进行收费（税）。计量收费可以减少垃圾产量，增加资源回收量，而且，对不同类废物制定不同的收费（税）标准将提高垃圾分类率，最后，把按类计量收费（税）应用到垃圾生产者和垃圾处理者，以提高垃圾分类收集率和垃圾分类处理率。

建议重启抵押金制度，提高资源回收率。对于回收后可以重复使用的包装品，如易拉罐、玻璃瓶、塑料瓶、塑料袋等，要求购买者支付一定押金，当退回包装品时领回押金，这种做法其实早就有了。重启抵押金制度不仅可以提高包装品的回收率，还可改变生产和消费习惯，让企业和消费者少用一次性包装品，转而使用更有利于环保的可重复利用的包装品。

建议试行垃圾许可交易，降低垃圾处理成本和解决处理处置设施布局不合理问题。把垃圾作为一种商品进行许可交易，市政府委托广州市市容环境卫生局制定垃圾接纳方案，确定正常接纳各区垃圾的最高限值，在最高限值内的垃圾按正常收费处理，超过最高限值的垃圾则加倍收费，同时也允许各区之间买卖最高限值配额。推行垃圾许可交易将提高各区政府对垃圾处理的再认识程度，让各区认识到区内垃圾的处理处置是自己的大事，而不仅仅是市政府的事。

四、完善市容环境卫生管理的三级化管理体制

认真理顺管理体制，实行"政府—监管公司—运营企业"三级化管理，并将建设监管与运营监管委托给不同公司负责，逐步开发与开放市容环境卫生市场，引入竞争机制，实行政企分开和政事分开，将处理作业社会化、市场化和企业化。采用三级管理机制，有利于建立市场准入制度，形成特许经营、承包经营、租赁经营等多种垃圾处理方式并存的竞争形势，并加速主管公司和一线企业转变观念，精简机构、独立核算和自负盈亏的改革步伐，降低建设和运营成本，不断提高管理水平。

五、完善监管，确保市容环境卫生管理到位

实行市、区两级共同监管，组建长效监管的专职监管员队伍，保证长治久洁。建立健全市容环境卫生信息化监管中心，利用 GPS 信息监管监控系统等先进手段实现即时定位监管，确保作业时间和质量及时到位。加强群众监督，完善群众监督机制，加强投

诉受理工作，提高投诉反馈率、处理率和处理结果透明率。建立有偿举报制度，公示监督电话和第一责任人的姓名，以便于市民监督。成立由人大代表、政协委员、市民代表组成的市容环境卫生管理督查组，定期进行检查，并通过媒体公布检查情况，接受市民监督。

市容环境卫生关系到千家万户的健康与幸福，只有树立科学发展观，全市动员，全民行动，坚持法治化道路，因地制宜，大胆创新，常抓不懈，才能保持长治久洁，保障人与环境和谐共存。

（刊于《环境与卫生》，2009 年，作者：熊孟清）

改革开放三十年广州市容
环卫的发展与完善

改革开放 30 年，我国先后提出了科技科教兴国（1978）、可持续发展战略（1994）和建设服务性政府号召（2004），与此同步，广州市市容环境卫生局先后提出了科技兴业、垃圾全过程管理和实施城市环境卫生问责制度等任务，促使广州市市容环卫行业从以简易处置为标志的初始阶段迈入了以集中处理处置和全过程管理为标志的科技型市容环卫阶段。本文从科技兴业、垃圾全过程管理和问责制建设三方面总结广州市容环卫的发展与完善。

一、科技兴业催生数字市容环卫

1978 年全国科学大会顺利召开，1985 年邓小平重申"科学技术是生产力"，1988 年邓小平提出"科学技术是第一生产力"论断，这些历史事件坚定了广州市市容环卫局实行科技兴业战略的决心。1978 年后的 30 年期间，广州市容环卫从市情出发，先后走过作业机械化、垃圾集中处理处置和数字化管理三个阶段，实现了科技型市容环卫目标。 1978 年后的 20 年间，广州市市容环卫局力促环卫作业机械化，先后开发并应用了洒水车、吸粪车、垃圾车、清扫车等多类环卫作业机械，其中压缩垃圾车填补了国内空白，这些作业机械的推广应用极大地提高了作业效率和机械化程度。

伴随广州市社会与经济的发展，广州市生活垃圾的产量和组成都在发生较大变化，垃圾无害化集中处理处置成为当务之急。1978 年至 1988 年的 10 年间，日产量便由1800 吨增大到 3200 吨，垃圾成分由以煤渣等无机质为主演变成以厨余垃圾为主，这种变化迫使广州市市容环卫局在实施环卫作业机械化的同时不得不考虑垃圾集中处置问题，并于 1989 年和 1992 年先后建成了大田山生活垃圾填埋场和李坑生活垃圾填埋场，满足了垃圾无害化集中处置要求。 20 世纪 90 年代，广州市生活垃圾中厨余垃圾、包装垃圾和事业垃圾的比例进一步增大，卫生填埋和资源化利用提到议事日程，2000 年后广州建成了高标准的兴丰生活垃圾卫生填埋场和李坑生活垃圾焚烧发电厂，这两座现代化厂（场）的数字化管理加速了广州市数字市容环卫的建设。

2003 年后，出于调控和监管需要，广州市市容环境卫生局着手建设数字市容环卫，具体而言，就是建设"一个局指挥中心、一个综合信息库、一个社会服务平台和一个市容环卫综合网站，及各市容环卫作业监控系统。"目前，指挥中心、信息库、服务平台和环卫网站已完成，一些主要环卫作业的监控监管系统的建设也基本完成并与局指挥中心和信息库实现了数据交换，这些监控监管系统有：垃圾车、泥土车和洒水车实时监控系统，公厕监管系统，垃圾压缩站臭气监控系统，填埋场和焚烧发电厂运营监管系统。广州市数字市容环卫框架已基本形成，标志着科技兴业战略催生了广州市科技型市容环卫。

从作业机械化到数字市容环卫，广州实现了科技型市容环卫目标。相应地，作业服务由简单发展成复杂，市容环卫系统已经呈现出区域性、时效性、多层性、多元性、相关性、动态性和关联性等多种特性；科技政策也出现了同步调整，从注重具体技术的开发应用到更注重技术进步促进机制的建立，确保市容环卫事业科学发展。目前，广州市市容环境卫生局正在抓紧制定市容环卫系统的评价体系（包括运营绩效考核体系）和促进系统升级的科技发展计划，并酝酿推行战略环评确保重大决策科学适用。

二、社会经济可持续发展战略加速推动垃圾全过程管理

1994 年我国发布了中长期发展战略的纲领性文件《中国 21 世纪议程》，提出了可持续发展战略。1996 年第八届人大第四次会议正式确定可持续发展战略为我国社会、经济发展的两大战略之一。此时，广州市已投产使用大田山和李坑两座生活垃圾填埋场，日处理能力可达 5500 吨，保证了 100％垃圾无害化集中处置，此外，广州市已经着手筹建一座日处理能力 1000 吨的垃圾焚烧发电厂。正是在这种条件下，广州市市容环境卫生局开始酝酿垃圾全过程管理。

我国随后颁布的《中华人民共和国固体废物污染环境防治法》（1995，2004）、《中华人民共和国清洁生产促进法》（2002）、《中华人民共和国可再生能源法》（2005）和《中华人民共和国循环经济促进法》（2008）适应可持续发展战略趋势，号召清洁生产、可持续消费和发展循环经济，要求垃圾管理应遵循"减量化、无害化、资源化和产业化"原则，确认了垃圾全过程管理的法律地位，加快了我国实施垃圾全过程管理的步伐。

广州市垃圾全过程管理大致分为两个阶段：1996—2002 年阶段和 2002 年后阶段。第一阶段以宣传教育与分类试验为重点，摸索适合广州市的垃圾全过程管理模式；1998年前广州市开展了广泛的垃圾分类宣传教育活动，1998 年开始进行垃圾分类试验；至2000 年，参与试验的大部分行政区的垃圾分类覆盖率已达到 20％至 39％左右，起步最早的荔湾区垃圾分类覆盖率甚至达到了 100％，并出台了《垃圾分类收集服务细则》等一系列规章制度；但由于一味效仿日本等发达国家的做法，力求细而全，强制推广，而市民意识未达到源头减量和分类收集的高度，以及分类后的后续处理设施不配套，使垃圾分类试验暂告一个段落。2002 年后，广州市市容环境卫生局认真吸取教训，从市情出发，有所为有所不为，重点开展四项工作：

一是实行干湿垃圾二分法，优先将厨余垃圾分类收运与分类处理。目前，已完成厨余垃圾运输车开发和厨余垃圾处理设施立项等工作。二是组建集干垃圾分类回收、垃圾焚烧发电供热、污泥干化、炉渣资源化利用以及渗滤液处理与回用于一体的资源化处理中心。三是充分利用信息资源，统一调度现有的垃圾处理处置设施，使这些设施按虚拟型静脉生态工业园模式运作。四是开展垃圾分类"进学校、进企事业单位、进社区和进家庭"的"四进宣传与推广"活动。

目前，广州市遵循"源头减量、物质利用、能量利用、填埋处置"的优先顺序，均

衡发展分类收运和分类处理,整合产业链,培养要素市场,调控资本、技术和管理以促进薄弱环节发展,保证了垃圾全过程管理健康有序地进行。

三、建设服务型政府要求实行问责制

垃圾具有"产之于民"的鲜明特点,需要全体公民共同努力,改变生产和消费习惯,开展源头减量活动,并协助环卫部门依法管理。环卫部门的职责是代民管理垃圾,同时,引导企业和市民参与垃圾管理;这就要求环卫部门从官本位体制转向公民本位,寓管理于服务之中,建设成服务型政府。为此,广州市环卫局先后出台了环境卫生工作联席会制度、检查通报制度、社情调查制度和工作问责制度等多项强化服务型政府建设的政策措施,重点是合理划清权责,确认问责主体和问责程序。

(一)合理划分权责,明确服务范围

2001年开始,广州市市容环境卫生局按照"分级管理、重心下移"的改革精神,逐步明确和完善了"市、区、街三级管理,集中领导,分区负责,责权统一,精简高效"的行政管理工作架构,形成了"行政主管部门职能管理—事业单位监督管理—作业服务单位企业化管理"的新体制。解决了行政机关之间、行政机关正副职之间、政事企之间权责不清和职能重叠等问题。

目前,广州市市容环境卫生局负责制定全市市容环卫规划和地方法规,调控管理全市市容环卫工作,对区市容环卫局实行业务领导,并对县级市市容环卫局实行业务指导。区(县级市)市容环卫部门负责市容环卫规划、地方法规和规章制度等政策措施的宣传与实施,负责所辖地区市容环卫的检查监督和收费管理,管理政府资产和社会收费,维护市容环卫作业市场秩序,并将所辖区域的实际情况及时向市局反映。各级环卫管理部门基本上退去了市容环卫作业的直接组织等事务,而将主要职能集中在提供法治化管理和优质服务。

广州市将市、区两级市容环卫部门所属的专业事业单位逐步改制,一部分事业单位企业化,转制成市容环卫作业服务企业实体,如组建成保洁、清运、垃圾处理运营和环卫项目投资公司,独立经营,自主发展;另一部分事业单位依公管理,代表政府行使监督管理职能,如广州市生活废弃物管理中心代表政府监管全市垃圾处理处置设施的运营。此外,广州市于2000年成立了市、区两级环卫协会。行业协会及其各专业委员负责企业环卫经营许可审查,组织企业招投标,制定行业指导价格和行业行为规范,组织环卫企业的选优评级,开展信息交流和培训,推广新的工艺技术,此外,各级环卫协会还作为非政府组织参与监督市容环卫工作。

(二)问责制民主化、法制化和程序化

在明确权责的基础上,广州市市容环境卫生局出台了《城市环境卫生工作问责制度》,进一步正视权与法、权与民、权与责之间的关系,以"执政为民、民主决策、依法行政、从严行政"为指导原则,促进问责制民主化、法制化和程序化。

首先,《城市环境卫生工作问责制度》明确了政府、人大、政协、非政府组织(行业协会)和全体公民都是问责主体,并鼓励媒体代民问责。这样,问责就不仅仅是政府

部门上级对下级的问责，还是人大政协和非政府组织的问责，更重要的是政府官员必须接受全体公民的问责，实现问责制民主化，从而解决了以前问责主体缺位导致问责不公或问责不实等问题。其实， 2003 年 12 月广州市人大邀请市民代表参加的《广州市城市市容和环境卫生管理规定》监督听证会就间接回答了问责主体问题，这是一次开创全国先河的举动。

其次，《城市环境卫生工作问责制度》结合市容环卫特点，明确了依法行政原则，要求各级市容环卫管理部门不仅要依照法定行为规则行政，还要依照法定职权和法定程序行政。一切违反和超越法律法规的行为，一切越位、错位和缺位的行为，一切独断专行和滥用权利的行为都要承担法律责任，体现了"权责对等"原则，便于推行问责制法制化，也有利于提高政府的责任心和危机意识。

再次，《城市环境卫生工作问责制度》明确了问责的启动与回应程序，规定了启动问责制的条件和方式方法，以及被问责的部门或官员自我辩解的程序。同时，《城市环境卫生工作问责制度》还明确了责任认定程序，循此分析责任同事件的关联性和因果性，认定责任的归属和严重程度。

广州市市容环卫部门通过体制改革和推行问责制，理顺了机关之间、政事企之间等多层关系，同时改变了政府和代表政府行使监管职能的管理部门的绩效考核导向和办事作风，提高了他们的责任心和危机意识，极大地推动了服务型政府的建设，为进一步发展和完善市容环卫提供了体制保障。

改革开放的 30 年是广州市容环卫大发展的 30 年。广州市容环卫基本实现了作业机械化和管理数字化，从简易处置阶段迈入了无害化集中处理处置和全过程管理阶段。目前，广州市容环卫正在抓紧制定市容环卫系统的评价体系（包括运营绩效考核体系）和促进系统升级的科技发展计划，确保市容环卫事业科学发展。只要坚持以人为本，以人与自然和谐为主线，以发展经济为核心，以提高人民群众生活质量为根本出发点，以科技和体制创新为突破口，坚持不懈地推进社会经济可持续发展战略，市容环卫就一定能够实现"减量化、无害化、资源化和产业化"的管理目标。

参考文献

熊孟清.纪念广州改革开放 30 周年理论研讨会论文集 ［C］（ISBN 978-7-218-06012-5）， 2008 年.

鼓励"告老还乡"复兴农村经济和文化

随着城市经济和文化的日益发展，城乡二元结构日益明显，农村经济和文化日益没落，农村空心化问题日益严重。农村人口大量"外流"，一些村庄甚至出现"人走房空"的现象，致使农村资源、基础设施、农业和文化等全面空心化。农村人才外流进一步加剧农村经济和文化快速没落，从而进一步加剧农村空心化。

解决农村空心化问题的核心就在于能否解决人口空心化问题，其关键就在于能否引导人才流入农村。只有通过引进人才和重构农村资源、产业、科技和教育，才能振兴农村经济和文化。当前，改革开放初期流出农村的人才已近退休年龄，这些人才有阅历、有能力、有资源，能为农村经济和文化复兴提供营养和动力，鼓励他们"告老还乡"是解决农村人才缺少和空心化问题又快又省的有效途径。

中国人带有强烈的乡土情结和家园情怀，无论到哪，都心系故乡发展，希望叶落归根。在农村日益空心化的今天，农村流出的有识之士更是呼吁"归去来兮，田园将芜胡不归？"这是农村流出人才回到农村的心理基础。但人才流动一般是从经济和文化较落后地区流向较发达地区，考虑到农村经济和文化较城市落后的现实，也进一步考虑到目前我国的人才流动受到土地、户籍、医保、社保等相关制度制约，要想让农村流出人才的家园情怀变成行动，需要政府出台引导政策。

首先，要协助解决土地困难，为告老还乡者提供生活与发展的基础。告老还乡重在"还乡"，还乡就得有房住，这是生活基本保障。中国历史上盛行告老还乡的基础是土地自由买卖，告老还乡者回到农村可以购买土地，不仅可以盖房，还可以满足基本生活需求甚至更高的发展需求。但目前我国土地的流转和使用有严格限制，如不修订土地管理政策，还乡后很难找到可以依附的土地。尤其是对于改革开放初期通过高考流出的人才而言，当初都被取消了农村户籍，不仅没有耕田，也没有宅基地。土地问题不解决，农村流出人才即使还乡，也是暂时的，其心也不得不游离于农村之外。

其次，要协助解决医疗养老等困难，为告老还乡者提供生活发展保障。农村流出人才已经在工作城市打下一定基础，置办了房产，购买医保和社保，享受城市福利，在城市可以安享晚年，并可为子女提供更好的发展空间。要让其取消城市户籍而加入农村户籍，这种彻底的"告老还乡"是不现实的，但不迁移户籍，医保和社保及其他城市福利如何在农村兑现又是一大困难，这就需要出台相关政策，让医保、社保和各种城市福利"事随人转"，让告老还乡者回到农村也能享受与城市等质的待遇，更让他们安心还乡发展。

最后，要尽快出台告老还乡指导意见，规范和激励告老还乡。告老还乡有助于复兴农村经济和文化，也有助于实现城市与农村人才平衡，有助于解决人口老龄化问题，值得提倡，但需要加以规范和激励，指导、引导告老还乡制度化，使之成为一项长期的社会活动，这样才能充分释放告老还乡的经济和社会价值。

（刊于《中国城市报》，2016 年 9 月 26 日，作者：熊孟清）

融合发展激发
乡村振兴活力

习近平同志在十九大报告中指出，农业农村农民问题是关系国计民生的根本性问题，要实施乡村振兴战略，坚持农业农村优先发展。

我国农村地区的环境、经济、社会的发展高度不平衡、不充分、不协调，与广大农民追求美好生活的愿望相距甚远。通常，农村地区给人的整体印象是垃圾围村、污水漫流、空心村、农田荒芜、基础服务能力贫乏。而且，农村地区发展与人民追求美好生活的愿望之间的矛盾远大于城市，城乡发展差距不断拉大，趋势没有根本扭转。农村居民的收入、消费、教育、医疗、就业等水平远低于城市居民的水平，城乡分迹线非常明显。

农村地区急需贯彻落实乡村振兴战略，推动环境、经济、社会融合发展，改变农村面貌。

首先要以环境治理促进经济、社会发展。环境资源是经济社会发展的基础性资源，良好环境是美好生活的基本要素，环境治理是全社会参与的环境保护与利用活动的总成。要敢于创新理念、创新思路、创新行为，打破传统思维、思路与行为方式，转变孤立的环境保护或开发为保护与开发两者统一的环境治理，因地制宜，循序渐进，优化供给，真正把环境资源作为发展的基础，补齐生态环境短板，守护好环境资源。要树立适度发展理念，用好环境资源，变绿水青山为金山银山，以合理开发利用促进更好地保护，保障一方人的美好生活，实现天人合一、德人合一。

其次要以发展绿色、生态经济促进环境、社会发展。经济是基础，必须因地制宜，发展与环境相宜的绿色经济，发展与生态环境承载力相匹配的生态经济，在保护与提升环境资源的前提下大力发展农村经济和现代农业，改变农村传统产业产品形态单一的局面，改变居民生产生活方式，增加居民收入，提升居民生活质量。当前，要在农村土地确权的基础上，组织合作社式、企业化、规模化农业生产和服务，用好宅基地、边角地和集体用地，加大公共基础服务设施建设投资，壮大集体经济。

对于生态环境、历史文化等旅游资源丰富的农村地区，要建设旅游廊道、田园综合体和核心景区景点，努力开发休闲度假、养生养老、研旅创意等旅游产品，充分发挥地理历史文化的作用，发挥生态环境、种养殖等优势，创新农副产品深加工技术，大力推动社区营造和全域旅游，以"旅游＋"为抓手，变资源优势为发展胜势，促进环境、经济、社会融合发展。

最后要以乡贤联动加快环境、经济、社会融合发展。要建立乡贤咨询会、联谊会、商会等社会组织，设立乡贤基金，出台乡贤联动引导政策，激励、规范、指导、引导乡贤联动制度化；要让乡贤看到祖先创业的艰辛与成就，感受到亲情乡情，营造良好的文化交流氛围；要主动宣传党和国家的发展大略和方针政策，主动介绍本地发展情况，主动听取乡贤心声，尊重乡贤建议等，让乡贤切实感觉到自己是家乡建设的参与者、贡献者。

（刊于《中国城市报》，2017 年 11 月 27 日，作者：熊孟清）

推动粤东农村融合发展激发乡村活力

　　农村地区给人的整体印象是垃圾围村、污水漫流、空心村、农田荒芜、基础服务能力贫乏。农村地区发展与人民追求美好生活的愿望之间的矛盾远大于城市，城乡发展差距不断拉大，趋势没有根本扭转。农村居民的收入、消费、教育、医疗、就业等水平远低于城市居民的水平，城乡分迹线仍然明显。习近平同志在十九大报告中提出要实施乡村振兴战略，可谓抓住了矛盾的主要方面。那么，如何激发粤东农村的振兴活力，改变农村面貌呢？笔者将着眼本区域，从农村环境、经济、社会融合发展等方面谈几点认识。

一、坚持经济社会发展与环境保护相统一

　　习近平总书记强调，绿水青山就是金山银山。环境治理要坚持经济社会发展与环境保护相统一，统筹经济、社会、环境和政策四个维度，以问题为导向，把握发展与生活方式的变化，以创新驱动为动力，因地制宜，循序渐进，优化供给，真正把环境资源作为发展的基础，以环境治理促进经济、社会发展，实现天人合一、德人合一。

　　以广东普宁市为例。其东部是潮汕平原，工商业高度发达，形成纺织印染产业和中药产业等支柱产业，但环境污染严重，面临产业转型升级和环境恢复与保护压力；其西部是广大的南阳山区，山峦叠嶂，生态环境十分良好，但经济发展及生活方式十分落后，面临发展与生活方式转型困难。由此可见，无论中东部还是西部都面临发展与生活方式转型压力。

　　鉴此，中东部应以生态环境恢复为重点。坚持"系统治理、挂图作战、联合执法"原则，落实"一岗双责、党政同责"，全面落实印染企业按量达标排放核查，关停散乱污企业，强化规模以上企业节能环保、限产减污、转型升级等工作，提升环境卫生、市容市貌、公共交通体系和休闲娱乐水平，改变产业产品形态单一局面，在促进生态环境恢复的过程上改变居民生活方式，提升居民生活质量。

　　西部则应以生态环境合理利用为重点。坚持因地制宜，发展与环境相宜的绿色经济，发展与生态环境承载力相匹配的生态经济，大力发展农村经济和现代农业。改变农村传统产业产品形态单一局面，大力推动社区营造和全域旅游，变资源优势为发展胜势。通过合理利用生态环境资源，增进东西部融合，增加居民收入，提升居民生活水平。

二、建设粤东大交通大社会

　　粤东地区经济社会发展存在交通不便和家族主义两大瓶颈。地区之间及地区内部都

存在交通阻碍。粤东因历史原因形成宗族聚落格局，以乡土依恋、家族优先和家族信任为标志的家族主义盛行，与建立广泛的社会共同体和市民社会相冲突。

为打破交通不便和家族主义瓶颈，需要建设粤东大交通大社会。

一要结合粤东城市分布、功能、发展情况及潮汕国际机场、普宁高铁站等实际情况，粤东大交通应形成以潮汕国际机场和普宁市为焦点的椭圆线路，联接普宁高铁站与潮汕机场二焦点，联接陆丰、惠来、汕头朝阳区、饶平、揭阳市等数个节点，打通焦点与椭圆环线的联系，打通椭圆环形与深圳、梅州等地区之间的联系，建设粤东大交通。二要积极扶持社会组织的建立健全，在土地确权基础上推进农村合作社式规模化农业生产，大力发展集体经济和国有经济，培育龙头企业，促进"家族优先，达至社会"的传统观念向"融于社会，家族自治"转变，建设粤东大社会。

三、立足乡村旅游发展绿色生态经济

广东省揭阳地区有丰富的旅游资源，包括地理自然资源、人文历史资源、特色产品资源和人口红利等，应以"旅游＋"为抓手，鼓励各区县大力发展乡村旅游，并统筹建设跨区县的旅游廊道，促进整个地区旅游业的联合发展，借此推动揭阳地区环境经济社会的融合发展。

普宁市可以生态人文为基础，打造盘龙湾景区、鲇溪景区等 5 个景区和西部旅游廊道，促进全域游，贯彻落实乡村振兴战略。

一是打造西部山区全域游线路，形成长约 50 千米的西部山区旅游廊道，目前已有盘龙湾景区、船埔大坪景区、鲇溪景区 3 大景区，计划开发船埔滨水绿道、梅田古村落观光体验综合体和鲇溪休闲度假综合体等旅游综合体。

二是打造东部平原地区全域游线路。东部地区是潮汕文化的昌繁地，是普宁商贸、工业、文化较发达地区，具有丰富的人文历史资源。目前已有燎原景区和普宁古县城景区两大景区，拥有民族英雄林则徐溘然长逝的文昌阁、见证普宁尊师重教的普宁学宫、气势恢宏的德安里、泥沟村等古村落和大小河流纵横交错的南溪水乡。

普宁东部平原地区全域游线路正是依托东部人文资源和水乡资源组成的，是健康旅游、研学旅游、古村落观光旅游、生态旅游、潮汕文化体验、红色文化旅游等的好出处。泥沟村是广东省内唯一活着的古村落，广东十大最美古村落之一。德安里是潮汕地区保存最完整、规模最大的巨型府第式古村落。

当前，普宁急需加强基础服务设施建设，提升旅游服务水平，尤其要加快旅游标示系统、旅游驿站、森林民宿、自驾车营地、旅游停车场、公厕等基础服务设施建设，鼓励鲇溪、泥沟村、德安里等古村落居民提供民宿服务，强化景区景点主题化、旅游与环境经济社会发展融合化，加强导游培训，加强普宁全域游及线路宣传等。同时，出台鼓励措施提升旅游人气，尽快把普宁建设成旅游目的地。

四、以综合治理破解邻避效应

环境、经济、社会的发展都少不了公共基础设施建设营运。然而这些公共基础设施

大多存在邻避效应，尤其是污水垃圾等污染物处理设施。

破解邻避效应的重要途径，是促成建设营运企业与设施周边居民形成利益共同体，增加设施周边居民对污染物处理成果的获得感。但在建设营运具体的污染物处理项目时，存在简单解读"利益"及"利益共同体"现象。有的地方简单地把利益等同于经济补偿，把为设施所在地建设保健所、学校等公共设施当做是建设利益共同体；甚至还有的地方唯钱是举，误以为钱就能解决邻避问题，导致形成"少数人没钱便闹、一闹便给钱"的恶性循环，这都是解决的误区。

普宁市以环境综合治理替代单一的污染物处理，融污染物处理与休闲景观建设、社区营造等于一体，是一条利益共同体建设的新路子。普宁市考虑农村生活污水处理时，并不只考虑生活污水处理，而是综合考虑生活污水处理与水塘整治、村容村貌改善、人居环境改善、文化宣传、休闲设施建设及景观建设等，把生活污水处理设施建设成一个多位一体的"人工湿地公园"和社区活动中心，深受当地村民称赞。

要建好社区活动中心，就必须做足综合和治理的工夫。要将与污染物处理相关的环保项目及涉及生活环境乃至经济发展环境的相关项目综合考虑，使之形成一个多功能融合的有机体。同时，此有机体应能够吸引与方便本地居民及外地游客参与，需要谋划好社会良性互动的治理。要结合当地的实际情况和居民的实际需求，在满足污染物处理的前提下，优化整体生态环境，创造丰富的人文空间，提供综合性公共服务，化"邻避"为"迎臂"，把邻避设施变成多方共赢的优质公共物品。

五、以乡贤联动加快环境经济社会融合

视"乡贤联动"为推动农村环境、经济、社会融合发展，从而解决农村空心化问题的主要战略之一。要建立乡贤咨询会、联谊会、商会等社会组织，建立家乡公共服务设施，建设乡贤基金，出台乡贤联动引导政策，激励、规范、指导、引导乡贤联动制度化。要强化社区文化营造，让乡贤看到祖先创业的艰辛与成就，感受到亲情乡情，为乡贤营造良好的文化交流氛围。要协助解决生产生活用地困难，为乡贤提供生活与发展的基础；要协助解决乡贤的医疗养老等困难，让医保、社保和各种城市福利"事随人转"，让其回到农村也能享受城市的等质待遇，让其安心还乡发展。最重要的是，要主动解释党和国家的发展大略和方针政策，主动介绍本地发展情况，让乡贤知道可为与不可为，主动听取乡贤心声，尊重乡贤建议，建立乡贤建议落实情况的通报制度，同心同德，为家乡建设做贡献。

（刊于《中国城市报》，2018 年 1 月 8 日，作者：熊孟清）

让乡村变好，拥有乡土元素的别样风貌

当前，在一些地方，特别是中西部边远地区，乡村空心化、老弱化、荒芜化和集体经济薄弱化触目惊心，如何遏制住这种衰败趋势振兴乡村是一个重大课题。

许多乡村在抵抗环境、经济、社会日益恶化的趋势，而乡村治理先行村也存在着不少有待探索解决的问题。

我们希望乡村变好，但何谓之好？我们希望引导乡村变化，但资源能力是否够强？我们希望乡村自治，但如何促发自治的内生动力？我们希望城乡一体，是否就是乡村城镇化？这些一时都难以回答乡村建设的自然性、延续性和可复制性。

但有一点是肯定的，乡村在变化，不在变化中消亡，就在变化中兴旺。我们不能视而不见，也不能急功近利，必须因地制宜，因村施策，尽力而为，量力而行，按部就班地引导农民振兴乡村，不断改善人居环境，发展集体经济，拓宽就业渠道，增强幸福感。

振兴乡村需要一个长时间的过程，大体要经历两个阶段：首先重拾乡村风貌，还农村居住生活、发展生产和涵养自然、生态、文化等功能；在此基础上，要大力发展旅游、康养、医疗、教育、研发、文创等产业，与城镇相得益彰，唯有如此方得乡村振兴。

眼下，最紧要的是重拾乡村风貌，也就是重拾乡村特有的面貌和格调。面貌是自然条件赋予的，如地质风貌是乡村的硬件；格调是乡村的风格韵味，有山势水形等自然条件形成的格调成分，但更多的是乡村人文特征形成的独特格调，格调是乡村的软件。重拾乡村风貌就是要恢复、光大乡村的面貌和格调，既要重现乡村美丽风光，更要复兴乡村人文。

我们必须正视乡村数量的减少，一些条件恶劣的乡村自然走向消失，较好的路径是优先选择一些条件合适的乡村，打造头雁工程，再发挥头雁效应，连点成线，连线成面。

在笔者看来，重拾乡村风貌头雁工程必须提倡乡村"净化、绿化、美化、文化"，完善公共基础设施和公共服务，改善人居环境，提升乡村格调，提高幸福指数。乡村"净化、绿化、美化、文化"不仅仅只是公共场所（政府兜底），私人庭院也需要，当前最重要的任务是净化污水垃圾污染问题。公共基础服务供给重点要在交通、通讯、医疗卫生和文化娱乐等方面。需要指出的是，无论乡村可否振兴，都需要保障其基本的人居环境，这是政府责无旁贷的责任。

建设"花园式乡城"也尤为重要。不仅要解决农民自居，还应规划建设租赁住房，吸引不同需求人员来乡村居住。让乡村变好，还要重视家庭观念、道德、信仰、文化、价值认同，重塑道德秩序。重视家庭的纽带作用，尤其要重视家庭对生育与抚养的责任，并推及乡城和社会，"老吾老以及人之老，幼吾幼以及人之幼"。重视乡城生活、生产、生态环境建设，赋予乡城开放、相融、共享、发展特性。

此外，还要合理开发当地资源，传承、复兴乡村文化，培育现代农业，发展旅游业，推进基于利益互补的城镇乡统筹发展，鼓励多样化生产经营，促进就地就近就业。

重拾乡村风貌，就是要让乡村有别于城镇风貌，拥有乡土元素的别样风貌，自然而不缺有心关怀，粗放而不缺婉约细腻，平淡而不缺生机盎然，静守而不缺包容开放，朴野、刚毅、深沉、含蓄。我期待乡村"风貌真古谁似君"，真得自然，古得典雅，异彩纷呈。

（刊于《中国城市报》，2019年1月28日，作者：熊孟清）

实施乡村振兴战略究竟从哪里着手?

实施乡村振兴战略的着手点就是要找准乡村振兴的立足点、出发点、落脚点及切入点和突破口,方法是调查研究。必须在调查研究基础上明确乡村振兴的立足点、出发点和落脚点,进而以乡村迫切需要解决的焦点问题为切入点,以阻碍乡村振兴的难点问题为突破口。只有做足做好着手点后,方谈得上"因地制宜,因村施策",稳健推进乡村振兴战略的实施。

我国实施乡村振兴战略的出发点和落脚点就是乡村振兴。关于乡村振兴的集中论述则由十九大报告首次提出,即"要按照产业兴旺、生态宜居、乡风文明、治理有效、生活富裕的总要求,建立健全城乡融合发展体制机制和政策体系,加快推进农业农村现代化。"据此,可以把实施乡村振兴战略的出发点简化为"产业兴旺、生态宜居、乡风文明、治理有效、生活富裕",把实施乡村振兴战略的落脚点归纳为"农业农村现代化"。

现在的困难在于确定乡村振兴的立足点、切入点和突破口。中国村落多而分散,其历史、人文、地理地貌和经济状况等千差万别,即不同的村其振兴的立足点不同,可谓因村而异,使其振兴的切入点、突破口和方式方法等不尽相同,这些不是国家、省甚至市级层面几个文件能解决的,需要县级政府组织乡镇,下沉到村调查研究,在掌握各村的实际情况的基础上,协调相关村的发展和五级政府的规划,方能确定各村的立足点、切入点和突破口。开展村级调研和各级协调工作既要专业人才又要组织、经费等保障,这是难中之难点。

需要强调的是立足点、切入点和突破口的基本单元是"村",而非乡镇,更不能是县级以上区域。需要入村调研,掌握各村的资源基础、状态和变化趋势,分析各村的优势、劣势、机会和威胁,包括综合考虑五级政府的规划提供的机会与限制,最终提出各村的立足点、切入点和突破口。

笔者在广东、湖南农村看到,许多村充分利用近城镇、核心景区、工业园区等便利,发挥政策、土地、人口、乡贤、生态环境等红利,改善农村人居环境和乡风乡俗,大力发展加工业、特色农业和电子商务等,其立足点较高,切入点和突破口选择的余地较大,取得了飞速发展,有些村成为现代农业园区、淘宝村,甚至有些村变成了宜居宜业的乡城。

但对于比较偏僻的乡村,既远离城镇、核心景区和工农林业园区,又缺少自然人文资源,其立足点较低,只能选择"改善农村人居环境和乡风乡俗"作为切入点,希望借

此提振村民信心和凝聚力，提高村干部的威信，给外出务工人员留下美好印象，这是务实的做法，也取得了不俗的成绩，其中大部分村的生态环境、村容村貌和乡风乡气明显好转。

无论是城镇周边乡村还是偏僻乡村，其振兴的突破口都是"产业兴旺"，尤其是集体经济不断壮大，而且，只有如此，农村的各项工作才能持久。改革开放四十年来，有条件兴办产业、发展经济的乡村基本都发展起来了。现在经济发展较落后的乡村基本上都是那类不具备兴办产业条件的乡村，发展经济的难度很大。

政府必须出重手，发展乡村经济，实现农村就近就业。要以县级为单位规划农村产业园区，以园区带动周边村的经济发展。要组织国有企业和供销社兴办农村经济实体，以业务外包方式带动村民就近就业，且实现乡村全覆盖。要完善乡村社会保障，尤其要强化乡村发展保障，扶持乡村一二三产业融合发展。

（刊于《360doc 个人图书馆》，2019 年 11 月 5 日，作者：熊孟清）

中国乡村社会保障的困境及其根本出路

十九大报告提出"在发展中补齐民生短板、促进社会公平正义，在幼有所育、学有所教、劳有所得、病有所医、老有所养、住有所居、弱有所扶上不断取得新进展，深入开展脱贫攻坚，保证全体人民在共建共享发展中有更多获得感，不断促进人的全面发展、全体人民共同富裕。"这尤其适合当下乡村，村民期盼更从容的晚年生活、更稳定的工作、更满意的收入、更好的教育、更高水平的医疗卫生服务和更丰富的物质文化生活，期盼在"生于斯长于斯"的乡村安居乐业，给乡村社会保障提出了更高要求。

一、中国当代乡村社会保障的演变

谈及中国当代乡村社会保障，必须介绍几个时间节点上发生的重大决策。

一是 1953 年 10 月中共中央发出《关于实行粮食的计划收购与计划供应的决议》，实施粮食统购统销（1992 年底停止实施）。1958 年 1 月一届人大第九十一次会议通过《中华人民共和国户口登记条例》，建立了以户籍区分城乡居民身份的制度，正式启动了城乡二元结构的建设；1958 年 3 月中共中央政治局成都会议通过《关于把小型的农业合作社适当地合并为大社的意见》，开启了人民公社化，为开展以队社为主体的农村集体保障奠定了组织基础。1958 年 6 月一届人大第九十六次会议通过《中华人民共和国农业税条例》，课征农业税，加大了城乡差别。

二是 1978 年和 1982 年五届人大一次和五次会议 2 次通过《中华人民共和国宪法》修正案，对劳动者休养、休息、退休保障、公民养老、公民教育、妇女权益及在疾病或丧失劳动力情况下从国家和社会获得物质帮助的权利等做了规定，承认了社会保障的法律地位。

三是 1982 年中共中央 1 号文《全国农村工作会议纪要》指出，农村实行的包产到户、包干到户等各种责任制都是社会主义集体经济的生产责任制，为推广家庭联产承包责任制奠定了基础。家庭联产承包责任制的推广让农民不再隔着队社拥抱土地，强化了土地与家庭在乡村社会保障中的作用。1984 年中央 1 号文《关于一九八四年农村工作的通知》正式规定并也许基层统筹，为农村以"三提留五统筹"自积累手段解决乡村社会保障铺平了道路，进一步加大了农民负担。

四是 1986 年《中华人民共和国国民经济和社会发展第七个五年计划》提出现代意义上的"社会保障"概念；随后在 1993 年，第十四届三中全会通过《关于建立社会主义市场经济体制若干问题的决议》，将社会保障界定为社会主义市场经济体制的五大支

柱之一，才明确社会保障体系包括社会保险、社会救济、社会福利、优抚安置和社会互助、个人储蓄积累。

五是 2002 年 10 月《中共中央、国务院关于进一步加强农村卫生工作的决定》明确提出各级政府要积极引导农民建立以大病统筹为主的新型农村合作医疗制度，确立新农合作为农村基本医疗保障制度的地位，是我国历史上政府第一次为解决农民的基本医疗卫生问题进行大规模的投入。2005 年 12 月第十届人大第十九次会议通过关于废止《中华人民共和国农业税条例》的决定。2007 年中共中央 1 号文件《中共中央国务院关于积极发展现代农业扎实推进社会主义新农村建设的若干意见》提出，要在全国范围建立农村最低生活保障制度，低保资金主要由地方财政负担。2009 年 9 月国务院发布《关于开展新型农村社会养老保险试点的指导意见》（国发〔2009〕32 号），要求建立个人缴费、集体补助、政府补贴相结合的新型农村社会养老保险制度。

总体讲，当代乡村社会保障可分为 2 个阶段，新中国成立到 20 世纪末和 21 世纪以来。

自新中国成立到 20 世纪末，乡村社会保障处于农村集体保障和社会救济辅以政府救济的较低层次，资金筹措以基层提留统筹为主，具体工作限于合作医疗、教育、生育、五保供养、军人优抚、救灾、扶贫开发等内容。实施家庭联产承包责任制并未提高乡村社会保障的层次，但强化了土地的保障作用。1993 年后，乡村社会保障在养老、新型合作医疗等方面进行了试点，乡村社会保障的改革明显滞后于城市社会保障的改革。

进入 21 世纪以来，现代乡村社会保障体系加速成形，该体系以政府、集体、社会和个人为主体，多渠道筹资，以新型农村合作医疗（2003 年始）、最低生活保障（2007 年始）和农民社会养老保险（2009 年始）为基础，进一步完善五保供养、救灾、扶贫等救济和优抚安置制度，扎实推进农民工参与社会保险、失地农民社会保障、医疗救助和教育救助等工作，同时取消农业税（自 2006 年 1 月 1 日起）、完善农业生产"四补贴"和粮食最低收购价政策，顶托农业生产。 2003 年是中国的现代乡村社会保障元年。

二、中国当代乡村社会保障的主要困难

（一）乡村社会保障的传统模式影响深远

传统上，中国乡村社会保障实行的是一种土地保障辅以亲疏差序保障的模式，一种靠土地保从容、赖差序格局度艰难的模式。在这种传统模式下，每个人力求自给自足和自保自救，而当自身力量不济时，优先求救于家庭（户）、家族和亲属提供的血缘保障，其次求救于邻里朋友提供的地域保障，不到走投无路绝不会求救于政府提供的政府保障——政府救济和优抚安置。

但这种传统模式是一种可靠性较差的保障模式。首先，传统模式淡化政府保障的作用，立足自保自救，且置村民基本生产生活保障于土地，而这种土地保障本身又受天时地利人和的极大影响，具有不可预见性，换言之，土地保障本身便需要更可靠的保障。其次，差序保障方式更多的是一种道义上熟人共度艰难的社会救助方式，且家庭（户）

和政府外的保障大多是基于"好借好还"契约的一种民间借贷关系，一方面较难确定熟人在困难时刻是否可以提供、能够提供多少救助及允许多长缓冲期，即较难确定借贷的易得性、可预期性和有效性，另一方面，阻碍借贷双方事后的从容发展，甚至因"一人受困，众人为难"导致困难蔓延局面，此外，有可能引起民间借贷纠纷和高利贷事件，破坏邻里和谐。

即使如此，这种传统模式可谓历史悠久、盛行千年且影响深远，甚至由乡村波及城市，原因就在于它是由下而上自发产生，根植于每个中国人血液里流淌的文化基因。可以断言，在相当长的时期内，乡村社会保障的传统模式就仍有生命力。如何妥善处理传统与现代乡村社会保障模式的关系，使其相互对接和相容相生，让乡村社会保障更可靠，是一个值得重视的课题。

（二）乡村社会保障的社会化能力弱

村民参保意愿和社会资本投资意愿都较小，导致乡村社会保障的社会化能力较弱。村民的参保意愿不高和个人缴费比例偏低，如 2017 年各地农村新型合作医疗的个人缴费与政府补贴之比普遍低于 1∶3，个别地区甚至低于 1∶8，除传统的亲疏差序保障观念等影响外，村民人均可支配收入低和收入来源不稳定，即村民的经济承担能力小是关键原因。2017 年村民收支情况是，村民人均可支配收入 13432 元（城镇居民人均可支配收入 36396 元），村民人均消费支出 10955 元（城镇居民人均消费支出为 24445 元），村民人均剩余仅 2477 元（城镇居民人均剩余 11951 元），村民的收支及剩余都偏低；而且，村民收入的 42% 来自农业生产经营，51% 来自外出务工，农业收入"看天吃饭"，外出务工"看市场吃饭"，村民收入存在风险。

此外，社会资本投资意愿较小。因乡村公共服务基础设施、服务功能和服务队伍建设等不完善，可用资源不足，再加上村民的经济、社会、文化等背景降低投资收益、增大服务难度和投资风险，导致乡村对服务人才和社会资本的吸引力较小，后果是乡村创业创新动力不足、企业数量质量偏低、集体经济薄弱和公益慈善事业落后，村民难以享受集体分红、企业年金、社会保险、慈善服务等来自社会的保障。

总体上，与城市社会保障改革比较，乡村社会保障改革相对滞后，乡村社会保障的社会化能力较弱，资金缺口较大，乡村社会保障的政策、制度和体系有待完善，乡村社会保障是中国社会保障和市场经济体制的短板。

三、强化乡村社会保障的根本出路在于强化乡村发展保障

解决困境和强化乡村社会保障的立竿见影办法是增大财政投资，但这是不可持续的。根本办法还是通过建立健全乡村发展保障促进乡村发展，提高乡村社会保障的社会化能力。为此，需要梳理各种有关农业农村发展的宏观调控、优惠和补贴政策，建立乡村发展保障工具、制度和政策。

发展是硬道理，必须"在发展中补齐民生短板、促进社会公平正义"，提高村民的经济承担能力、参保意愿和缴费标准需要乡村发展，提高乡村社会保障的社会化能力需要乡村发展，转变村民的保障观念及促进乡村社会保障的传统模式与现代体系对接需要

乡村发展，减轻国家和政府在乡村社会保障上的负担更需要乡村发展，只有乡村发展才能消除乡村"人民日益增长的美好生活需要和不平衡不充分的发展之间的矛盾"，才能促进乡村社会保障问题彻底解决。乡村发展是如此之重要，那么，保障乡村发展也就至关重要，乡村发展保障和村民医疗保障、最低生活保障、养老保障一样重要，是现代乡村社会保障的一项基本内容，而且是乡村社会的根本保障。

顶托农业农村优先发展。建立健全保障制度，确保乡村在干部配备、要素配置、资金投入和公共服务上的优先（"四个优先"）得到保障，让"四个优先"带动农业农村优先发展并制度化与常态化。

完善乡村发展保障，促进城乡融合发展。扭转"先城后乡，重城轻乡"的思维定式，树立城乡融合发展理念，梳理城市发展规划、产业布局、产业链和企业，建立健全向乡村倾斜的保障制度，引导乡村可以承接且阻碍城市持续高质量发展的产业与企业落户乡村，尤其要保障农产品就地就近深加工，逐步消除城乡发展失衡，破解城乡发展不平衡不协调的矛盾。

完善乡村发展保障，促进农村改革。以保障形式完善农业农村支持保护制度、企业家等人力资源入乡保护制度和农村市场经济体制，保障农民土地权益，保障创业创新人员的权益，激活农村"沉睡"的资产资源，激活农村产业发展活力。支持承包地三权分置、农村集体产权制度改革和农业经营方式创新，扶持家庭农场和农民合作社，扶持农村产业融合园、农业产业园和高标准农田的建设运行，扶持"互联网＋"农产品出村进城工程，扶持能工巧匠发展具有民族和地域特色的乡村手工业。

完善乡村发展保障，筑牢粮食安全保障。完善农业"四补贴"、农业保险补贴、农产品加工补贴、畜牧良种补贴等农业补贴和粮食托市"最低收购价格"政策体系，完善粮食主产区利益补偿机制，健全种粮大户、种粮能手和其他新型农业经营主体的奖补制度，引导农业产业发展，保护农村生态环境，着力解决产销脱节、风险保障不足等问题。支持供销、邮政、农业服务公司、农民合作社等开展农技推广、土地托管、代耕代种、统防统治、烘干收储、代销代管等农业生产性服务。

（无知一熊公众号，2019 年 3 月 20 日）

2018 年，熊孟清博士在广东省普宁市调研农村人居环境整治。

2017 年，熊孟清博士在广东省普宁市探讨乡村驿站建设。

2018 年，熊孟清博士在广东省普宁市调研大坪大唐古道。

2019 年，熊孟清博士在"2019 年生活垃圾分类处理暨废旧纺织品循环利用研讨会"演讲。

2019 年，熊孟清博士在"2019 年华东地区城市管理学科建设
研讨会暨中国城市与社会治理创新高端论坛"演讲。

2019 年 10 月，熊孟清博士调研朝阳市垃圾收运体系。

2019 年 10 月，熊孟清博士在朝阳市调研，对朝阳市自主研发
的蜗牛车变扫为吸精细化清扫模式大为赞赏。

2019 年 10 月，熊孟清博士在朝阳市调研，认为朝阳市依托
公交站点建设智慧环保公厕的做法值得推广。

2019 年 10，熊孟清博士为朝阳市公共机构开展垃圾分类工作进行培训。

2019 年 10 月，熊孟清博士在朝阳市调研，参观朝阳环境集团一线清扫工人的书画作品。

2019 年 10 月，熊孟清博士在朝阳市调研，建议朝阳市要加快推进存量垃圾治理及生活垃圾焚烧发电项目。

2019 年 10 月，熊孟清博士在朝阳市调研公共机构垃圾分类情况。

2019 年 10 月，熊孟清博士在朝阳市调研居民小区垃圾分类情况。